HTTP/2 in Action 中文版

[美] Barry Pollard 著
郑维智 译

HTTP/2 in Action

電子工業出版社
Publishing House of Electronics Industry
北京•BEIJING

内容简介

本书以易于理解、方便上手的方式，使用贴近用户的实例来解释 HTTP/2 协议。本书首先介绍为什么要升级到 HTTP/2 及升级的方法；然后逐步深入，详细解释了 HTTP/2 协议本身及其对 Web 开发的影响；之后介绍了部分高级内容，如流状态、HPACK 等；最后探讨了 HTTP 的未来。

本书对于 Web 开发者和运维工程师来说是一本很有价值的参考书。

版权贸易合同登记号　图字：01-2019-3408

图书在版编目（CIP）数据

HTTP/2 in Action 中文版 /（美）巴里 • 波拉德（Barry Pollard）著；郑维智译. —北京：电子工业出版社，2020.7

书名原文：HTTP/2 in Action

ISBN 978-7-121-38671-8

Ⅰ. ①H… Ⅱ. ①巴… ②郑… Ⅲ. ①计算机网络—通信协议 Ⅳ. ①TN915.04

中国版本图书馆CIP数据核字（2020）第037308号

责任编辑：张春雨

印　　刷：北京盛通商印快线网络科技有限公司

装　　订：北京盛通商印快线网络科技有限公司

出版发行：电子工业出版社

　　　　　北京市海淀区万寿路173信箱　　邮编：100036

开　　本：787×980　1/16　　印张：25.75　　字数：460千字

版　　次：2020年7月第1版

印　　次：2023年2月第5次印刷

定　　价：112.00元

凡所购买电子工业出版社图书有缺损问题，请向购买书店调换。若书店售缺，请与本社发行部联系，联系及邮购电话：（010）88254888，88258888。

质量投诉请发邮件至 zlts@phei.com.cn，盗版侵权举报请发邮件至 dbqq@phei.com.cn。

本书咨询联系方式：010-51260888-819，faq@phei.com.cn。

前言

我在很早的时候就开始关注 HTTP/2 了。据称，使用这种新技术，不需要做太多事情就能获得 Web 性能的提升，同时 Web 开发者也不再需要使用一些凌乱的变通方法，这绝对是令人振奋的。然而，现实比理想要“骨感”得多，为弄清楚如何在我的 Apache 服务器上部署它，以及弄清楚它对性能的影响，我在花费了一段时间之后，发现缺乏文档，这令我很沮丧。我写了一些博客文章介绍如何设置 HTTP/2，这些文章很受欢迎。与此同时，我开始参与 GitHub 上的一些 HTTP/2 项目，并泡在 Stack Overflow 上，关注相关的主题并帮助解答类似的问题。当 Manning 来电话，寻找人写一本关于 HTTP/2 的书时，我抓住了机会。我并没有参与 HTTP/2 标准的制定，但我觉得我和那些曾经听过这项技术但对它缺乏了解的、正在苦苦挣扎的 Web 开发者有很多共同语言。

在编写本书的一年半时间里，HTTP/2 已经成为主流，并被越来越多的网站使用。随着软件的更新，部署相关的问题变得越来越简单。我希望本书中描述的一些问题很快成为历史，但我怀疑还需要几年的时间，启用 HTTP/2 才能变得容易。

你在启用了 HTTP/2 后，应该可以立即看到性能提升，不需要进行太多的配置，也不需要非常理解它。然而，天下没有免费的午餐，协议及部署中的细枝末节，要求网站管理者对协议有更深入的理解。Web 性能优化是一个蓬勃发展的行业，

HTTP/2 是另一个工具，它是一种有趣的技术，会带来很多机会。

网上有大量的信息，如果你有时间并愿意去寻找、过滤和理解这些信息，听取不同的意见，甚至直接与协议设计者和实现者沟通，会让你收获很多。然而，面对 HTTP/2 这样大的主题，如果我能在一本书的范围和深度内解释相关的技术，给你提供有用的参考，激起你的兴趣，那么这本书就算实现了目标。

致谢

首先，我要感谢我非常善解人意的妻子 Aine，在过去一年半的时间里，我在键盘上疯狂码字，她承担了照顾我们两个孩子的大量工作（在编写本书的过程中，我们有了第三个孩子）。她可能是世界上比我更希望看到这本书最终出版的人！也要特别感谢我的亲戚们（Buckleys），他们帮助 Aine 照顾我们的孩子，使我可以集中精力写书。

Manning 团队在整个过程中给予了极大的支持。我特别要感谢 Brian Sawyer，他首先与我联系，并给了我写这本书的机会。他指导我完成提案流程，确保这本书被出版商收录。作为开发编辑，Kevin Harreld 做得非常出色，耐心地回答了我的许多问题，并给我指明了正确的方向。作为技术开发编辑，Thomas McKearney 做了极好的技术审查，给出了详细的反馈意见。Ivan Martinovic 组织的三轮评审为本书提供了宝贵的意见，指出了需要改进的地方。同样，Manning 的早期访问计划（MEAP）是从真实读者那里获得反馈的绝佳方式，Matko Hrvatin 为组织这项计划付出了大量心血。

我还要感谢整个 Manning 营销团队，他们从一开始就帮助推广这本书，特别要感谢 Christopher Kaufman，他总能耐心地忍受我对宣传材料提出的无穷无尽的要求。准备好本书以供出版是一项艰巨的任务，所以感谢 Vincent Nordhaus 在这个过程中一直引导我。感谢 Kathy Simpson 和 Alyson Brener 在复制和校对过程中所做的工作。

还要感谢其他校对、图形、布局和排版团队，他们做了本书的后期工作。我的名字可能署在封面上，但所有这些人，帮助我将散乱的想法变成了专业的出版物。

我收到了 Manning 以外的许多人的反馈，从提案审稿人到原稿审稿人（尤其感谢那些完成三次审阅的人），再到 MEAP 读者。特别是，我要感谢 Lucas Pardue 和 Robin Marx，他们精心审阅了整本书稿，并给予了宝贵的 HTTP/2 专业指导。其他审阅者包括 Alain Couniot、Anto Aravinth、Art Bergquist、Camal Cakar、Debmalya Jash、Edwin Kwok、Ethan Rivett、Evan Wallace、Florin-Gabriel Barbuceanu、John Matthews、Jonathan Thoms、Joshua Horwitz、Justin Coulston、Matt Deimel、Matthew Farwell、Matthew Halverson、Morteza Kiadi、Ronald Cranston、Ryan Burrows、Sandeep Khurana、Simeon Leyzerzon、Tyler Kowallis 和 Wesley Beary。谢谢大家！

在技术方面，我要感谢 Tim Berners-Lee 先生在几十年前推出这一网络技术。感谢 Mike Belshe 和 Robert Peon 发明 SPDY。感谢 Martin Thompson，作为编辑帮助 SPDY 被正式标准化为 HTTP/2。感谢在 IETF（互联网工程任务组）辛勤工作的志愿者，特别是由 Mark Nottingham 和 Patrick McManus 担任主席的 HTTP 工作组，有了他们，标准化才有可能实现。如果没有他们，就没有 HTTP/2，因此，也就没有这本书。

我惊讶于技术社区的朋友自愿投入的时间和精力。从开源项目到 Stack Overflow、GitHub 和 Twitter 等社区网站，再到博客和演讲，许多人将大量的时间用于这项事业，除了帮助他人和拓展自己的知识，他们没有获得太多的物质奖励。我很荣幸能够成为这个社区的一员。如果没有网络性能专家 Steve Souders、Yoav Weiss、Ilya Grigorik、Pat Meehan、Jake Archibald、Hooman Beheshti 和 Daniel Stenberg 的指导，也不可能有本书。特别要感谢 Stefan Eissing，他为 Apache HTTP/2 实现做了大量工作，也要感谢 Tatsuhiro Tsujikawa 创建了 HTTP/2 使用的底层 nghttp2 库（以及许多其他 HTTP/2 实现）。同时，免费的工具，如 WebPagetest、HTTP Archive、W3Techs、Draw.io、TinyPng、nghttp2、curl、Apache、Nginx 和 Let's Encrypt，都对本书的完成提供了重要帮助。我要特别感谢那些允许在本书中使用其工具和图像的公司。

最后，我要感谢作为读者的你。虽然许多人以这种或那种方式帮助制作本书，但正是因为有你这样的人，才让本书的存在和出版有意义。我希望你能从这本书中获得宝贵的见解和知识。

关于本书

本书以一种易于理解、方便上手的方式，使用实际的案例来解释协议。协议规范枯燥且难以理解，因此本书力求通俗易懂，使用贴近用户的案例来讲解。

本书目标读者

本书的目标读者为Web开发者、网站管理员及想要了解互联网技术如何运作的人。本书旨在提供HTTP/2的完整描述，以及其中的技术细节。尽管有大量关于该主题的博客、文章，但它们大多数都是关于特定主题的粗略或详细的介绍。本书会详述整个协议及其中的许多复杂特性，以帮助读者阅读和理解规范，以及一些深层次的文章。HTTP/2的创建主要是为了提高性能，因此任何对Web性能优化感兴趣的人都会从本书中获得有用的知识。此外，本书还包含许多参考资料，以供大家延伸阅读。

本书组织结构

全书共有10章，分为4部分。

第1部分解释了为什么要升级到HTTP/2，以及升级的方法。

- 第 1 章介绍了一些背景知识，即使那些只对互联网有基本了解的人也应该能够掌握这些知识。
- 第 2 章讨论了 HTTP/1.1 的问题，以及为什么需要 HTTP/2。
- 第 3 章描述了为网站启用 HTTP/2 的方法，以及在此过程中会出现的一些复杂问题。附录 A 对本章中的内容做了补充，提供了流行的 Web 服务器 Apache、Nginx 和 IIS 的安装说明。

从第 2 部分开始，逐步深入，讲述协议本身，以及它对 Web 开发实践所带来的影响。

- 第 4 章介绍了 HTTP/2 协议的基础知识，如何建立 HTTP/2 连接及 HTTP/2 帧的基本格式。
- 第 5 章介绍了 HTTP/2 推送，它是协议全新的特性，其允许服务端主动发送浏览器尚未请求的资源。
- 第 6 章介绍了 HTTP/2 对 Web 开发实践所带来的影响。

第 3 部分介绍了协议较深层的技术，Web 开发者及 Web 服务器管理员目前可能无法对它们进行控制。

- 第 7 章介绍了 HTTP/2 规范中的流状态、流量控制和优先级策略等概念，以及在具体实现中 HTTP/2 的一致性差异。
- 第 8 章深入探讨了 HPACK 协议，该协议用于 HTTP/2 中的 HTTP 首部压缩。

第 4 部分着眼于 HTTP 的未来。

- 第 9 章介绍了 TCP、QUIC 和 HTTP/3。技术更迭的脚步永远不会停止，现在开发人员已经在寻找改进 HTTP/2 的方法。本章讨论了 HTTP/2 未解决的低效问题，以及如何在后续版本（HTTP/3）中改进它们。
- 第 10 章介绍了除 HTTP/3 之外的其他可以改进 HTTP 的方法，包括对在 HTTP/2 标准化过程中所出现问题的反思，以及在实际应用中这些问题的影响。

读完本书，读者应该对 HTTP/2 和相关技术有了很好的掌握，应该对 Web 性能优化有了更深入的了解，同时也为将来 QUIC 和 HTTP/3 的发布做好了准备。

相关代码

与大多数技术书不同，本书没有大量代码，因为本书是关于协议的介绍。本书会有一些 Node.JS 和 Perl 的例子，以及关于 Web 服务器配置的代码片段。

源代码和配置代码以等宽字体显示。有时，代码也以粗体显示，以表示其是不同的部分，比如向现有代码添加的新功能。

读者服务

微信扫码回复：38671

- 获取博文视点学院 20 元付费内容抵扣券
- 获取本书配套代码文件
- 获取本书参考资料中的配套链接
- 获取更多技术专家分享的视频与学习资源
- 加入读者交流群，与更多读者互动

关于作者

Barry Pollard 是一位专业软件开发者，在开发、支持软件和基础架构方向拥有近 20 年的行业经验。他对 Web 技术、性能调优、安全及技术实践非常感兴趣。你可以在 Twitter 上通过 @tunetheweb 找到他。

关于封面

本书封面上的图片叫“Habit of a Russian Market Woman in 1768”。插图取自 Thomas Jefferys 的 *A Collection of the Dresses of Different Nations, Ancient and Modern* 画册（四册），该画册于 1757 年至 1772 年间在伦敦出版。画册的标题页说明，这些插图是手工上色的铜版画，使用阿拉伯树胶加固。Thomas Jefferys（1719—1771 年）被称为“乔治三世的地理学家”。他是一位英国地图绘制师，是当时领先的地图供应商。他为政府和其他官方机构雕刻并打印地图，还发行了大量商业地图和地图集，特别是北美地区的。地图制作人的工作，激发了他对所调查和绘制的地区的服饰和习俗的兴趣，在这个系列中也体现了他这方面的兴趣。在 18 世纪晚期，人们逐渐开始向往远方，迷恋旅行，于是像地图册这种收藏品很受欢迎，这些地图册介绍了其他国家的风俗文化。Jefferys 在书中以绘画的方式生动地描述了大约 200 年前世界各国的独特风貌。从那之后，人们的着装风格发生了变化，各地区和国家丰富的个性也逐渐消失，现在通常很难区分一片大陆和另一片大陆的居民。如果我们积极地看待这个问题，那就是我们用文化和视觉上的多样性，换来了个人生活的多样性，或者说更有趣、更多样的精神和技术生活。在一个很难区分不同计算机图书的时代，Manning 出版社采用 Jefferys 200 年前所收集的某个地区的生活图片来作为图书封面，以表明计算机行业的创造性和主动性。

目录

第1部分　向HTTP/2靠拢

第2部分　使用HTTP/2

第3部分 HTTP/2进阶

第4部分 HTTP的未来

第1部分

向HTTP/2靠拢

要理解为什么 HTTP/2 引起了 Web 业内人士如此广泛的关注，首先需要知道为什么需要它，以及它要解决什么问题。因此，本书第 1 部分先向不熟悉 HTTP/1 的读者介绍 HTTP/1 的情况及其原理，然后再解释为什么需要第 2 版。关于 HTTP/2 的原理，第 1 部分只会概括地介绍，底层相关细节留到本书后面再讲。最后介绍在网站上部署 HTTP/2 的各种方法。

万维网与HTTP

1

本章要点

- 浏览器是怎么加载网页的
- HTTP 是干什么的，及其向 HTTP/1.1 的演进
- HTTPS 简介
- 基本的 HTTP 工具

本章首先介绍万维网的背景及原理，同时解释本书后面要用到的重要概念，然后再介绍 HTTP 及其历史版本。读者应该对本章大部分内容都有所了解，因此本章不是必读的，可以把它看成对已有基础知识的回顾。

1.1 万维网的原理

如今，互联网跟我们的生活密不可分。购物、金融活动、社交和娱乐，都依赖互联网。随着 IoT（Internet of Things，物联网）的发展，越来越多的设备具备了上网能力，让人类可以远程控制和访问它们。这种远程控制和访问之所以可行，主要依赖几项技术，其中就包括 HTTP（Hypertext Transfer Protocol，超文本传输协议）。

HTTP 是访问远程 Web 应用和资源的关键技术。尽管很多人都会使用浏览器上网，但真正理解这项技术的原理，以及为什么 HTTP 是万维网的核心，为什么其下一个版本（HTTP/2）如此引人瞩目的人就很少了。

1.1.1 因特网与万维网

对普通人来说，因特网（Internet）和万维网（World Wide Web 或 Web）是同义词，而搞清楚它们的区别是很重要的。

因特网是使用 IP（Internet Protocol，因特网协议）连接在一起实现消息传递的计算机构成的网络。因特网上有很多服务，包括万维网，以及电子邮件、文件共享、因特网电话等。因此万维网（注意，是 World Wide Web，简称 Web）只是因特网上的一种服务形式，但其却是人们最常看到的形式，因为人们经常会通过 Web 应用（如 Gmail、Hotmail 和 Yahoo!）来收发邮件。我们日常所说的上网，既可以理解为上万维网，也可以理解为上因特网。

HTTP 是万维网浏览器或网页浏览器请求网页的协议。Tim Berners-Lee 当初发明万维网时，一共创造了三项核心技术，除了传输数据的 HTTP，还有用于标识唯一资源的 URL（Uniform Resource Locator，统一资源定位符）和用于构造网页的 HTML（Hypertext Markup Language，超文本标记语言）。因特网上的其他服务同样也使用自己的传输协议及标准，这些协议和标准定义了它们工作的方式，以及底层消息通过因特网传输的方式，例如用于电子邮件服务的 SMTP、IMAP 和 POP。说到 HTTP，其实主要是说万维网。但随着越来越多的服务甚至一些没有传统 Web 前端界面的服务开始使用 HTTP，这个界限变得越来越模糊。因此要想清楚地给万维网下个定义也变得越来越不容易。我们刚才提到的这些服务（比如 REST 或 SOAP）可以通过网页使用，也可以不通过网页使用（比如手机应用）。而 IoT 设备的原理简单来说，就是通过 HTTP 调用暴露服务，从而让其他设备（计算机、手机应用，乃至其他 IoT 设备）使用。比如，你可以在自己的手机应用中通过 HTTP 向家里的灯发出开或关的指令。

尽管因特网由众多服务构成，但其中很多服务所占份额越来越少，而万维网应用的份额却持续扩大。一些早期接触互联网的人肯定记得 BBS 或 IRC，这些服务如今基本已退出历史舞台，被网页论坛、社交网站及聊天应用取代了。

如此看来，虽然万维网跟因特网经常被人们错误地混为一谈，但万维网（至少为它而发明的 HTTP）的持续发展，很可能意味着用不了多久，其真的就可以代表因特网了。

1.1.2　打开网页时会发生什么

现在，让我们回到 HTTP 最初的设计目标：请求网页。当我们在浏览器中打开一个网站时，会发生很多事情，无论这个浏览器是在台式电脑、笔记本电脑、平板电脑、手机，还是在其他各种各样能上网的设备上。为理解本书内容，必须首先理解浏览器上网的工作原理。

假设我们打开浏览器访问 *www.google.com*。在接下来的几秒钟内，会发生下面这些事情，如图 1.1 所示。

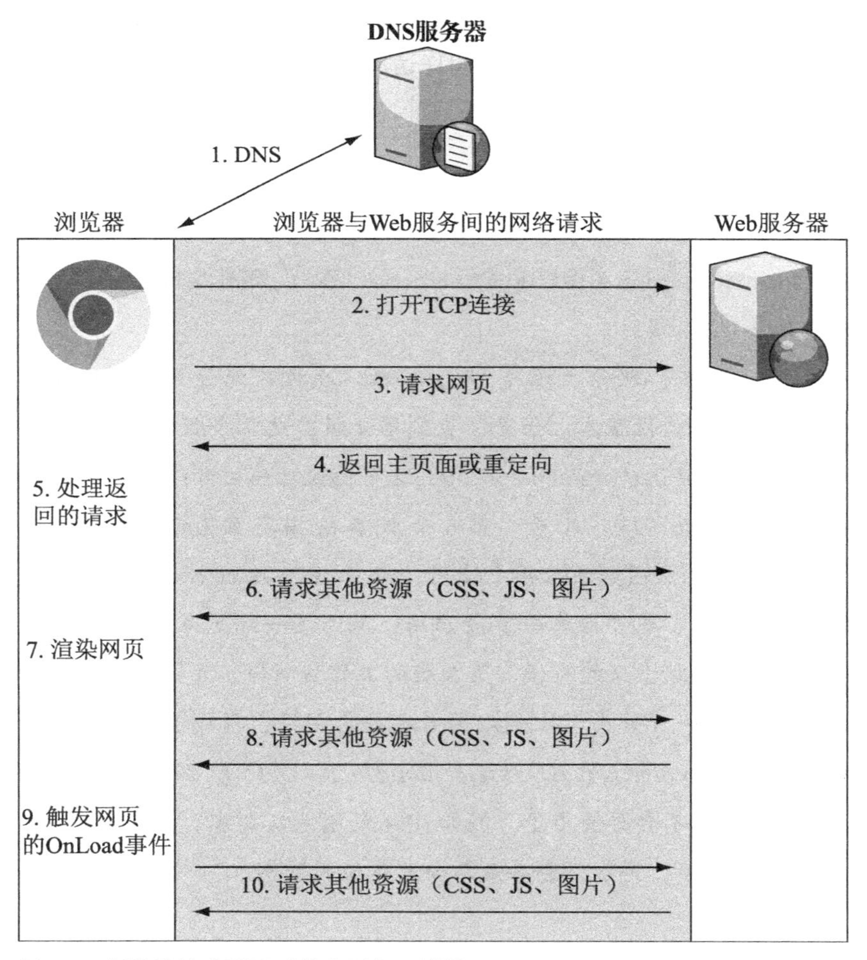

图 1.1　浏览器请求网页时的典型交互过程

1. 浏览器根据 DNS（Domain Name System，域名系统）服务器返回的真实地址请求网页，DNS 主要负责把对人类友好的 *www.google.com* 转换为对机器友好的 IP 地址。

   可以把 IP 地址想象成电话号码，把 DNS 想象成电话号码簿。IP 地址有两种格式，老一点的是 IPv4 地址（比如 26.58.192.4，人类还能用），新一点的是 IPv6 地址（比如 2607:f8b0:4005:801:0:0:0:2004，这绝对只有机器才能用）。与电话区号会随着号源用尽而更换一样，IPv6 也需要满足当下和未来联网设备激增的需求。

   需要注意的是，由于因特网是全球性的，所以大公司通常会把服务器部署在世界各地。我们在向 DNS 查询 IP 地址时，通常会得到一个距离你最近的服务器的 IP 地址，以便你能快速访问。同样访问 *www.google.com*，在美国的人和在欧洲的人很可能会得到不同的 IP 地址，这是很正常的。

怎么没有 IPv5

IPv4（Internet Protocol version 4）被 IPv6（version 6）取代，那有没有 IPv5 呢？另外，你听说过 IPv1 ~ IPv3 吗？

IP 包的前 4 位表示版本，理论上限是 15 个版本。在被广泛使用的 IPv4 以前，出现过 0 ~ 3 共 4 个实验性版本。但是，直到第 4 版，这几个版本一直没有被标准化（参见：*https://tools.ietf.org/html/rfc760*，这个协议后来被升级和替换了，见 *https://tools.ietf.org/html/rfc791*）。此后，第 5 个版本被指定为 Internet Stream Protocol，其主要在实时音频和视频流应用中使用，与 VoIP（Voice over IP，IP 语音）后来的发展类似。可是，这个版本一直没启用，原因之一就是存在与第 4 版一样的地址限制。后来第 6 版出来的时候，第 5 版的工作被叫停，于是 IPv6 就成了 IPv4 的后续版本。据说一开始由于人们以为 6 也被占用了，所以 IPv6 最早被称为第 7 版（参见 *https://archive.is/QqU73#selection-417.1-417.15*）。版本 7、8、9 同样也被占用，而且以后也不会再使用了。假如 IPv6 还有后续版本，很可能会是 IPv10 或更高的版本。到时候，无疑还会导致与今天类似的疑惑。

2. 浏览器请求计算机建立对这个 IP 地址的标准 Web 端口（80）[1]或标准安全 Web 端口（443）的 TCP（Transmission Control Protocol，传输控制协议）连接[2]。

   IP 用于直接通过因特网传输数据（这也是 Internet Protocol 这个名字的含义），而 TCP 增加了稳定性与重传机制以确保连接可靠（“嘿，你拿到了吗？”“没有啊，可以再发一次吗？”）。

   因为这两种技术经常一起使用，通常也被称为 TCP/IP，它们是因特网上运行的主要协议。

   服务器可以提供多种服务（比如电子邮件、FTP、HTTP 和 HTTPS），而端口可以让不同服务共享同一个 IP 地址，这非常像公司的电话总机和分机。

3. 当浏览器连接到 Web 服务器之后会请求网站。这一步就要用到 HTTP 了，具体细节我们在下一节讨论。现在，只需知道浏览器会使用 HTTP 向 Google 的服务器请求 Google 主页就行了。

注意 此时此刻，你的浏览器会自动将简短的网址（*www.google.com*）扩展为语法上更为准确的 URL 地址（*http://www.google.com*）。而包含端口在内的完整 URL 应该是 *http://www.google.com:80*，只不过在使用标准端口（80 用于 HTTP，443 用于 HTTPS）的情况下，浏览器会隐藏端口号。如果使用的是非标准端口，端口就会被显示出来。比如在某些环境特别是开发环境下，HTTP 可以使用 8080 端口，HTTPS 则可以使用 8443 端口。

   如果使用的是 HTTPS（1.4 节将更详细地介绍 HTTPS），还会采取额外的步骤进行安全验证，以确保连接安全。

4. Google 服务器会根据请求的 URL 响应相关内容。一般来说，初始响应中包含 HTML 格式的网页文本。HTML 是一种标准化、结构化的基于文本的格式，用于组织页面中的内容。通常要使用 HTML 标签将网页内容划分为很多区块，同时为了让用户看到丰富的媒体形式，还会引用其他资源（CSS 样式表、JavaScript 代码、图片、字体文件，等等）。

---

1 Google 已经开始了 QUIC 实验，因此如果你使用 Chrome 打开 Google 网站，可能就会使用该协议。第9章会讨论 QUIC。

2 有些网站（包括 Google）会通过一种叫作 HSTS 的技术来自动使用运行于 443 端口的安全 HTTP 连接（HTTPS），因此即使你通过 HTTP 连接服务器，该连接也会在请求发送前被自动升级为 HTTPS。

除了返回 HTML 页面，服务器还有可能返回一条指向不同位置的指令。比如，Google 网站只提供 HTTPS 访问，因此在访问 *http://www.google.com* 时，响应通常是一条特殊的 HTTP 指令（通常是 301 或 302 响应码），将浏览器重定向到新的地址 *https://www.google.com*。这种响应又会导致重复之前的部分或全部步骤，具体取决于新地址的服务器与端口变化多大，比如是不是仍然是同一台服务器上的不同端口（如重定向到 HTTPS），当然还有可能会重定向到相同服务器与端口下的不同页面。

同样，如果这中间出了什么差错，你的浏览器又会收到一个 HTTP 响应码，比如最广为人知的错误响应码 `404 Not Found`。

5. Web 浏览器负责处理返回的响应。假设返回的响应是 HTML，则浏览器就会解析 HTML 中的代码，并在内存中构建 DOM（Document Object Model，文档对象模型），一种页面的内部表现形式。处理期间，浏览器可能会发现正常显示页面还需要其他资源（比如 CSS、JavaScript 和图片）。
6. Web 浏览器请求自己需要的额外资源。Google 的网页非常精简，在写作本书时，只包含 16 个别的资源。其中每个资源都需要以与上述 1 ～ 5 步类似的方式去请求，当然也包含这一步。因为在这些资源中也有可能引用其他资源。普通网页可没有 Google 网页那么精简，通常需要 75 个资源[1]，而且往往会分布在多个域名下，而请求这其中每一个资源，都必须重复 1 ～ 6 步。这是导致上网慢的一个重要因素，因而催生了 HTTP/2。HTTP/2 的主要目的是使得请求多资源时更有效率，本书后续几章将陆续介绍。
7. 浏览器在获取了足够的关键资源后，开始在屏幕上渲染页面。但是，选择在屏幕上渲染的时机又是一个挑战，远没有听起来那么简单。如果浏览器等到所有资源都下载完毕才渲染，那么用户就要等很久才能看到网页，上网的体验会很差。相反，如果浏览器过早渲染页面，那么用户又会看到，伴随着更多资源下载，页面结构也会跳来跳去。假如你正在阅读一篇文章，而页面突然抖动了一下，你不生气才怪。充分理解 Web 技术，特别是 HTTP 和 HTML/CSS/JavaScript，就会知道如何减少加载过程中的这种页面抖动。然而，有太多网站并没有优化好页面以应对这个问题。

---

1 见链接1.1所示网址。

8. 在页面刚刚显示在屏幕上之后，浏览器会在后台继续下载其他资源，并在处理完它们之后更新页面。这些资源包括不那么重要的图片和广告追踪脚本。因此，我们经常会看到网页刚显示时并没有图片（特别是在网速比较慢的情况下），而过了一会儿图片才慢慢下载并显示出来。
9. 当页面完全被加载后，浏览器会停止显示加载图标（在多数浏览器上都位于地址栏旁边），然后触发 `OnLoad` JavaScript 事件。根据这个事件，JavaScript 就知道可以执行某些操作了。
10. 此时，页面已经完全加载了，但浏览器并不会停止发送请求。网页只包含静态内容的时代早就过去了。如今的很多网页其实已经是功能齐全的应用了，因此接下来浏览器还会与因特网上的各种浏览器打交道，发送或加载更多内容。这些内容有的来自用户输入，比如你在 Google 主页的搜索框中填写了一个关键字，但没有按"搜索"按钮就立即看到了搜索建议；有的来自应用驱动的操作，比如你的 Facebook 或者 Twitter 动态，不需要你点击"刷新"按钮就能自动刷新。这些操作通常在后面悄悄发生，你看不到它们，特别是广告分析脚本，它会跟踪你在网站上的操作，并将该信息发送给站长或者广告服务商。

如你所见，当你请求一个 URL 时会发生很多事情，而且这些事情通常发生在眨眼之间。上面这些步骤中的每一步都可以用一整本书来讲述，并且在不同场景下还有不同。本书主要关注（并且会深挖）第 3 ～ 8 步（通过 HTTP 加载网站）。后面有些章节也会简单介绍第 2 步（HTTP 所使用的底层连接）的内容。

1.2 什么是HTTP

前面章节没有对 HTTP 工作方式的细节做过多描述，这样我们才能对 HTTP 如何适用于广阔的因特网有自己的理解。本节，将简单介绍 HTTP 的动作方式，以及如何使用它。

如上所述，HTTP 代表*超文本传输协议*。如其名字所表示的，HTTP 最初是用来传输超文本文档（文档中包含指向其他文档的链接）的。HTTP 的第一个版本，除这些文档以外不支持任何其他的类型。很快，开发者们意识到这个协议可以用来传输其他文件类型（如图片），所以如今*超文本*作为 HTTP 的第一个 H，已经有点"名不符实"了。但是考虑到 HTTP 的广泛应用，现在也来不及给它改名字了。

HTTP 基于可靠的网络连接，通常由 TCP/IP 提供，而 TCP/IP 建立在某种物理连接之上（如以太网、WiFi 等）。因为通信协议被分到不同的层，所以每一层可以专注做好当前层的事情。HTTP 不关心如何建立网络连接的底层细节。基于 HTTP 的应用应该关注如何处理网络错误或者连接错误，而协议本身并不考虑这些事情。

OSI 模型（Open System Interconnection，开放式系统互联通信参考模型）是经常用来描述网络分层的概念模型。此模型包含 7 层，但这些层并不严格对应所有的网络，尤其是因特网。TCP 跨越至少两层（有可能是三层），这取决于你如何定义这些层。图 1.2 简单地描述了此模型如何和 Web 流量对应，HTTP 处在这个模型的哪个位置。

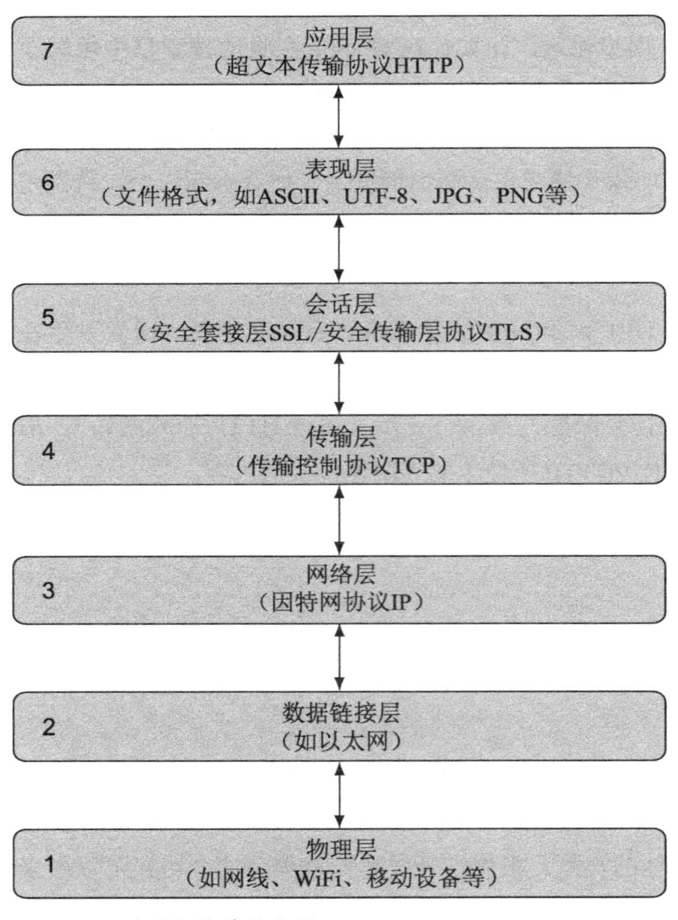

图 1.2 网络数据传输的分层

对于每一层的具体定义，有一些争论。在因特网这样的复杂系统中，不是每件事情都能像开发者喜欢的那样简单定义。事实上，IETF（Internet Engineering Task Force，因特网工程任务组）提醒过，不要太过于纠结网络分层[1]。但是，如果我们想对 HTTP 处在这个模型的哪个位置，以及它是如何基于下层的协议工作的，有个概括性的理解，OSI 模型对我们还是很有帮助的。许多 Web 应用基于 HTTP 构建，所以我们在说应用层的时候，更多的是指网络而不是 JavaScript 应用。

从本质上来讲，HTTP 是一个请求 - 响应协议。Web 浏览器使用 HTTP 协议，向服务器发送一个请求。服务器响应一个消息，这个消息包含了浏览器所请求的资源。HTTP 成功的关键在于简单。在随后的章节中我们会看到，这种简单性反而成了 HTTP/2 要解决的问题。为了效率，HTTP/2 牺牲了一些简单性。

创建一个连接后，HTTP 请求的基本语法如下：

```
GET /page.html↵
```

这里的↵符号代表一个回车 / 换行（Enter 或者 Return 键）。HTTP 的基本形式就是如此简单。使用 HTTP 的其中一个方法（这里是 `GET`），后跟所请求的资源地址（`/page.html`）。此刻已经连接到了对应的服务器，这里使用了叫作 TCP/IP 的技术。所以我们可以很简单地从服务器请求资源，而不用关心连接的创建和管理。

HTTP 协议的首个版本（0.9）仅支持这种简单的语法，并且只有一个 `GET` 方法。这时候你可能会问，为什么在 HTTP/0.9 请求中还需要声明 `GET`，不显得多此一举吗？后来的 HTTP 版本中引入了其他方法，所以请给 HTTP 的发明者们送上掌声，他们预见到了会有更多的请求方法。在下一节，会讨论 HTTP 的多个版本，但本语法作为 HTTP `GET` 请求的格式依然可被识别。

举一个实际的例子。由于 Web 服务器仅需要一个 TCP/IP 连接来接收 HTTP 请求，所以可以使用像 Telnet 这样的应用程序来模拟浏览器。Telnet 是一个简单的应用程序，它可以创建到服务器的 TCP/IP 连接，然后你就能以文本形式输入命令，并查看响应。这个程序正是我们研究 HTTP 所需要的，不过在本章末尾，我们会介绍一些更好的查看 HTTP 的工具。但很不幸的是，一些技术面临过时，Telnet 刚好是其中之一，许多操作系统默认都不包含 Telnet 客户端了。为了尝试一些简单的 HTTP 请求，我们可能需要手动安装一个 Telnet 客户端，或者可以使用一个类似的命令，如 `nc`。这

1 见链接1.2所示网址。

个命令是 netcat 的简写版，很多 Linux 系的操作系统中都有，包括 macOS。下面给出一个它的简单示例，效果和使用 Telnet 几乎一样。

对于 Windows 用户来说，推荐使用 PuTTY[1]（通常需要手动安装），而不建议使用 Windows 自带的客户端，自带的客户端经常会有显示问题，比如不显示正在输入的内容，或者覆盖掉之前的内容。安装、启动 PuTTY 之后，会看到配置窗口，可以在此输入主机名（*www.google.com*）、端口号（80）和连接类型（Telnet）。在 Close window on exit（退出时关闭窗口）选项区，确保选中 Never（永不）选项，否则将看不到结果，如图 1.3 所示。如果在输入下面的命令时遇到了问题，提示输入了错误的请求格式，则可能需要将 Connection → Telnet → Telnet Negotiation Mode 修改为 Passive。

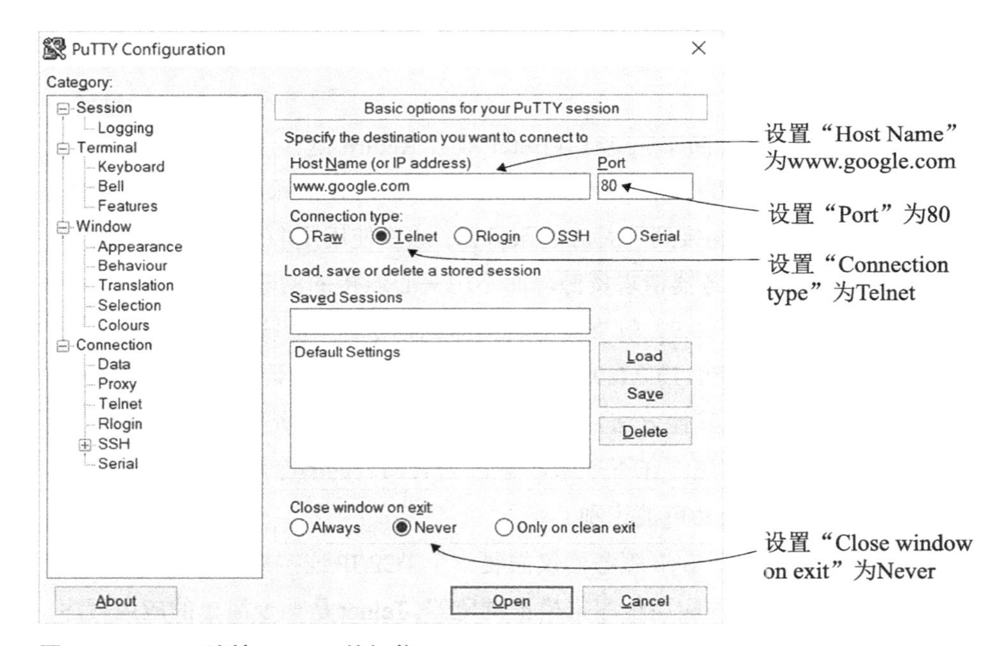

图 1.3 PuTTY 连接 Google 的细节

如果你使用的是 Apple Macintosh 或者 Linux 主机，也许可以直接从命令行调用 Telnet，前提是 Telnet 已经安装好：

```
$ telnet www.google.com 80
```

1 见链接1.3所示网址。

或者，像我们之前提到的，使用 nc 命令：

```
$ nc www.google.com 80
```

开启了一个 Telnet 会话并建立连接后，会看到屏幕上一片空白，或者出现如下提示（具体取决于 Telnet 程序）：

```
Trying 216.58.193.68...
Connected to www.google.com.
Escape character is '^]'.
```

无论此消息有没有显示，我们都可以输入 HTTP 命令。所以，输入 GET/ 并按下回车键，是在告诉 Google 的服务器，请求默认页（/），并且（因为没指定 HTTP 版本号）使用默认的 HTTP/0.9。注意，有一些 Telnet 客户端默认不会回显你正在输入的内容（特别是 Windows 自带的 Telnet 客户端），所以我们看不到自己输入了什么内容。但是依旧可以发送这些命令。

通过公司代理使用 Telnet

如果你的电脑不能直接访问因特网，就不能通过 Telnet 直接连上 Google。在使用代理来限制直接访问的公司环境中，这种情况经常发生（第 3 章讨论代理）。这时，可以使用一台内部的 Web 服务器（比如内部网站）观看示例，不能使用 Google。在 1.5.3 节，讨论可以使用代理的其他工具，但是现在，只需接着读后面的内容，不用照着做。

Google 的服务器通常使用 HTTP/1.0 响应，它会忽略你发送的 HTTP/0.9 请求（因为已经没有服务器在使用 HTTP/0.9 了）。响应中包含一个 HTTP 响应码 200（说明请求成功）或者 302（说明服务器想让你跳转到另外一页），随后关闭连接。下一节我们介绍过程的细节，所以现在不要太关注其中的细节。

如下是一台 Linux 终端上的响应，响应行加粗显示。为了简洁，返回的 HTML 内容没有完全显示：

```
$ telnet www.google.com 80
Trying 172.217.3.196...
Connected to www.google.com.
Escape character is '^]'.
GET /
```

```
HTTP/1.0 200 OK
Date: Sun, 10 Sep 2017 16:20:09 GMT
Expires: -1
Cache-Control: private, max-age=0
Content-Type: text/html; charset=ISO-8859-1
P3P: CP="This is not a P3P policy! See
     https://www.google.com/support/accounts/answer/151657?hl=en for more info."
Server: gws
X-XSS-Protection: 1; mode=block
X-Frame-Options: SAMEORIGIN
Set-Cookie:
     NID=111=QIMb1TZHhHGXEPjUXqbHChZGCcVLFQOvmqjNcUIejUXqbHChZKtrF4Hf4x4
     DVjTb01R8DWShPlu6_aQ-AnPXgONzEoGOpapm_VOTW0Y8TWVpNap_1234567890-p2g;
     expires=Mon, 12-Mar-2018 16:20:09 GMT; path=/; domain=.google.com;
     HttpOnly
Accept-Ranges: none
Vary: Accept-Encoding

<!doctype html><html itemscope="" itemtype="http://schema.org/WebPage"
    lang="en"><head><meta content="Search the world's information,
    including webpages, images, videos and more. Google has many
    special features to help you find exactly what you're looking for.
    " name="description
...etc.

</script></div></body></html>Connection closed by foreign host.
```

如果你不在美国，可能会看到一个指向当地 Google 服务器的跳转。比如，你在爱尔兰，Google 会发送一个 302 响应，建议浏览器访问 Google Ireland（*http://www.google.ie*）。如下所示：

```
GET /
HTTP/1.0 302 Found
Location: http://www.google.ie/?gws_rd=cr&dcr=0&ei=BWe1WYrf123456qpIbwDg
Cache-Control: private
Content-Type: text/html; charset=UTF-8
P3P: CP="This is not a P3P policy! See
     https://www.google.com/support/accounts/answer/151657?hl=en for more info."
Date: Sun, 10 Sep 2017 16:23:33 GMT
Server: gws
Content-Length: 268
X-XSS-Protection: 1; mode=block
X-Frame-Options: SAMEORIGIN
Set-Cookie: NID=111=ff1KAwIMjt3X4MEg_KzqR_9eAG78CWNGEFlDG0XIf7dLZsQeLerX-
    P8uSnXYCWNGEFlDG0dsM-8V8X8ny4nbu2w96GRTZtzXWOHvWS123456dhd0LpD_123456789;
    expires=Mon, 12-Mar-2018 16:23:33 GMT; path=/; domain=.google.com; HttpOnly

<HTML><HEAD><meta http-equiv="content-type" content="text/html;charset=utf-8">

    <TITLE>302 Moved</TITLE></HEAD><BODY>
```

```
                    <H1>302 Moved</H1>
                                        The document has moved <A
    HREF="http://www.google.ie/?gws_rd=cr&amp;dcr=0&amp;ei=BWe1WYrfIojUgAbqpIbw
    Dg">here</A>.
</BODY></HTML> Connection closed by foreign host.
```

在每个例子的末尾，我们都会看到，连接被关闭。想要发送另一个 HTTP 请求，需要再次创建连接。为了省略此步骤，可以使用 HTTP/1.1（默认保持连接打开，后面会讲），在请求资源之后输入 `HTTP/1.1`：

```
GET / HTTP/1.1↵↵
```

注意，如果你使用 HTTP/1.0 或者 HTTP/1.1，一定要按两下 Return 键，告诉 Web 服务器 HTTP 请求发送完了。在下一节，我们解释为什么对于 HTTP/1.0 和 HTTP/1.1 来说，必须按两下 Return 键。

在服务器响应之后，可以再次使用 `GET` 命令获取页面。实际上，Web 浏览器通常使用这个未关闭的连接去请求其他的资源（而不是像我们一样再次请求同样的资源），但是概念上是一样的。

从技术上来讲，为了遵守 HTTP/1.1 规范，在 HTTP/1.1 请求中还要指定 `host` 首部，理由我们还是放到后面再讲。对于这个简单的例子，不用太担心这个要求，因为 Google 看起来并不一定要求这样（但是如果使用其他的网站，结果可能不同）。

如你所见，HTTP 基本的语法很简单，是一种基于文本的请求 - 响应格式，但是在 HTTP/2 下它变成了二进制格式。

如果请求非文本数据，比如一张图片，使用像 Telnet 这样的程序就不太方便了。在终端会话中会显示一堆乱码，Telnet 会尝试将二进制图片格式转换为有意义的文本，但是失败了。如：

```
$ telnet www.google.com 80
Trying 172.217.3.164...
Connected to www.google.com.
Escape character is '^]'.
GET /images/branding/googlelogo/2x/googlelogo_color_120x44dp.png
▒.k▒
I▒¥&▒]▒S▒y▒8▒.ĸ?F▒{I▒iH▒g▒?Sk▒"▒F>#U▒p▒I▒7E^T▒~n▒EG▒I▒^▒
    +.`x▒\w ▒CR 怞 ▒U3V▒O>6b▒y8▒S▒cHj^.▒F▒4=xw
(▒F▒Bc▒]Zu▒ ▒~Hj▒i▒R▒G▒mH▒.|▒<▒xH 궈▒
        ;   '   fH   5            |   %WH   7's/y    w
▒b▒@▒4▒_▒{:$▒.▒(O▒ÿ▒ ў▒=▒!i▒\▒DٲM▒9
      ▒
.▒$I▒$I▒$I▒$I▒~▒T▒LC▒
▒IEND▒B`▒Connection closed by foreign host.
```

现在笔者已经不使用Telnet了，有更好的工具可以使用，但是这个练习依然很有用，它说明了HTTP消息的格式，并展示了协议的初始版本是多么地简单。

如之前提到的，HTTP成功的关键在于它的简单，这使它在服务层面实现起来相对简单。所以，似乎所有可以上网的电脑（从复杂的服务器到IoT中的灯泡）都可以实现HTTP，并直接通过网络提供灵活的命令。实现完全符合HTTP规范的Web服务器是一项更加艰巨的任务。同样，网页浏览器也非常复杂，在通过HTTP获取网页（包括HTML、CSS和用于显示网页的JavaScript）后，还有无数其他协议需要处理。但是，创建一个简单的服务来监听HTTP `GET`请求，以及响应数据，并不困难。HTTP的简单性也促进了微服务体系结构的繁荣，在该结构中，通常基于较轻的应用服务器，如Node.js（Node），应用程序被分成许多独立的Web服务。

1.3 HTTP的语法和历史

1989年，在CERN，Tim Berners-Lee和他的团队启动了对HTTP的研究。该研究旨在实现一种计算机互联网络，并通过此网络提供对研究成果的访问，且将研究链接起来，以便它们可以方便即时地相互引用——单击一个链接就可以打开相关的文档。此类系统的构想已经存在相当长一段时间，*超文本*一词也于20世纪60年代问世。随着20世纪80年代因特网的发展，实现此构想成为可能。在1989年和1990年间，Berners-Lee发布了构建此类系统的提议[1]。紧接着他构建了第一个基于HTTP的Web服务器，以及第一个Web浏览器，用以请求并显示HTML文档。

1.3.1 HTTP/0.9

HTTP的第一个规范是1991年发布的0.9版本。此规范文档[2]只有不到700个单词。该规范指定，通过TCP/IP（或类似的面向连接的服务）与服务器和端口（可选的，如果未指定端口，则使用80）建立连接。客户端应发送一行ASCII文本，包括`GET`、文档地址（无空格）、回车符和换行符（回车是可选的）。服务器使用HTML格式的消息进行响应，该消息被定义为“ASCII字符的字节流”。规范还指定，“通过服务器关闭连接来终止消息”，这就是为什么在前面的示例中，在每个请求之后

1 见链接1.4所示网址。

2 见链接1.5所示网址。

都关闭了连接。在处理错误时，规范声明："错误响应以可读的文本显示，使用HTML语法。除了文本的内容，没有办法区分错误响应和正确响应。"在文档结尾处，规范指出："请求是幂等的。服务器不需要在断开连接后存储关于请求的任何信息。"本规范为我们提供了HTTP的无状态特性，这是一把双刃剑，有利（这很简单）也有弊（因为必须附加HTTP cookies等技术以允许状态跟踪，这对于复杂的应用程序是必需的）。

如下是HTTP/0.9可能仅有的指令：

```
GET /section/page.html↵
```

当然，请求的资源（/section/page.html）可以改变，但是句法中的其他部分是不变的。

当时，还没有HTTP头字段（这里称为HTTP首部）或任何其他媒体（如图像）的概念。令人惊讶的是，从这个旨在为研究机构提供对信息的便捷访问的、简单的请求/响应协议，很快催生了当今世界不可或缺又丰富多彩的万维网。即便在早期，Berners-Lee也称他的发明为WorldWideWeb（没有空格），这体现了他对于此项目的远见，以及想让其成为一个全球系统的目标。

1.3.2　HTTP/1.0

万维网如一颗新星，迅速崛起。NetCraft[1]数据显示，到1995年9月，网络上有19705个主机名。一个月后，这个数字跃升至31568，此后也一直以惊人的速度增长。在笔者写作本书时，世界上已经有接近20亿个网站。到1995年，HTTP/0.9这个简单协议的局限性已经不可忽视，大多数Web服务器都已经实现了远超0.9规范的扩展。由Dave Raggett领导的HTTP工作组（HTTP WG）开始研究HTTP/1.0，试图记录"协议的共同用法"。该文档就是RFC 1945[2]，其于1996年5月发布。RFC（征求意见稿）文件由IETF发布。它可以作为正式标准被接受，也可以作为非正式文件用于存档。HTTP/1.0 RFC[3]属于后者，它并不是正式规范。在文档的开头部分，它声称自己是一个"备忘录"，并申明："本备忘录为互联网社区提供信息。本备忘录不规定任何形式的互联网标准。"

1　见链接1.6所示网址。

2　见链接1.7所示网址。

3　见链接1.8所示网址。

尽管不是正式标准，HTTP/1.0 还是新增了一些关键特性，包含：

- 更多的请求方法。除了先前定义的 GET 方法，新增了 HEAD 和 POST 方法。
- 为所有的消息添加 HTTP 版本号字段。此字段是可选的，为了向后兼容，默认情况下使用 HTTP/0.9。
- HTTP 首部。它可以与请求和响应一起发送，以提供与正在执行的请求或发送的响应相关的更多信息。
- 一个三位整数的响应状态码，（例如）用来表示响应是否成功。此状态码还可以用来表示重定向请求、条件请求和错误状态（404 - Not Found 是其中最著名的错误状态之一）。

在使用协议的过程中，一些急需的扩展应运而生。并且 HTTP/1.0 旨在记录现实世界中多数 Web 服务器上已经发生的事情，而不是定义新的功能。特性的扩增给 Web 带来了大量的新机会。其中，通过使用 HTTP 响应首部来定义正文中的内容类型，人们终于可以向网页中添加多媒体内容。

HTTP/1.0 的方法

GET 方法与 HTTP/0.9 中的基本相同，但是新增的首部允许客户端发送条件 GET（仅当在客户端上次请求之后，资源发生变化时，才请求资源内容；否则，告诉客户端资源没变化，继续使用旧的副本）。此外，我们之前提到过，用户可以使用 GET 方法获取更多的资源，而不仅仅是超文本文档，比如使用 HTTP 下载图像、视频或其他类型的媒体内容。

HEAD 方法允许客户端获取资源的所有元信息（例如 HTTP 头）而无须下载资源本身。在很多场景下，此方法很有用。例如，Google 的网络爬虫可以检查资源是否已被更改并仅在其改变时才下载，从而为 Google 和目标 Web 服务器节省资源。

POST 方法就更有趣了，它允许客户端发送数据到 Web 服务器。如果 Web 服务器准备好接收数据并执行相应的操作，那么用户可以通过 HTTP POST 一个新的 HTML 文件到 Web 服务器上，而不是像标准的文件传输方法一样，将它直接放到服务器上。POST 方法不局限于发送完整的文件，它可以发送更小的数据。网站上的表单通常使用 POST 方法发送，将表单的内容作为键值对放在 HTTP 请求体中发送。也就是说，POST 方法允许将内容作为 HTTP 请求的一部分从客户端发送到服务器，这表示 HTTP 请求终于和 HTTP 响应一样，拥有了正文部分。

实际上，GET 方法允许将数据包含在 URL 尾部指定的查询参数中发送，通常放在 ? 字符之后。例如，*https://www.google.com/?q=search+string* 告诉 Google 你正在搜索关键词 search string。查询参数在最早的 URI（Uniform Resource Identifier，统一资源标识符）规范[1]中定义，但它们提供了额外的参数来指明 URI，而不是用它们向 Web 服务器上传数据。URL 受到长度和内容方面的限制（例如，无法发送二进制数据），并且某些机密数据（密码、信用卡数据等）也不应出现在 URL 中，因为很容易就可以在屏幕和浏览器历史记录中看到这些数据。当 URL 被分享出去时，这些数据也包括在内。因此，POST 方法通常是一种更好的数据发送方式，其中的数据也不是那么显而易见（尽管在通过透明的 HTTP 而不是安全的 HTTPS 发送时仍应小心，稍后会讨论这一点）。另一个区别是 GET 请求是幂等的，而 POST 请求不是。这意味着对于同一个 URL 的多个 GET 请求，应始终返回相同的结果；而对于同一 URL 请求的多个 POST 请求，则可能不会返回相同的结果。例如，我们刷新网站上的标准页面，它应该显示相同的内容。如果在电子商务网站刷新确认页面，则浏览器可能会询问你，是否真的要重新提交数据，这可能会导致你重复下单，尽管在编写电子商务网站应用程序时，就应该确保不会发生这种情况！

HTTP 请求首部

HTTP/0.9 只使用一行指令 GET 资源，而 HTTP/1.0 引入了 HTTP 首部（或者叫首部）。这些首部允许请求向服务器提供附加信息，可以使用首部来决定如何处理请求。HTTP 首部在原始请求行之后的单独行上提供。HTTP GET 请求已从：

```
GET /page.html↵
```

变成了：

```
GET /page.html HTTP/1.0↵
Header1: Value1↵
Header2: Value2↵
↵
```

或者（没有首部的时候）

```
GET /page.html HTTP/1.0↵
↵
```

1 见链接1.9所示网址。

也就是说，在第一行中添加了一个版本部分（可选的，如果未指定，则默认为HTTP/0.9）。并且可选的HTTP首部之后跟着两个回车/换行符(以下简称为回车符)。第二行必须发送一个空行，用于表示（可选的）请求首部部分已完成。

HTTP首部使用首部名称、冒号和首部内容表示。根据规范，首部名称（而不是内容）不区分大小写。当使用空格或制表符开始新的一行时，首部可以跨越多行，但并不推荐这种做法；很少有客户端或服务器使用此格式，所以它们可能无法正确处理这种格式。可以发送具有相同名称的多个首部，在语义上这与发送以逗号分隔的版本完全相同。也就是说，

```
GET /page.html HTTP/1.0↵
Header1: Value1↵
Header1: Value2↵
```

和下面这样的处理完全相同：

```
GET /page.html HTTP/1.0↵
Header1: Value1, Value2↵
```

HTTP/1.0定义了一些标准首部，而我们这里的示例演示了在HTTP/1.0中如何提供自定义首部（在此示例中为Header1），而且无须更新版本协议。在设计协议时就考虑到了扩展性。并且，规范明确指出，这些字段不能让接收者认为是可以识别的，或许可以被忽略，然而标准首部应该由符合HTTP/1.0规范的服务器处理[1]。

一个经典的HTTP/1.0 GET请求是：

```
GET /page.html HTTP/1.0↵
Accept: text/html,application/xhtml+xml,image/jxr/,*/*↵
Accept-Encoding: gzip, deflate, br↵
Accept-Language: en-GB,en-US;q=0.8,en;q=0.6↵
Connection: keep-alive↵
Host: www.example.com↵
User-Agent: MyAwesomeWebBrowser 1.1↵
```

此请求告诉服务器你可以接受哪些格式的响应（HTML、XHTML和XML等），你可以接受多种编码格式（例如，gzip、deflate和brotli，这些压缩算法用于压缩通过HTTP发送的数据），你倾向于使用哪种语言（英式英语、美国英语，或者任何其他形式的英语），以及你正在使用的浏览器（MyAwesomeWebBrowser 1.1）。它还告知服务器保持连接（稍后会讲）。整个请求用两个回车符结束。从这里开始，出于可读性考虑，我们去掉了换行符。你可以假设请求中的最后一行后跟两个回车符。

1 通用的Web服务器，如Nginx等，应当只处理标准首部，自定义首部由开发者部署的应用程序自己处理。

HTTP 响应状态码

一个经典的来自 HTTP/1.0 服务器的响应如下：

```
HTTP/1.0 200 OK
Date: Sun, 25 Jun 2017 13:30:24 GMT
Content-Type: text/html
Server: Apache

<!doctype html>
<html>
<head>
...etc.
```

此处省略的内容是 HTML 的剩余部分。可以看到，响应的第一行包括响应消息的 HTTP 版本（HTTP/1.0）、三位数的 HTTP 状态码（200）以及该状态码的文本描述（OK）。状态码和描述是 HTTP/1.0 中的新概念。在 HTTP/0.9 中，没有响应码这样的概念，错误只能在返回的 HTML 本身中给出。表 1.1 显示了 HTTP/1.0 规范中定义的 HTTP 响应码[1]。

表 1.1　HTTP/1.0 响应码

分　类	值	描　述	详　情
1xx（信息）	N/A	N/A	HTTP/1.0 未定义任何 1xx 的状态码，但是定义了此分类
2xx（成功）	200	OK	这是一个成功请求的标准响应码
	201	Created	此状态码应当由 POST 请求返回
	202	Accepted	请求正在处理中，还未处理完成
	204	No content	已接收请求，正在处理中，但是响应没有消息体
3xx（重定向）	300	Multiple choices	此状态码不直接使用。它说明 3xx 分类资源在一个（或更多）地方可用，并且此响应提供了它所在处的更多信息
	301	Moved permanently	Location 响应首部提供资源的新地址
	302	Moved temporarily	Location 响应首部提供资源的新地址
	304	Not modified	此状态码用以表示条件响应，不需要发送正文
4xx（客户端错误）	400	Bad Request	服务端无法理解请求，应当修改之后再次发送
	401	Unauthorized	此状态码通常表明未被授权的访问
	403	Forbidden	此状态码通常表明你已通过了授权流程，但是没有访问此资源的权限
	404	Not found	这可能是最著名的 HTTP 状态码了，它经常出现在错误页面上

1　见链接1.10所示网址。

续表

分 类	值	描 述	详 情
5xx（服务端错误）	500	Internal server error	由于服务端错误，请求无法完成
	501	Not implemented	服务端不识别请求（比如未实现的 HTTP 方法）
	502	Bad gateway	当服务器作为一个网关或者代理时，收到了上游服务的错误
	503	Service unavailable	由于负载过高或者维护，服务端无法完成请求

聪明的读者可能会注意到，一些 HTTP/1.0 RFC 早期草稿中的响应码（如 203、303、402）没有列出。在最终发布的 RFC 中，没有包含这些状态码。其中有一些状态码在 HTTP/1.1 中又回归了，但通常它们具有不同的描述和含义。IANA（Internet Assigned Numbers Authority，互联网数字分配机构）维护所有 HTTP 版本的状态码列表。但表 1.1 中所列状态码（最初在 HTTP/1.0 中定义）是最常用的。

很显然，某些状态码的含义有重叠。例如，你可能会疑惑，无法识别的请求，其状态码是 400（错误请求）还是 501（未实现）。把响应码设计为宽泛的形式，这样每个应用程序都可以选择最合适的状态码。该规范还指出，响应码是可扩展的，因此可以根据需要添加新代码而无须更改协议。这也是响应码会按首个数字分类的原因。一个新的响应码（如 504）可能无法被已有的 HTTP/1.0 客户端所理解，但客户端知道请求是由于服务端的某种原因而失败，并且可以像处理其他 5xx 响应码一样来处理它。

HTTP 响应首部

在返回响应的第一行之后，会有一到多行 HTTP/1 响应首部。请求首部和响应首部遵循同样的格式。在响应首部之后，是两个回车符，然后是响应体，如下加粗的部分所示：

```
GET /
HTTP/1.0 302 Found
Location: http://www.google.ie/?gws_rd=cr&dcr=0&ei=BWe1WYrf123456qpIbwDg
Cache-Control: private
Content-Type: text/html; charset=UTF-8
Date: Sun, 10 Sep 2017 16:23:33 GMT
Server: gws
Content-Length: 268
X-XSS-Protection: 1; mode=block
X-Frame-Options: SAMEORIGIN

<HTML><HEAD><meta http-equiv="content-type" content="text/html;charset=
utf-8">
```

```
<TITLE>302 Moved</TITLE></HEAD><BODY>
                              <H1>302 Moved</H1>
                                              The document has moved
<A HREF="http://www.google.ie/?gws_rd=cr&amp;dcr=0&amp;ei=BWe1WYrfIojUgAbqp
IbwDg">here</A>.</BODY></HTML> Connection closed by foreign host.
```

随着HTTP/1.0的发布，HTTP语法得到了极大的扩展，能够使用它创建动态的功能丰富的应用程序，而不仅仅是HTTP/0.9时的简单文档获取程序。HTTP也变得越来越复杂，从大约700个单词的HTTP/0.9规范扩展到近20 000个单词的HTTP/1.0 RFC。即使发布了HTTP/1.0，HTTP工作组也认为其只是记录当前使用的权宜之计，并且已经着手HTTP/1.1的工作。我们之前提到过，HTTP/1.0的发布主要是为了给已经在使用的HTTP提供一些标准和文档，而不是为客户端和服务器定义新语法。除了新的响应码外，其他方法（例如PUT、DELETE、LINK和UNLINK）和当时正在使用的列在RFC的附录中的其他HTTP首部，在HTTP/1.1中变成了标准。HTTP的成功使得工作组在将HTTP推向全球的短短5年之后就难以跟上实际应用的步伐。

1.3.3 HTTP/1.1

如前所述，HTTP的第一个版本0.9版，为获取基于文本的文档提供了基本方法。现在其已被扩展到更完善的1.0版，并且在1.1版中被进一步标准化和完善。正如版本号所表示的，HTTP/1.1更像是对HTTP/1.0的调整，它没有从根本上改变协议。从0.9到1.0是一个较大的变化，增加了HTTP首部。HTTP/1.1做了进一步的改进，以便充分利用HTTP协议（例如，持久连接、强制响应首部、更好的缓存选项和分块编码）。更重要的是，它提供了一个正式标准，后来的万维网正是基于它构筑。虽然HTTP的基础知识很容易理解，但是里面许多错综复杂的细节、实现方式的不同，以及正式标准的缺乏使得它难以扩展。

HTTP/1.1的首个规范发布于1997年1月[1]（HTTP/1.0规范发布之后仅仅过了9个月），于1999年6月[2]被新版本替换，然后于2014年6月第3个版本[3]发布。每个新版本的发布都会废除之前的版本。到如今，HTTP规范已经超过305页，有将近

1 见链接1.11所示网址。

2 见链接1.12所示网址。

3 见链接1.13所示网址。

100 000个单词。这突显了它的成长速度。弄清楚HTTP复杂的使用方法至关重要。实际上，在撰写本书时，HTTP规范又更新了[1]，此规范很快就会发布。从根本上说，HTTP/1.1和HTTP/1.0并没有太大的区别。但是在HTTP问世之后的20年中，网络的爆炸式增长，使其增加了许多新的功能，以及文档显示的新形式。

描述HTTP/1.1本身就需要一本书，但我们只讨论一些要点，为本书进行后面HTTP/2的讨论提供背景知识。HTTP/1.1的许多附加功能是通过HTTP首部引入的，HTTP首部本身是在HTTP/1.0中引入的，这意味着HTTP的基本结构在两个版本之间没有变化。强制首部和持久连接是HTTP/1.0语法的两个显著变化。

强制添加Host首部

HTTP请求行（如GET指令）中的URL不是一个包含绝对路径的URL（如http://www.example.com/section/page.html），而是一个只包含相对路径的URL（如/section/page.html）。在设计HTTP协议之初，一个Web服务器只能托管一个网站（但是这个网站上可以有很多部分和页面）。所以URL的主机名部分是不言自明的，因为在发送HTTP请求之前，用户肯定已经连接到了主机。如今，很多Web服务器上面有多个网站（虚拟主机托管），所以告诉服务器要访问哪个网站和访问哪个相对URL同样重要。此功能可以通过下面的方法实现：将HTTP请求中的URL修改为完整的包含绝对路径的URL。但如果采用这种方法，则很多现有的Web服务器和客户端都不能正常运行。所以，我们在请求首部中添加Host来实现该功能：

```
GET / HTTP/1.1
Host: www.google.com
```

这个首部在HTTP/1.0中是可选的，但是在HTTP/1.1中它是必选项。下面的请求从技术上来讲格式并不正确，因为它声明自己使用HTTP/1.1，却没有提供一个Host首部：

```
GET / HTTP/1.1
```

根据HTTP/1.1的规范[2]，请求应该被服务器拒绝（使用一个400状态码）。但是多数Web服务器很宽容，对于此类请求它们会使用一个默认的Host。

1 见链接1.14所示网址。

2 见链接1.15所示网址。

将 Host 作为必选项是 HTTP/1.1 的重要改进，这使得服务器能够充分利用虚拟主机托管技术，无须顾及因为新增网站而新加独立主机所带来的复杂性，从而使得网络繁荣发展。另外，如果没有这个改进，我们会更早遭遇 IPv4 的 IP 地址不足的限制。但从另一个角度来讲，如果没有这个方式来解决此限制，可能会更积极地推动 IPv6 的发展。但是在撰写本书时，IPv6 还在推广的过程中，尽管它已经存在 20 多年了！

指定强制 Host 首部字段，而不是将相对 URL 更改为绝对 URL，带来了一些争论[1]。HTTP/1.1 引入的 HTTP 代理允许通过中间 HTTP 服务器连接到目标 HTTP 服务器。代理的语法要求所有的请求使用完整的绝对 URL，但实际的 Web 服务器（也称为源服务器）要求强制使用 Host 首部。我们知道，使用 Host 首部对于避免破坏现有服务器是必要的，但它强制要求 HTTP/1.1 客户端和服务器使用虚拟主机式请求，只有这样才能完全兼容 HTTP/1.1 实现。有人认为，在 HTTP 的未来某个版本中，这种情况会得到更好的解决。HTTP/1.1 规范声明，“为了支持在某些未来版本的 HTTP 中，转为使用绝对 URL 形式，服务器必须接受请求中的绝对 URL 形式，即使 HTTP/1.1 客户端只会在使用代理的请求中发送它们。”但是，稍后我们会看到，HTTP/2 并未彻底解决此问题，而是使用 :authority 伪首部字段替换 Host 首部（请参阅第 4 章）。

持久连接（也就是 KEEP-ALIVE）

HTTP 中的另外一个被很多 HTTP/1.0 服务器所支持的重大更新是持久连接，但是它没被包含在 HTTP/1.0 的规范中。起初，HTTP 仅仅是一个请求 - 响应协议。客户端打开连接，请求资源，获得响应，然后断开连接。随着互联网的媒体内容变得更加丰富，关闭连接被证明是一种浪费性能的行为。显示一个页面需要多个资源，所以关闭连接之后还要重新打开它，这导致了不必要的延迟。这个问题被一个新的 Connection 首部解决了，这个 HTTP 首部可以随着 HTTP/1.0 的请求被发送。通过指定此首部值为 Keey-Alive，客户端可以要求服务器保持连接打开，以支持发送更多的请求：

```
GET /page.html HTTP/1.0
Connection: Keep-Alive
```

服务器像往常一样响应，但如果它支持持久连接，它会在响应中包含一个

1　见链接1.16所示网址。

Connection: Keep-Alive 首部：

```
HTTP/1.0 200 OK
Date: Sun, 25 Jun 2017 13:30:24 GMT
Connection: Keep-Alive
Content-Type: text/html
Content-Length: 12345
Server: Apache

<!doctype html> <html>
<head>
...etc.
```

这个响应告诉客户端，在发送完响应之后，马上就可以在同一个连接上发送一个新的请求，所以服务器不用每次都关闭再重新打开连接。当使用持久连接时，想要知道响应何时完成可能会更困难。对于非持久连接，关闭连接是一个表明服务器已经完成了发送的好信号！所以，必须使用 Content-Length 首部来定义消息响应体的长度，以便当整个消息体传输完成后，客户端可以发送一个新请求。

客户端或服务器可以在任何时候关闭 HTTP 连接。关闭可能会意外发生（由于网络连接错误）或有意为之（例如，如果暂时不使用连接，那么服务器可以关闭连接以释放资源供其他连接使用）。因此，即使使用持久连接，客户端和服务器也应该监视连接并处理意外关闭的连接。一些请求会使情况变得更复杂。例如，你在电子商务网站上结账，你不会想要重复发起请求。

HTTP/1.1 不仅将持久连接添加到文档标准中，还将其作为默认行为。即使响应中没有 Connection:Keep-Alive 首部，也可以假定任何 HTTP/1.1 连接都使用持久连接。如果服务器确实想要关闭连接，无论出于何种原因，则它必须在响应中显式包含 Connection:close HTTP 首部：

```
HTTP/1.1 200 OK
Date: Sun, 25 Jun 2017 13:30:24 GMT
Connection: close
Content-Type: text/html; charset=UTF-8
Server: Apache

<!doctype html>
<html>
<head>
...etc.
Connection closed by foreign host.
```

我们在本章前面的 Telnet 示例中谈到了这个问题。现在可以使用 Telnet 再次发送以下内容：

- 没有 Connection:Keep-Alive 首部的 HTTP/1.0 请求。你应该可以看到，在发送响应后服务器自动关闭连接。
- 相同的 HTTP/1.0 请求，但具有 Connection:Keep-Alive 首部。你应该可以看到，连接保持打开状态。
- 一个 HTTP/1.1 请求，带或不带 Connection:Keep-Alive 首部。你应该可以看到，在默认情况下连接保持打开状态。

对于 HTTP/1.1 客户端，包含 Connection:Keep-Alive 首部的请求并不罕见，而且它还是默认值。同样，服务器有时会在 HTTP/1.1 响应中包含此首部，尽管这是不必要的。

在此基础上，HTTP/1.1 增加了管道的概念，因此应该可以通过同一个持久连接发送多个请求并按顺序获取响应。例如，如果 Web 浏览器正在处理 HTML 文档，并且发现需要 CSS 文件和 JavaScript 文件，它应该能够将这些文件的请求一起发送，并按顺序获取响应，而不需要等待第一个请求响应完成后才发出第二个请求。下面是一个例子：

```
GET /style.css HTTP/1.1
Host: www.example.com

GET /script.js HTTP/1.1
Host: www.example.com

HTTP/1.1 200 OK
Date: Sun, 25 Jun 2017 13:30:24 GMT
Content-Type: text/css; charset=UTF-8
Content-Length: 1234
Server: Apache

.style {
...etc.

HTTP/1.1 200 OK
Date: Sun, 25 Jun 2017 13:30:25 GMT
Content-Type: application/x-javascript; charset=UTF-8
Content-Length: 5678
Server: Apache

Function(
...etc.
```

由于某些原因（见第 2 章），管道化并没有流行起来，并且客户端（浏览器）和服务器对管道化的支持都很差。因此，虽然持久连接允许在同一个 TCP 上顺序发出多个请求，这也是一个很好的性能改进，但大多数 HTTP/1.1 的实现仍然是遵循请求响应再请求再响应的模式的。当一个请求被处理时，HTTP 连接被阻塞，不能用于其他请求。

其他新功能

HTTP/1.1 引入了很多其他的新功能，包含：

- 除了在 HTTP/1.0 中定义的 `GET`、`POST` 和 `HEAD` 方法之外，HTTP/1.1 又定义了新的方法，如 `PUT`、`OPTIONS` 和比较少见的 `CONNECT`、`TRACE` 及 `DELETE`。
- 更好的缓存方法。这些方法允许服务器指示客户端将资源（例如 CSS 文件）存储在浏览器的缓存中，以便在以后需要时重复使用。在 HTTP/1.1 中引入的 `Cache-Control` HTTP 首部比 HTTP/1.0 中的 `Expires` 首部的选项更多。
    - HTTP cookies，允许 HTTP 维护状态。
    - 引入字符集（如本章的一些例子所示），在 HTTP 响应中新增语言选项。
    - 支持代理。
    - 支持权限验证。
    - 新的状态码。
    - 尾随首部（在 4.3.3 节中讨论）。

HTTP 协议不断添加新的首部以进一步扩展功能，其中许多是出于性能或安全原因。HTTP/1.1 规范并未将 HTTP/1.1 固化，其鼓励定义新的首部，甚至还使用一个章节专门讨论如何定义和记录首部[1]。正如之前提到的，其中的一些首部是出于安全原因添加的，网站用它们来告诉 Web 浏览器打开某些可选的安全保护，这样服务端就不必额外实现安全相关的功能（除了发送这些响应首部的功能）。曾经有一个惯例，是在这些首部中包含一个 `X-` 来表明它们没有被正式标准化（`X-Content-Type`、`X-Frame-Options` 或 `X-XSS-Protection`），但这个约定已经不推荐使用了[2]，这就导致新的实验性首部很难与 HTTP/1.1 规范中的首部区分开来。通常，这些首

1　见链接1.17所示网址。

2　见链接1.18所示网址。

部都有自己的 RFC 标准文档（Content-Security-Policy[1]、Strict-Transport-Security[2] 等）。

1.4 HTTPS简介

HTTP 最初是一个纯文本协议。HTTP 消息以未加密的方式通过互联网发送，因此在消息被路由到目的地的过程中，任何一方都可以读取到消息。顾名思义，互联网是一个计算机网络，而不是一个点对点系统。互联网无法控制消息的路由方式，作为互联网用户，你不知道有多少第三方会看到你的消息。HTTP 消息的传播路径很广泛，消息被从 ISP（Internet Service Provider，网络服务提供商）发送到电信公司和其他组织。由于 HTTP 消息是纯文本的，因此可以在途中被拦截、读取甚至更改。

HTTPS 是 HTTP 的安全版本，它使用 TLS（Transport Layer Security，传输层加密）协议对传输中的消息进行加密，TLS 的前身是我们熟知的 SSL（Secure Sockets Layer，安全套接字层），如下面的引文所述。

HTTPS 对 HTTP 消息添加了三个重要概念：

- 加密——传输过程中第三方无法读取消息。
- 完整性校验——消息在传输过程中未被更改，因为整个加密消息已经过数字签名，并且该签名在解密之前已通过加密验证。
- 身份验证——服务器不是伪装的。

SSL、TLS、HTTPS 和 HTTP

HTTPS 使用 SSL 或 TLS 加密。SSL 是由 Netscape 发明的。SSLv1 从未在 Netscape 之外发布，因此第一个生产版本是 1995 年发布的 SSLv2。1996 年发布的 SSLv3 解决了一些安全漏洞。

由于 SSL 由 Netscape 拥有，因此它不是正式的互联网标准，尽管它随后由 IETF 作为历史文档发布[3]。SSL 被标准化为 TLS(传输层加密)。TLSv1.0[4] 与 SSLv3

1 见链接1.19所示网址。

2 见链接1.20所示网址。

3 见链接1.21所示网址。

4 见链接1.22所示网址。

类似，但它们不兼容。TLSv1.1[1]和TLSv1.2[2]分别于2006年和2008年推出，并且它们更加安全。TLSv1.3在2018年被批准为标准[3]。虽然还需要一些时间它才能普及，但它更安全，更高效[4]。

尽管有这些标准化的、更新、更安全的版本可用，许多人还是认为SSLv3已经足够了，所以在很长一段时间内它是事实上的标准，虽然许多客户端已经支持TLSv1.0了。然而，在2014年，在SSLv3中发现了重大漏洞[5]，SSLv3因此被要求停止使用[6]，并且浏览器也停止对它的支持。从这时人们才开始大量向TLS迁移。在TLSv1.0中发现类似的漏洞后，安全专家强烈建议使用TLSv1.1或更高版本[7]。

由于这段历史所造成的影响，人们对这些缩写的用法并不统一。许多人仍然将加密称为SSL，因为它在那么长的一段时间里都是标准。其他人使用SSL/TLS或TLS。有些人试图将其称为HTTPS来避免争论，即使这个术语从严格意义上来讲并不正确。

在本书中，我们将加密称为HTTPS（而不是SSL或SSL/TLS），除非我们专门讨论TLS协议的特定部分。同时，将HTTP的核心语义称为HTTP，无论讨论未加密的HTTP连接，还是加密的HTTPS连接。

HTTPS使用公钥加密，服务器在用户首次连接时以数字证书的形式提供公钥。你的浏览器使用此公钥加密消息，只有服务器可以解密，因为只有它拥有配对的私钥。该系统允许你安全地与网站进行通信，而无须事先知道共享密钥。对于互联网这样的系统，这至关重要，因为每天都会有新的网站和用户。

数字证书由浏览器信任的各种CA（Certificate Authorities，证书颁发机构）发布并进行数字签名，这就是为什么可以验证公钥是否适用于你要连接的服务器。HTTPS的一个重大问题是，它只保证你正在连接到该服务器，而不能保证服务器

1 见链接1.23所示网址。

2 见链接1.24所示网址。

3 见链接1.25所示网址。

4 见链接1.26所示网址。

5 见链接1.27所示网址。

6 见链接1.28所示网址。

7 见链接1.29所示网址。

值得信任。使用相似的域名（如 exmplebank.com、examplebank.com），即使使用 HTTPS，也可以轻松设置虚假钓鱼站点。HTTPS 站点通常在 Web 浏览器中显示为绿色挂锁，许多用户认为这意味着安全，但其实它仅仅意味着加密。

在发布证书并提供扩展验证证书（称为 EV 证书）时，一些 CA 会对网站进行一些额外的审查。该证书加密 HTTP 流量的方式和普通证书的相同，但在大多数 Web 浏览器中，该证书会显示公司名称，如图 1.4 所示。

	HTTP	HTTPS DV and OV certificates	HTTPS EV certificates
Chrome	Not secure | bbc.com	tunetheweb.com	Twitter, Inc. [US] | twitter.com
Firefox	www.bbc.com	https://www.tunetheweb.com	Twitter, Inc. (US) https://twitter.com
Opera	www.bbc.com	www.tunetheweb.com	Twitter, Inc. [US] twitter.com
IE 11	http://www.bbc.com/	https://www.tunetheweb.com/	https://twitter.com/ Twitter, Inc. [US]
EDGE	bbc.com	tunetheweb.com	Twitter, Inc. [US] twitter.com

图 1.4　HTTPS 浏览器标志

很多人对 EV 证书的优势提出质疑[1]，主要是因为绝大多数用户不会注意到公司名称，在使用 EV 和标准 DV（Domain Validated 域验证）证书的站点上也没有任何不同的行为。一部分 OV（Organizational Validated，组织验证）证书做了一些检查，但没有在浏览器中给出额外的提示，这使得它们在技术层面上基本没有意义（尽管 CA 会提供额外的支持和担保服务）。

在撰写本书时，Google Chrome 团队正在研究和试验这些安全提示[2]，试图删除不必要的信息，包括协议名（http 和 https）、www 前缀，甚至挂锁本身（假设 HTTPS 是标准情况，那么应该明确将 HTTP 标记为不安全的）。该团队还在考虑是否要删除 EV。[3]

HTTPS 是基于 HTTP 构建的，几乎可以与 HTTP 协议无缝衔接。它默认在不同的端口上服务（使用 443 端口，而 HTTP 的默认端口是 80）。它有一个不同的 URL 协议名（https:// 而不是 http://），但除了加密和解密本身以外，它并没有从根本上改变 HTTP 的语法或消息格式。

当客户端连接到 HTTPS 服务器时，它将经历协商阶段（或者叫 TLS 握手）。在此过程中，服务器提供公钥，客户端和服务器协商所使用的加密方法，然后协商接

1　见链接1.30所示网址。

2　见链接1.31所示网址。

3　见链接1.32所示网址。

下来要使用的共享密钥。（公钥加密很慢，因此公钥仅用于协商共享密钥。为了更好的性能，可用共享密钥加密后续的消息。）第 4 章（4.2.1 节）将详细讨论 TLS 握手。

建立 HTTPS 会话后，将交换标准 HTTP 消息。客户端和服务器在发送消息之前加密消息，在接收之前解密消息。但是对于普通的 Web 开发者或服务器管理员来说，在配置完成后，HTTPS 和 HTTP 没有区别。除非你要查看通过网络发送的原始信息，否则对你来讲一切都是透明的。HTTPS 封装标准 HTTP 请求和响应，而不是用其他协议取代 HTTP。

HTTPS 是一个很大的主题，详细讨论超出了本书的范畴。在后面的章节中会再次对其做简要介绍，因为 HTTP/2 给它带来了一些变化。但就目前而言，重要的是要知道 HTTPS 的存在，并且在比 HTTP 更低的层面（TCP 和 HTTP 之间）工作。除非你自己查看加密消息，否则你将看不到 HTTP 和 HTTPS 之间的真正区别。

对于使用 HTTPS 的 Web 服务器，你需要一个能够支持 HTTPS 加密和解密的客户端，因此你无法再使用 Telnet 将示例 HTTP 请求发送到这些服务器。OpenSSL 提供了一个 `s_client` 命令，可使用该命令将 HTTP 命令发送到 HTTPS 服务器，和使用 Telnet 类似：

```
openssl s_client -crlf -connect www.google.com:443 -quiet
GET / HTTP/1.1
Host: www.google.com

HTTP/1.1 200 OK
...etc.
```

现在这些命令行工具已经完成了它们的历史使命，在下一节中，我们将简要介绍一些浏览器工具，它们提供了一种更好的方式来查看 HTTP 请求和响应。

1.5 查看、发送和接收HTTP消息的工具

虽然像 Telnet 这样的工具对理解 HTTP 的基础知识很有帮助，但是它们有一些局限性，其中最重要的是，无法处理网页内容比较多的情况。相较于 Telnet，有几个工具可以让你更好地发送并查看 HTTP 请求。其中一些就在我们的 Web 浏览器里。

1.5.1 浏览器开发者工具

很多浏览器都带有*开发者工具*，它可以让你查看网站背后的细节，包括 HTTP 请求和响应。

要打开开发者工具，可以使用快捷键（对于大多数浏览器，在 Windows 下是 F12 键，在苹果电脑上是 Option+Command+I 组合键）；或者在页面上右击，在右键菜单中选择 Inspect 命令。开发者工具中有很多标签页，用来展示网页背后的技术细节，但是我们最感兴趣的是 Network（网络）标签页。打开开发者工具，然后加载页面。Network 标签页会显示出所有 HTTP 请求，单击其中一个，可以查看更多细节，包括请求和响应首部。图 1.5 所示是加载 *https://www.google.com* 时，Chrome 开发者工具的内容。

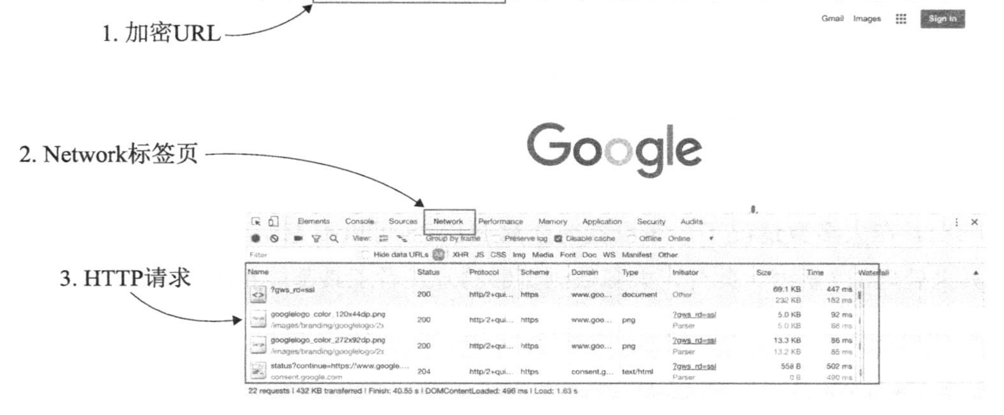

图 1.5　Chrome 开发者工具中的 Network 标签页

像往常一样，在地址栏（1）的顶部输入 URL。请注意挂锁和 `https://`，这表明 Google 正在使用 HTTPS（但我们之前讲过，Chrome 可能会去掉这些标志）。像使用 HTTP 时一样，网页还是在地址栏下方显示。如果你在打开开发者工具之后加载此页面，则会看到包含各种标签页的新部分。单击 Network 标签页（2），显示 HTTP 请求（3），其中包括 HTTP 方法（`GET`）、响应状态码（`200`）、协议（`http/1.1`）和 scheme（`https`）等信息。可以通过右键单击列标题来更改显示的列。例如，在默认情况下不显示 Protocol（协议）、Scheme（请求格式）和 Domain（域名）列。对于某些站点（例如 Twitter），你会在此列中看到 h2（代表 HTTP/2），甚至更新的 http/2+quic（来自 Google，第 9 章讨论）。

图 1.6 显示了单击第一个请求时发生的情况（1）。右侧显示标签页的内容，可以在这里查看响应首部（2）和请求首部（3）。前面我们讨论了其中的大多数首部。

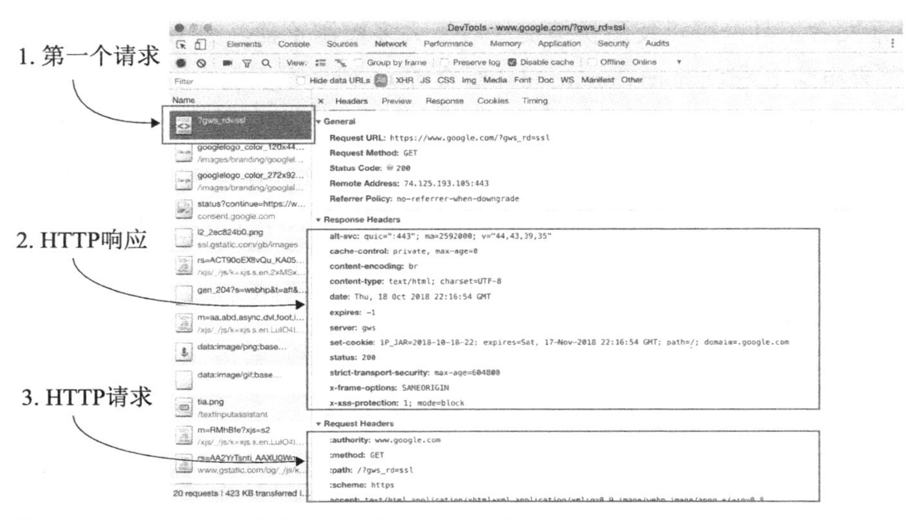

图 1.6　在 Chrome 开发者工具中查看 HTTP 首部

HTTPS 由浏览器处理，因此开发者工具只显示加密之前的 HTTP 请求和解密之后的响应。在大多数情况下，在设置完成后 HTTPS 可以被忽略，因为我们有合适的工具来处理加 / 解密。此外，大多数浏览器的开发者工具都能正确显示媒体内容，所以图像会显示正常，并且代码（如 HTML、CSS 和 JavaScript）通常可以被自动格式化以方便阅读。

在本书中，我们会多次讲到开发者工具。大家应该熟练使用这些工具，可以选用你自己的网站或者流行的网站来练习。

1.5.2　发送 HTTP 请求

尽管 Web 浏览器的开发者工具是*查看* HTTP 请求和响应的绝佳方法，但它们却不适用于*发送* HTTP 请求。可以使用地址栏发送简单的 `GET` 请求，也可以使用网站提供的功能发送请求（例如，通过 HTML 表单进行 `POST` 操作）。除了这些以外，我们不能通过开发者工具来手动发起其他的 HTTP 请求。

Advanced REST Client[1] 为我们提供了一种发送和查看 HTTP 请求和响应的方法。输入网址 *https://www.google.com*（2），选择 `GET` 方法（1），然后点击 Send 按钮（3）以获取响应（4），如图 1.7 所示。注意，该程序支持 HTTPS。

1　见链接1.33所示网址（注意：必须在Chrome中打开）。

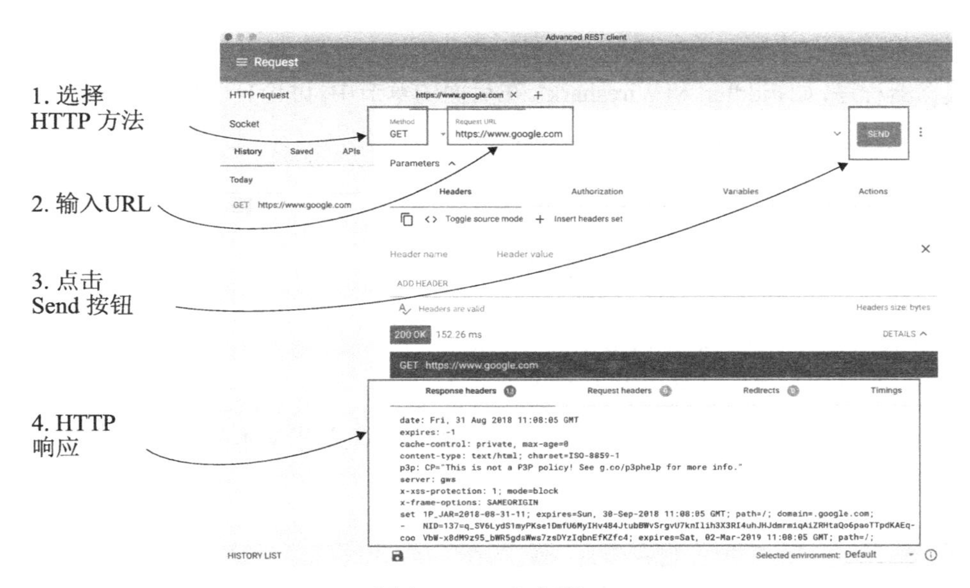

图 1.7 Advanced REST Client（高级 REST 客户端）

使用此应用程序与使用浏览器没什么不同，但你还可以使用 Advanced REST Client 发送其他类型的 HTTP 请求（例如 POST 和 PUT），需要设置要发送的首部或正文数据。起初 Advanced REST Client 是 Chrome 浏览器的扩展[1]，后来被封装为单独的应用程序。还有一些和 Advanced REST Client 类似的浏览器扩展工具，包括 Postman（Chrome）、Rested[2]、RESTClient[3]（Firefox）和 RESTMan[4]（Opera），它们的功能类似。

1.5.3 其他工具

我们可以使用许多其他的工具在浏览器外发送并查看 HTTP 请求，其中一些是命令行程序（例如 curl[5]、wget[6] 和 httpie[7]），还有一些是桌面客户端（例如，SOAP-UI[8]）。

1 见链接1.34所示网址。

2 见链接1.35所示网址。

3 见链接1.36所示网址。

4 见链接1.37所示网址。

5 见链接1.38所示网址。

6 见链接1.39所示网址。

7 见链接1.40所示网址。

8 见链接1.41所示网址。

如果你希望查看更底层的数据包，则可以考虑 Chrome 的 net-internals 页面，或者网络嗅探器程序，如 Fiddler[1] 和 Wireshark[2]。在后面的章节中，讨论 HTTP/2 的细节时，会用到这些工具。

总结

- HTTP 是互联网的核心技术之一。
- 浏览器加载一个网站会发送多个 HTTP 请求。
- HTTP 协议最早是一个简单的基于文本的协议。
- HTTP 已经变得很复杂了，但是在过去的 20 多年里基于文本的协议这一点并没有改变。
- HTTPS 可以加密标准 HTTP 消息。
- 有很多工具可以用来查看、发送 HTTP 消息。

1 见链接1.42所示网址。

2 见链接1.43所示网址。

第2章 通向HTTP/2之路

本章要点

- 分析 HTTP/1.1 的性能问题
- 理解 HTTP/1.1 性能问题的变通解决办法
- 调研 HTTP/1 问题的实际解决案例
- SPDY 是如何提升 HTTP/1 的
- SPDY 如何被标准化为 HTTP/2
- 在 HTTP/2 之下 Web 性能的改变

为什么我们需要 HTTP/2 ？在 HTTP/1 下，互联网工作不正常吗？什么是 HTTP/2 呢？在本章中，我们将通过实际案例回答这些问题，并说明为什么 HTTP/2 不仅是必需的，而且也是期待以久的。

HTTP/1.1 是互联网大部分应用的基础，是已经良好运行 20 多年的技术。然而，在此期间，网络呈爆炸性增长，从简单的静态网站转变为交互式的网页，人们可以在网上办理银行业务、购物、预订假期、观看多媒体以及社交等，其几乎涉及我们生活的方方面面。

随着宽带和光纤等技术的发展，互联网的可用性和速度不断提高，这意味着当前的网速比互联网早期的拨号上网要快很多。即使使用移动设备，3G 和 4G 等技术也带来宽带级别的速度，而且资费也可以接受。

尽管下载速度的提升令人印象深刻，但仍满足不了人们对更快速度的需求。宽带速度可能会持续增长一段时间，但其他影响速度的限制无法轻易解决。随后我们会看到，延迟是影响网络浏览的关键因素，延迟从根本上受到光速的限制（其是物理学上无法提升的通用常数）。

2.1 HTTP/1.1和当前的万维网

在第 1 章，我们了解到 HTTP 是一种请求 - 响应协议，最初设计用于请求单个纯文本内容，在请求完成后会终止连接。HTTP/1.0 引入了其他媒体类型，例如支持图像。HTTP/1.1 确保在默认情况下开启持久连接（假设网页需要更多请求）。

这些是很好的改进，但是自上次修订 HTTP（1997 年的 HTTP/1.1 版。尽管正式规范已经修订了几次，如第 1 章所述，在撰写本书时还在进行修订）以来互联网发生了很大变化。如图 2.1 所示，通过 HTTP Archive 趋势网站（*https://httparchive.org/reports/state-of-the-web*），可以看到过去 8 年中网站的增长情况。忽略 2017 年 5 月左右的轻微下跌，那时 HTTP Archive 的测算出了点问题[1]。

可以看到，普通网站请求 80 ～ 90 个资源，下载近 1.8 MB 的数据（通过网络传输的数据量，包括使用 gzip 或类似应用程序压缩的文本资源）。未压缩的网站现在超过 3MB，这导致移动设备等低性能设备的其他问题。

1 见链接2.1所示网址。

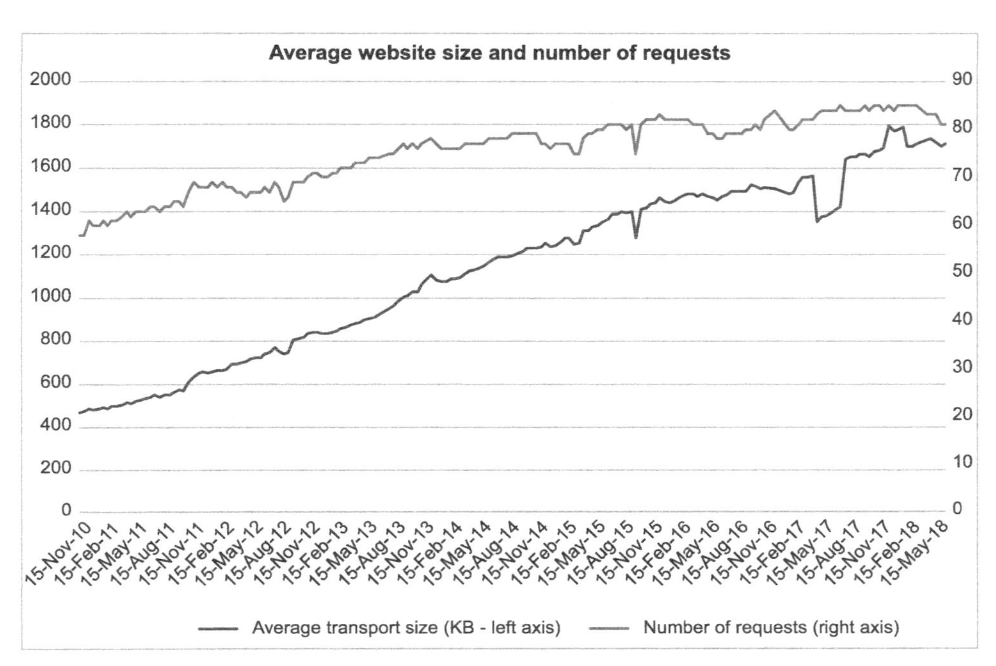

图 2.1 网站加载内容平均大小（2014 年—2018 年[1]）

计算这个平均值的样本差异很大。例如，查看美国的 Alexa 排名前 10 的网站[2]，会看到表 2.1 中显示的结果。

表 2.1 美国访问量排名前 10 网站

排　名	网　站	请 求 数	大　小
1	https://www.google.com	17	0.4 MB
2	https://www.youtube.com	75	1.6 MB
3	https://www.facebook.com	172	2.2 MB
4	https://www.reddit.com	102	1.0 MB
5	https://www.amazon.com	136	4.46 MB
6	https://www.yahoo.com	240	3.8 MB
7	https://www.wikipedia.org	7	0.06 MB
8	https://www.twitter.com	117	4.2 MB
9	https://www.ebay.com	160	1.5 MB
10	https://www.netflix.com	44	1.1 MB

该表显示，某些网站（如 Wikipedia 和 Google）经过大幅优化后，需要加载的

1 见链接2.2所示网址。

2 见链接2.3所示网址。

资源很少，但其他网站则需要加载数百个资源、数 MB 的数据。因此，查看网站的这些平均统计数据的价值之前一直受到质疑[1]。但无论如何，很明显，资源增多、数据量增大是一个趋势。网站的增长主要是因为媒体越来越丰富，例如，图像和视频在大多数网站上都很常见。此外，网站变得越来越复杂，需要多个框架和依赖项才能正确显示其内容。

网页最初都是静态的页面，但随着 Web 的动态性变好，网页开始在服务端动态生成，例如使用 CGI（Common Gateway Interface，公共网关接口）或 Java Servlet/Java Server Page（JSP）动态生成。随后，从服务端生成完整页面变成只生成基本 HTML 页面，其他由客户端 JavaScript 进行 AJAX（Asynchronous JavaScript and XML）调用。这些 AJAX 调用向 Web 服务器发出额外请求，以更改网页内容，而无须重新加载整页或要求在服务端动态生成基本映像。你可以看看网络搜索的变化。在网络发展的早期，在搜索引擎出现之前，网站和网页目录是在网络上查找信息的主要方式，它们是静态的，偶尔才更新。然后第一个搜索引擎出现了，其允许用户提交搜索表单并从服务器返回结果（服务端生成的动态页面）。如今，大多数搜索网站会在你发出“搜索”命令之前在下拉菜单中提出建议。Google 更进一步，在用户输入时即显示结果（但它在 2017 年夏天撤销了这一功能，因为越来越多的搜索转移到移动设备，这种功能变得没那么必要了）。

除了搜索引擎之外，各种网页也大量使用 AJAX 请求，从加载新帖子的社交媒体网站到随时更新的新闻网站。所有这些额外的媒体和 AJAX 请求使得网站化身为更有趣的网络应用。然而，HTTP 协议在设计之初并未考虑到资源的这种巨量增长，协议的简单性设计不可避免地遇到了一些根本上的性能问题。

2.1.1 HTTP/1.1 根本的性能问题

例如一个有一些文本和两个图像的简单网页。假设一个请求需要 50 ms 才能通过互联网传输到 Web 服务器，并且该网站是静态的（因此 Web 服务器从文件服务器中提取文件并将其发回，比如说，在 10 ms 内）。同样，Web 浏览器需要 10 ms 来处理图像并发送下一个请求。这些数字是假设的。如果你有一个动态创建页面的内容管理系统（CMS）（例如 WordPress，其基于 PHP 来处理页面），10 ms 的服务

1 见链接2.4所示网址。

器时间可能不准确，具体取决于服务器上正在进行的运算和数据库操作。此外，与HTML页面相比，图像可能很大并且发送时间更长。在本章的后面我们会看到一些真实的例子，但是对于这个简单的例子，HTTP的流程如图2.2所示。

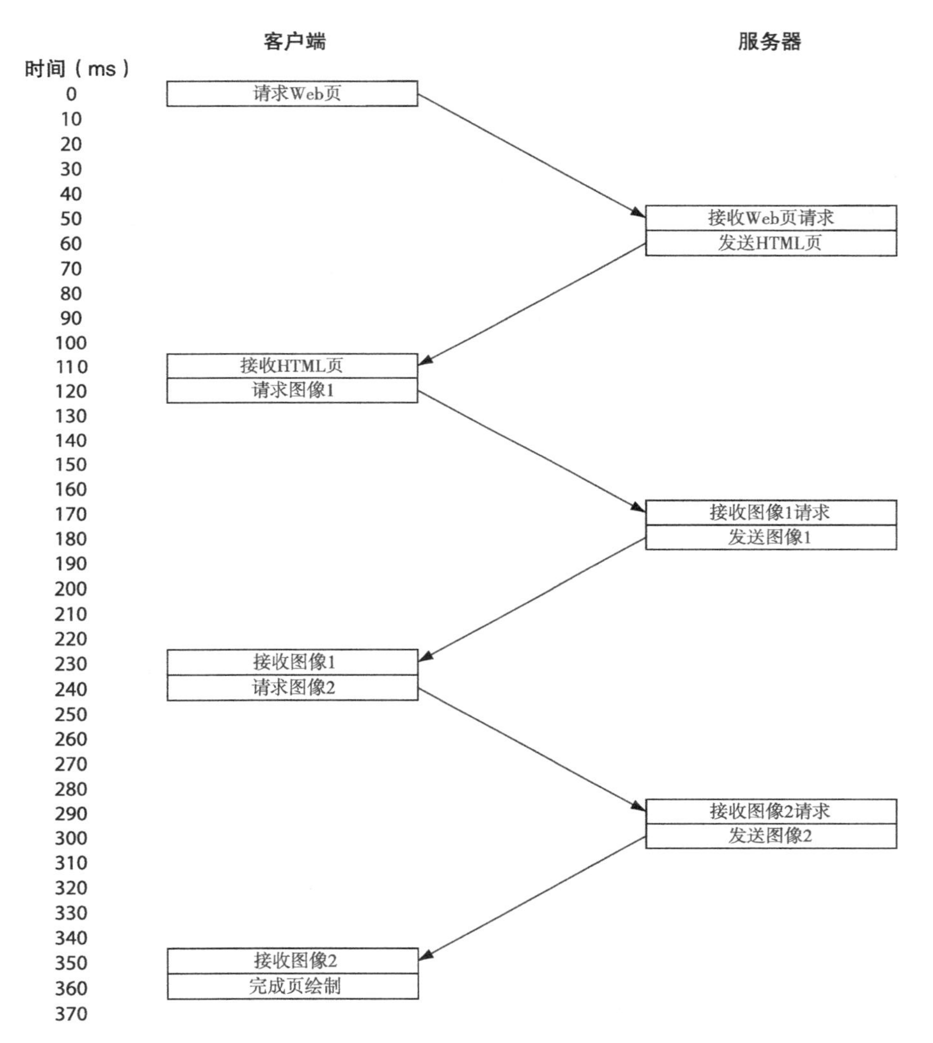

图2.2 在一个简单的网站示例中，HTTP请求及响应的流程

方框表示客户端或服务端的处理，箭头表示网络流量。在这个假设的例子中，最明显的是，来回发送消息需要花费多少时间。在绘制整个页面所需的360 ms中，仅花费60 ms来处理客户端或浏览器端的请求。总共需300 ms，或者说超过80%的时间用于等待消息在网络上传送。在此期间，Web浏览器和Web服务器都没有做太

多事情，这段时间被浪费了，这是 HTTP 协议的一个主要问题。在 120 ms 处，浏览器请求图像 1 之后，它知道需要图像 2，但是在发送请求之前，它需要等待连接空闲，要等到 240 ms 之后。这个过程效率很低，不过有很多方法解决，稍后你会看到。例如，大多数浏览器都会打开多个连接。关键是基本的 HTTP 协议效率很低。

大多数网站不可能只由两个图像组成，图 2.2 中所显示的性能问题，随着需要下载资源数量的增加会变得更严重。如果有一些较小的资源，相对于网络传输时间，客户端和服务器只花很少的时间去处理，这个问题会更明显。

现代互联网最大的问题之一是延迟而不是带宽。*延迟*是将单个消息发送到服务器所需的时间，而*带宽*是指用户可以在这些消息中下载多少内容。较新的技术一直在增加带宽（有助于解决网站内容增加的问题），但并不改善延迟问题（可以防止请求数量增加）。延迟受物理（光速）上的限制。通过光纤传输的数据，传输速度非常接近光速；无论技术有多大改进，速度都只能提升一点点。

Google 的 Mike Belshe 做了一些实验[1]，表明增加带宽的收益已经开始衰减。我们现在可以流式传输高清视频，但网速并没改观太多，即使是快速的连接，网站也需要几秒钟才能加载完。如果解决不了 HTTP/1.1 的根本性能问题，互联网就无法继续增长。在发送和接收 HTTP 消息时浪费了太多时间，尽管这些消息可能很小。

2.1.2 HTTP/1.1 管道化

如第 1 章所述，HTTP/1.1 尝试引入*管道化*，从而在收到响应之前并发发出请求，实现并行发送请求。初始的 HTML 仍然需要单独请求，但是当浏览器知道它需要两个图像时，它可以先后连续发出两个请求。如图 2.3 所示，在这个简单的示例中，使用管道化操作可以缩短 100 ms 时间，也就是 1/3 的时间。

1 见链接2.5所示网址。

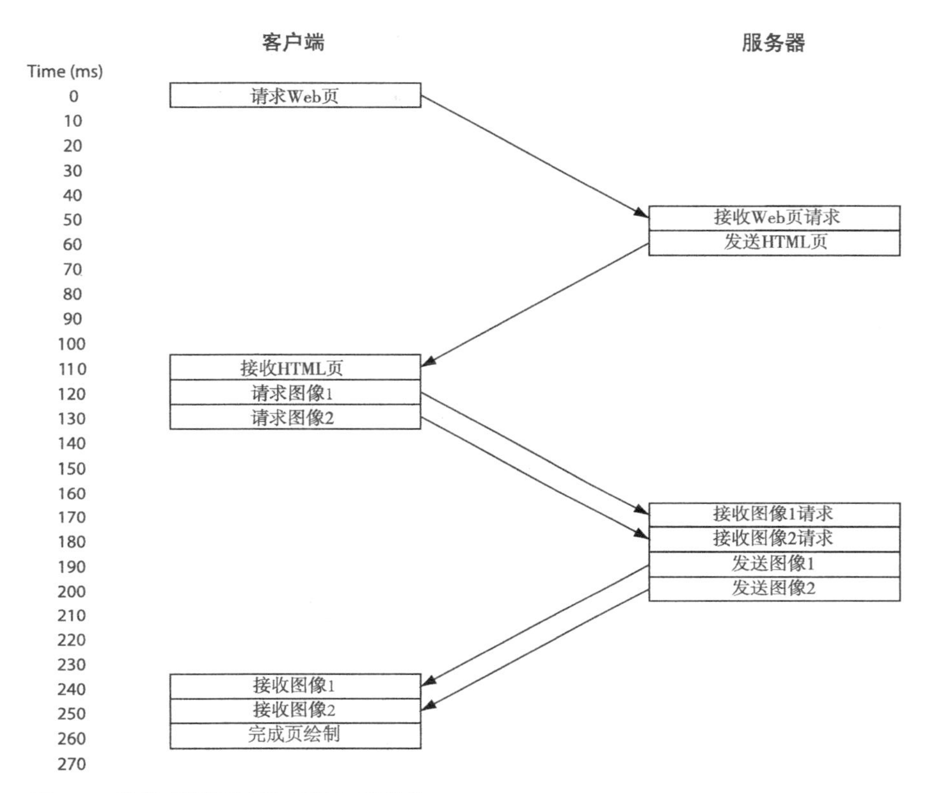

图 2.3 简单示例网站的 HTTP 管道化

管道化技术应该会对 HTTP 带来巨大的性能改善，但由于多种原因，它很难实现，易于出错，并且没有获得 Web 浏览器和 Web 服务器的良好支持[1]。因此，它很少被使用。没有一个主流的 Web 浏览器支持管道化技术[2]。

即使管道化技术得到了更好的支持，它仍然需要按照请求的顺序返回响应。如果图像 2 可用，但必须从另一台服务器获取图像 1，则图像 2 的响应会等待，即使应该可以立即发送图像 2。此问题被称为队头（HOL）阻塞问题，在其他网络协议及 HTTP 中很常见。我们在第 9 章讨论 TCP 队头阻塞问题。

2.1.3 网络性能瀑布流图

图 2.2 和图 2.3 中所示的请求和响应流通常以瀑布图的形式显示，左侧是资源名，

1 见链接2.6所示网址。

2 见链接2.7所示网址。

右侧是使用时间。对于大量的资源，瀑布图比图 2.2 和 2.3 中的流程图更容易阅读。图 2.4 显示了我们假想的示例网站的瀑布图，图 2.5 显示了使用管道化技术的相同网站的情况。

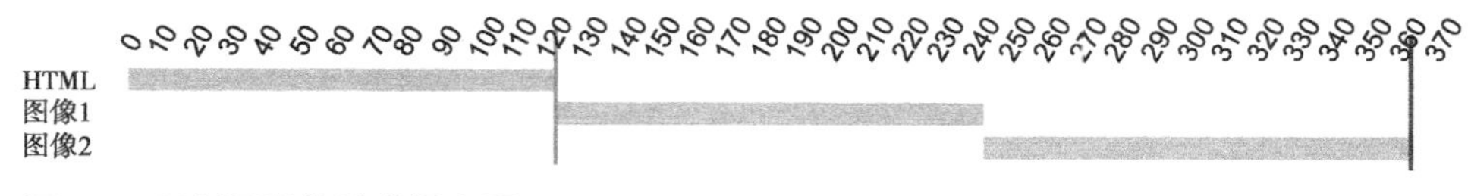

图 2.4 示例网站的请求瀑布图

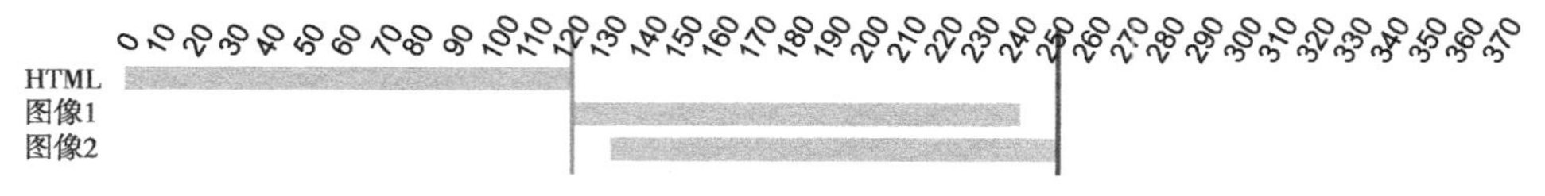

图 2.5 示例网站使用管道化技术的瀑布图

在这两个示例中，第一条垂直线表示可以渲染初始页面的时间（称为*开始绘制时间*或*开始渲染时间*），第二条垂直线表示页面何时加载完成。浏览器通常会在下载图像之前尝试绘制页面，并在稍后填充图像，因此图像下载通常在这两个时间之间。这两个例子都很简单，但实际应用会复杂得多，本章后面给出了一些案例。

可以使用各种工具，包括 WebPagetest[1] 和 Web 浏览器开发者工具（在第 1 章简单介绍过）生成瀑布图，这样查看 Web 性能非常方便。大多数工具会将每个资源的总时间分解为不同部分，例如 DNS 查找和 TCP 连接时间，如图 2.6 所示。

此图提供了比简单瀑布图更多的信息。它将每个请求分成几个部分，包括：

- DNS 查询
- 网络连接时间
- HTTPS（或 SSL）协商时间
- 请求的资源分类（并且还将资源负载分成两部分，用于请求的颜色较浅，用于响应的颜色较深）
- 加载页面各个阶段的各种垂直线
- 其他图表，显示 CPU 使用率、网络带宽，以及浏览器工作在哪个主线程中

1 见链接2.8所示网址。

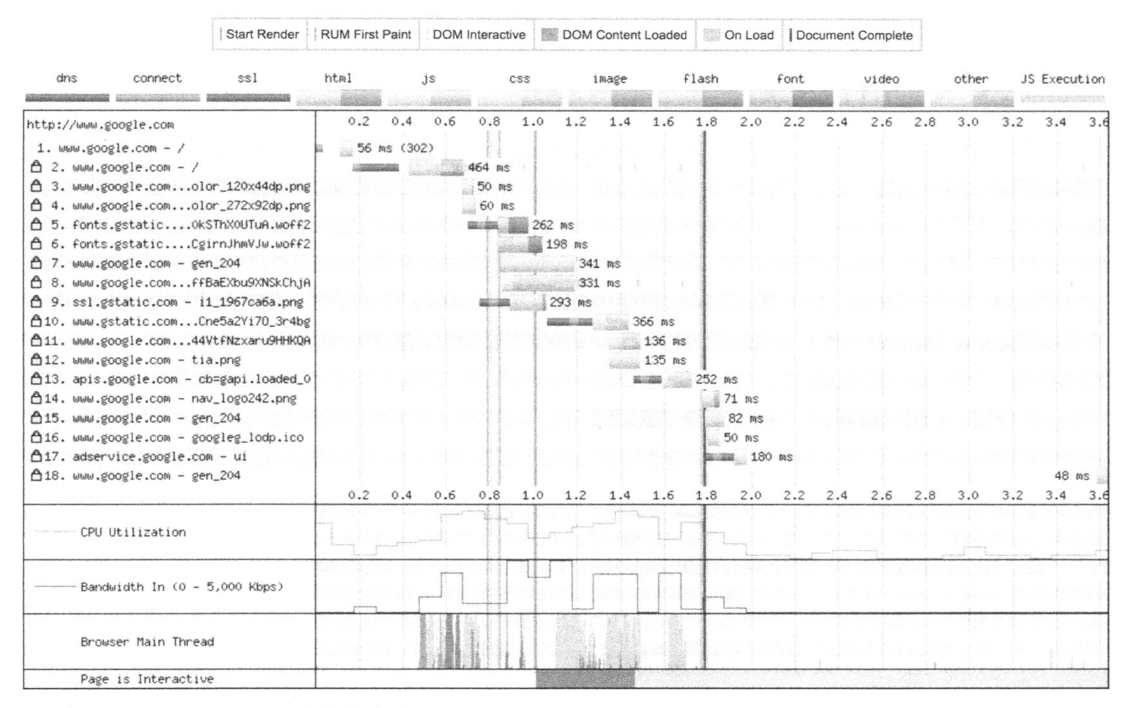

图 2.6　webpagetest.org 上的瀑布图

这些信息对于分析网站的性能非常有用。本书会大量使用瀑布图解释相关概念。

2.2　解决HTTP/1.1性能问题的方案

如前所述，HTTP/1.1 不是一种高效的协议，因为它为等待响应会阻塞发送。导致在当前请求完成之前，无法发送另一个请求。如果网络或服务器速度较慢，HTTP 性能会比较差。由于通过 HTTP 访问的服务器通常距离客户端较远，因此网络缓慢是 HTTP 必须面对的事实。在起初使用 HTTP 时（单个 HTML 文档时代），这种缓慢并不是一个大问题。但随着网页变得越来越复杂，渲染页面需要的资源越来越多，速度慢的问题就突显出来了。

由于网站响应缓慢而催生了网络性能优化行业，市面上有许多关于如何改进网络性能的书籍和教程。虽然克服 HTTP/1.1 的问题并不是唯一的网络性能优化方法，但它是一个重要的问题。随着时间的推移，已经有各种突破 HTTP/1.1 的性能限制的技术，这些技术分为以下两类：

- 使用多个 HTTP 连接。
- 合并 HTTP 请求。

其他的和 HTTP 关联不大的性能优化技术，包括优化用户请求资源的方式（比如先请求关键 CSS），减小下载资源的大小（压缩和使用响应式图片），减少浏览器的渲染任务（更高效的 CSS 和 JavaScript）。这些技术的细节超出了本书的讨论范围，但我们会在第 6 章涉及一些。Manning 出版社所出版的 *Web Performance in Action*（Jeremy Wagner 著）一书[1]，是学习这些技术的绝佳资料。

2.2.1　使用多个 HTTP 连接

打开多个连接是解决 HTTP/1.1 阻塞问题的最简单方法，这样可以同时开启多个 HTTP 请求。另外，与管道化技术不同，该技术不会导致 HOL 阻塞，因为每个 HTTP 连接都独立于其他 HTTP 连接。因此，大多数浏览器可以为每个域名打开 6 个连接。

为了进一步突破 6 个连接的限制，许多网站从子域（例如，`static.example.com`）提供静态资源，如图像、CSS 和 JavaScript，Web 浏览器从而可以为每个新域名打开另外 6 个连接。这种技术称为*域名分片*（尽管性能原因相似，但非 Web 背景的读者不要与数据库分片混淆）。除了提高并发数，域名发散还有其他优势，比如减小 HTTP 请求首部（如 cookies）（参见 2.3 节）。通常，这些域名托管在同一台服务器上。共享相同的资源但使用不同的域名会让浏览器误以为服务器是相互独立的。如图 2.7 所示的 stackoverflow.com 网站使用多个域：从 Google 域加载 JQuery，从 `cdn.static.net` 域加载脚本和样式表，从 `i.stack.imgur.com` 域加载图像。

使用多个 HTTP 连接听起来不错，但它也有缺点。当开启多个 HTTP 连接时，客户端和服务器都有额外的开销：打开 TCP 连接需要时间，维护连接需要更多的内存和 CPU 资源。

开启多个 HTTP 连接的主要问题是，没有充分利用底层的 TCP 协议。TCP 是一种可靠的协议。在 TCP 中，发送数据包时会附一个序列号，如果序列中哪个数据包丢了，其会要求重发。TCP 要求三次握手来建立连接，如图 2.8 所示。

1　见链接2.9所示网址。

Name	Status	Domain	Type
stackoverflow.com	200	stackoverflow.com	document
jquery.min.js ajax.googleapis.com/ajax/libs/jquery/1.12.4	200	ajax.googleapis.com	script
stub.en.js?v=1ec6f067df10 cdn.sstatic.net/Js	200	cdn.sstatic.net	script
stacks.css?v=4fe27c331a7b cdn.sstatic.net/Shared	200	cdn.sstatic.net	stylesheet
primary-unified.css?v=92dbb274d371 cdn.sstatic.net/Sites/stackoverflow	200	cdn.sstatic.net	stylesheet
yQoqq.png?s=48&g=1 i.stack.imgur.com	200	i.stack.imgur.com	png
6HFc3.png i.stack.imgur.com	200	i.stack.imgur.com	png
5d55j.png	200	i.stack.imgur.com	png
vobok.png i.stack.imgur.com	200	i.stack.imgur.com	png

图 2.7 stackoverflow.com 使用多个域名加载资源

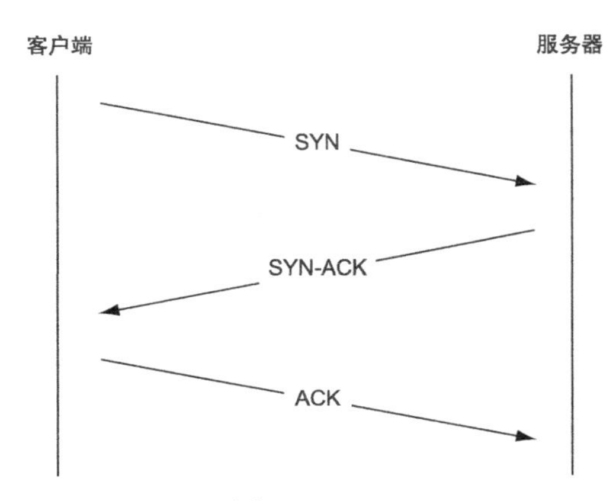

图 2.8 TCP 三次握手

TCP 三次握手的过程：

1. 客户端发送一个同步（SYN）消息，并附上首个序列号，在这个 TCP 连接之后的数据包都会基于此序列号。
2. 服务器向客户端确认收到发来的序列号（ACK），并发送一个服务器同步消息（SYN），告诉客户端它要使用的序列号。这两个消息被合并为一个 SYN-ACK 消息。
3. 最后，客户端确认收到服务器的序列号，发送一个 ACK 消息。

这个过程需要三次网络消息传递（或者 1.5 次往返），发生在发送 HTTP 请求之前。

另外，TCP 在开启连接时比较小心，在确认网络不拥堵之前只会发送比较少的数据包。CWND（Congestion Window，拥塞窗口）随着时间的推移逐渐增加，只要连接没发现丢包，就可以处理更大的流量。TCP 拥塞窗口的大小受 TCP *慢启动*算法控制。因为 TCP 是一个不会让网络过载的可靠协议，所以在拥塞窗口中的 TCP 数据包需要在收到 ACK 消息之后发送。这些数据包使用在三次握手过程中协商的递增的序列号。所以，在 CWND 比较小时，可能需要多个 TCP ACK 消息才能发出一个完整的 HTTP 请求。因为 HTTP 响应常常比请求大很多，所以它同样也会受到拥塞窗口的影响。由于 TCP 连接的应用更加广泛，所以人们提升了拥塞窗口的大小以使它更高效，但是在创建它时是给它限流了的，不管它所处环境的网络有多快，带宽有多大。在第 9 章，我们会再次讨论 TCP，这里只是为了说明使用多个 HTTP 连接的问题。

最后，就算没有 TCP 建立连接的开销和慢启动的问题，使用多个独立的连接也可能导致带宽问题。例如，如果所有带宽都用掉了，就会导致 TCP 超时，和其他的连接上的重传。在这些独立的连接之间，没有优先级的概念，这就无法更高效地利用带宽。

创建 TCP 连接之后，安全的网站要求建立 HTTPS 连接。这个过程可以节约开销，比如，重用 TCP 连接的参数，不从零开始。但这个过程依然需要更多的网络往返，这意味着更多的时间。这里不讨论 HTTPS 握手的细节，在第 4 章我们会深入研究。

所以，在 TCP 和 HTTPS 的层面，开启多个连接并不高效，尽管在 HTTP 的层面这么做是一种很棒的优化。这个解决 HTTP/1.1 延迟问题的方案需要更多额外的请求和响应，所以这个方案反而可能会导致延迟问题，这本是它应该解决的问题。

另外，当这些新增的 TCP 连接达到了 TCP 的最佳效率，网页所需要的大量资源已经加载完成后，这些增加的连接就没用了。如果公用的资源被缓存起来，那么甚至连后续的页面也不需要请求更多的资源。Mozilla 的 Patrick McManus 在对 HTTP/1 的监控中发现，“74% 的活跃连接仅传输一个会话。”在本章后面，会展示一些实际的案例。

所以，开启多个 TCP 连接并不是解决 HTTP/1 问题的满意方案，尽管在没有更好的解决方案时，它确实可以提升性能。另外，这也说明了为什么浏览器限制每个域名开启的连接数为 6。尽管可以增大这个数字（一些浏览器允许这么做），但考虑到每个连接的额外开销，收益会比较低。

2.2.2 发送更少的请求

另外一个常见的优化技术是发送更少的请求，包括：减少不必要的请求（比如在浏览器中缓存静态资源），以更少的 HTTP 请求获取同样的资源。前一种方法会使用到 HTTP 首部配置，在第 1 章中简单介绍过它，在第 6 章还会详细说明。后一种方法需要打包合并静态资源。

对于图片来说，这种打包技术叫作精灵图。例如，如果你网站上有很多社交网站图标，则每个网站图标都可以使用一个单独的图片。但这种方式会导致很多低效的 HTTP 请求排队，因为图片比较小，所以相对于下载这些图片所需要的时间，发送请求的时间可能会较长。所以，可以将它们合并到一张大的图片里面，然后使用 CSS 来定位图片位置，让它们看起来像是独立的图片，这样更高效。图 2.9 显示了一个 TinyPNG 上面的精灵图，它将通用的图标合并到了一个文件中。

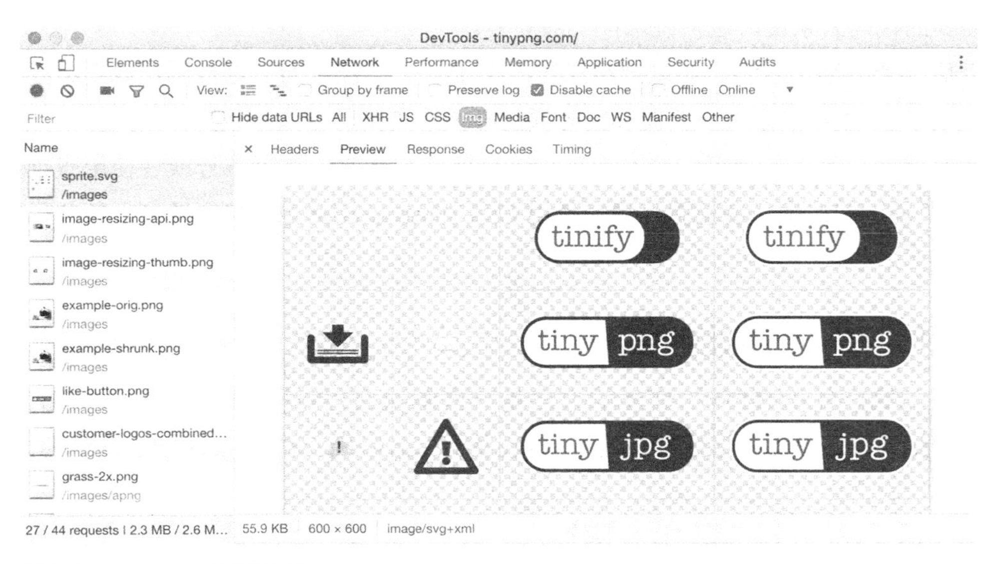

图 2.9 TinyPNG 的精灵图

如果是 CSS 和 JavaScript 文件，很多网站就将多个文件合并为一个文件，这样需要的请求数就少了，但是总的代码量并不少。在合并文件的时候，通常还会去掉代码中不必要的空格、注释和其他不必要的元素，以减小 CSS 和 JavaScript 的文件尺寸。这些方法都会提升效率，但是会增加配置的难度。

其他的技术还包括内联资源到其他文件。比如，Critical CSS 经常直接被内联在 HTML 的 <style> 标签中。图片可以包含在 CSS 中，通过行内 SVG，或者转换为 Base64 编码，也能减少 HTTP 请求数。

这个方案的主要问题是它引入的复杂度。创建精灵图需要额外的操作，通过独立的文件来提供图片更简单。不是所有的网站都有做优化（如合并 CSS 文件）的自动化工作流。如果你的网站使用一个*内容管理系统*（CMS，Content Management System），它可能不会自动合并 JavaScript，或者合并图片。

另外一个问题是，合并会导致文件的浪费。一些网页可能只用到一张精灵图中的一两个图标，但却要下载整张精灵图。我们很难知道精灵图中哪些元素还在用，哪些需要删掉。当有新的精灵图时，还要重写 CSS 文件，以防止新的精灵图中图标的位置发生变化。同样，如果合并了太多文件，JavaScript 也可能会变得臃肿。有时候我们只需要其中的很少一部分，却要下载一个大得多的文件。无论是从网络的方面（特别在开始的时候，TCP 启动慢）还是从浏览器执行的方面（浏览器需要处理它不需要的代码）来说，这种技术都不够高效。

最后一个问题是缓存。如果把精灵图缓存了很长一段时间（这样用户就不需要频繁下载它），当需要添加一个图标的时候，必须让浏览器再次下载整个精灵图，但访客并不需要。可以使用很多技术来解决这个问题，比如添加版本号或者使用查询参数[1]，但是这些技术也会浪费资源。使用 CSS 和 JavaScript 也一样，改变一行代码就需要重新下载整个合并文件。

2.2.3 HTTP/1 性能优化总结

归根到底，优化 HTTP/1 性能的方法是一些解决 HTTP/1 基础缺陷的小技巧。应该有更好的办法在协议层面解决这个问题，从而节省时间，这正是 HTTP/2 要做的。

2.3 HTTP/1.1的其他问题

HTTP/1.1 是一个简单的文本协议。这种简单性也带来一些问题。尽管 HTTP 消息体可以包含二进制数据（比如图片，以及客户端和服务器能理解的任何格式），但请求和首部需要是文本的形式。文本格式对于人类来说很友好，但对于机器并不

1 见链接2.10所示网址。

友好。HTTP 文本消息处理起来很复杂，且容易出错，会导致安全问题。例如，向 HTTP 首部中添加换行符，可以进行一些 HTTP 攻击[1]。

HTTP 使用文本格式带来的另外一个问题是，HTTP 消息较大，这是因为不能高效编码数据（比如使用数字来表达 `Date` 首部，而不是使用人类可读的完整文本），而且首部内容也有重复。还是那句话，在早期 Web 只需要单个请求，这不会有问题，但随着请求数的增长，使用文本格式就显得效率很低了。HTTP 首部的应用很广泛，这就带来了很多重复性问题。例如，就算只有主页需要 cookie，每个发向服务器的 HTTP 请求中都会包含 cookie。通常，静态资源，如图片、CSS 和 JavaScript 都不需要 cookie。域名分片，如本章前面讲过的，主要用来提供更多连接数，但它也用来创建所谓的无 cookie 域名。出于性能和安全的考虑，浏览器不会向这些域名发送 cookie。同样 HTTP 响应的首部也变得庞大了许多，像 `Content-Security-Policy` 这种关于安全的首部，会导致 HTTP 首部非常大，从而使效率低下的问题越来越突出。很多网站需要加载上百个资源，庞大的 HTTP 首部可能会带来几十甚至上百 KB 的数据传输。

性能问题是 HTTP/1.1 需要改善的其中一个问题。除此之外，它还存在纯文本协议的安全和隐私问题（HTTPS 加密很好地解决了这个问题），以及缺少状态的问题（cookie 在一定程度上解决了这个问题）。在第 10 章，我们会对这些问题进行更多的探究。然而对很多人来讲，想要解决这些性能问题，而不引入新问题，并不容易。

2.4 实际案例

之前我们讲过，对于多个连接，HTTP/1.1 并不高效，但是情况有多糟呢？问题突出吗？下面我们来看一些实际案例。

实际网站和 HTTP/2

当我开始写本书的时候，两个示例网站还都不支持 HTTP/2。现在这两个网站都已经支持了，但这两个案例足够说明复杂网站使用 HTTP/1.1 时遇到的问题。这里所说的很多问题，在其他网站上也会遇到。HTTP/2 越来越流行，任何一个

1 见链接2.11所示网址。

被选择做案例的网站都可能在某个时间支持HTTP/2。我倾向于使用真实的、大家熟知的网站来演示HTTP/2解决的问题，而不是仅仅为了证明这些问题的存在而创建示例网站，所以尽管这些网站已经支持HTTP/2了，我还是使用它们作为例子。相对于它们所传达的概念，网站本身反而没那么重要。

为了重现在webpagetest.org上的测试，你可以设置 `--disable-http2` 来禁用HTTP/2（Advanced Settings → Chrome → Command-Line Options）。如果你使用Firefox，其中也有类似的选项[a]。当你使用HTTP/2时，这是用来测试HTTP/2性能变化的好方法。

a 见链接2.12所示网址。

2.4.1 示例网站1: amazon.com

之前讲的都是理论，现在看一个实际的案例。在 *www.webpagetest.org* 中输入 *www.amazon.com* 并执行，会看到如图2.10所示的瀑布图。本图说明了HTTP/1.1的很多问题：

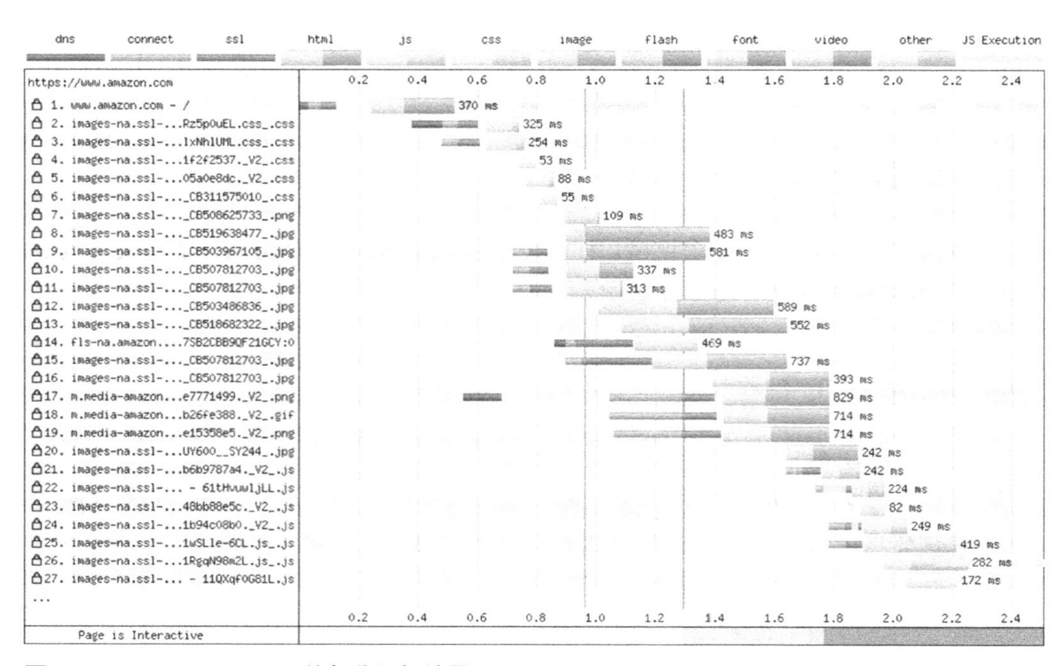

图2.10 *www.amazon.com* 的部分运行结果

- 首个请求是主页的请求，我们将其在图 2.11 中放大显示。

  在发送请求之前，需要花费时间做 DNS 解析（创建连接、进行 SSL/TLS HTTPS 协商）。这个时间比较短（如图 2.11 所示，只要 0.1 s 多一点），但这增加了时间。对于首个连接，没有太多可以做的。该结果反映互联网运行的方式，如第 1 章所述。并且，尽管 HTTPS 算法和协议的提升可以减少 SSL 时间，但首个请求也是这些延迟的影响因素。我们能够做的是确保服务器响应迅速，且离用户近，以保持数据往返时间尽可能短。在第 3 章，我们会讨论 CDN（Content Delivery Networks，内容分发网络），它能解决这个问题。

  在初始化完成之后，有一个短暂的暂停。我无法解释暂停的原因，可能是因为开发者工具计时有一点不精确，或者是 Chrome 浏览器的问题。使用 Firefox 没有遇到这个暂停。然后，浏览器发出第一个 HTTP 请求（浅色的条），下载 HTML（稍深颜色的条），解析，执行。

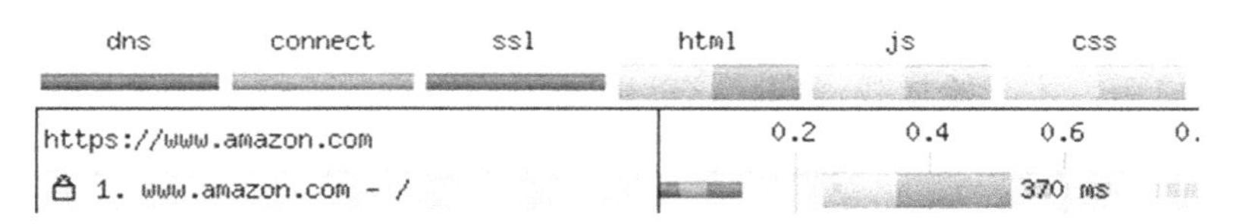

图 2.11 首页的第一个请求

- HTML 引用了几个 CSS 文件，它们也会被下载，如图 2.12 所示。

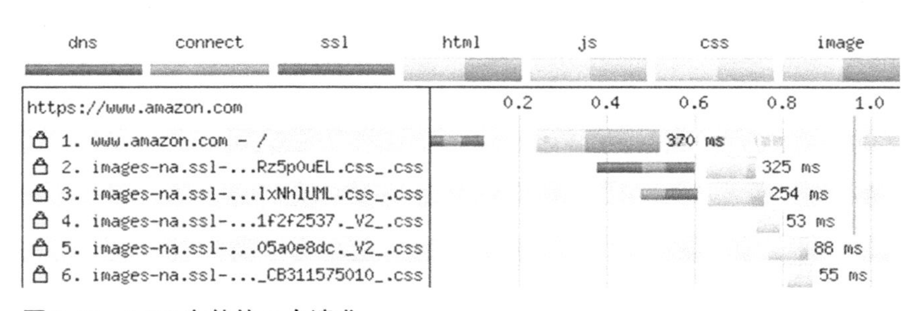

图 2.12 CSS 文件的 5 个请求

- 这些 CSS 文件托管在另外一个域（`images-na.ssl-images- amazon.com`），出于性能考虑，此域名和主域名不同。由于域名是独立的，所以在下载 CSS 文件时，需要从头开始，再来一次 DNS 查询、网络连接和 HTTPS 协商。请求 1 的创建时间在某种程度上是不可避免的，但第 2 个请求的创建时间是可以避免的。域名分片只是为了解决 HTTP/1.1 的性能问题。同时也要注意，在请求 1 中，当浏览器还在处理 HTML 页面时，CSS 请求就开始了。尽管 HTML 页面在 0.5 s 之后才下载完，请求 2 在 0.4 s 前一点就开始了。浏览器不需要等整个 HTML 页面下载处理完才开始下载其他资源，它只要发现域名引用就开启新的资源请求（尽管由于连接创建延迟，新的资源在 HTML 下载完成时还没有进入下载流程）。

- 第三个请求是同一个域名上的 CSS 资源。由于 HTTP/1.1 在一个连接上同一时间只允许执行一个请求，因此浏览器创建了另外一个连接。这次省去了 DNS 查询时间（通过请求 2，已经知道域名的 IP 地址了），但是在请求 CSS 之前，还需要进行耗时的 TCP/IP 连接创建和 HTTPS 协商。这个额外的连接存在的意义只是为了解决 HTTP/1.1 性能问题。
- 之后浏览器通过这两个已经创建的连接请求了另外 3 个 CSS 文件。图中没有说明为什么浏览器没有直接请求这些文件，这样会需要更多连接，花费更多资源。我看了 Amazon 的源码，在 CSS 文件请求之前有一个 `<script>` 标签，直到它执行完成后，才开始加载资源。这就解释了，为什么请求 4、5、6 没有和请求 2、3 同时发起。这一点很重要，后面我们会讲，HTTP/1.1 的效率问题是互联网的其中一问题，这可以通过改善 HTTP（如 HTTP/2）来解决，但网络慢远远不止这一个原因。
- 在第 2 ～ 6 个请求中，加载 CSS 文件之后，浏览器认为接下来要加载图片，于是开始下载图片，如图 2.13 所示。

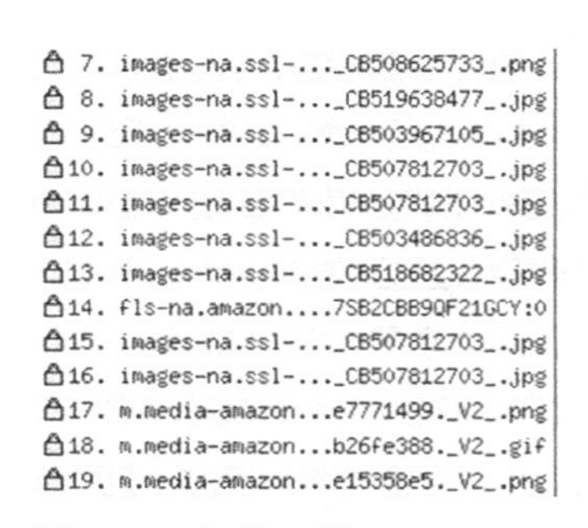

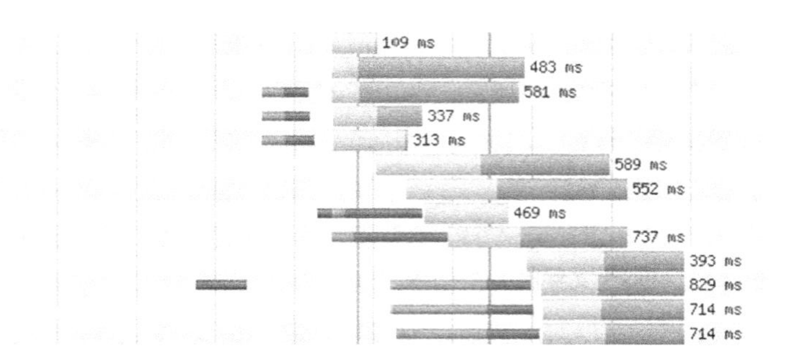

图 2.13 图片下载

- 请求 7 中的首个 .png 文件，是由多个图标合成的精灵图（在图 2.13 中未显示），这是 Amazon 实现的另外一个优化。从请求 8 开始，加载了一些 .jpg 文件。
- 当有两个图片在请求中时，浏览器需要创建更多消耗性能的连接，以并行下载资源，如请求 9、10、11 和 15。然后对请求 14、17、18 和 19 使用不同的域名。

- 在一些场景下（请求 9、10 和 11），浏览器猜测可能需要更多的连接，所以提前创建连接，这就是为什么连接创建和 SSL 发生得更早，而且可以和请求 7、8 同时发出图片请求。
- Amazon 添加了一个性能优化的方法，对 `m.media-amazon.com` 使用 DNS prefetch（预解析）[1]。奇怪的是，没有对 `fls-na.amazon.com` 添加 prefetch。这就是为什么，请求 17 的 DNS 解析过程发生在 0.6 s，在发请求之前。在第 6 章我们会再次讨论这个问题。

在这些请求之后，页面还要加载更多内容，但是这些请求足以说明 HTTP/1.1 的问题了。所以不用查看整个网站的请求。

为了防止请求排队，需要创建很多连接。通常，这会导致下载资源花费的总时间翻倍。Web Page Test 有个很方便的连接视图[2]（如图 2.14 所示），我们可以通过该视图看看大致情况）。

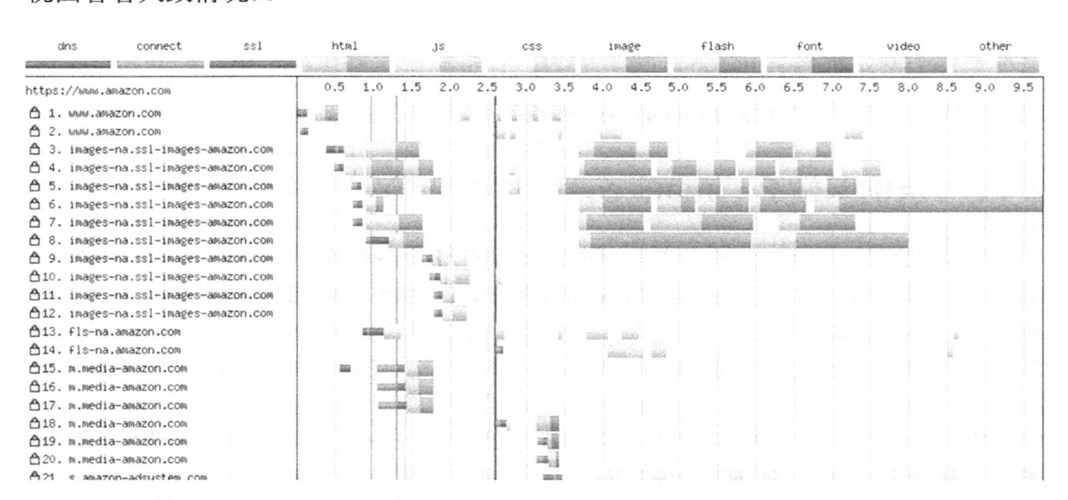

图 2.14 加载 amazon.com 的连接视图

可以看到，加载 amazon.com 主页需要 20 个连接，这还没算广告资源，它需要 28 个请求（图 2.14 中未显示）。`images-na.ssl-images-amazon.com` 域名的前

---

1 见链接2.13所示网址。

2 见链接2.14所示网址。

6 个连接已经被充分利用了（连接 3 ～ 8），但此域名的另外 4 个连接没有被好好利用（连接 9 ～ 12）。有些连接（如连接 15、16、17、18、19、20），只用来加载一两个资源，那创建这些连接的时间就有些浪费。

在 `images-na.ssl-images-amazon.com` 域名上创建额外 4 个连接（为什么 Chrome 看起来突破了每个域名 6 个连接的限制）的原因非常有趣，我们需要研究一下。请求可以携带认证信息（经常使用 cookie），也可以不带，Chrome 通过不同的连接来处理这两类请求。出于安全上的考虑（参考浏览器如何处理跨域请求[1]），Amazon 在对 JavaScript 文件的一部分请求中使用了 `setAttribute ("cross-origin","anonymous")`，即不带认证信息，这意味着不使用现有的连接。所以，浏览器创建了更多的连接。这个属性对于 HTML 页面中的 `<script>` 标签直接发起的 JavaScript 请求来说，不是必需的。对于主域上托管的资源，这个变通的方法也不必要，这再一次说明在 HTTP 层面，域名分片可能效率低下。

Amazon 的示例说明，在 HTTP/1.1 下，就算网站通过变通的方法进行了充分的性能优化，它还是会有一些性能问题。这些优化方法设置起来也很复杂。不是每个网站都想管理多个域名，都需要做精灵图，或者将 JavaScript（或 CSS）合并起来。也不是每个网站都像 Amazon 一样有能力、有资源做这些优化。更小的网站通常没做太多优化，性能受 HTTP/1 的限制影响较大。

2.4.2 示例网站 2：imgur.com

如果不做这些优化，会怎样？我们以 imgur.com 为例来了解一下。因为它是一个图片分享网站，所以在主页会加载大量图片，而且不会将它们合并为精灵图。我截了 WebPagetest 瀑布图的一部分，如图 2.15 所示。

我们跳过网页加载的第一部分（在请求 31 之前的部分），因为这部分和 amazon.com 有大量重复。可以看到，它使用最大 6 个连接去加载请求 31 ～ 36，之后的请求在排队。当每 6 个请求完成后，开始新的 6 个请求，这就形成了图 2-1 所示的瀑布图。注意，这 6 个请求之间没有关联，可能在不同的时间完成（如瀑布图中后面的部分所示），但如果它们的大小接近，则它们常常同时完成。这就产生了 6 个请求互相关联的假象，但在 HTTP 层面，它们确实没有关联（除了它们共享同样带宽、连接同样的服务器之外）。

1 见链接2.15所示网址。

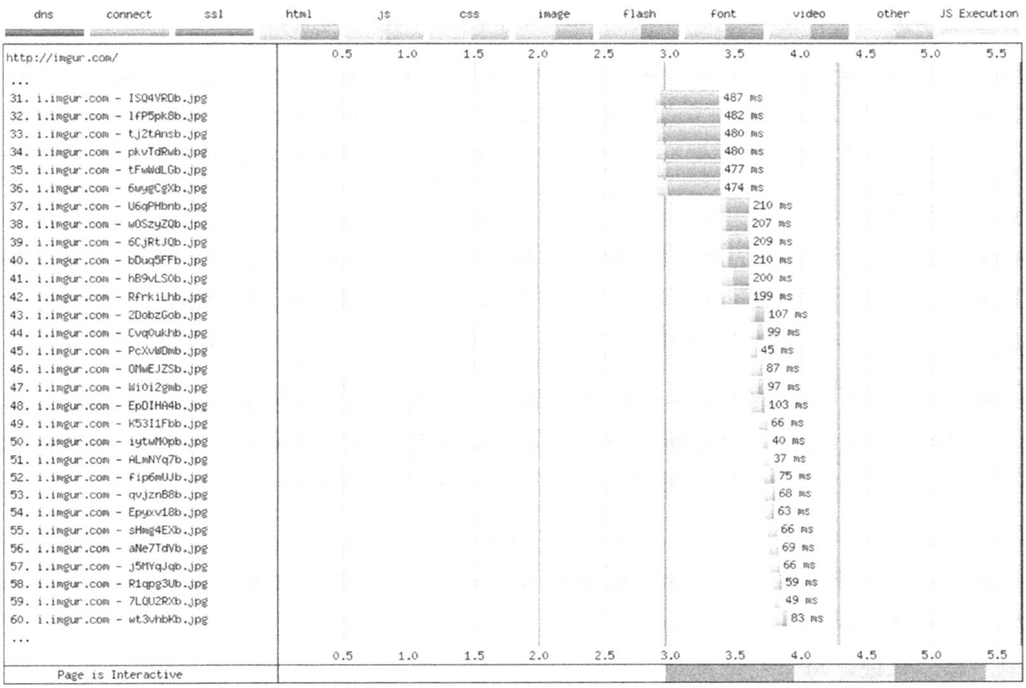

图 2.15 imgur.com 的瀑布图

Chrome 的瀑布图如图 2.16 所示。在该图中，问题更清晰，因为它同时计算了资源从可以加载到开始加载的时间。你能看到，对于后续的请求，在图片请求之前有一个很长的延迟（方框高亮显示），后面跟一个相对较短的下载时间。

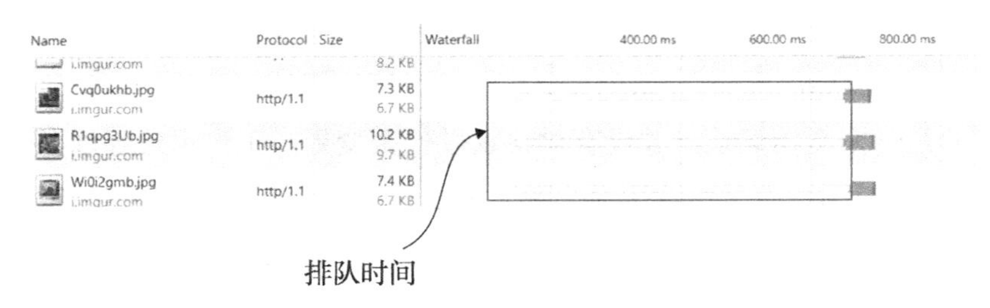

图 2.16 Chrome 开发者工具中 imgur.com 的瀑布图

2.4.3 这个问题究竟有多严重

本章一直在讨论 HTTP 效率低下的问题，虽然存在一些变通的解决方案，但是，这些解决方案并不完善。为此，需要花时间和资金，需要理解如何实现、如何维护，而且它本身也有性能问题。开发的成本并不便宜，花时间兼容一个效率低下的协议虽然有必要，但是成本高昂（更不用说，很多网站没意识到他们网站性能对他们的影响）。很多研究表明，网站缓慢会导致用户离开，订单减少。[1, 2]

你必须认识到，和其他性能问题想比，HTTP 协议的问题有多严重。导致网站缓慢的原因很多，从网络连接的质量到网站的大小，再到某些网站可能使用荒唐的 JavaScript 文件数，再到越来越多的性能低下的广告、数据追踪服务，等等。尽管更高效和更快地下载资源可以解决一部分问题，但是很多网站还是会慢。很多网站清楚地知道 HTTP 协议对网站性能的影响，所以他们实现了一些优化 HTTP/1.1 性能的方法。但是因为这些方法复杂且难以理解，所以很多其他的网站没有实现。

另外一个问题是，这些解决方案也有一些限制。这些方案本身也会引入低效率的因素，随着网站内容和复杂度的增加，最终这些变通的解决方案也会失效。尽管浏览器在每个域名上打开 6 个连接，并且可以增大这个数，但这么做的收益较低，这也是为什么浏览器限制并发的连接数为 6 个，尽管站长们可以通过域名分片的方法来突破这个限制。

总体来说，每个网站都是不一样的，每个站长或者 Web 开发者都要花时间分析网站本身的性能瓶颈，并使用瀑布图之类的工具，查明网站受到 HTTP/1.1 性能问题的影响有多大。

2.5 从HTTP/1.1到HTTP/2

在 1999 年 HTTP/1.1 走上历史舞台之后，HTTP 并没有真正发生改变。在 2014 年发布的 RFC（Request for Comments，意见征集稿）中，再次澄清了此规范，但这个版本的规范更多的是一个文档记录，并没有对协议做什么变更。工作组曾经展开过新版本的工作（HTTP-NG），该工作本应对 HTTP 的工作方式做完全的重新设计，但是 1999 年该工作被中止了。人们普遍感觉这些变化太复杂，无法推广。

2.5.1 SPDY

2009 年，Google 的 Mike Belshe 和 Robert Peon 宣布，他们在开发一个叫作

1 见链接2.16所示网址。

2 见链接2.17所示网址。

SPDY（发音同“speedy”，不是一个缩写）的新协议。他们已经在实验环境中验证了这个协议，结果很好，页面加载时间改善了65%。他们是在排名前25的网站的复制版本上测试的，不是虚构网站。

SPDY基于HTTP构建，没有从根本上改变协议。就像HTTPS封装了HTTP，但是不改变它的底层机制。HTTP方法（`GET`、`POST`等）和HTTP首部的概念在SPDY中依然存在。SPDY工作在更低的层面，并且对开发者、服务器管理员和（最重要的）用户来说，SPDY几乎是透明的。所有的HTTP请求简单地被转换为SPDY请求，发向服务器，然后再转换回来。对于更高层的应用（像JavaScript应用）来说，SPDY请求和其他的HTTP请求一样。另外，SPDY的实现只基于加密的HTTP（即HTTPS）。HTTPS使得在客户端和服务器间中转消息的网络设施无法查看消息的结构和格式。所以，所有现存的网络设备，如路由、交换机和其他基础设施，不用做任何改变就能处理SPDY消息，甚至不用知道它们在处理SPDY消息还是HTTP/1消息。SPDY本质上是向后兼容的，带来的风险和改动较少，这也是它能获得成功而HTTP-NG失败的一个决定性原因。

HTTP-NG尝试解决HTTP/1的多种问题，而SPDY的主要目标是解决HTTP/1.1的性能问题。它引入了一些关键的概念来解决HTTP/1.1的问题：

- *流多路利用* —— 请求和响应使用单个TCP连接传输数据，它们被分成不同的数据包，以流的方式分组。
- *请求优先级* —— 在同时发送所有请求时，为了避免引入新的性能问题，引入了请求优先级的概念。
- *HTTP首部压缩* —— HTTP体早就可以压缩了，现在首部也可以压缩了。

如果像HTTP一样，SPDY是一个基于文本的请求-响应协议，这些功能就不可能实现，所以SPDY变成了一个二进制协议。这个改动使得我们可以在一个连接上处理较小的消息，然后将它们合并为较大的HTTP消息，这跟TCP将HTTP消息拆分为TCP数据包的模式非常像，而且这种拆分对于大多数HTTP实现来说是透明的。SPDY在HTTP层实现了TCP的相关概念，所以它可以同时传输不同的HTTP消息。

像服务器推送这种高级功能，允许服务器返回额外的资源。如果你请求主页面，服务器可以在主页面的请求中推送所需要的CSS文件内容。这种方式可以节省浏览器再次发送CSS请求的时间，也能避免将critical CSS变为行内样式带来的复杂度。

Google 地位超然，既拥有一个主流浏览器（Chrome），又手握一些流行的网站（如 *www.google.com*），所以它可以在服务器和浏览器端实现新的协议，并在线上做更大规模的实验。2010 年 9 月，Chrome 开始支持 SPDY，到 2011 年，所有的 Google 服务都添加了对 SPDY 的支持[1]—— 无论从哪方面看，这个过程都堪称迅速。

SPDY 几乎在一夜之间获得了成功，其他浏览器和服务器迅速添加了对它的支持。Firefox 和 Opera 在 2012 年添加了支持。在服务端，Jetty 首先支持 SPDY，其他像 Apache 和 Nginx 也很快添加了支持。支持 SPDY 的绝大多数网站都运行在后两个 Web 服务器上。使用 SPDY 的网站（包括 Twitter、Facebook 和 WordPress）获得了与 Google 相同的性能提升。除了建立连接的性能以外，其他的性能几乎没有下降。据 w3techs.com 称，支持 SPDY 的网站已经占总数的 9.1%[2]，但是 HTTP/2 问世之后，一些浏览器开始取消对 SPDY 的支持。自 2018 年初以来，SPDY 的使用率急剧下降，如图 2.17 所示。

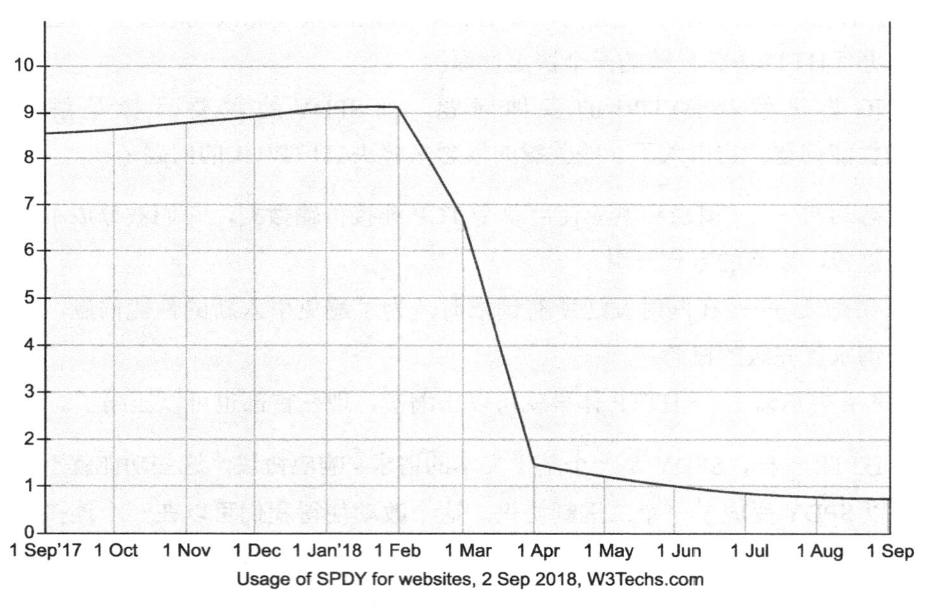

图 2.17 自 HTTP/2 发布以来，SPDY 的支持率下降

1 见链接2.18所示网址。

2 见链接2.19所示网址。

2.5.2 HTTP/2

SPDY 证明了一件事，HTTP/1.1 可以优化，这不仅仅是理论上的证明，而且有现实中大型网站的案例。2012 年，IETF 的 HTTP 工作组注意到 SPDY 的成功，并开始征集下一版本 HTTP 的提案[1]。SPDY 自然成为了下一版本的基础，因为相较于接受新的提案，它已经过现实的考验，虽然工作组避讳这样说（有些人会对这一立场提出异议，见第 10 章）。

不久（考虑新的提案）之后，2012 年 11 月，基于 SPDY 发布了 HTTP/2 初稿[2]。在接下来的两年内，人们对此稿进行了一些细节上的改善（特别是关于流和压缩的使用）。在第 4、5、7、8 章，我们会详细介绍其中的技术细节，这里只简单介绍。

在 2014 年底，HTTP/2 规范作为互联网的标准被提出，而在 2015 年 5 月，被正式通过，这就是 RFC 7450[3]。HTTP/2 很快获得了支持，主要因为它很大程度上是基于 SPDY 实现的，而很多浏览器和服务器已经实现了相关的技术。Firefox 从 2015 年 2 月开始支持 HTTP/2，Chrome 和 Opera 在同年 3 月也添加了对它的支持。IE 11、Edge 和 Safari 也在同年晚些时候添加了支持。

Web 服务器也很快就添加了对 HTTP/2 的支持，而且在协议标准化的过程中产生了一些中间版本，很多服务器同时也支持这些版本。LiteSpeed[4] 和 H2O[5] 是首批支持 HTTP/2 的 Web 服务器。到 2015 年底，被绝大多数互联网用户所使用的三大主要 Web 服务器（Apache、IIS 和 Nginx）添加了对 HTTP/2 的支持，尽管在默认情况下只作为实验功能，并未开启。

在 2018 年 9 月，根据 w3tech.com 的数据，已经有 30.1% 的网站支持 HTTP/2[6]。能取得这个成果，主要是因为 CDN 厂商以及主流网站的支持，但是对于一个只发布三年的技术来讲，已经足够引人注目。就像第 3 章要讲的，在服务端支持 HTTP/2 还需要付出一些努力。如果不是这个原因，HTTP/2 的使用率还会更高。

我想要强调的是，HTTP/2 已经向你走来，请尽情使用它。它已经在实际应用

---

1 见链接2.20所示网址。

2 见链接2.21所示网址。

3 见链接2.22所示网址。

4 见链接2.23所示网址。

5 见链接2.24所示网址。

6 见链接2.25所示网址。

中得到验证，可以显著提高性能，而且它解决了本章中描述的 HTTP/1.1 的问题。

2.6 HTTP/2对Web性能的影响

对于 HTTP/1 固有的性能问题，现在有了解决方案，那就是 HTTP/2。但是，HTTP/2 能解决所有的 Web 性能问题吗？如果将网站升级到 HTTP/2，能有多快？

2.6.1 展示 HTTP/2 能力的绝佳示例

从很多例子都能看出来 HTTP/2 所带来的性能提升。笔者的网站 *https://www.tunetheweb.com/performance-test-360/* 也是一个例子。这个页面支持 HTTP/1.1、基于 HTTP/1.1 的 HTTPS，以及基于 HTTPS 的 HTTP/2。就像第 3 章中所说，浏览器仅支持基于 HTTPS 的 HTTP/2，所以没有不基于 HTTPS 的 HTTP/2 测试。这个测试源自于另外一个类似的测试，*https://www.httpvshttps.com/*，该测试排斥仅支持 HTTPS（不支持 HTTP/2）的场景，并且会加载 360 张图片。本测试使用一些 JavaScript 代码来记录加载时间。结果如图 2.18 所示。

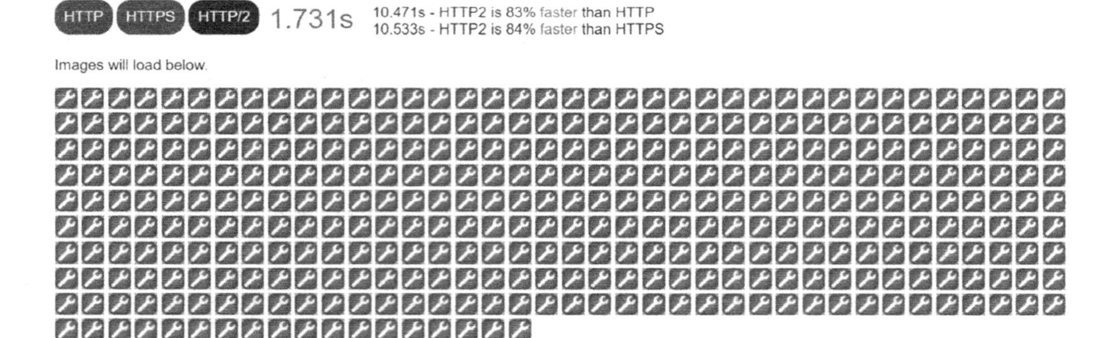

图 2.18 HTTP、HTTPS、HTTP/2 性能测试

测试显示，HTTP 需要用 10.471 s 加载页面和所有的图片资源。HTTPS 需要差不多相同的时间，10.533 s。这说明 HTTPS 并不会带来明显的性能下降，和纯文本的 HTTP 相比，这几乎可以忽略不计。实际上，重新跑几次测试，你会发现 HTTPS 会比 HTTP 略微快一些，这没什么意义（因为 HTTPS 会比 HTTP 多一些操作），这些额外的操作在误差范围内。

真正令人惊喜的是 HTTP/2，页面在 1.731s 内就加载完成——比另外两种技术快了 83%！原因就在下面的瀑布图里。对比观察图 2.19（HTTPS）和图 2.20（HTTP/2）。

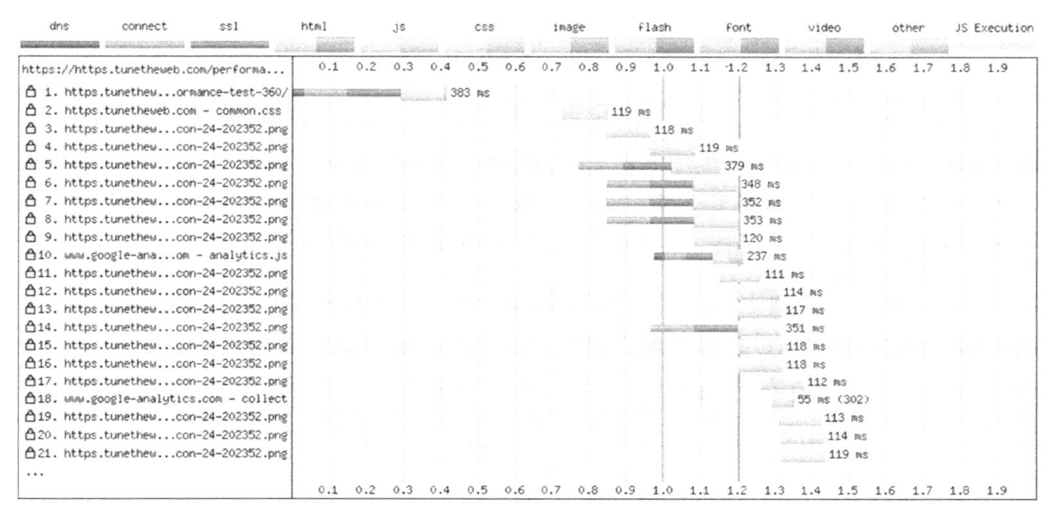

图 2.19 HTTPS 测试的瀑布图。忽略第 18 行，其是个 302 响应。

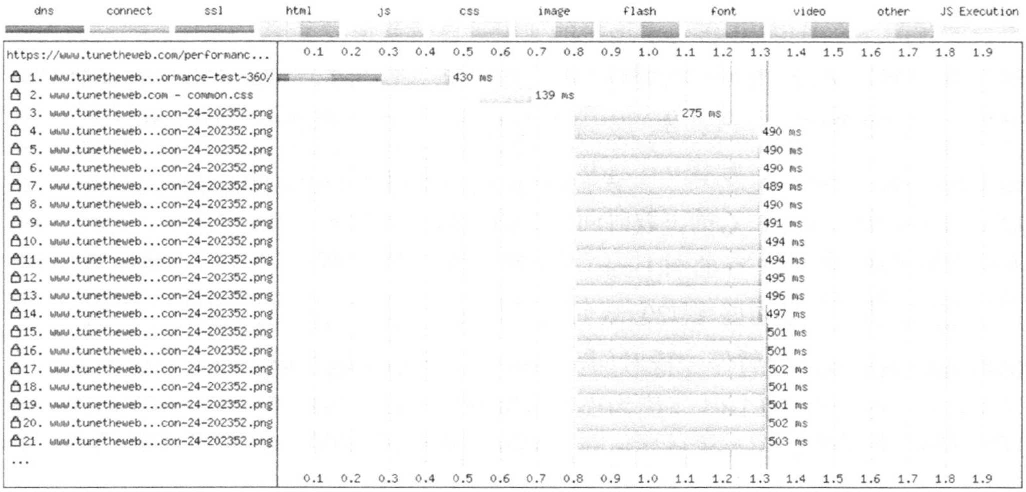

图 2.20 HTTP/2 测试的瀑布图

在 HTTPS 下，我们看到了熟悉的延迟。要创建多个连接，6 个一组地加载图片。在 HTTP/2 下情况不一样，图片是同时请求的，所以没有延迟。为简洁起见，这里只展示前 21 个请求，而不是全部的 360 个。但这两张图已经充分说明了 HTTP/2 给此类网站带来的巨大性能提升。注意，在图 2.19 中，页面最大连接数用完之后，在请求 10 中，浏览器开始加载 Google Analytics。该请求的域名不同，它还没达到最大连接数。图 2.20 展示了更高的同时请求数，所以开始请求更多的图片，Google Analytics 的请求没在前 21 个请求中，在瀑布图的后面。

聪明的读者会发现，在 HTTP/2 中每个图片下载的时间变长了，需要大约 490 ms，而在 HTTP/1.1 中只要 115 ms 左右（不考虑前 6 个，包括建立连接的时间）。静态资源加载的时间在 HTTP/2 下会显得更长，这是因为衡量的方式不同。瀑布图一般用发出请求的时间和收到响应的时间来计算，不考虑排队的时间。以请求 16 为例，在 HTTP/1 下，这个资源在 1.2 s 处才开始请求，在大约 1.318 s 时完成，耗时 118 ms。然而，浏览器在处理完 HTML 时就知道它需要这张图片，所以第一个图片请求在 0.75 s 时就发出去了，这正是在 HTTP/2 下浏览器开始请求同一个图片的时间（不要把这当成巧合）。所以，这个 0.45 s 的延迟并没有在瀑布图中显示出来，因此，在瀑布图中应该从 0.75 s 开始计时。如 2.4.2 节所示，Chrome 的瀑布图包含等待时间，所以它显示了真正的资源下载时间，比 HTTP/2 下要长。

然而，由于带宽、客户端和服务器的性能原因，在 HTTP/2 下请求可能会需要更长的时间。在 HTTP/1 下对多连接的使用，自然就形成了请求排队机制，因为同时只有 6 个请求。HTTP/2 以流的形式，只使用一个连接，在理论上没有同时只能发送 6 个请求的限制，但具体的实现不受约束，可以添加其他限制。例如 Apache，我用它来托管本页面，默认一个连接上只能有 100 个并发请求。同时发送的多个请求会共享资源，需要很长的下载时间。在图 2.20 中，图片下载的时间越来越长（第 4 行的 282 ms 到第 25 行的 301 ms）。在图 2.21 中，第 88 ～ 120 行中的结果一样。可以看到，图片请求需要用 720 ms 时间（是 HTTP/1 下的 6 倍）。同时，当到了 100 个请求的限制时，会暂停一段时间，等第一个请求下载完成，然后剩余的请求才开始。这个情况和 HTTP/1 下因为连接数限制所形成的瀑布图一样，但是出现的更少，更晚，因为这相当于连接数限制被大幅度提高了。还要说的是，在这个暂停中，Google Analytics 发出了请求（请求 104）。和图 2.19 中 HTTP/1.1 下的情况类似，但是在 HTTP/1.1 中发生得更早，到第 10 个请求就发生了。

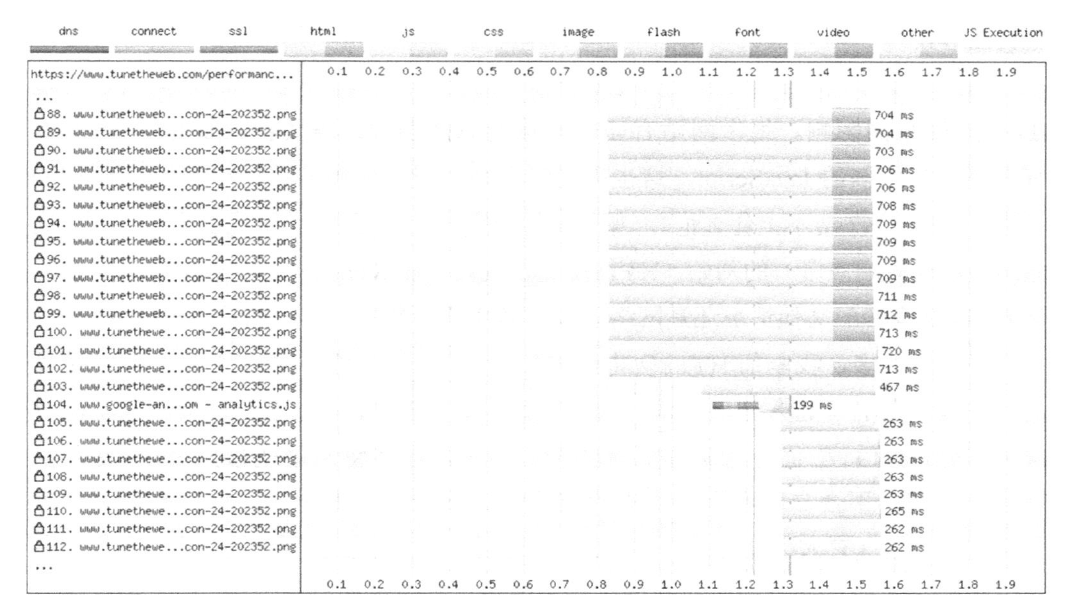

图 2.21 HTTP/2 下的延迟和瀑布图

你在查看 HTTP/2 下的瀑布图时，很容易错过关键的一点，即 HTTP/1 和 HTTP/2 的请求时间本质上衡量的是不同的东西，应该查看整体时间。在这里，我们考虑整个页面的加载时间，很明显 HTTP/2 胜出。

2.6.2 对 HTTP/2 提升性能的期望

2.6.1 节中的示例显示了 HTTP/2 可能给网站带来的巨大改善，83% 的性能提升非常可观。但这个示例显示的并不是真实的情况，大多数网站都不会有这么大的改善。这个示例只是 HTTP/2 表现最好的情况（这也是我在本书中更倾向于使用广为人知的真实案例的另一个原因）。如果网站还有其他性能问题，那么切换到 HTTP/2 后可能看不到任何性能提升，这也意味着 HTTP/1.1 的低效率对这些网站来说问题不大。

对于一些网站，还有两个原因会导致使用 HTTP/2 没什么改善。第一个原因是这些网站已经优化得足够好了——使用 2.2 节中提到的变通办法，由 HTTP/1 带来的缓慢问题比较少。但是就算经过充分优化的网站也会受这些技术的性能缺陷的影响，更不用说要还要花大力气来应用和维护这些技术。从理论上讲，只要支持 HTTP/2，网站可以轻易获得性能提升，不需要再使用域名分片、CSS 合并、JavaScript 合并、精灵图等技术。

另外一个使用 HTTP/2 可能不会提升网站性能的原因是，其他的性能问题远超 HTTP/1 带来的影响。很多网站有印刷质量的高清图片，需要花很长时间来加载。有网站加载太多的 JavaScript，这也需要时间来下载（使用 HTTP/2 可能会有帮助）和执行（HTTP/2 帮不上什么忙）。那种在加载完成之后还是很慢，或者反应迟顿（比如用户滚动时响应慢）的网站，HTTP/2 无法优化，HTTP/2 只解决网络性能。另外，让 HTTP/2 变慢的其他情况还是网络丢包，第 9 章中会讲。

说了这么多，我坚信 HTTP/2 将给网站带来更高的性能，并且会减少现在站长们对一些复杂的变通方法的需求。与此同时，对 HTTP/2 可以解决的问题和不能解决的问题，HTTP/2 倡导者必须要有预期；否则，当你将网站迁移到 HTTP/2 后只会感到失望，不会立即看到巨大的性能提升。在撰写本书时，人们可能处于夸大预期的高峰期（有人可能熟悉 Gartner 炒作周期）[1]，并且在实际应用之前，人们会寄希望于新技术解决所有问题。网站需要了解自己的性能问题，而 HTTP/1 的瓶颈只是造成性能问题的一个因素。但是，根据我的经验，传统的网站在迁移到 HTTP/2 时性能会有良好的提升，HTTP/2 比 HTTP/1 慢得多的情况非常罕见（但不是不可能）。其中一个例子是跟带宽关联较大的网站（例如，有许多高清图片的网站），在 HTTP/2 下因为其使用自然排序可能会变慢。而使用 HTTP/1.1，只开启有限的连接数，那么关键资源将会更快下载，看起来也就更快。一家图形设计公司发布了一个有趣的案例[2]，但是即使是这个案例也可以通过正确地调整 HTTP/2 来优化，如第 7 章所述。

回到现实的案例，我做了亚马逊网站的副本，将所有的外部引用变成了本地引用，通过 HTTP/1 和 HTTP/2（都是 HTTPS）加载页面，并测量了不同的加载时间，结果如表 2.2 所示。

表 2.2 HTTP/2 可能给 Amazon 带来的提升

协　议	加载时间	首字节时间	开始渲染时间	视觉完整时间	Speed index
HTTP/1	2.616	0.409s	1.492s	2.900s	1692
HTTP/2	2.337	0.421s	1.275s	2.600s	1317
Difference	11%	-3%	15%	10%	22%

此表引用了网络性能圈子中常见的一些术语：

1 见链接2.26所示网址。

2 见链接2.27所示网址。

- 加载时间指页面发起 `onload` 事件的时间 —— 通常指所有的 CSS 和阻塞式 JavaScript 加载完成的时间。
- 首字节时间指从网站收到第一个字节的时间。通常，此响应应是第一个真正的响应，不是重定向。
- 开始渲染时间指页面开始绘制的时间。此指标是一项关键性能指标，因为如果用户没有看到正在访问的页面有更新，他们可能会离开。
- 视觉完整时间指页面停止变化的时间，通常在初始加载时间之后很久，异步的 JavaScript 可能还在更新页面。
- *speed index* 为由 WebPagetest 计算的页面每部分加载的平均时间，以 ms 为单位。[1]

在这个示例中，HTTP/2 下的这些指标大多都表现更好。首字节时间略有恶化，但重复测试显示某些测试的情况正好相反，因此该结果看起来在误差范围内。

但我承认，这些改进有点像人造的，因为我没有像 Amazon 那样完全实现网站。我只使用了一个域（因此没有发生域分片），并将每个资源保存为静态文件而不是像 Amazon 那样动态生成，动态生成的内容可能增加其他延迟。但是，在 HTTP/1 和 HTTP/2 版本的测试中都没有做这些操作，因此，可以看到 HTTP/2 的明显改进。

比较图 2.22 和图 2.23 中两次加载之间的瀑布图，可以看到 HTTP/2 下的预期改进：当需要许多资源时，在开始时没有额外的连接，也没那么多阶梯式的瀑布加载。

对于两种请求类型，在网站上没有更改代码；这只是由 HTTP/2 引起的改进。由于 Web 资源互相依赖，因此在 HTTP/2 下加载站点仍然存在瀑布，例如，网页加载 CSS、CSS 加载图像。但 HTTP/2 没有浪费时间来建立连接和排队，因此就没有因为 HTTP 约束导致的瀑布效应。具体减少的时间数字可能看起来很小，但是它的比例是 22%，这是一个巨大的提升，特别是考虑到这种改进不需要在 Web 服务器之外进行任何更改时。

真正针对 HTTP/2 优化，并使用其中一些新功能（我将在本书后面介绍）的网站应该会得到更大的收益。当前，对于优化 HTTP/1 网站，我们拥有 20 年的经验，但几乎没有优化 HTTP/2 的经验。

1 见链接2.28所示网址。

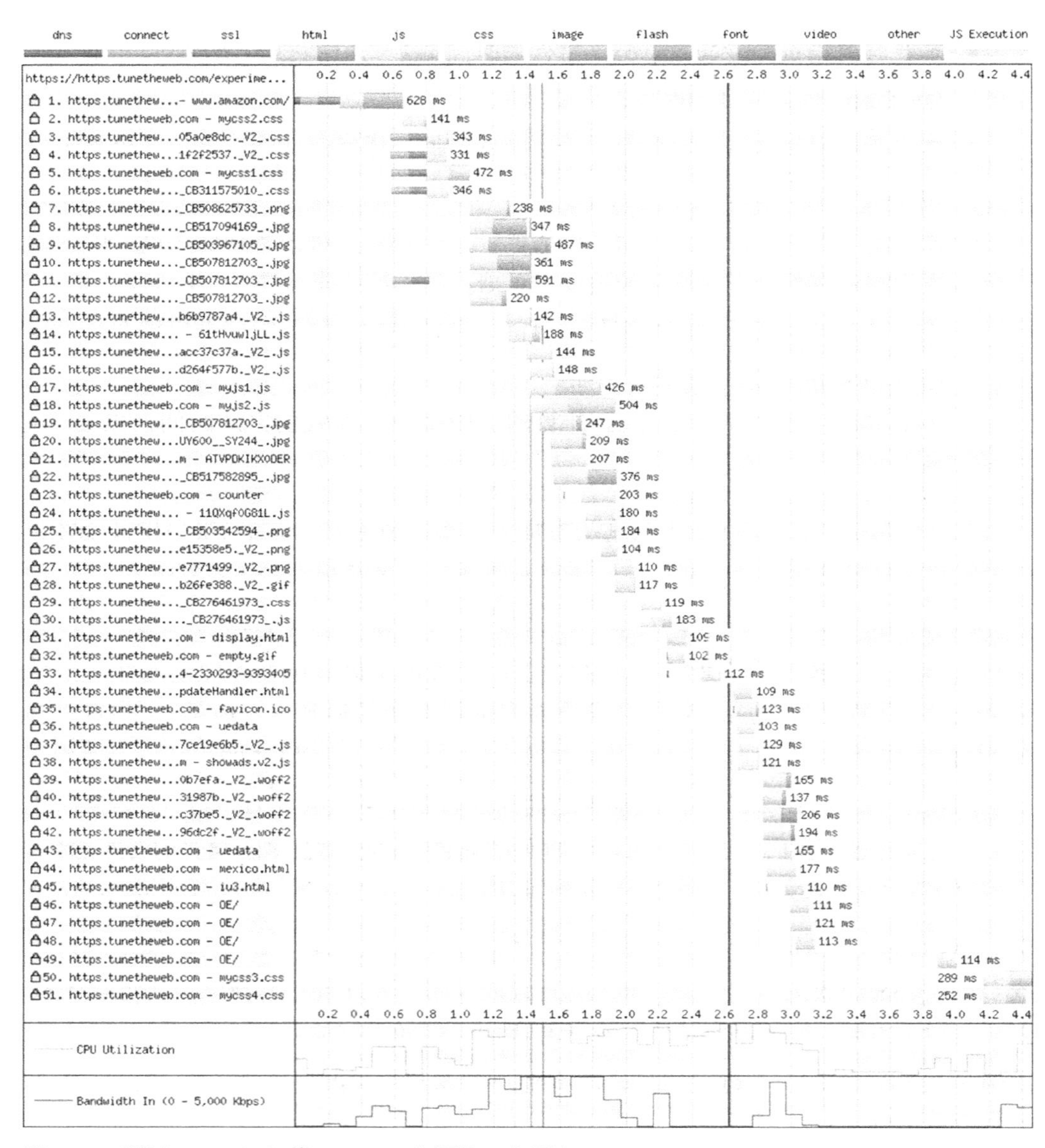

图 2.22　通过 HTTP/1 加载 Amazon 主页的一个副本

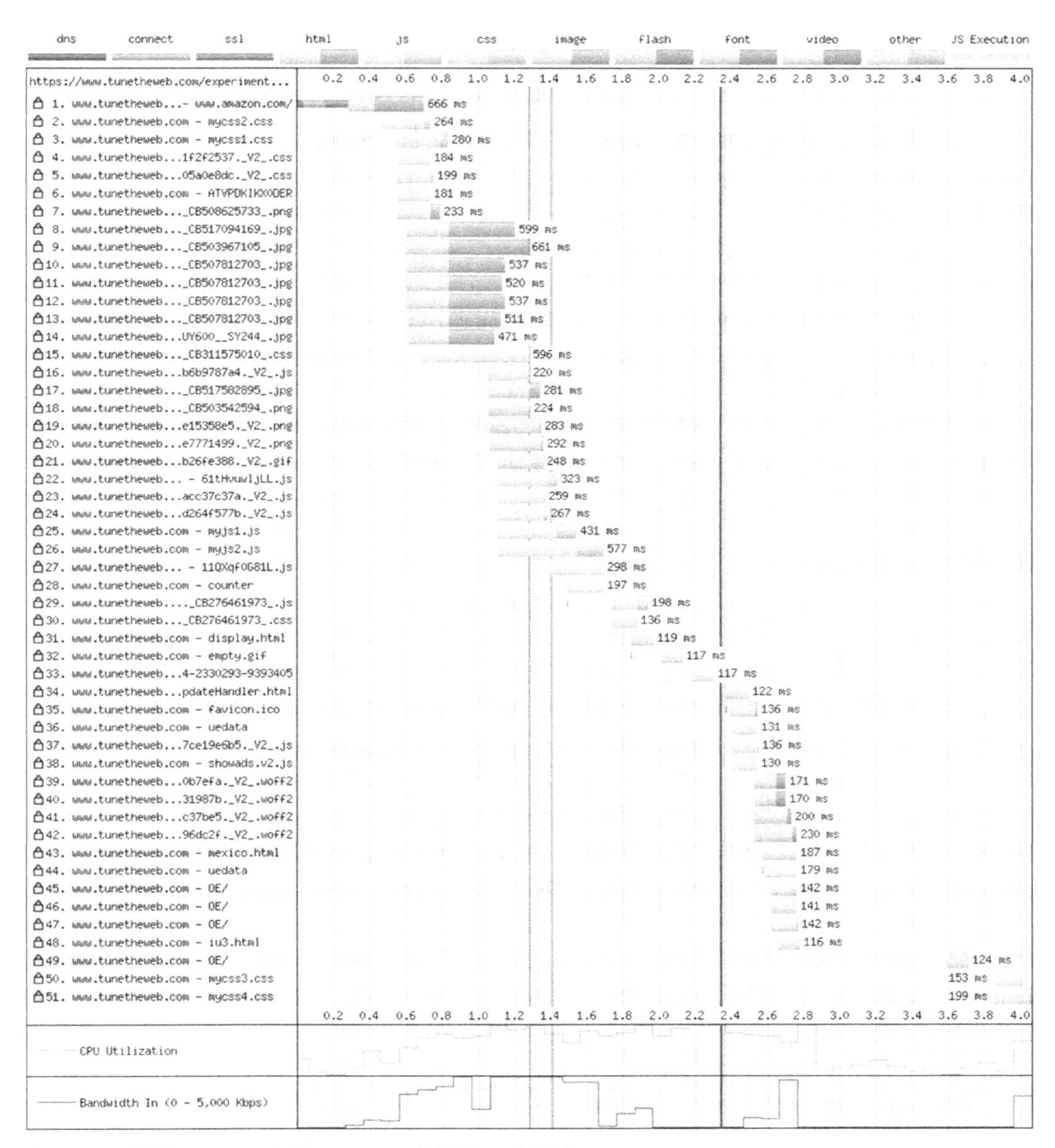

图 2.23 通过 HTTP/2 加载 Amazon 主页的一个副本

当我使用 Amazon 这个知名网站作为示例时，它尚未迁移到 HTTP/2，并且针对 HTTP/1 进行了深度优化（尽管不完美！）。要明确指出的是，我并不是要说明 Amazon 的编码错误或它不符合规定，我只是在展示 HTTP/2 可能立即为网站带来的性能改进。也许更重要的是，不必执行 HTTP/1.1 变通方法就可能获得卓越的性能，从而节省工作量。

在我完成本章内容之后，Amazon 已经支持 HTTP/2 了，它也获得了一些性能提升。但还要说明的是，Amazon 作为现实世界中复杂网站的一个例子，尽管它已经进行了一些 HTTP/1 性能优化，但仍然可以通过 HTTP/2 得到显著改善。

2.6.3 HTTP/1.1 的一些性能变通方法可能是反模式

因为 HTTP/2 修复了 HTTP/1.1 中的性能问题，理论上，不再需要部署本章中讨论的性能解决方法。事实上，许多人认为这些变通办法正在成为 HTTP/2 世界的反模式，因为它们可能会降低使用 HTTP/2 的效果。例如，如果网站使用域名分片并强制使用多个连接（第 6 章讨论了旨在解决此问题的连接合并），则无法享受使用单个 TCP 连接加载网站带来的性能提升。HTTP/2 使得在默认情况下创建一个高性能网站变得更加简单。

然而，事实并非如此简单，正如后面的章节（特别是第 6 章）中要讲的，在 HTTP/2 的应用更加广泛之前，完全放弃这些技术可能为时尚早。在客户端，尽管有强大的浏览器支持，一些用户仍会使用 HTTP/1.1。他们可能正在使用较旧的浏览器，或通过尚不支持 HTTP/2 的代理（包括防病毒扫描程序和公司代理）进行连接。

此外，在客户端和服务端，实现仍在变化，人们也在学习如何最好地应用这个新协议。在 HTTP/1.1 推出的 20 年中，网络性能优化行业在蓬勃地发展，开发人员学会了如何最好地针对 HTTP 协议优化他们的网站。虽然我希望 HTTP/2 不要像 HTTP/1.1 那样需要那么多的优化，并且它应该不费吹灰之力就能提供 HTTP/1.1 优化所能提供的性能。开发人员仍然还在摸索这个新的协议，毫无疑问，他们还要学习一些最佳实践和技术。

现在，你可能希望启动并运行 HTTP/2。在第 3 章中，我们学习如何操作。之后回到性能优化，了解如何衡量改进，并充分利用 HTTP/2。本章先让你了解 HTTP/2 可以为 Web 带来什么，希望以此激发你对在网站上部署 HTTP/2 的兴趣。

总结

- HTTP/1.1 存在一些根本的性能问题，特别是在获取多个资源时。

- 对于这些性能问题有多种变通的解决方法（使用多个连接、域名分片，以及使用精灵图等），但它们有其自身的缺点。
- 可以通过 WebPagetest 等工具生成瀑布图，从中很容易看到性能问题。
- SDPY 旨在解决这些性能问题。
- HTTP/2 是 SPDY 的标准化版本。
- 并非所有性能问题都可以通过 HTTP/2 解决。

3 升级到HTTP/2

本章要点

- 浏览器和服务器对 HTTP/2 的支持
- 将网站升级到 HTTP/2 的不同方法
- 反向代理和 CDN，以及它们对 HTTP/2 的影响
- 影响 HTTP/2 应用的问题

在前两章中，我们讲了 HTTP，并介绍了它今天在网络中所处的位置。然后说明了为什么有必要升级到 HTTP/2，对于大多数网站而言升级到 HTTP/2 应该比在 HTTP/1 下更快。这一章我们开始使用 HTTP/2 了，它会给我们带来很大的帮助。

3.1 HTTP/2的支持

在 2015 年 5 月，HTTP/2 被批准成为正式标准，不过它还是一个相对较新的技术。对于所有的新技术，使用者们都会面临什么时候使用它们的问题。如果跟进太快，技术太前沿，实施起来有较大风险，因为技术可能会发生很大变化。而且如果没有在生产环境成功验证，新技术甚至可能会被取消。此外，使用新技术将受到其他不

支持该技术的各方的制约。这意味着，作为第一批推动者，可能很难从中获益。但是从另一方面来讲，首批推动者验证了技术的可行性，并为其成为主流铺平了道路。

幸运的是，在很大程度上，HTTP/2 的技术周期没有遵从常规，因为它已经在生产环境中被早期非标准化的 SPDY 证明过了（如第 2 章所述）。根据 w3tech.com 的说法，在撰写本书时，有超过 30%的网站已经在使用 HTTP/2[1] 了。当你阅读本书时，这个数字可能会进一步增加。HTTP/2 已经过验证，并在许多站点上得到了应用。你能否在网站上使用新的网络技术，主要取决于三点：

- 浏览器是否支持这项技术？
- 你的基础设施是否支持？
- 如果这项技术未获得支持，是否有健壮的回退机制？

总的来说，HTTP/2 在上面几个方面都表现良好。几乎所有浏览器和服务器都支持它，如果不支持 HTTP/2，还可以无缝回退到 HTTP/1.1。当然，还有一些小问题，使得对 HTTP/2 的支持没有看起来那么强大。

3.1.1 浏览器对 HTTP/2 的支持

浏览器对 HTTP/2 的支持很强大。caniuse.com 关于 HTTP/2 的页面显示[2]，几乎每个现代的浏览器都支持 HTTP/2（参见图 3.1）。

在西方国家，Android 是最后一个在其原生浏览器中支持 HTTP/2 的平台，但在笔者撰写本书时，UC 浏览器（在中国、印度、印度尼西亚和其他亚洲国家很受欢迎）还不支持 HTTP/2。由于 Opera Mini 浏览器使用服务端渲染，因此页面由 Opera 的服务器提供，在这里不过多讨论。

切换到 Usage Relative 视图，如图 3.2 所示，每个框显示该版本的用户百分比。这个图说明了 UC 浏览器被广泛使用（撰写本文时，版本为 11.8），这是目前应用 HTTP/2 的主要阻力。

1 见链接3.1所示网址。

2 见链接3.2所示网址。

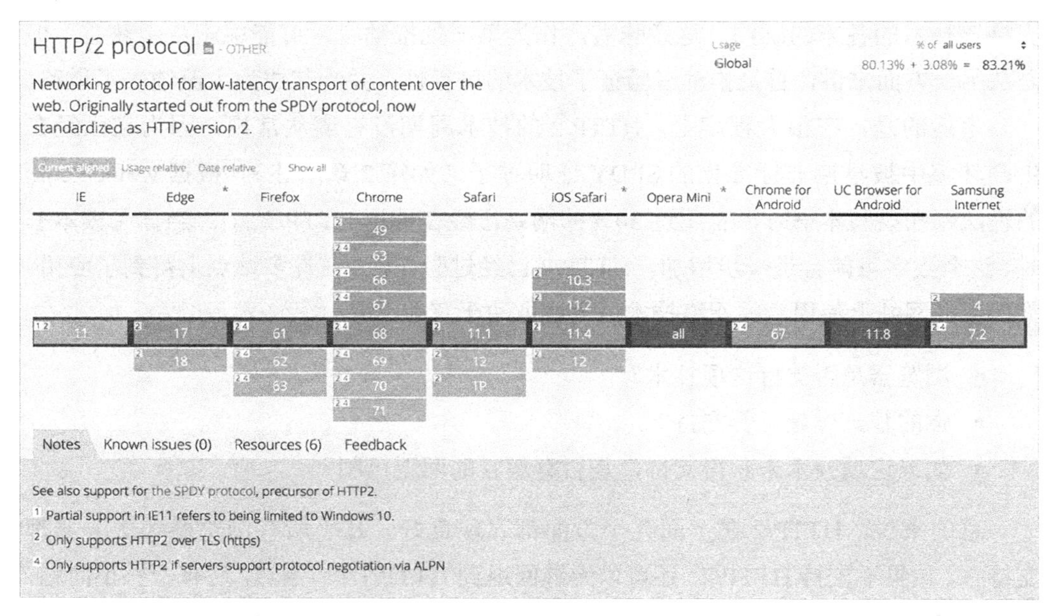

图 3.1　caniuse.com 中的 HTTP/2 数据

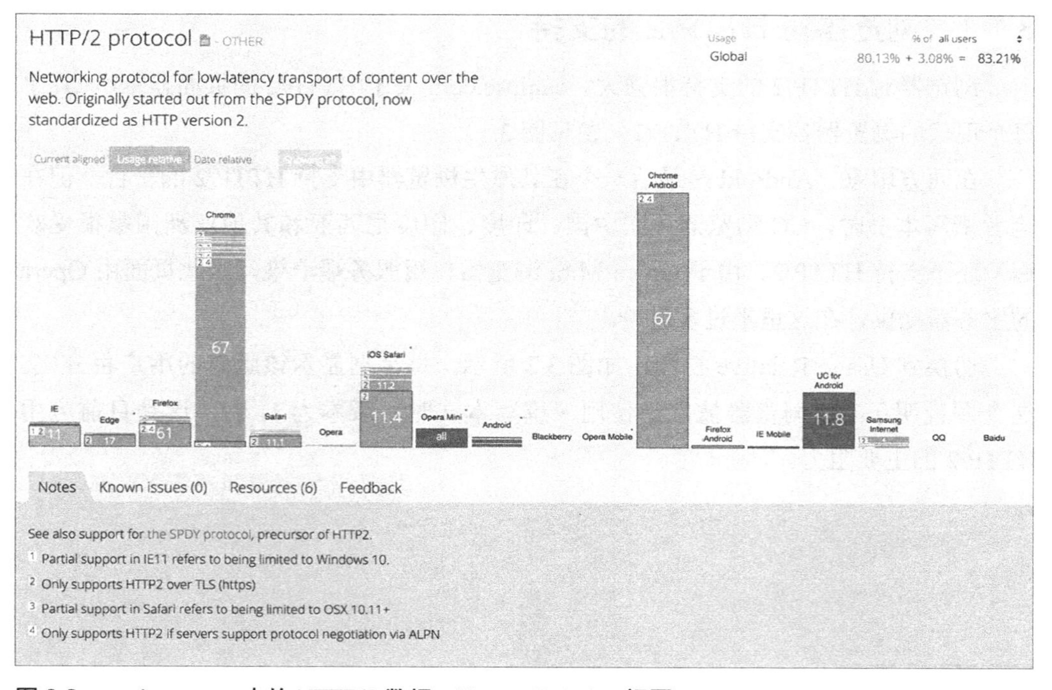

图 3.2　caniuse.com 中的 HTTP/2 数据，Usage Relative 视图

虽然不是所有的浏览器都支持 HTTP/2，但也可以了，在撰写本文时，全球有83.21%的浏览器支持 HTTP/2，这个情况后面还会改善。此外，如果你的用户主要在一个国家 / 地区，在 caniuse.com 中可以查看具体每个国家 / 地区的统计信息，由此你可以得到更准确的用户群统计信息（比如这些用户可能不会使用 UC 浏览器）。然而，这些统计数据有一些细微的差别，这些差别可能会很重要。

浏览器对 HTTP/2 和 HTTPS 的支持

在前面的图中，每个支持 HTTP/2 的浏览器都有一个小 2 作为备注，底部有“仅支持基于 TLS 的 HTTP2（https）”的说明，因此不使用 HTTPS 的网站无法从 HTTP/2 中受益。SPDY 也有类似的限制，当 HTTP/2 被标准化时，人们也对此限制进行了大篇幅的讨论，许多参与方都要求强制将 HTTPS 作为规范的一部分。后来，这个要求被排除在 HTTP/2 的正式规范之外，但是所有浏览器厂商都表示，他们将仅支持基于 HTTPS 的 HTTP/2，这使其成为事实上的标准。要求支持 HTTPS 无疑会使仅支持 HTTP 网站的站长不开心，但这种要求有两个很好的理由。

第一个理由纯粹从实用方面考虑。仅通过 HTTPS 使用 HTTP/2 意味着不太可能出现兼容性问题。网上许多基于 HTTP 的基础设施，在升级之前不知道如何处理 HTTP/2 消息。在 HTTPS 中包装消息，可以隐藏 HTTP 消息本身，从而避免兼容性问题。（HTTPS 消息只能由接收方读取，下一节讨论拦截代理的特殊情况。）

第二个理由比较主观。许多浏览器厂商（和其他人，包括我）坚信，要远离未加密的 HTTP，所有网站都应该转向 HTTPS。因此，较新的功能通常仅支持 HTTPS，以鼓励人们切换为 HTTPS。

HTTPS 为网站间的通信添加了安全、隐私、完整性的校验。这些功能不再仅适用于需要保护付款详细信息的电子商务网站，它们对所有网站都很重要[1]。你的搜索条目和你正在查看的网页可能包含敏感的个人数据。要求用户填写电子邮件地址来注册的表单，也是在收集私人信息，因此它应该是安全的。虽然对于博客而言，截获和改变数据听起来不太可能。但是，如果用户使用移动数据网络或者机场 WiFi 等，数据供应商通常会给没使用 HTTPS 的网站添加广告。还有很多恶意的第三方可以注入更多危险内容，例如挖比特币的 JavaScript 代码或恶意软件。

站长们想避开 HTTPS 比较难，而且 HTTP/2 要求 HTTPS 支持也是支持 HTTPS

1 见链接3.3所示网址。

的另一个原因。

即使你的网站支持了 HTTPS，仍可能遇到问题。HTTP/2 需要强大的 HTTPS 支持。一些浏览器（如 Chrome、Firefox 和 Opera）上的备注 4 意味着“只有服务器支持 ALPN，其才支持 HTTP2。”在 3.1.2 节会讨论这个话题，但现在，请注意，只有较新的 HTTPS 服务器才支持 ALPN（Application Layer Protocol Negotiation，应用层协议协商），如果 ALPN 不可用，则这些浏览器将不使用 HTTP/2。此外，许多浏览器在使用 HTTP/2[1] 之前需要更新为更安全的密码套件。这个主题在 3.1.2 节讨论。

中间代理

为了能够使用 HTTP/2，浏览器和服务器都必须支持 HTTP/2。但是，如果用户使用代理，把一个 HTTP 连接变成两个，且这个代理不支持 HTTP/2，那 HTTP/2 还是不能启用。

在许多企业环境中，通常使用代理限制直接访问互联网。这样可以扫描威胁，并阻止访问某些站点（例如个人电子邮件账户）。同样，对于家庭用户，许多防病毒产品会创建一个代理，以扫描 Web 流量。

对于 HTTPS 流量（例如，所有 Web 浏览器的 HTTP/2 都要求支持 HTTPS），代理是一个问题，因为这些代理无法读取加密流量。因此，当你使用的代理需要读取 HTTPS 流量时，对浏览器还需要进行一些配置。创建一个到代理的 HTTPS 连接，代理会创建另外一个到真实网站的 HTTPS 连接。因此，你的 Web 浏览器仅与代理建立 HTTPS 连接，并且代理向浏览器发送虚假的 HTTPS 证书，假扮真正的站点。通常，这种情况在浏览器中会有一个很大的警告标志，因为 HTTPS 会验证 HTTPS 证书颁发者的真实性。但是，安装这些代理需要将代理软件设置为该计算机上的公认证书颁发者，这样 Web 浏览器才会接受这些假证书。

将流量拆分为两部分并允许代理读取流量，但不幸的是，你的浏览器不再直接连接到网站，因此你能否使用 HTTP/2 取决于代理是否支持它。如果代理不支持 HTTP/2，连接会降级为 HTTP/1.1 连接。除了不能享受 HTTP/2 的好处以外，你可能还会困惑，为什么浏览器和服务器似乎都支持 HTTP/2，还会发生降级的情况（参见 3.3 节）。

在安全行业中，许多人认为拦截代理带来的问题比解决的问题更多，因为浏览

1 见链接3.4所示网址。

器厂商通常会主动确保 HTTPS 连接良好，所以将一个连接拆成两个意味着浏览器无法再验证最终连接的质量。无论如何，当我们需要使用代理时，代理也应该尝试支持 HTTP/2。研究显示，4%～9%的互联网流量经过代理，其中 58%的流量属于反病毒软件代理，35%属于公司代理[1]。查看计算机是否使用代理的最简单方法，是查看 HTTPS 证书，看看它是由谁颁发的，由真正的证书颁发机构颁发（有很多证书颁发机构，所以可能弄不清楚）还是由本地软件颁发。图 3.3 显示了当使用 Avast 病毒扫描程序创建的证书时，Internet Explorer 的不同之处。

图 3.3　查看直接连接 Google 和通过反病毒产品连接 Google 时的 HTTPS 证书

乐观地看，拦截代理通常用于家庭或公司环境，这时连接通常很快，而 HTTP/2 带来的收益也没那么高。在移动环境下，使用中间代理的情况要少得多，而低延迟网络（如移动网络）是 HTTP/2 的主要受益者之一。

浏览器对 HTTP/2 支持情况的总结

如本节所述，浏览器对 HTTP/2 的支持通常很强，而且会自动更新的 evergreen 浏览器（evergreen browsers，常青的浏览器）的出现（参见下面的说明）意味着不需要手动升级浏览器就可以支持 HTTP/2。但是，有几个情况可能导致无法使用 HTTP/2，如服务端 HTTPS 设置不匹配，在使用拦截代理等。

对 HTTPS 的要求，尤其对 ALPN 的要求，使得启用 HTTP/2 变得更复杂了，会引起疑惑。这里的复杂性主要体现在，要求服务器正确设置，这个主题会在 3.1.2 节中讨论。网络正朝着 HTTPS 大步迈进，未加密的 HTTP 网站受到的惩罚将继续增加，会有更明显的警告，新功能更少。在撰写本文时，超过 75%的互联网流量通过 HTTPS 提供[2]。虽然多个大型网站的使用对这个数字有所影响，但是还是不得不说，如果你的网站不支持 HTTPS，你应该尽快迁移。

1　见链接3.5所示网址。

2　见链接3.6所示网址。

evergreen 浏览器

一些浏览器（如 Chrome 和 Firefox）会在后台静默更新，不提示用户，我们称之为 evergreen 浏览器。这些浏览器的用户可能运行的是最新版本的浏览器，它们支持 HTTP/2。

当然也不总是这样。Web 开发历史中满是沮丧的开发者，如果某些用户仍在使用 Internet Explorer 5 等老掉牙的浏览器，就必须要检测浏览器版本并做出兼容处理。

然而，现实并不那么美好。虽然桌面上的 Chrome、Firefox 和 Opera 能非常方便地进行自动更新，但其他浏览器和平台并没有无缝自动更新功能。Safari 的更新通常与底层操作系统绑定，特别是在移动设备上，虽然最新版本的 iOS 速度总是很快，但重要更新每年仅发布一次，而 HTTP/2 等功能通常是重大更新的一部分。Android 从 Android 5（Lollipop）转移到自动更新的 Chromium Webview，但其通常仍要求用户选择通过 Google Play 商店安装更新。Edge 是另一款看起来像是 evergreen 浏览器（名不符实）的浏览器，它与操作系统升级紧密相关[1]，微软最近致力于改进这一点[2]。

最后，有些人会关闭自动更新功能。在企业环境下，需要控制何时更新软件，因此许多企业会关闭自动更新功能，也不会花费太多精力在软件更新上。

3.1.2 服务器对 HTTP/2 的支持

服务器对 HTTP/2 的支持要比浏览器晚一些，但是目前，几乎所有的服务器也都支持 HTTP/2 了。HTTP/2 的 Github 站点上有一个页面用于跟踪实现 HTTP/2 的客户端和服务器[3]，由该页面可以快速了解有哪些服务器支持 HTTP/2。根据 Netcraft 的数据[4]，4 个最流行的 Web 服务器现在都支持 HTTP/2。Apache、Nginx、Google 和 Microsoft IIS，80% 以上的网站使用这些 Web 服务器。

1 见链接3.7所示网址。

2 见链接3.8所示网址。

3 见链接3.9所示网址。

4 见链接3.10所示网址。

服务端的问题，不在于最新版本的服务器软件是否支持 HTTP/2，而在于正在运行的版本是否支持。大多数服务端程序不会自动更新，或者更新不像浏览器那样轻松，因此服务端通常运行的是未支持 HTTP/2 的旧版本程序。通常，该版本与操作系统绑定（例如，IIS 仅在 IIS 10.0 和 Windows Server 2016 中添加了对 HTTP/2 的支持）或者与操作系统的软件包管理器绑定（例如，Red Hat/CentOS/Fedora 的包管理器 yum，在撰写本文时，还没有支持 HTTP/2 的 Apache 或者 Nginx）。

尽管通常可以升级服务端软件的版本，但升级比较复杂。在基于 Linux 的操作系统上，升级可能需要下载源码编译，这需要一些相关的技巧和知识，还需要持续保持软件最新，至少要应用安全补丁。让操作系统或软件包管理器处理这个的好处是，只需要周期性地执行更新（可以自动化），就可以应用最新的安全补丁。如果不使用这个方法，则需要花更多力气，或者承担更多风险，也可能两者皆有。如果操作系统支持，可以使用提供 HTTP/2 版本软件的第三方仓库（repo），但这也意味着你信任这个第三方仓库。

HTTPS 库及其对 HTTP/2 的支持

服务端的一个最大问题，特别对于 Linux 来说，是本章前面提到的严格的 HTTPS 要求。大多数 Web 服务器使用单独的库（通常是 OpenSSL，也有一些变体，如 LibreSSL 和 BoringSSL）来处理 SSL/TLS。此加密库通常是操作系统的一部分，尽管升级 Web 服务器已经很麻烦了，但升级 SSL/TLS 库通常更加困难，因为可能会影响服务器上其他所有的软件。

在 3.1.1 节中，我们讲过，Chrome 和 Opera 仅支持基于 ALPN 的 HTTP/2，而不支持 NPN（Next Protocol Negotiation，下一代协议协商）。与之前的 NPN 一样，ALPN 允许 Web 服务器在 HTTPS 协商的过程中，声明服务器支持哪些应用程序协议；第 4 章会更详细地讨论这个主题。问题是 ALPN 仅包含在最新版本的 OpenSSL（1.0.2 及更高版本）中，在很多标准版本中并没有包含。RedHat 和 CentOS 仅在 2017 年 8 月和 9 月分别增加了对 OpenSSL 1.0.2 的支持，但是 Apache 等网络服务器软件的打包版本通常是基于旧的 1.0.1 版本编译的，该版本不支持 ALPN，所以不支持 Chrome 和 Opera 的 HTTP/2 功能。同样，Ubuntu 16 添加了 OpenSSL 支持，而被广泛使用的 Ubuntu 14 没有，并且 Debian 9（Stretch）之前没有添加支持 ALPN 的 OpenSSL。即使有较新的 OpenSSL 并且 Web 服务器是针对它编译的，但在默认情况下其可能也不支持 HTTP/2。表 3.1 总结了不同的 Linux 系统对 ALPN 的支持。

表 3.1 不同的 Linux 系统对 ALPN 的支持

操作系统及版本	ALPN in default OpenSSL	ALPN in default Apache/Nginx	HTTP/2 in default Apache/Nginx
RHEL/CentOS < 7.4	N (1.0.1)	N	N
RHEL/CentOS 7.4 & 7.5	Y (1.0.2)	N/Y	N/Y
Ubuntu 14.04 LTS	N (1.0.1)	N	N
Ubuntu 16.04 LTS	Y (1.0.2)	Y	N/Y
Ubuntu 18.04 LTS	Y (1.1.0)	Y	Y
Debian 7 (“Wheezy”)	N (1.0.1)	N	N
Debian 8 (“Jessie”)	N (1.0.1)	N	N
Debian 9 (“Stretch”)	Y (1.1.0)	Y	Y

如表 3.1 所示，在常见的 Linux 发行版中，只有 Ubuntu 18.04 和 Debian 9 为 Apache 提供了开箱即用的 HTTP/2（但还需要在 Web 服务器配置时打开它）。对于 RHEL/CentOS，如果要使用 HTTP/2，则需要从源码编译，或者从第三方源安装 Apache。

对于 Nginx，可以通过 Nginx 软件源[1]来安装 HTTP/2，所以通常只要你使用最新版本，就支持 HTTP/2，前提是底层的 OpenSSL 版本支持。

服务端支持总结

尽管服务端对 HTTP/2 的支持在理论上与浏览器端一样好，但实际上，还会有一段时间，人们会运行不支持 HTTP/2 的旧版服务端软件。想要支持 HTTP/2，就需要升级这些软件版本，升级过程可能很简单也可能很复杂。随着新版本操作系统的普及，这种情况将会发生变化。但对 HTTP/2 来说，这还是一个挑战。好消息是，升级 HTTP/2 由站长控制，他们承担软件升级的责任。当升级时，他们认为大多数客户端软件都已支持 HTTP/2。如果服务端的支持很强，客户端的支持相对较弱，站长们能做的很少，要等到用户升级。如果不想或无法升级 Web 服务器软件，则还可以使用其他实现，3.2 节中会讨论这个主题。

3.1.3 兼容不支持 HTTP/2 的情况

还有一个好消息，当客户端不支持 HTTP/2 时，网站仍然能正常工作，因为它们可以降级到 HTTP/1.1。HTTP/1.1 距离被废弃（如果会的话）还很遥远。从理论上讲，

1 见链接3.11所示网址。

如果可能，应该启用 HTTP/2，因为并没有客户端不支持的问题。

但是，当你想要更新你的网站，并开始利用 HTTP/2 功能时，情况会变得有趣，这可能会影响到使用 HTTP/1.1 的用户。网站仍然可以正常工作，但如果不进行域名分片、文件合并和资源内联，它可能会变慢。这种情况对你有多大影响取决于网站的 HTTP/1.1 流量。第 6 章会讲这个主题。

更难估量的是客户端或服务端的实现问题。虽然 HTTP/2 已经被大量应用，但它还相对年轻，仍处于早期阶段。毫无疑问，在 HTTP/2 的实现中可能会有 Bug，这些潜在的 Bug 会影响网站的加载。以我的经验，这些 Bug 通常会导致 HTTP/2 达不到预期的速度，但不会造成任何实质的伤害。但是，在对生产环境启用重大升级（例如 HTTP/2）之前，应该对它进行完整的测试。

3.2 网站开启HTTP/2的方法

最简单的升级到 HTTP/2 的方法，是开启服务器对 HTTP/2 的支持，但这个过程可能需要进行软件升级。在 Web 服务器上开启 HTTP/2 功能不是支持 HTTP/2 的唯一方法，你还可以考虑其他方法。其中一个方法是，在你的 Web 服务器之前再加一层支持 HTTP/2 的基础设施：另一个软件或者服务，如 CDN，来处理 HTTP/2。有几个因素决定哪个方法最适合你：你的 Web 服务器是否支持 HTTP/2；开启 HTTP/2 支持有多困难；以及你是否愿意增加网站运行环境的复杂度，以引进其他方法。

在开启 HTTP/2 之后，你可能会发现你的流量还在使用 HTTP/1.1，我们会在 3.3 节讲如何解决这些问题。如果你已经实现了 HTTP/2，但遇到了一些问题，则可以直接跳到 3.3 节阅读。

3.2.1 在 Web 服务器上开启 HTTP/2

在 Web 服务器上开启 HTTP/2 后，支持 HTTP/2 的客户端就可以使用此新协议了。图 3.4 展示了简单的设置。

这种方式的主要问题是，它可能并没有看起来那么简单。如 3.1.2 节所说，你可能必须将 Web 服务器软件升级到一个更新的版本，这可能要求你升级 Web 服务器的操作系统。还有可能，你使用的 Web 服务器软件就算升级到最新版本也不支持 HTTP/2。表 3.2 罗列了一些常见的 Web 应用服务器开始支持 HTTP/2 的版本。

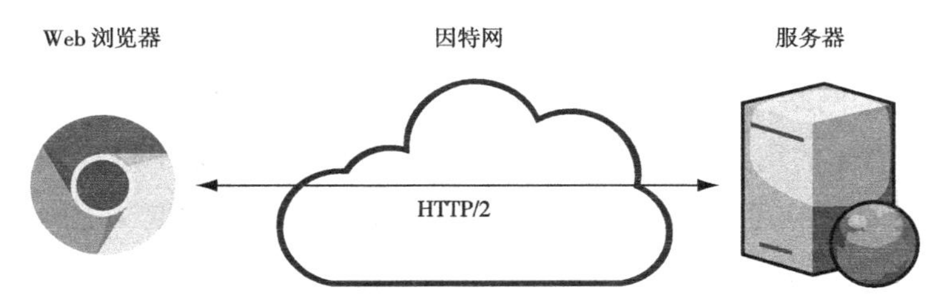

图 3.4 Web 服务器上的 HTTP/2

表 3.2 流行的 Web 服务器开始支持 HTTP/2 的版本

Web 服务器	HTTP/2 版本
Apache HTTPD	2.4.17（尽管在 2.4.26 版之前一直被标记为实验版）
IIS	10.0
Jetty	9.3
Netty	4.1
Nginx	1.9.5
Node.JS	8.4.0（尽管在 9.0 版之前没有启用，而且在 10.10 版之前被标记为实验版）
Tomcat	8.5

Linux 上的软件通常使用包管理器（如 apt-get 和 yum）安装，这些包管理器可使用一套官方的软件仓库安装软件，升级补丁。这些系统环境大多更关注稳定性，而不是新功能。由于 HTTP/2 相对较新（至少在服务器发版周期方面），所以 Web 服务器的默认版本中通常不包含对 HTTP/2 的支持。如果操作系统没有对你喜欢的 Web 服务器做出直接的 HTTP/2 支持，而你还希望在服务器上启用它，那么就只能以其他方式安装应用程序。这个决定需要承担风险，在这么做之前，你应当了解可能遇到的风险（见下面的说明）。

以其他方式安装软件的风险

以其他方式安装软件是指：直接从另一个站点下载预先打包的 Web 服务器软件，并添加一个软件源让包管理器从该源下载对应的软件包，或者从源代码安装。

从第三方下载预构建的软件包意味着你信任这个软件提供商，你将来自此供应商的软件用作基础架构的关键部分，并以 root 用户身份运行（Web 服务器通常这样）。此外，这些软件包许多都是针对某个 OpenSSL 版本进行静态编译的，因此如果在 OpenSSL 中发现漏洞，就需要更新 Web 服务器以修复漏洞。许多公司都不能忍受这些限制。如果你能接受第三方预构建的软件包，可以考虑 CodeIt[1]，它是一个提供 Apache 和 Nginx 预构建软件包的源，它还提供完善的安装说明。

另一种方式是在容器中运行 Web 服务器，如 Docker。可以使用包含通用 Web 服务器的映像。但同样，你要信任该容器的提供商。好一点是，应用程序运行在容器中，容器可以限制应用程序访问服务器的其他部分。由于容器本身就是一个比较大的话题，本书这里不作过多讨论。

如果不信任第三方，则可以从源码安装软件。应从受信任的源（最好是官网）下载源代码，并在下载后验证源码包的合法性，可以通过签名或者计算哈希值来进行验证。

从供应商的官方网站下载源码进行安装，这意味着你没有在软件包管理器中管理此软件，这样就无法享受软件包管理器提供的便捷的安全补丁服务。需要自己手动升级。例如，RHEL 7 和 CentOS 7 在标准仓库中提供 Apache 2.4.6。但这个版本不是最初的 Apache 2.4.6；Red Hat 不断修补它，以包含该版本出现以来的所有相关安全更新。若在软件包管理器外运行一个版本，将无法获得这些安全补丁。需要自己升级软件来获得安全修复程序，否则，就面临安全攻击的风险。

另一种选择是使用可替代的半官方源。许多操作系统供应商提供备用的软件源（例如 Red Hat Software Collections），或者软件供应商会提供官方源（如 Nginx）。使用半官方源的优点是易于安装，可以持续更新。

总的来说，在服务器上安装第三方软件时，采用哪种方式，取决于你自己。

附录中提供了有关安装和升级某些常用的 Web 服务器或者平台以启用 HTTP/2 的说明。根据操作系统和 Web 服务器的不同，此过程可能非常复杂。随着时间的推移，系统默认安装将会升级到支持 HTTP/2 的版本，这样该过程就会变得容易了。然后再启用 HTTP/2 应该就只需要简单地修改配置，也可能在默认情况下就启用了 HTTP/2。但是，在随后的几年里，对很多人来说，想要在 Web 服务器中支持 HTTP/2 还会比较困难。

当然，我们还有一些其他的选择，下面会讲到。在某些环境下，Web 服务器

1 见链接3.12所示网址。

前面有负载均衡器，如果负载均衡器不支持 HTTP/2，就算你在 Web 服务器上启用 HTTP/2 也没用。

如果你希望设置一个简单的 Web 服务器来试试 HTTP/2，并且想测试本书中的一些示例，建议选择你最熟悉的 Web 服务器。如果无所谓选哪个，推荐你使用 Apache。在主流的 Web 服务器中，它功能最全面，可以在许多平台上使用，也支持 HTTP/2 推送和 HTTP/2 代理（后面会介绍这两部分内容）。

3.2.2 反向代理实现 HTTP/2

另一个实现 HTTP/2 的选择，是在主 Web 服务器前放置一个支持 HTTP/2 的反向代理服务器，然后它就可以将用户的 HTTP/2 请求转换为 HTTP/1.1 请求，发送给 Web 服务器，如图 3.5 所示。

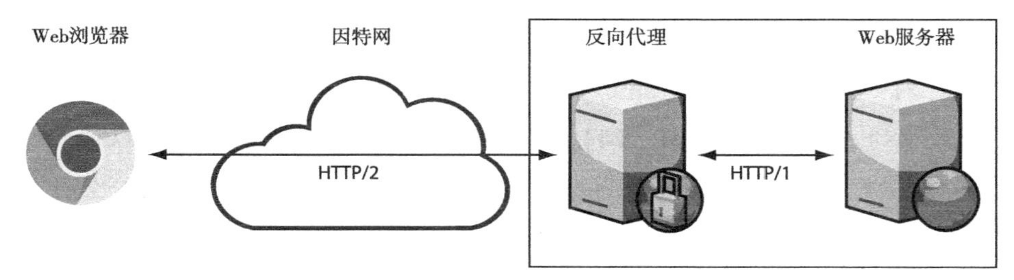

图 3.5 通过反向代理实现 HTTP/2

顾名思义，反向代理与标准拦截代理相反。标准代理保护网络免受外部影响，并给需要与外网通信的出站流量提供路由。反向代理处理来自外网的传入流量，允许访问不直接对外的服务器。反向代理很常见，主要用于以下两种场景：

- 作为负载均衡器
- 用以卸载一些功能，如 HTTPS 或者 HTTP/2

负载均衡器在两个 Web 服务器之前，将流量发送到其中之一，转发规则取决于配置（多活模式，还是主备模式）。多活模式负载均衡器使用算法决定如何分发流量（例如，基于源 IP 分发，或者是使用轮询）。如图 3.6 所示。

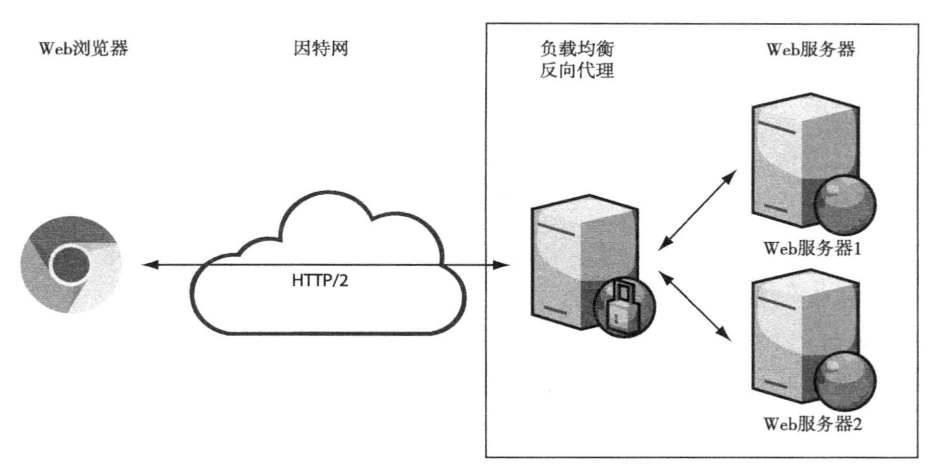

图 3.6 反向代理负载均衡

完成此设置后，就可以在负载均衡器上开启 HTTP/2 了，不需要在 Web 服务器上开启。事实上，正如我们之前提到的，如果所有流量都先经过负载均衡器，那么在 Web 服务器上启用 HTTP/2 可能就不起作用。一些负载均衡器已经支持 HTTP/2（如 F5、Citrix Netscaler 和 HAProxy）了，不支持的也会很快支持。

是否需要在整个链路中支持 HTTP/2

基于反向代理实现 HTTP/2 时，HTTP/2 连接在反向代理处终止，从这时起，使用另外的连接（可能是 HTTP/1.1）。此过程类似于使用反向代理卸载 HTTPS，HTTPS 在反向代理处被卸载，然后反向代理使用 HTTP 与基础架构的其余部分进行通信。这种用法很常见，因为这可以简化 HTTPS 配置（仅在入口点设置并管理证书），HTTPS 所需要的运算资源放在入口处（随着计算能力的提高，这些要求现在可以忽略不计）。

所以，还需要在全链路中支持 HTTP/2 吗？通过 HTTP/1.1 建立后端连接会失去什么？

HTTP/2 的主要优点是可以提升高延迟、低带宽连接的速度，连接到边缘服务器（在这种情况下为反向代理）的用户通常处在这样的网络环境下。从反向代理到其他 Web 基础架构的流量一般处于低延迟、高带宽、短距离的网络环境中（即使不是同一台机器，也通常是相同的数据中心），因此此场景下通常不需要考虑

HTTP/1.1 的性能问题。

如果反向代理到实际服务器的连接使用 HTTP/2，则采用 HTTP/2 单个连接的方式收益也不高。因为反向代理到服务器的连接数不受限于浏览器设置的 6 个连接。甚至有些人担心使用单个连接可能会导致性能问题，具体取决于在反向代理和目标服务器上的实现方式。Nginx 已经声明，它不会为代理连接实现 HTTP/2[1]，所以也有这方面原因。

因此，与 HTTPS 一样，可能无须在基础架构中对 HTTP/2 进行全链路的支持。就算是服务端推送，只有 HTTP/2 才支持的功能，也可以在这种设置下实现。第 5 章会讨论该主题。

即使没有使用反向代理做负载均衡，在后端应用服务器（如 Tomcat 或 Node.js）之前使用一个像 Apache 或 Nginx 这样的 Web 服务器来代理一些（或全部）请求，也很常见（推荐做法），如图 3.7 所示。

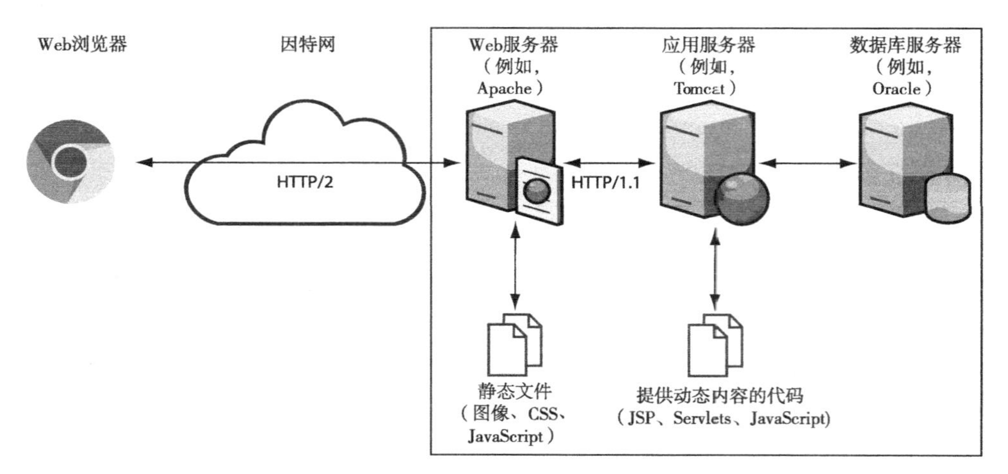

图 3.7 在应用服务器 / 数据库服务器之前使用 Web 服务器

这种技术有几个优点，其中主要一点是，可以卸载功能，并减少到应用服务器的请求。例如它可以卸载 HTTPS，卸载 HTTP/2。从 Web 服务器提供静态资源（图像、CSS 文件和 JavaScript 库等）可以减少到应用服务器的请求。减轻应用服务器的负载，可以让它专注于自己擅长的工作：提供动态内容，其中可能包括所需的

1 见链接3.13所示网址。

一些运算和数据库查询。

此方法还具有安全方面的优势，因为首先连接到 Web 服务器，所以可以防止恶意请求到达更具体的应用服务器及后端数据库。因此，如果你使用的应用服务器难以启用 HTTP/2，则可以（或者建议）在前面放置另一个 Web 服务器以支持 HTTP/2。

使用反向代理服务器也是一种测试 HTTP/2 效果的便捷方法。只需要简单地在应用服务器旁设置一个反向代理服务器，并设置一个新的域名（http2.example.com 或者 test.example.com），在本地快速网络上通过 HTTP/1.1 反向代理到应用服务器的请求，如图 3.8 所示。

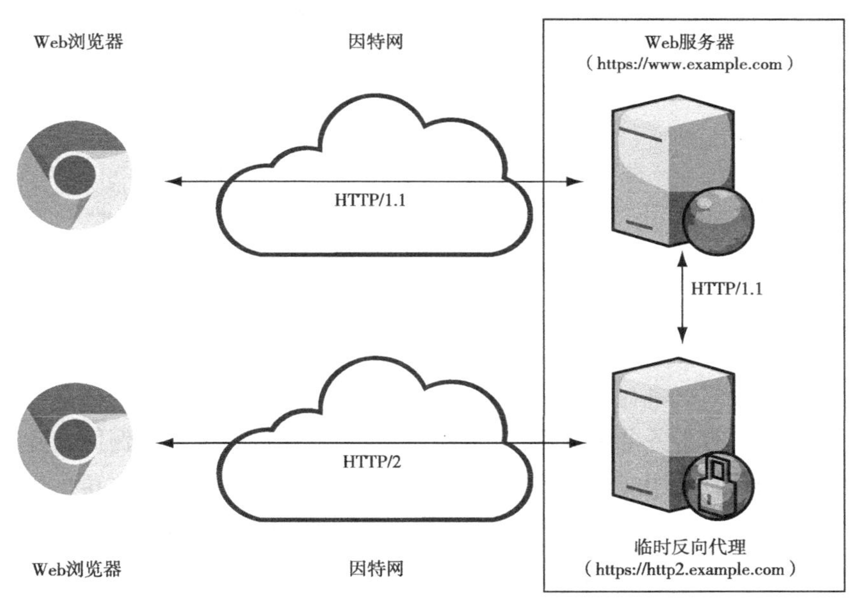

图 3.8 添加临时的反向代理，来测试 HTTP/2

如果你的 Web 服务器已经支持 HTTP/2 了，但还没有开启，则你可能不需要使用单独的代理服务器。可以设置支持 HTTP/2 的虚拟主机，并使用一个独立的域名，这样可以同时运行 HTTP/1.1 和 HTTP/2 网站。从而就可以在启用 HTTP/2 之前，在用户使用的虚拟主机域名上测试。

3.2.3 通过 CDN 实现 HTTP/2

CDN 是遍布全球的服务器集群，是网站在当地的接入点。通过 DNS 解析，网站访客连接到最近的 CDN 服务器。请求会被路由回你的 Web 服务器（称之为源站）。CDN 上面可能会缓存一个副本，以便当下次相同的请求再来的时候可以快速响应。大多数 CDN 已经支持 HTTP/2 了，所以你可以通过使用 CDN 的方式来启用 HTTP/2，而源站只需要支持 HTTP/1.1 就行了。这个方法和使用反向代理类似，但是 CDN 有很多反向代理服务器，它们可以帮你管理这个基础架构。如图 3.9 所示。

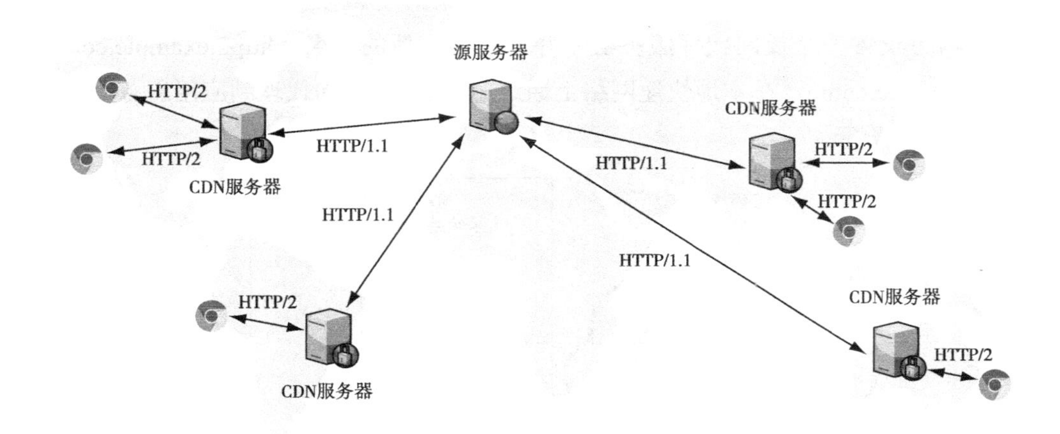

图 3.9　通过 CDN 启用 HTTP/2

尽管添加了额外的基础设施，使用 CDN 也是有必要的。使用 CDN 可能比直接连接要快得多，因为当地的服务器可以处理一些客户端建立连接的过程（例如创建 TCP 连接和 HTTPS 协商）。使用离用户更近的服务器处理这些客户端建立连接过程的好处，超过了额外增加服务器跳跃的负面影响。此外，可以在每个 CDN 服务器上缓存响应，使用本地服务器响应请求，而不是源服务器。从而为用户节省时间，降低源服务器的负载和带宽。

CDN 是非常有效的反向代理。在 HTTP/2 出现之前，CDN 主要用于解决性能问题，而现在它们还为升级 HTTP/2 提供了一个简单方法。

CDN 满足 HTTP/2 所需的 HTTPS 要求。但是，如果在源服务器上没有实现 HTTPS，网络流量仅在请求链路中的部分过程被加密。虽然使用 HTTPS 有很大一部分原因是为了降低客户端的风险（例如，连接到未知的 WiFi 网络，潜在的风险只有 HTTPS 可以缓解），但仍然推荐在完整的端到端连接链路中使用 HTTPS。许多人说，在 CDN 上卸载 HTTPS 并且使用 HTTP 和源站连接是不守信的，因为你的网站访客不知道他们的密码可能经过不安全的网络。但是如果在服务器上获得 HTTP/2 所需的严格 HTTPS 设置（例如 ALPN）比较困难，至少可以让 CDN 处理此过程，并通过旧的仅支持 HTTP/1.1 的 HTTPS 配置与源站连接。

使用 CDN 的好处很多，它能简单地支持 HTTP/2，这也是考虑使用它们的另一个原因。CDN 对 HTTP/2 的支持很迅速，有些甚至提供了免费试用，这让那些较小的站点可以轻松升级到 HTTP/2。但是，CDN 能够解密数据流，因此你必须接受第三方能读取你的数据这个事实。

3.2.4 小结

你可以通过多种方式为网站启用 HTTP/2，具体取决于响应网络请求的基础架构。遗憾的是，目前在 Web 服务器上实施 HTTP/2 的最直接的方法很复杂，并且可能需要进行大量手动操作来升级旧版本。随着 HTTP/2 变得越来越普及，服务器软件升级困难的情况将会得到改善，但就目前来说，这个过程比预期中的痛苦。

还有其他的方法可以启用 HTTP/2，打算实现 HTTP/2 的站长们应该了解这些方法。可以在服务器上安装反向代理服务，自己管理，也可以使用反向代理服务，例如 CDN。在常见的服务器发行版对 HTTP/2 的支持变得普及之前，使用这些方法实现 HTTP/2 都比较简单。

现在，你可以选择一种方法升级到 HTTP/2，看看它给网站带来什么影响。如果你有一个启用 HTTP/2 的服务器，则可以测试一下这些示例，这对学习本书其他部分内容会有很大帮助，尽管有些项目也可以在公共网站上看到。

3.3 常见问题

要查看是否启用了 HTTP/2，使用浏览器开发者工具是最简单的方法。即使 Web 服务器支持 HTTP/2，由于一些细节问题（本章之前提到过），很多人还是不能让 HTTP/2 正常运行。自从我开始使用 HTTP/2 以来，常见的有以下这些问题：

- Web 服务器不支持 HTTP/2。显然，你的服务器需要支持 HTTP/2。如本章所述，大多数默认版本的服务器软件目前不支持 HTTP/2。请检查你正在运行的服务器软件是什么版本，以及它们开始支持 HTTP/2 的时间。请注意，安装软件最新更新（例如使用 `yum update` 或 `apt-get`）所获得的 Web 服务器软件并不一定支持 HTTP/2。

- **Web 服务器未启用 HTTP/2**。即使 Web 服务器支持 HTTP/2，也需要手动启用。某些服务器（如 IIS）默认启用 HTTP/2 支持。在其他服务器（例如 Apache）上，HTTP/2 的支持取决于使用的配置。例如，ApacheHaus Windows 安装包默认启用 HTTP/2，但从源码编译的版本默认不启用。此外，从版本 2.4.27 开始，如果使用 `prefork mpm` 模式[1]，Apache 不会再支持 HTTP/2。

  还有一些情况，需要打开一些编译选项（例如 Apache 的 `--enable-http2` 和 Nginx 的 `--with-http_v2_module`）以启用 HTTP/2，但在默认情况下这些开关未打开。如果 HTTP/2 不起作用，请参考 Web 服务器的文档，了解如何打开这些开关。
- **Web 服务器未启用 HTTPS**。如 3.1.1 节所述，Web 浏览器仅支持基于 HTTPS 的 HTTP/2，因此，如果你的站点仅支持 HTTP，那你需要先给网站添加 HTTPS 支持才能使用 HTTP/2。
- **Web 服务器未启用 ALPN 支持**。TLS 协议用于创建 HTTPS 会话，ALPN 是 TLS 的扩展，服务器用它来声明对 HTTP/2 的支持。一些 Web 浏览器（在撰写本书时，有 Safari、Edge 和 Internet Explorer）允许使用旧的 NPN，以及更新的 ALPN。其他浏览器（如 Chrome、Firefox 和 Opera）仅支持新的 ALPN。

  测试是否支持 ALPN 最简单的方法是使用在线工具，例如 SSL-Labs[2]（它运行全面的 HTTPS 测试，需要几分钟才能运行完成）或 KeyCDN HTTP/2 Test[3]（这个更快，它仅测试 HTTP/2 和 ALPN 支持）。如果你的 Web 服务器在公网无法访问，就无法使用 Web 工具来测试它是否支持 ALPN，只能使用诸如 OpenSSL 的 s_client 这种命令行工具（前提是 OpenSSL 的版本支持 ALPN）：

  ```
  openssl s_client -alpn h2 -connect www.example.com:443 -status
  ```

  或者，可以使用 testssl 工具[4]，其与 SSLLabs 大多数测试相同。但它需要一个

---

1 见链接3.14所示网址。

2 见链接3.15所示网址。

3 见链接3.16所示网址。

4 见链接3.17所示网址。

支持 ALPN 的 OpenSSL 版本，以进行完整的 HTTP/2 支持测试。

与 Web 浏览器类似，某些 Web 服务器（如 Apache）仅使用 ALPN；其他的（如 Nginx）使用 ALPN 或 NPN。服务器是否支持 ALPN 取决于你正在使用的 TLS 库的版本。表 3.3 显示了常见的库对 ALPN 的支持。如果你不确定你正在使用什么 TLS 库，那么很可能你使用的是操作系统默认的 TLS 库。在 Linux 下是 OpenSSL，macOS 下是 LibreSSL，Windows 下是 SChannel。

表 3.3　常见 TLS 库对 ALPN 的支持

TLS 库	支持 ALPN 的版本
OpenSSL	1.0.2
LibreSSL	2.5.0
SChannel（Microsoft 应用使用）	8.1 / 2012 R2
GnuTLS	3.2.0

即使你使用的 TLS 库支持 ALPN，服务器软件也可能没有使用该版本的 TLS 库构建。例如，RHEL/CentOS 7.4 添加了 OpenSSL 1.0.2，但在默认情况下安装的 Apache 和 Nginx 版本仍然是使用 OpenSSL 1.0.1 构建的，因此它们没有 ALPN 支持。

Apache 通常会在重启时，向错误日志添加一行记录，详细说明正在运行的 OpenSSL 版本：

```
[mpm_worker:notice] [pid 19678:tid 140217081968512] AH00292:
Apache/2.4.27 (Unix) OpenSSL/1.0.2k-fips configured -- resuming normal
operations
```

或者，可以针对 `mod_ssl` 模块运行 `ldd`，查看它链接的版本：

```
$ ldd /usr/local/apache2/modules/mod_ssl.so | grep libssl
        libssl.so.10 => /lib64/libssl.so.10 (0x00007f185b829000)
$ ls -la /lib64/libssl.so.10
lrwxrwxrwx. 1 root root 16 Oct 15 16:07 /lib64/libssl.so.10 ->
libssl.so.1.0.2k
```

对于 Nginx，可以使用 `-V` 选项来查看构建参数：

```
$ nginx -V
nginx version: nginx/1.13.6
built by gcc 4.8.5 20150623 (Red Hat 4.8.5-16) (GCC)
built with OpenSSL 1.0.2k-fips 26 Jan 2017
TLS SNI support enabled
configure arguments: --with-http_ssl_module --with-http_v2_module
```

对于其他服务器，请参考支持文档。

- *Web服务器未启用强HTTPS密码*。HTTP/2规范列出了对于客户端不得用于HTTP/2连接的几种密码[1]。某些浏览器（如Chrome）不使用这些密码加密HTTP/2，所以，如果你想启用HTTP/2，就必须使用更好的密码设置服务器（在撰写本文时，要使用ECDHE GCM或POLY密码）。大多数默认安装包含强密码，通常会优先使用这些密码，但如果你的密码配置是从先前的安装中移植的，可能无法启用这些新密码。

  要查看HTTPS密码设置，可以使用SSLLabs在线测试工具。你需要花点时间熟悉这个工具，该工具会提供有关HTTPS设置的完整信息，包括是否支持常见的客户端。

  Mozilla SSL Configuration Generator[2]也是一个有用的工具，它可以提供常见的Web浏览器所需的HTTPS配置。大多数网站都应使用Modern（最新）设置，但如果需要支持较旧的客户端，就可能需要使用Intermediate（过渡）设置。
- *拦截代理将连接降级为HTTP/1.1*。如果你使用代理（例如，在企业环境中）或防病毒软件，当它们处理HTTPS连接时，可能会将连接降级为HTTP/1.1。我们在3.1.1节中讨论过这个问题。查看网站的HTTPS证书，看它是否由真正的证书颁发机构颁发。

  如果你的网站在公网可以访问，你可以使用SSLLabs或KeyCDN HTTP/2 Test[3]等在线工具来查看网站是否支持HTTP/2。如果显示网站支持HTTP/2，那么问题可能出在本地，比如是由代理引起的。

  对于病毒软件，通常可以选择关闭HTTPS拦截，或将某些网站列入白名单。
- *upgrade首部未正确转发*。后端服务器（例如Apache）可以使用`Upgrade: h2`首部给出建议，让用户切换到HTTP/2。如果该首部由反向代理不做处理地转发（它可能不支持HTTP/2），可能导致问题。浏览器尝试升级到HTTP/2（因为响应首部建议升级），然后失败，因为反向代理不支持HTTP/2。在这种情况下，反向代理不应转发`Upgrade`首部。第4章会进一步讨论这个主题。Safari对这种情况的处理特别糟糕，通常显示`nsposixerrordomain:100`错误。

---

1 见链接3.18所示网址。

2 见链接3.19所示网址。

3 见链接3.20所示网址。

- **无效的 HTTPS 首部**。针对无效的 HTTP 首部（例如，首部名称中出现双冒号或者空格）[1]，Chrome 会返回 `ERR_SPDY_PROTOCOL_ERROR` 消息，但它对 HTTP/1.1 中相同的错误更为宽容。如果 Safari 也遇到这个错误，它会显示 `nsposixerrordomain:100` 错误。
- **缓存的资源会显示下载时使用的协议**。如果将服务升级到 HTTP/2，开始测试，而不先清除缓存，则可能还在使用升级之前缓存的资源。缓存的项目会显示当初下载时的 HTTP 版本（如果在升级 HTTP/2 之前下载了它们，则可能是 HTTP/1.1）。同样，如果服务器发送 `304 Not Modified` 响应，那么浏览器将使用缓存的资源，并显示在下载时所使用的协议。

总结

- 客户端对 HTTP/2 的支持很强，几乎所有的主流浏览器都支持。
- 一些较新版本的服务器软件支持 HTTP/2，但是，如果不升级服务器操作系统，或者选择手动安装，这些新版本通常很难安装。
- 有很多启用 HTTP/2 的方法，包括使用第三方基础设施（如 CDN）。
- 有一些原因，可能导致启用的 HTTP/2 不生效。

1 见链接3.21所示网址。

第2部分

使用HTTP/2

本书的第 1 部分首先介绍了对新版本 HTTP 的需求，然后介绍了 HTTP/2 本身和网站启用 HTTP/2 的方法。对于许多人来说，这些信息已经足够了，大多数网站不需要做其他改变就可以看到升级到 HTTP/2 的好处。由于 HTTP/2 的设计，迁移到 HTTP/2 很简单，无须做任何其他更改就能立即获益。

但是，要真正从 HTTP/2 受益，更深入地了解协议及其工作方式非常有必要。本部分描述了该协议的核心内容。第 4 章和第 5 章介绍了协议的技术细节，从而使网站站长和开发者一探 HTTP/2 的究竟。第 6 章不再讨论协议本身，转向讨论它对 Web 性能的影响，以及开发者在 HTTP/2 世界中如何进行优化实践。

4 HTTP/2协议基础

本章要点

- HTTP/2 基本概念：它是什么，与 HTTP/1.1 有什么不同
- 客户端和服务端如何升级到 HTTP/2
- HTTP/2 帧，以及调试方法

本章介绍 HTTP/2 的基础知识（帧、流和多路复用）。第 7 章和第 8 章讨论 HTTP/2 更高级的部分（特别是流优先级和流量控制）。HTTP/2 规范[1]是协议的官方材料，你在阅读本书的过程中可以随时参阅。本章中增加的细节和示例会使你学习协议更加轻松。

4.1 为什么是HTTP/2而不是HTTP/1.2

在第 2 章，介绍了 HTTP/1 和 HTTP/2 的差异。HTTP/2 主要用来解决 HTTP/1 的

---

1 见链接4.1所示网址。

性能问题。新版本的协议与原来的协议有很大的不同，新增了如下概念：

- 二进制协议
- 多路复用
- 流量控制功能
- 数据流优先级
- 首部压缩
- 服务端推送

以上这些概念（本章会详细介绍）是新协议根本上的变化，不向前兼容。HTTP/1.0 的 Web 服务器可以支持 HTTP/1.1 的消息，并可以忽略后来的版本中新增的功能，但在 HTTP/2 中，就不能兼容了，HTTP/2 使用了不同的数据结构和格式。出于这个原因，HTTP/2 被视为主版本更新。

新版本的变化主要与 HTTP/2 在网络中传输的方式有关。在大多数 Web 开发者所关注的更高层面（HTTP 语义）[1]，HTTP/2 和 HTTP/1 基本上保持一致。它们拥有相同的请求方法（GET、POST 和 PUT 等），使用相同的 URL，使用相同的响应码（200、404、301 和 302 等），HTTP 首部也大多相同。在发出同样的请求时，HTTP/2 的效率高得多。

HTTP/2 和 HTTPS 有很多相似点，它们都在发送前将标准 HTTP 消息用特殊的格式封装，在收到响应时再解开。所以，尽管客户端（Web 浏览器）和服务端（Web 服务器）需要了解发送和接收消息的细节，上层应用却不用区别对待不同的版本，因为它们所使用的 HTTP 的概念相似。然而，不像 HTTPS，HTTP/2 会改变开发网站的方式。如果你对 HTTP/1 有足够的理解，就能进行第 2 章中所述的性能优化。如果你深入理解 HTTP/2，就会采用不同的优化方法，从而可以获得更好的开发体验和网站性能。所以，掌握这两者的区别至关重要。

HTTP/2.0 还是 HTTP/2

最初 HTTP/2 被称为 HTTP/2.0，但后来 HTTP 工作组决定删除次要版本号（.0），改用 HTTP/2。我们之前说过，HTTP/2 定义了新版本 HTTP 的主要部

1 见链接4.2所示网址。

分（二进制、多路复用等），并且未来的任何实现或变更（如果有 HTTP/2.1 的话），此规范都兼容。HTTP/1 这个术语（人们不太使用它，在本书中用来代表 HTTP/1.0 和 HTTP/1.1）也是一样的，它的定义是一个基于文本的协议，首部后面跟着消息体。

此外，与 HTTP/1 消息不同，在 HTTP/2 请求中未明确声明版本号。例如，HTTP/2 中没有 `GET /index.html HTTP/1.1` 形式的请求。但是，许多实现会在日志文件中使用次要版本号（.0）。例如，在 Apache 日志文件中，版本号显示为 HTTP/2.0，其甚至会伪造 HTTP/1 形式的请求：

```
78.1.23.123 - - [14/Jan/2018:15:04:45 +0000] 2 "GET / HTTP/2.0" 200 1797
"-" "Mozilla/5.0 (Windows NT 10.0; Win64; x64) AppleWebKit/537.36
(KHTML, like Gecko) Chrome/63.0.3239.132 Safari/537.36"
```

所以尽管我们说不使用 HTTP/2.0 这种版本号，但在日志文件中你可能会看到它。但要注意，这个请求并不是真正的请求，而是 Web 服务器模仿的，以方便解析日志。实际上,HTTP/2.0 在规范中只在一处出现:消息前奏(4.2.5 节会讲)。

4.1.1 使用二进制格式替换文本格式

HTTP/1 和 HTTP/2 的主要区别之一是，HTTP/2 是一个二进制的、基于数据包的协议，而 HTTP/1 是完全基于文本的。基于文本的协议方便人类阅读，但是机器解析起来比较困难。在早期，HTTP 只是作为一个简单的请求 - 响应协议，这在当时还可以被人接受，但对于现代的互联网来说，它带来的限制越来越明显。

使用基于文本的协议，要先发完请求，并接收完响应之后，才能开始下一个请求。整体而言，HTTP 在过去的 20 年里都是这种工作方式，只有一些小的改进。例如，HTTP/1.0 引入了二进制的 HTTP 消息体，支持在响应中发送图片或其他媒体文件。HTTP/1.1 引入了管道化（见第 2 章）和分块编码。分块编码允许先发送消息体的一部分，当其余的部分可用时再接着发。这时 HTTP 消息体被分成多个块，客户端可以在完整收到所有数据之前就开始处理这些分块的内容（服务端也可以收到分块请求）。这个技术常用于数据长度动态生成的场景，预先不知道总数据长度。分块编码和管道化都有队头阻塞（HOL）的问题——在队列首部的消息会阻塞后面消息的发送，更不用说，管道化在实际应用中并没有得到很好的支持。

HTTP/2 变成了一个完全的二进制协议，HTTP 消息被分成清晰定义的数据帧发送。所有的 HTTP/2 消息都使用分块的编码技术，这是标准行为，不需要显式地设置。HTTP/2 规范说明：

> RFC7230 第 4.1 节中定义的分块传输编码不得在 HTTP/2 中使用。

这里的帧和支撑 HTTP 连接的 TCP 数据包类似。当收到所有的数据帧后，可以将它们组合为完整的 HTTP 消息。尽管和 TCP 有很多相同点，但 HTTP/2 通常还是建立在 TCP 之上的，它没有替换 TCP（但是 Google 正在尝试用 QUIC 替换 TCP，并且在其上使用更轻的 HTTP/2 实现，见第 9 章）。底层协议，如 TCP，可以保证消息有序到达，所以不需要在 HTTP/2 中添加此类逻辑。

HTTP/2 中的二进制表示用于发送和接收消息数据，但是消息本身和之前的 HTTP/1 消息类似。二进制帧通常由下层客户端（Web 浏览器或 Web 服务器）或者类库来处理。我们之前提到过，像 JavaScript 这样的上层应用不需要关注消息是如何被发送的，大多数时候可以对 HTTP/2 连接和 HTTP/1 连接一视同仁。但是，理解并查看 HTTP/2 帧，对你调试意外错误很有帮助 —— 特别是在迁移到 HTTP/2 的早期，你可能需要调试某些（我希望很少！）场景中的实现问题。

4.1.2 多路复用代替同步请求

HTTP/1 是一种同步的、独占的请求 - 响应协议。客户端发送 HTTP/1 消息，然后服务器返回 HTTP/1 响应。第 2 章说明了这个协议效率低下的原因，特别是考虑到在现代万维网中，网站通常包含数百个资源的情况。HTTP/1 的主要解决方法是打开多个连接，并且使用资源合并以减少请求数，但这两种解决方法都会引入其他的问题和带来性能开销。图 4.1 显示了如何使用三个 TCP 连接并行发送和接收三个 HTTP/1 请求。请注意，初始页面的请求未显示，因为在此初始请求之后，才需要在第 2 ～ 4 个请求中并行请求多个资源。

HTTP/2 允许在单个连接上同时执行多个请求，每个 HTTP 请求或响应使用不同的流。通过使用二进制分帧层，给每个帧分配一个流标识符，以支持同时发出多个独立请求。当接收到该流的所有帧时，接收方可以将帧组合成完整消息。

帧是同时发送多个消息的关键。每个帧都有标签表明它属于哪个消息（流），这样在一个连接上就可以同时有两个、三个甚至上百个消息。不像在 HTTP/1 中，大多数浏览器只能并发 6 个请求。图 4.2 展示了和图 4.1 中相同的三个请求，但是这里的请求通过一个连接逐个发送（与 HTTP/1.1 的管道化类似），返回的响应交织在一起（HTTP/1.1 管道化不可能支持这种情况）。

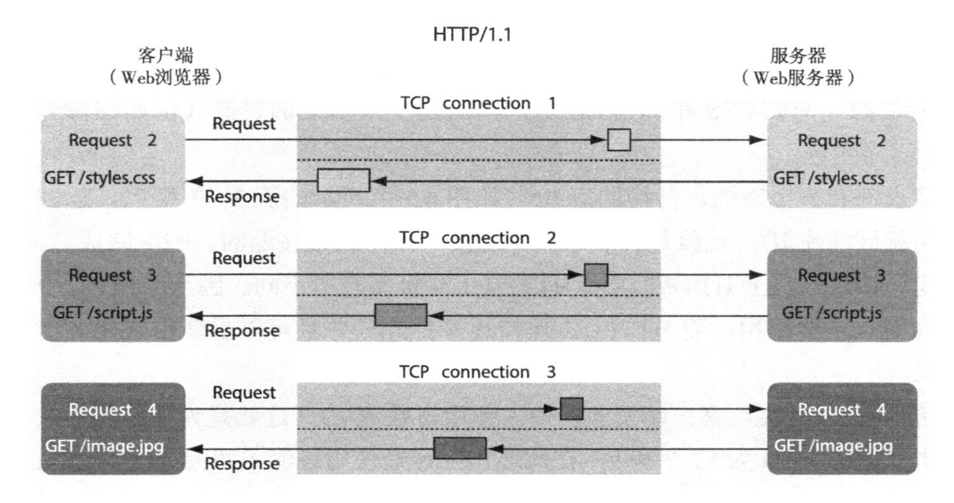

图 4.1 并发多个 HTTP/1 请求，需要多个 TCP 连接

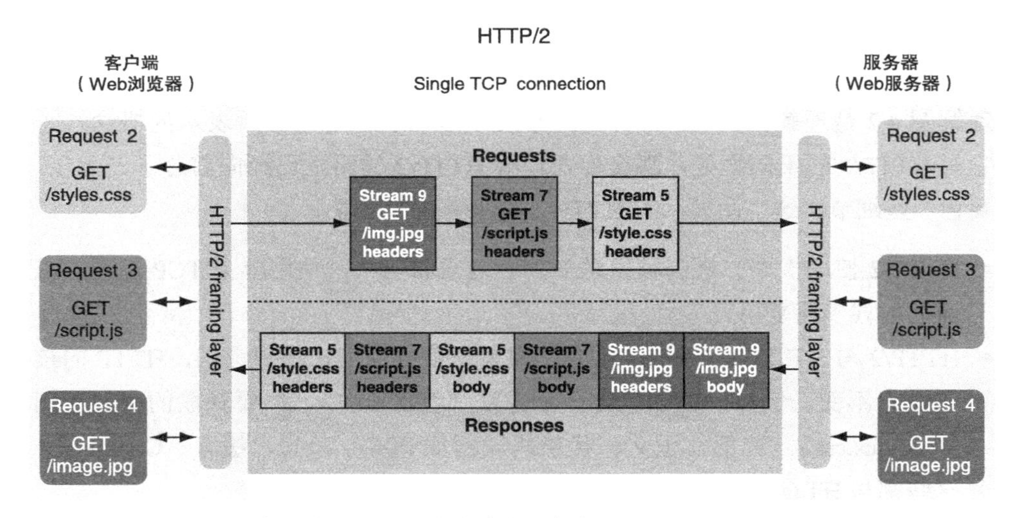

图 4.2 使用多路复用技术的 HTTP/2 连接请求三个资源

在这个示例中，从严格意义上说请求并不是同时发出去的，因为，帧在 HTTP/TCP 连接上也需要依次发送。HTTP/1.1 本质上也是这样，因为虽然看起来有多个连接，但是（通常）在网络层只有一个连接，所以最终会在网络层排队发送每个请求。这里要说的重点是，HTTP/2 连接在请求发出后不需要阻塞到响应返回（如第 2 章中所述，HTTP/1.1 会阻塞）。

类似地，可以将响应混合在一起返回（如图 4.2 中所示的流 5 和流 7），或者顺序地返回（如图 4.2 中所示的流 9）。服务器发送响应的顺序完全取决于服务器，但客户端可以指定优先级。如果可以发送多个响应，则服务器可以进行优先级排序，先发送重要资源（例如 CSS 和 JavaScript），然后是不太重要的资源（例如图像）。第 7 章介绍这个主题。

每个请求都有一个新的、自增的流 ID（如图 4.2 中所示的流 5、7 和 9）。返回响应时使用相同的流 ID，也就是说和 HTTP 连接一样，流是往返的。响应完成后，流将被关闭。在这一点上 HTTP/2 流和 HTTP/1.1 连接又有所不同。因为 HTTP/2 中流会被丢弃而且不能重用，而 HTTP/1.1 保持连接打开，并且可以重新用它来发送另一个请求。

为了防止流 ID 冲突，客户端发起的请求使用奇数流 ID（这就是为什么我们在前面的图中使用的流 ID 为 5、7 和 9，在此连接上已经使用过流 1 和流 3），服务器发起的请求使用偶数流 ID。请注意，在写作本书时，从技术上讲服务器不能新建一个流，除非是特殊情况（服务端推送，但也要客户端先发起请求），第 5 章讨论该主题。刚才说过，响应和请求会使用相同的流 ID。ID 为 0 的流（图中未显示出）是客户端和服务器用于管理连接的控制流。

理解图 4.2 是理解 HTTP/2 的关键。如果你理解了这个图中所表示的概念，了解了它与 HTTP/1 的不同之处，那么你在理解 HTTP/2 的路上已经向前迈了一大步。先不要管一些细节，这个图展示了 HTTP/2 的两个基本原理：

- HTTP/2 使用多个二进制帧发送 HTTP 请求和响应，使用单个 TCP 连接，以流的方式多路复用。
- HTTP/2 与 HTTP/1 的不同主要在消息发送的层面上，在更上层，HTTP 的核心概念不变。例如，请求包含一个方法（例如 `GET`）、想要获取的资源（例如 /styles.css）、首部、正文、状态码（例如 `200`、`404`）、缓存、Cookie 等，这些都与 HTTP/1 保持一致。

第一点是说，如图 4.3 所示，HTTP/2 中每个流的作用类似于 HTTP/1 中的连接。但熟悉 HTTP/1 的人可能会产生误解，因为在 HTTP/2 中没有重用流（在 HTTP/1 中是会重用连接的），而且 HTTP/2 中的流并不是完全独立的——这样说有充分的理由，见第 7 章。

第二点说明了 HTTP/2 取得如此大的进展的原因。由于浏览器和服务器支持 HTTP/2，并处理下层细节，所以用户（终端用户和 Web 开发者）不需要关注

HTTP/2，也不需要将 HTTP/2 网站和其他网站区别对待。HTTP/2 甚至不需要使用新的协议名称（URL 中开头的 https://），我们在 4.2 节中讲这个主题。实际上，很多人已经在不知不觉中使用 HTTP/2 有一段时间了。Google、Twitter 和 Facebook 都启用了 HTTP/2，所以如果你访问过这些网站，你可能已经使用过 HTTP/2 了，尽管你可能没意识到。

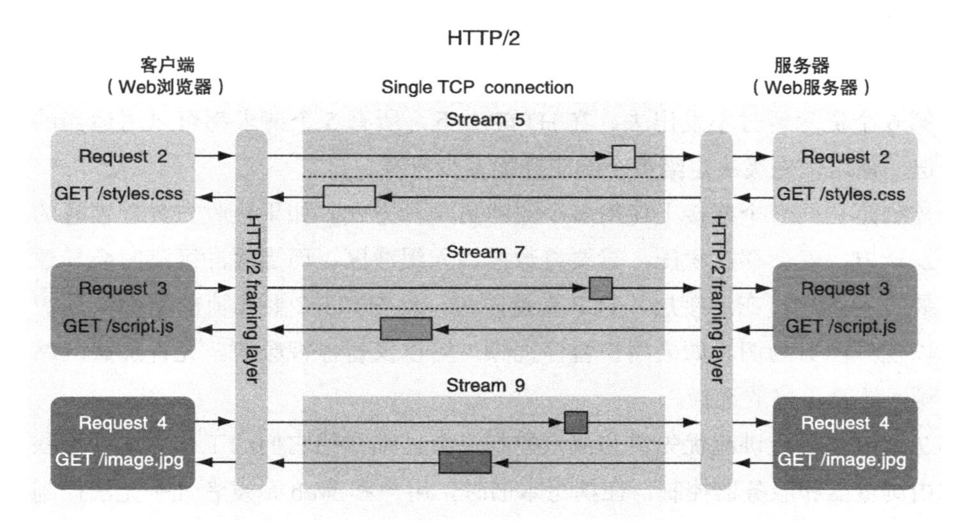

图 4.3 HTTP/2 中的流和 HTTP/1 中的连接相似

深入理解 HTTP/1 能帮助 Web 开发者创建更好、更快的网站。同样，如果花些时间了解 HTTP/2，就会明白 HTTP/2 也会给你的网站带来很大的优势。

4.1.3 流的优先级和流量控制

在 HTTP/2 之前，HTTP 是单独的请求 - 响应协议，因此没有在协议中进行优先级排序的必要。客户端（通常是 Web 浏览器）在 HTTP 之外就决定了请求的优先级，因为同时只能发送有限数量（通常为 6 个）的 HTTP/1 请求。这种优先级通常需要先请求关键资源（HTML、影响渲染的 CSS 和 JavaScript），然后再请求非阻塞的内容（如图像和异步 JavaScript）。请求会进入队列，等待可用的 HTTP/1 连接，而队列的优先级由浏览器管理。

现在 HTTP/2 对并发的请求数量的限制放宽了很多（在许多实现中，默认情况下允许同时存在 100 个活跃的流），因此许多请求不再需要浏览器来排队，可以立即发送它们。这可能导致带宽浪费在较低优先级的资源（例如图像）上，从而导致在 HTTP/2 下页面的加载速度变慢。所以需要控制流的优先级，使用更高的优先级发送最关键的资源。流的优先级控制是通过这种方式实现的：当数据帧在排队时，服务器会给高优先级的请求发送更多的帧。流优先级的控制力比 HTTP/1 强大，在 HTTP/1 中，不同的连接是互相独立的，没有优先级关系。在 HTTP/1 中，无法指定一些连接的优先级。如果你有 5 个关键资源，和 1 个非关键资源，则在 HTTP/1 下，所有资源都可以在 6 个独立的连接上以相同的优先级请求，要不然只能先发送前 5 个资源，第 6 个资源暂时不发出去。在 HTTP/2 下，所有 5 个请求都可以用适当的优先级发送，使用优先级决定给每个响应分配多少资源。

流量控制是在同一个连接上使用多个流的另一种方式。如果接收方处理消息的速度慢于发送方，就会存在积压，需要将数据放入缓冲区。而当缓冲区满时会导致丢包，需要重新发送。在连接层，TCP 支持限流，但 HTTP/2 要在流的层面实现流量控制。以视频网页为例。如果用户暂停视频，可以仅暂停视频流，允许加载网站的其他资源，这是更好的选择。

在第 7 章中，还会讲流优先级和流量控制，会详细介绍它们的工作方式。这些过程通常由浏览器和服务器控制，在撰写本书时，用户和 Web 开发者几乎无法控制它们，这也是在后面讨论它们的原因。

4.1.4　首部压缩

HTTP 首部（包括请求首部和响应首部）用于发送与请求和响应相关的额外信息。在这些首部中，有很多信息是重复的，多个资源使用的首部经常相同。请看如下首部，它们会随着每个请求被发送，通常和之前的请求使用相同的值：

- `Cookie`——Cookie 随着每个发向服务器的请求被发送（除非像 Amazon 一样使用未经授权的请求，见第 2 章，但这是特殊情况，并不常见）。Cookie 首部有可能会变得非常大，而且通常只有 HTML 文档需要用到它，但是每个请求都会带上 Cookie。
- `User-Agent`——此首部常用来指示用户在使用的浏览器。在同一个会话中，浏览器从来不会发生变化，但它还是会随着每个请求被发送。
- `Host`——此首部用来修饰请求 URL。发向同一个主机的 `Host` 首部内容通常相同。

- Accept——此首部定义了客户端期望的响应格式（浏览器接受的可处理的图片格式等）。如果不升级浏览器，那么浏览器所支持的内容格式不会变化，每个请求的内容类型（图片、文档、字体等）对应的 Accept 首部值不同，但是针对每个类型的不同请求，它们的值是一样的。
- Accept-Encoding——此首部定义了压缩格式（通常是 gzip、deflate，以后会经常遇到 br，因为浏览器开始支持更新的 brotli 压缩）。和 Accept 首部相同，在同一个会话期间，这个首部的值也不会发生变化。

响应首部可能会有重复，会很浪费资源。有些特殊的响应首部，如 CSP（Content Security Policy）首部，可能会很大，也可能会有重复。这对于小的请求来说特别糟糕，在这种情况下，HTTP 首部将占下载资源的很大一部分。

HTTP/1 允许压缩 HTTP 正文内容（Accept-Encoding 首部），但是不会压缩 HTTP 首部。HTTP/2 引入了首部压缩的概念，但是它使用了和正文压缩不同的技术。该技术支持跨请求压缩首部，这可以避免正文压缩所使用算法的安全问题。

4.1.5 服务端推送

HTTP/1 和 HTTP/2 之间的另外一个重要不同是，HTTP/2 添加了*服务端推送*的概念，它允许服务端给一个请求返回多个响应。在 HTTP/1 下，当主页加载完成时，在渲染之前，浏览器需要解析它并请求其他的资源（如 CSS 和 JavaScript）。有了 HTTP/2 服务端推送，那些资源可以与首个请求的响应一起被返回，当浏览器想使用的时候它们应该是可用的。

HTTP/2 服务端推送是 HTTP 协议中的新概念，如果使用不当，它很容易浪费带宽。浏览器并不需要推送的资源，特别是，在之前已经请求过的服务器推送的资源，放在浏览器缓存中。决定什么时候推送、如何推送，是充分利用服务端推送的关键。正是基于这个原因，本书使用单独的一章来讲解 HTTP/2 推送（第 5 章）。

4.2 如何创建一个HTTP/2连接

考虑到 HTTP/2 和 HTTP/1 在连接层的巨大差异，客户端 Web 浏览器和服务端都需要支持 HTTP/2，才可以正常使用。由于涉及互相独立的两端，所以需要有一个过程来确认两端都想使用、都可以使用 HTTP/2。

HTTPS 就是这样一个更新，它使用新的 URL scheme（https://），在一个不同的默认端口（HTTPS 使用 443，而 HTTP 使用 80）上提供服务。这个改动可以明确区分不同的协议，它明确指出使用哪个协议来传输信息。

然而，使用新的 scheme 和端口号来进行协议升级，有一些缺点：

- 直到被普遍支持之前，默认协议都需要保持不变，现在是 http://（或者是很多人期望的 https://，如果它变成默认的）。所以，使用新的 scheme，需要一次跳转到 HTTP/2 的重定向，这会使请求变慢 —— 而请求慢正是 HTTP/2 要解决的问题。
- 网站需要改变链接，以使用新的 scheme。虽然内部链接可以通过使用相对链接的方式来支持（例如，使用 /images/image.png 而不是 *https://example.com/images/image.png*），但是外部链接还是需要使用完整 URL 的，从而不得不包含请求 scheme。需要修改每个链接的 scheme，这正是 HTTPS 升级往往会很复杂的部分原因。
- 网络基础设施也会带来一些兼容性问题（比如防火墙会屏蔽新的非标准端口）。

出于以上这些原因，而且还想尽可能使 HTTP/2 的迁移过程简单，所以 HTTP/2（和 SPDY）决定不启用新的 scheme，而是使用其他方法来建立 HTTP/2 连接。HTTP/2 规范文档[1]提供了三种建立 HTTP/2 连接的方法（但是目前已经有了第 4 种方法，见 4.2.4 节）。

- 使用 HTTPS 协商。
- 使用 HTTP `Upgrade` 首部。
- 和之前的连接保持一致。

理论上，HTTP/2 支持基于未加密的 HTTP（也就是 h2c）创建连接，也支持基于加密的 HTTPS（即 h2）创建连接。实际上，所有的 Web 浏览器仅支持基于 HTTPS（h2）建立 HTTP/2 连接，所以浏览器使用第一个方法来协商 HTTP/2。服务器之间的 HTTP/2 连接可以基于未加密的 HTTP（h2c）或者 HTTPS（h2）。可以使用上面所有的方法，具体取决于使用哪个 scheme。

4.2.1 使用 HTTPS 协商

HTTPS 需要经过一个协议协商阶段来建立连接，在建立连接并交换 HTTP 消

---

1 见链接4.3所示网址。

息之前，它们需要协商 SSL/TLS 协议、加密的密码，以及其他的设置。这个过程比较灵活，可以引入新的 HTTPS 协议和密码，只要客户端和服务端都支持就行。在 HTTPS 握手的过程中，可以同时完成 HTTP/2 协商，这就不需要在建立连接时增加一次跳转。

HTTPS 握手

使用 HTTPS 意味着使用 SSL/TLS 来加密一个标准的 HTTP/1 连接或者 HTTP/2 连接。参考第 1 章中关于 SSL、TLS、HTTPS 和 HTTP 的说明，以了解这些缩写之间的区别，和本书中的命名约定。

公钥私钥加密被称为*非对称加密*，因为它加密和解密消息时使用不同的密钥。这种类型的加密，在你连接到一个新的服务器时非常有必要，但它比较慢，所以这种加密方式用于协商一个对称加密的密钥，以便在创建连接之后使用对称密钥加密消息。协商发生在连接开始时的 TLS 握手过程中。TLSv1.2（当前普遍使用的版本）使用如图 4.4 所示的握手过程来创建加密的连接。该握手过程和新的 TLSv1.3 的握手过程有略微不同，见第 9 章。

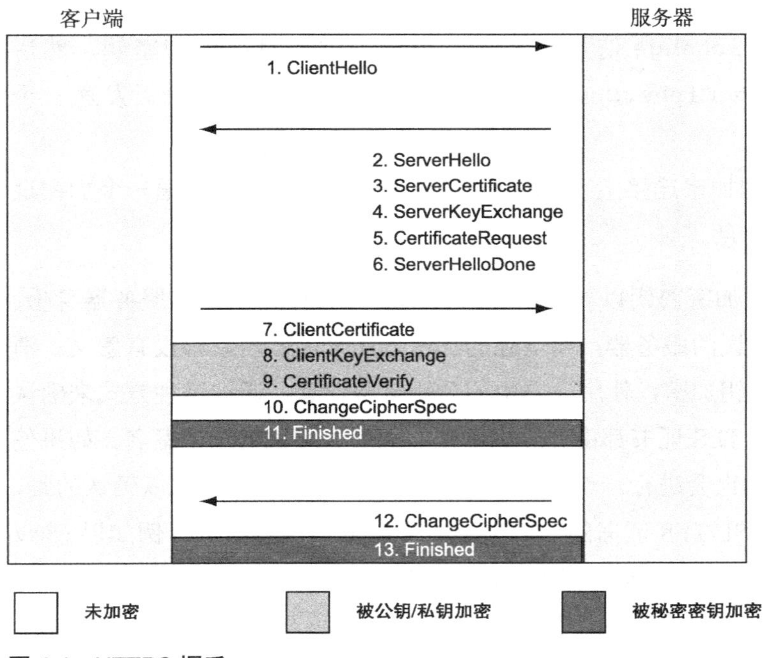

图 4.4 HTTPS 握手

握手过程涉及4类消息：

- 客户端发送一个ClientHello消息，用于详细说明自己的加密能力。不加密此消息，因为加密方法还没有达成一致。
- 服务器返回一个SeverHello消息，用于选择客户端所支持的HTTPS协议（如TLSv1.2）。基于客户端在ClientHello中声明的密码，和服务器本身支持的密码，服务器返回此连接的加密密码（如ECDHE-RSA-AES128-GCM-SHA256）。之后提供服务端HTTPS证书（ServerCertificate）。然后是基于所选密码加密的密钥信息（ServerKeyExchange），以及是否需要客户端发送客户端证书（CertificateRequest，大多数网站不需要）的说明。最后，服务端宣告本步骤结束（ServerHelloDone）。
- 客户端校验服务端证书，如果需要发送客户端证书（ClientCertificate，大多数网站不需要）。然后发送密钥信息（ClientKeyExchange）。这些信息通过服务端证书中的公钥加密，所以只有服务端可以通过密钥解密消息。如果使用客户端证书，则会发送一个CertificateVerify消息，此消息使用私钥签名，以证明客户端对证书的拥有权。客户端使用ServerKeyExchange和ClientKeyExchange信息来定义一个加密过的对称加密密钥，然后发送一个ChangeCipherSpec消息通知服务端加密开始，最后发送一个Finished消息。
- 服务端也切换到加密连接上（ChangeCipherSpec），然后发送一个加密过的Finished消息。

除了用来生成对称加密密钥以外，这里的公钥和私钥也用于确认服务器身份。毕竟，如果连接到了错误的服务器，用多强的加密方法来加密消息都没有意义。消息通过服务端才有的私钥加密，使用证书中的公钥解密消息，通过这种方式来确认服务器身份。每个SSL/TLS证书都由计算机信任的证书颁发机构加密签名。如果使用客户端证书，服务端也会进行一个类似的验证。关于身份验证，可以确认的是，服务端域名是签发的SSL/TLS证书的一部分。如果服务器域名不对（例如以*www.amaz0n.com*假装*www.amazon.com*），那说明你正在同一个错误的服务器对话，它可能跟你想要对话的服务器不同。我们在第1章介绍HTTPS时提到过，这种情况给人们带来了很多困扰。一个绿色的锁头并不意味着网站合法、安全——仅代表你和网站服务器之间的连接经过了加密。

在这些步骤完成之后，HTTPS 会话即建立成功，后续所有的通信都使用协商过的密钥加密。在发送具体的请求之前，在建立会话的过程中添加了至少两轮消息往返。传统上认为 HTTPS 会慢，虽然计算机性能的提升使得消息的加密和解密带来的性能损耗影响不大，但是建立连接会话的延迟还是很明显，见第 2 章中的瀑布图。当 HTTPS 会话建立完成后，在同一个连接上的 HTTP 消息就不再需要这个协商过程了。类似地，后续的连接（不管是并发的额外连接，还是后来重新打开的连接）可以跳过其中的某些步骤 —— 如果它复用上次的加密密钥，这个过程就叫作 TLS 会话恢复。

除了限制创建新的连接（像 HTTP/2 那样）以外，针对这个初始的会话创建延迟，你能做的不多。很多人认为，与 HTTPS 带来的好处相比，创建连接时增加的延迟不值一提。TLSv1.3[1]，在本书写作时最后定稿，其可以将协商过程中的消息往返减少到 1 个（如果复用之前的协商结果，则可以降到 0 个），但是还需要一些时间它才能获得广泛支持，而且在很多情况下还是会多出一次往返。

ALPN

ALPN[2] 给 `ClientHello` 和 `ServerHello` 消息添加了功能扩展，客户端可以用它来声明应用层协议支持（“嗨，我支持 h2 和 http/1，你用哪个都行。”），服务端可以用它来确认在 HTTPS 协商之后所使用的应用层协议（“好的，我们用 h2 吧”）。图 4.5 演示了这个过程。

ALPN 很简单，它可以在现有的 HTTPS 协商消息中协商 HTTP/2 支持，不会引入额外的消息往返、跳转，或者其他的升级延迟。ALPN 唯一的问题是，它还相对较新，没获得广泛支持，特别是在服务端，有很多服务器都在使用旧版本的 TLS 库（见第 3 章）。如果未支持 ALPN，服务器通常认为客户端不支持 HTTP/2，并使用 HTTP/1.1。

1 见链接4.4所示网址。

2 见链接4.5所示网址。

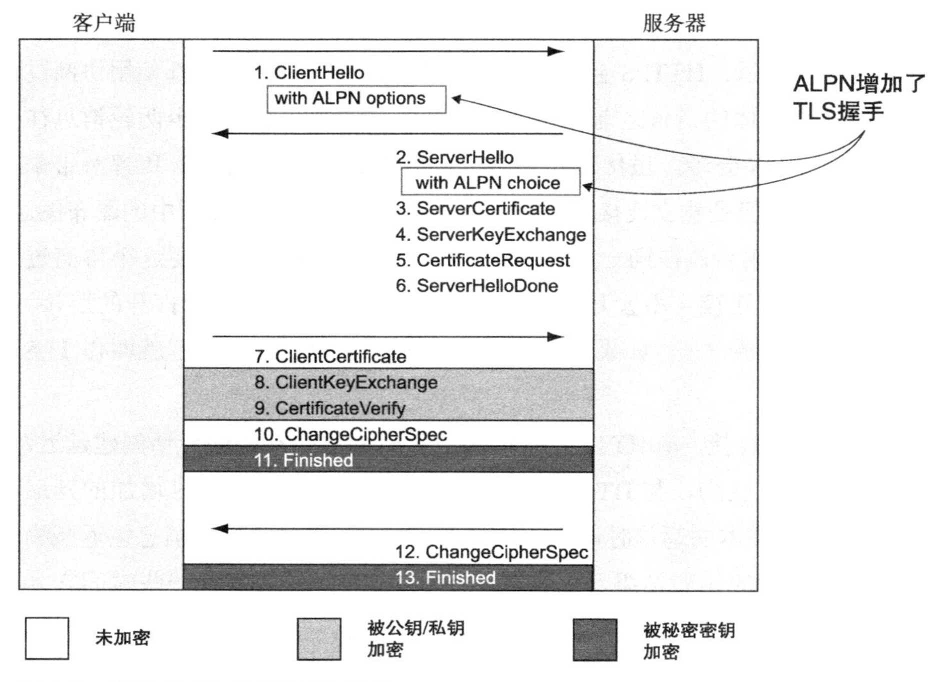

图 4.5 使用 ALPN 的 HTTPS 握手

除 HTTP/2 以外，ALPN 可以用在其他协议中，但是在写作本文时，它只在 HTTP/2 和 SPDY 中应用。已有其他的 ALPN 应用被注册，其中包括 HTTP 之前的三个版本：HTTP/0.9、HTTP/1.0 和 HTTP/1.1[1]。实际上，ALPN 在 2014 年 7 月完成，在 HTTP/2 完成之前，其 RFC[2] 只规定了它在 HTTP/1.1 和 SPDY 下应用的方法。后来，HTTP/2 ALPN 扩展注册了，作为完整的 HTTP/2 规范的一部分[3]。

NPN

NPN 是 ALPN 之前的一个实现，两者工作方式类似。尽管被很多浏览器和 Web 服务器使用，但是它从来没有成为正式的互联网标准（虽然有一个草案在编制中）[4]。ALPN 成为正式标准，它在很大程度上是基于 NPN 实现的，正如 HTTP/2 是基于 SPDY 的，而 HTTP/2 成了一个正式版本。

1 见链接4.6所示网址。

2 见链接4.7所示网址。

3 见链接4.8所示网址。

4 见链接4.9所示网址。

两者的主要区别是，在使用 NPN 时，客户端决定最终使用的协议，而在使用 ALPN 时，服务端决定最终使用的协议。在 NPN 中，ClientHello 消息声明客户端可以使用 NPN，ServerHello 消息中会包含服务器支持的所有 NPN 协议。在启用加密后，客户端选择 NPN 协议（如 h2），并使用此协议发送消息。图 4.6 演示了这个过程，其中第 1、2 和 11 步中涉及 NPN。

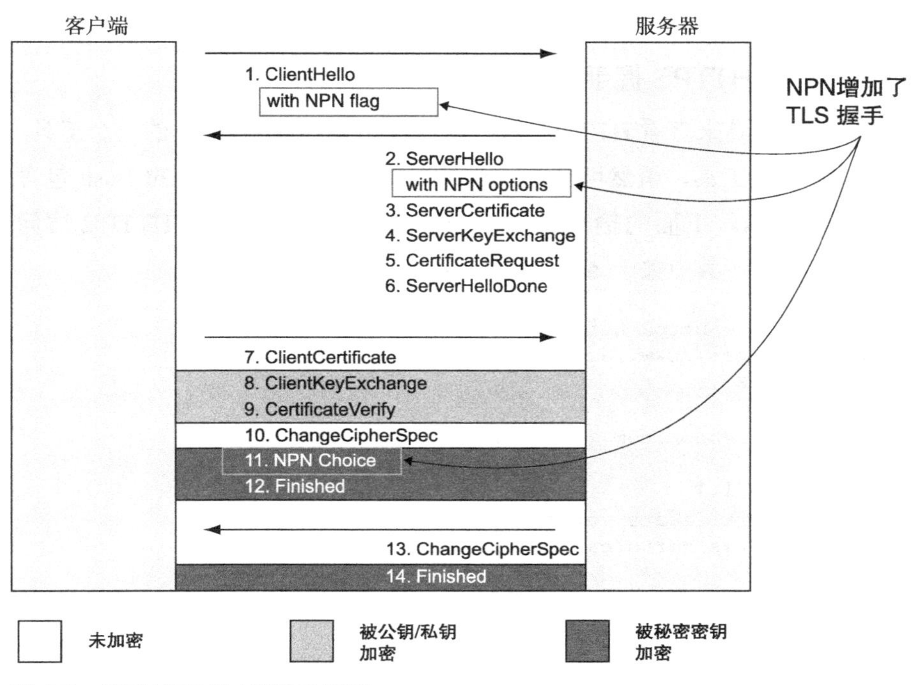

图 4.6 使用 NPN 的 HTTPS 握手

NPN 是一个三步操作，而 ALPN 是两步操作，这两个操作都复用 HTTPS 建立连接的步骤，不会添加额外的消息往返（但是 NPN 添加了一个消息以确认所使用的协议）。另外，在 NPN 中，选择的协议是经过加密的（图 4.6 中的第 11 步），但在 ALPN 中，是在 ServerHello 中以未加密的形式发送的。因为在 NPN 中，服务端支持的协议在 ServerHello 消息中以明文传输。由于一些网络解决方案想要知道使用的应用协议，因此 TLS 工作组决定更改 ALPN 中的相关过程，让服务端来选择应用层协议（其他 HTTPS 参数也是由服务端选择）。

现在不再推荐使用 NPN，应该使用 ALPN。并且，如第 3 章所述，很多 Web 浏览器停止了对 NPN 的支持，一些 Web 服务器（如 Apache）起初也没有支持它。其他实现也应该逐渐将 NPN 标记为不推荐使用。HTTP/2 规范说明，应该使用 ALPN[1]，没有提到 NPN，所以从技术上讲，还使用 NPN 的协议实现与规范不符。

NPN 的废弃给还不支持 ALPN 的 Web 服务器带来了问题。NPN 出现得更早，所以被更多的 Web 服务器（或者至少它们所使用的 TLS 库）所支持。尽管新版本支持 ALPN，但在撰写本书时旧版本还很常见（如 OpenSSL 1.0.1），它们只支持 NPN。这个情况也是在配置 HTTP/2 之后并不生效的原因之一（见第 3 章）。

使用 ALPN 进行 HTTPS 握手的示例

你可以使用一些工具来查看 HTTPS 握手过程，curl[2] 是其中最简单的一个工具，很多环境中都包含了该工具，虽然可能是一个不支持 ALPN 的版本。Git Bash 包含一个支持 ALPN 的版本。下面的输出显示了当你使用 curl 工具通过 HTTP/2 访问 Facebook 时发生的事情，其中关于 ALPN 和 HTTP/2 的部分高亮显示：

```
$ curl -vso /dev/null --http2 https://www.facebook.com
* Rebuilt URL to: https://www.facebook.com/
*   Trying 31.13.76.68...
* TCP_NODELAY set
* Connected to www.facebook.com (31.13.76.68) port 443 (#0)
* ALPN, offering h2
* ALPN, offering http/1.1
* successfully set certificate verify locations:
*   CAfile: /etc/pki/tls/certs/ca-bundle.crt
  CApath: none
} [5 bytes data]
* TLSv1.2 (OUT), TLS handshake, Client hello (1):
} [214 bytes data]
* TLSv1.2 (IN), TLS handshake, Server hello (2):
{ [102 bytes data]
* TLSv1.2 (IN), TLS handshake, Certificate (11):
{ [3242 bytes data]
* TLSv1.2 (IN), TLS handshake, Server key exchange (12):
{ [148 bytes data]
* TLSv1.2 (IN), TLS handshake, Server finished (14):
{ [4 bytes data]
* TLSv1.2 (OUT), TLS handshake, Client key exchange (16):
} [70 bytes data]
* TLSv1.2 (OUT), TLS change cipher, Client hello (1):
} [1 bytes data]
* TLSv1.2 (OUT), TLS handshake, Finished (20):
} [16 bytes data]
```

1 见链接4.10所示网址。

2 见链接4.11所示网址。

```
* TLSv1.2 (IN), TLS handshake, Finished (20):
{ [16 bytes data]
* SSL connection using TLSv1.2 / ECDHE-ECDSA-AES128-GCM-SHA256
* ALPN, server accepted to use h2
* Server certificate:
* subject: C=US; ST=California; L=Menlo Park; O=Facebook, Inc.;
    CN=*.facebook.com
*  start date: Dec  9 00:00:00 2016 GMT
*  expire date: Jan 25 12:00:00 2018 GMT
*  subjectAltName: host "www.facebook.com" matched cert's "*.facebook.com"
*  issuer: C=US; O=DigiCert Inc; OU=www.digicert.com; CN=DigiCert SHA2 High
    Assurance Server CA
* SSL certificate verify ok.
* Using HTTP2, server supports multi-use
* Connection state changed (HTTP/2 confirmed)
```

可以看到，客户端声明，它将使用ALPN，它可以支持HTTP/2（h2）和HTTP/1.1（http/1.1）。然后是握手步骤（没有列出来所有的细节，但足以让你了解发生了什么），之后使用 `TLSv1.2`，`ECDHE-ECDSA-AES128-GCM-SHA256` 密码套件来建立连接，并使用 `h2` ALPN 设置。然后是服务器证书，之后 curl 切换到了HTTP/2。使用 curl 是测试服务器是否支持 ALPN 的好方法（当然前提是你的 curl 支持 ALPN）。如果你还想进一步探究，可以使用 `--no-alpn` 参数来测试 NPN，但这个测试没有显示所有的信息，在前面 ALPN 的示例中也没包含类似的信息。最后两行显示了它们主要的差异：

```
$ curl -vso /dev/null --http2 https://www.facebook.com --no-alpn
...
*  SSL certificate verify ok.
* Using HTTP2, server supports multi-use
* Connection state changed (HTTP/2 confirmed)
```

4.2.2 使用 HTTP Upgrade 首部

通过发送 `Upgrade` 首部，客户端可以请求将现有的 HTTP/1.1 连接升级为HTTP/2。这个首部应该只用于未加密的 HTTP 连接（h2c）。基于加密的 HTTPS 连接的 HTTP/2（h2）不得使用此方法进行 HTTP/2 协商，它必须使用 ALPN。我们已经说过多次，Web 浏览器只支持基于加密连接的 HTTP/2，所以它们不会使用这个方法。如果你在浏览器以外的场景（例如 API）应用 HTTP/2，会对这个过程感兴趣。

客户端什么时候发送 `Upgrade` 首部完全取决于客户端本身。这个首部可以随着每一个请求发送，可以只在第一个请求中发送，也可以只在服务端在 HTTP 应用中用 Upgrade 首部声明自己支持 HTTP/2 之后发送。下面的示例说明了 Upgrade 首部的工作方式。

示例 1：一个不成功的 Upgrade 请求

客户端支持并想要使用 HTTP/2，发送一个带 Upgrade 首部的请求：

```
GET / HTTP/1.1
Host: www.example.com
Upgrade: h2c
HTTP2-Settings: <稍后讨论>
```

这样的请求必须包含一个 HTTP2-Settings 首部，它是一个 Base-64 编码的 HTTP/2 SETTINGS 帧，后面会讲。

不支持 HTTP/2 的服务器可以像之前一样返回一个 HTTP/1.1 消息，就像 Upgrade 首部没有发送一样：

```
HTTP/1.1 200 OK
Date: Sun, 25 Jun 2017 13:30:24 GMT
Connection: Keep-Alive
Content-Type: text/html
Server: Apache

<!doctype html>
<html>
<head>
...etc.
```

示例 2：一个成功的 Upgrade 请求

支持 HTTP/2 的服务器可以返回一个 HTTP/1.1 101 响应以表明它将切换协议，而不是忽略升级请求，并返回 HTTP/1.1 200 响应：

```
HTTP/1.1 101 Switching Protocols
Connection: Upgrade
Upgrade: h2c
```

然后服务器直接切换到 HTTP/2，发送 SETTINGS 帧（见 4.3.3 节），之后以 HTTP/2 格式发送响应。

示例 3：服务端请求的升级

当客户端认为服务器不支持 HTTP/2 时，它会发送不带 Upgrade 的请求：

```
GET / HTTP/1.1
```

```
Host: www.example.com
```

一个支持 HTTP/2 的服务端可以返回一个 200 响应，但是在响应首部中添加 Upgrade 来说明自己支持 HTTP/2。这个时候，它是一个升级建议，而不是升级请求，因为只有客户端才发起升级请求。如下是一个服务端宣告支持 h2（基于 HTTPS 的 HTTP/2）和 h2c（基于纯文本的 HTTP/2）的示例：

```
HTTP/1.1 200 OK
Date: Sun, 25 Jun 2017 13:30:24 GMT
Connection: Keep-Alive
Content-Type: text/html
Server: Apache
Upgrade: h2c, h2

<!doctype html>
<html>
<head>
...etc.
```

客户端可以利用这个信息来完成协议升级，并在下一个请求中发送一个 Upgrade 首部，如前面两个示例所示：

```
GET /styles.css HTTP/1.1
Host: www.example.com
Upgrade: h2c
HTTP2-Settings: <稍后讨论>
```

如之前所说，服务器返回 101 响应，然后升级到 HTTP/2。注意，Upgrade 首部协商方法不能用于 h2 连接，只能用于 h2c 连接。在这里，服务端宣称支持 h2 以及 h2c。但是如果客户端想使用 h2，则它需要切换到 HTTPS 并使用 ALPN 完成协议协商过程。

发送 Upgrade 首部的问题

在写作本书时，由于所有的浏览器都只支持基于 HTTPS 的 HTTP/2，因此这个 Upgrade 方法可能永远不会被浏览器使用，这会带来问题。

考虑如下这个场景。在连接的一端，Web 浏览器支持 HTTP/2，在另一端，在支持 HTTP/2 的应用服务器（如 Tomcat）之前，拦了一个只支持 HTTP/1.1 的 Web 服务器（比如旧版本的 Apache）。这时 Web 服务器作为反向代理使用，在浏览器和应用服务器之间转发请求，而浏览器和应用服务器都支持 HTTP/2。应用服务器可能会发送一个 Upgrade 首部，帮助升级到 HTTP/2 以提升性能。反向代理 Web 服务器可能会透传这个首部。浏览器会收到升级建议，并决定升级。但是与客户端直接连接的这个反向代理 Web 服务器并不支持 HTTP/2。

在类似的场景中，可能反向代理已经和 Web 浏览器使用 HTTP/2 交互，但使用 HTTP/1.1 将请求代理到后端应用服务器。应用服务器可能会发出升级建议，如果其被反向代理透传，浏览器就会困惑，因为当前已经使用 HTTP/2 通信了，服务端还在建议升级到 HTTP/2。

这些问题不仅仅存在于理论中，推出 HTTP/2 后，在实际应用中也出现了这些问题。如果在 HTTP/2 连接上看到 h2 Upgrade 首部，Safari 会返回错误（请参阅第 3 章）。

在撰写本文时，人们要求 Nginx 团队不要再透传 `Upgrade` 首部，比如，当它位于 Apache 服务器之前时[1]，Apache 通过此首部声明自己支持 HTTP/2。可以通过某些配置删除此首部（`proxy_hide_header Upgrade`），但在遇到问题之前，很少有人知道应该添加这行配置。此外，某些客户端或服务器可能没有正确地实现 `Upgrade` 首部。在开始尝试使用 HTTP/2 时，我发现一个问题，在 Apache 发送 `Upgrade` 之后，NodeJS 断开连接时会遇到问题[2]。此问题目前已得到修复，但在旧版 NodeJS 中仍然存在。

虽然待到本书出版时，这些问题可能已经解决，但毫无疑问，类似的问题还会出现。总之，笔者更喜欢服务端的实现不发送 `Upgrade`（至少在默认情况下）。在笔者看来，这个方法不会被广泛使用，并且它导致的问题比它解决的问题更多。对于大多数实现（以及所有浏览器），更有可能使用 HTTPS 协商。对于不支持或不需要 HTTPS 的网站，可以使用先前假设方法。Apache 是经常发生这个问题的服务器之一，人们已要求它在默认情况下停止包含 `Upgrade` 首部[3]，而在此更新发布之前，可以使用 `mod_headers` 配置来禁止此首部的发送。如果你正在使用支持 HTTP/2 的 Apache，建议你这样做（尽管此解决方案可能会导致其他需要使用 `Upgrade` 首部的协议出现问题，例如 WebSockets，因此要区别对待这些情况）：

```
Header unset Upgrade
```

4.2.3 使用先验知识

HTTP/2 规范描述的第 3 个（也是最后一个）客户端使用 HTTP/2 的方法是，看

1 见链接4.12所示网址。

2 见链接4.13所示网址。

3 见链接4.14所示网址。

它是否已经知道服务器支持 HTTP/2。如果它知道，则可以马上开始使用 HTTP/2，不需要任何升级请求。

有不同的方法可以让客户端事先知道服务器是否支持 HTTP/2。如果你使用反向代理来卸载 HTTPS，则可能会通过基于纯文本的 HTTP/2（h2c）与后端服务器通信，因为你知道它们支持 HTTP/2。或者，可以根据 `Alt-Svc` 首部（HTTP/1.1）或 `ALTSVC` 帧（参见 4.3.4 节）推断先前的连接信息。

此方法是风险最高的方法，因为它假设服务器可以支持 HTTP/2。使用先验知识的客户端必须注意妥善处理拒绝信息，以防之前的信息有误。在使用此方法时，服务器对 HTTP/2 前奏消息（本章后面讨论）的响应至关重要。只有客户端和服务器都在你的掌控之下时，才应该使用此方法。

4.2.4 HTTP Alternative Services

第 4 种方法是使用 HTTP Alternative Services（替代服务）[1]，它没有被包含在原来的标准中，在 HTTP/2 发布之后，将其列为单独的标准。此标准允许服务器使用 HTTP/1.1 协议（通过 `Alt-Svc` HTTP 首部）通知客户端，它所请求的资源在另一个位置（例如，另一个 IP 或端口），可以使用不同的协议访问它们。该协议可以使用先验知识启用 HTTP/2。

Alternative Services 不仅适用于 HTTP/1，它还可以通过现有的 HTTP/2 连接进行通信（通过新的 `ALTSVC` 帧，本章稍后介绍），以使客户端可以切换到不同的连接（例如一个更近的服务器，或者空闲的服务器）。该标准相当新，并未得到广泛应用。它仍然需要多一次跳转，这比通过 ALPN 或先验知识启用 HTTP/2 要慢。它带来了一些有趣的可能性，这超出了本书讨论的范围，但至少有一个 CDN 厂商似乎打算充分利用它[2]。

4.2.5 HTTP/2 前奏消息

不管使用哪种方法启用 HTTP/2 连接，在 HTTP/2 连接上发送的第一个消息必须是 HTTP/2 连接前奏，或者说是“魔法”字符串。此消息是客户端在 HTTP/2 连接上发送的第一个消息。它是一个 24 个八位字节的序列，以十六进制表示法显示如下：

1 见链接4.15所示网址。

2 见链接4.16所示网址。

```
0x505249202a20485454502f322e300d0a0d0a534d0d0a0d0a
```

这个序列被转换为ASCII字符串后如下所示：

```
PRI * HTTP/2.0\r\n\r\nSM\r\n\r\n
```

这个消息可能看起来有些奇怪，没错，它是一个HTTP/1样式的消息：

```
PRI * HTTP/2.0↵
↵
SM↵
↵
```

该消息说明，HTTP请求方法是PRI（而不是GET或者POST），请求的资源是*，所使用的HTTP版本是HTTP/2.0。接下来是两个换行符（所以没有请求首部），然后是一个请求体SM。

这个无意义的看起来像HTTP/1样式的消息，目的是兼容，客户端向不支持HTTP/2的服务端发送HTTP/2消息的情况。然后服务器会尝试解析此消息，就像收到其他HTTP消息时一样。因为它无法识别这个无意义的方法（PRI）和HTTP版本（HTTP/2.0），所以解析会失败，从而拒绝此消息。注意，此消息前奏是官方规范中唯一一处使用HTTP/2.0的地方，在其他地方都是HTTP/2，正如4.1节中所讨论的。而对于支持HTTP/2的服务器，可以根据这个收到的前奏消息推断出客户端支持HTTP/2，它不会拒绝这个神奇的消息，它必须发送SETTINGS帧作为其第一条消息（可以为空）。

为什么是PRI和SM

在早期的草稿中，HTTP/2规范中的消息前奏使用FOO和BAR[a]或者BA[b]表示，它们是编程中常见的占位符。但是在规范草稿的第4个版本中，这个占位符变成了PRI SM[c]，但是没有说为什么。

这个变化显然是为了回应Edward Snowden在此期间发布的PRISM计划的消息[d]，PRISM用于收集各公司的网络流量。这些消息的披露激怒了自由互联网的支持者（其中一些人也参与制定互联网的标准），他们还认为使用这个提醒来启动每个HTTP/2连接会很幽默。

这条消息的内容并不重要，而且该消息被设计为一个无意义的消息，不应被视为有效的 HTTP 消息。其他建议还有 STA RT，但最终，PRI SM 成为最终规范，它的变更日志如是说："Exercising editorial discretion regarding magic"（译注：我有自由编辑的权利，反正它是一个魔法字符串）[e]。

a 见链接4.17所示网址。
b 见链接4.18所示网址。
c 见链接4.19所示网址。
d 见链接4.20所示网址。
e 见链接4.21所示网址。

4.3 HTTP/2帧

建立好 HTTP/2 连接之后，就可以发送 HTTP/2 消息了。正如你看到的，HTTP/2 消息由数据帧组成，通过在一个连接上的多路复用的流发送。帧是一个下层协议，Web 开发者不需要了解它，但是理解技术的内部实现总是有意义的。在帧层面查看 HTTP/2，那么第 3 章末尾所述的许多问题调试起来就更容易了，因此查看帧的数据具有实际和理论价值。接下来，我们通过一个真实的案例，来解释 HTTP/2 的主要部分。

在本节中，我们来查看并探究帧的类型，在开始时这可能看起来令人生畏，需要学习很多东西。建议读者在首次阅读时不要过多地关注细节，而要尝试了解 HTTP/2 帧的整体概念，对每种帧类型有一个大致的理解。每个帧内部的不同数据，以及和帧的设置相关的内容，可先不深究，以后再回头来研究，HTTP/2 规范本身也可以作为参考文档。理解本书后面的内容，或者理解 HTTP/2 的实际应用，不需要记住这些细节。

4.3.1 查看 HTTP/2 帧

有一些工具对于查看 HTTP/2 帧很有帮助，比如 Chrome 的 net-export 页面、nghttp 和 Wireshark。也可以增加 Web 服务器日志来查看不同的帧，但可能对于大多数用户来说，服务器日志很快就会变得太多，难以分析。所以，前面的工具更好用一些，除非你要解决 Web 服务器上的问题。

使用 Chrome net-export

在不安装其他软件的情况下，查看 HTTP/2 帧最简单的方法是使用 Chrome 的 net-export 页面。这部分功能曾经在 net-internals 页面中，但是从 Chrome 71 开始，由于一些原因 [1]，把它们移到了 net-export 页面，而且使用起来更麻烦了。打开 Chrome 浏览器，然后在网址栏中输入以下内容：

```
chrome://net-export/
```

单击 “Start Logging to Disk”，然后选择日志文件所在的位置。在另一个标签页中打开一个 HTTP/2 网站（例如 *https://www.facebook.com*），加载完成后，单击 “Stop Logging”。 此时，可以使用 NetLog 查看器（*https://netlog-viewer.appspot.com*）查看日志文件（注意：这个工具仅在本地查看日志文件，不会将它上传到服务器）。单击左侧的 HTTP/2 选项，然后选择网站（例如 *www.facebook.com*），你将会看到底层的 HTTP/2 帧，如图 4.7 所示。

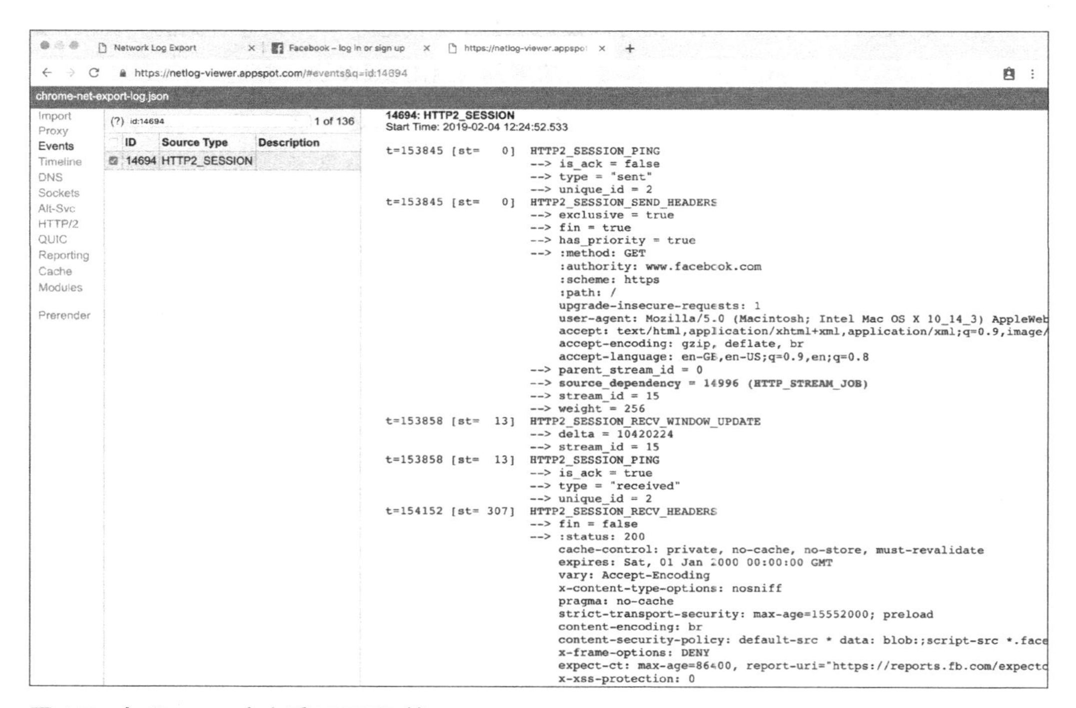

图 4.7　在 Chrome 中查看 HTTP/2 帧

1　见链接4.22所示网址。

在这个页面中，Chrome 添加了许多自己的细节，并且经常将帧分成多行。以下输出来自一个 SETTINGS 帧：

```
t=1646 [st=      1]     HTTP2_SESSION_RECV_SETTINGS
t=1647 [st=      2]     HTTP2_SESSION_RECV_SETTING
                        --> id = "1 (SETTINGS_HEADER_TABLE_SIZE)"
                        --> value = 4096
t=1647 [st=      2]     HTTP2_SESSION_RECV_SETTING
                        --> id = "5 (SETTINGS_MAX_FRAME_SIZE)"
                        --> value = 16384
t=1647 [st=      2]     HTTP2_SESSION_RECV_SETTING
                        --> id = "6 (SETTINGS_MAX_HEADER_LIST_SIZE)"
                        --> value = 131072
t=1647 [st=      2]     HTTP2_SESSION_RECV_SETTING
                        --> id = "3 (SETTINGS_MAX_CONCURRENT_STREAMS)"
                        --> value = 100
t=1647 [st=      2]     HTTP2_SESSION_RECV_SETTING
                        --> id = "4 (SETTINGS_INITIAL_WINDOW_SIZE)"
                        --> value = 65536
```

与使用另外两个工具相比，使用 Chrome 页面时，读取单个帧可能会有点困难，但此页面中包含的信息大致相同。另外，不必安装其他工具就可以在浏览器中查看这种级别的细节，还是很方便的，而且可以使用各种工具来格式化输出[1]。在撰写本文时，我不知道有没有其他浏览器显示这些细节，但我知道 Opera 具有与 Chrome 相同的代码库，它有类似的功能。

使用 nghttp

nghttp 是一个基于 nghttp2 C 库开发的命令行工具，许多 Web 服务器和客户端使用它来处理底层的 HTTP/2 协议。如果你在服务器上安装了 nghttp2 库（例如 Apache 需要 nghttp2 库），那么这个工具可能也已安装。可以使用它查看 HTTP/2 消息，使用方法与 Chrome net-export 工具类似，而且它的输出更清晰：

```
$ nghttp -v https://www.facebook.com
[  0.042] Connected
The negotiated protocol: h2
[  0.109] recv SETTINGS frame <length=30, flags=0x00, stream_id=0>
          (niv=5)
          [SETTINGS_HEADER_TABLE_SIZE(0x01):4096]
          [SETTINGS_MAX_FRAME_SIZE(0x05):16384]
          [SETTINGS_MAX_HEADER_LIST_SIZE(0x06):131072]
          [SETTINGS_MAX_CONCURRENT_STREAMS(0x03):100]
```

1 见链接4.23所示网址。

```
            [SETTINGS_INITIAL_WINDOW_SIZE(0x04):65536]
[  0.109] recv WINDOW_UPDATE frame <length=4, flags=0x00, stream_id=0>
          (window_size_increment=10420225)
[  0.109] send SETTINGS frame <length=12, flags=0x00, stream_id=0>
          (niv=2)
          [SETTINGS_MAX_CONCURRENT_STREAMS(0x03):100]
          [SETTINGS_INITIAL_WINDOW_SIZE(0x04):65535]
...etc.
```

使用 Wireshark

可以使用 Wireshark[1] 工具嗅探计算机发送和接收的所有流量。这个工具在做一些底层的调试时非常方便，你可以看到发送和接收的原始消息。不幸的是，它使用起来也相当复杂。

其中一个复杂因素是，Wireshark 不是客户端，它会嗅探从浏览器发送到服务器的流量。但是，所有浏览器都使用基于 HTTPS 的 HTTP/2，因此，除非知道用于加密和解密这些消息的 SSL/TLS 密钥，否则无法读取数据，这也是 HTTPS 的关键点。Chrome 和 Firefox 开发人员考虑过这个场景，这些浏览器允许你将 HTTPS 密钥保存到单独的文件中，这样就可以使用 Wireshark 等工具进行调试了。显然，当使用 Wireshark 进行调试时，应该关闭嗅探功能。你要做的所有事情，就是告诉 Chrome 或者 Firefox 保存密钥的文件是哪个。可以通过设置 SSLKEYLOGFILE 环境变量，或者在命令行中传递以下代码来启动 Chrome：

```
"C:\Program Files (x86)\Google\Chrome\Application\chrome.exe" --ssl-key-
log-file=%USERPROFILE%\sslkey.log
```

> **注意** 确保使用正确的连字符。许多应用程序（例如 Microsoft Office）喜欢自动将短连字符（-）更改为短画线（–）或破折号（——），它们是三个不同的字符，并且命令行无法在传递参数时正确识别，这会导致文件参数为空，SSL 密钥也不会被添加到文件中，增加了不少麻烦。

对于 macOS，设置 SSLKEYLOGFILE 环境变量：

```
$ export SSLKEYLOGFILE=~/sslkey.log
$ /Applications/Google\ Chrome.app/Contents/MacOS/Google\ Chrome
```

1 见链接4.24所示网址。

或者直接作为命令行参数提供：

```
$ /Applications/Google\ Chrome.app/Contents/MacOS/Google\ Chrome --ssl-key-
log-file=~/sslkey.log
```

然后，启动 Wireshark，并指定 (Pre)-Master-Secret 文件。选择 Edit → Preferences → Protocols → SSL，如图 4.8 所示。

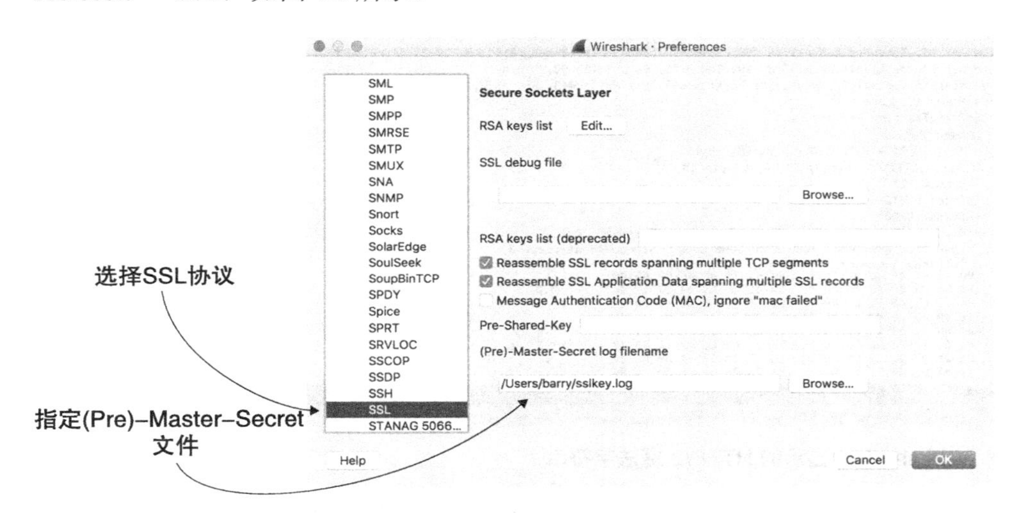

图 4.8 设置 Wireshark HTTPS 密钥文件

此时，你应该能够解析 Chrome 使用的所有 HTTPS 数据。因此，如果你访问 *https://www.facebook.com*，并在 Wireshark 中过滤 `http2`，就应该能够看到这些消息，包括 4.1.5 节中讨论的消息前奏（Wireshark 中提供的功能），如图 4.9 所示。

图 4.9 中的内容很多，如果你不熟悉 Wireshark，可能会感到茫然。下面分别详细描述图中标记为 1 ～ 5 的各个部分：

1. 过滤器视图允许输入各种过滤选项。在这里，我们过滤 `http2` 消息。如果你打开了许多 HTTP/2 连接，可能需要使用更具体的过滤参数，比如你所连接的服务器 IP 地址。以下过滤器仅显示发送到 31.13.90.2 的 HTTP/2 消息（在此示例中我所连接到的 Facebook 服务器，可以从浏览器的开发者工具中获取此地址）：

   ```
   http2 && (ip.dst==31.13.90.2 || ip.src==31.13.90.2)
   ```

2. 这里是匹配过滤器的消息列表。你可以单击消息查看更多信息。

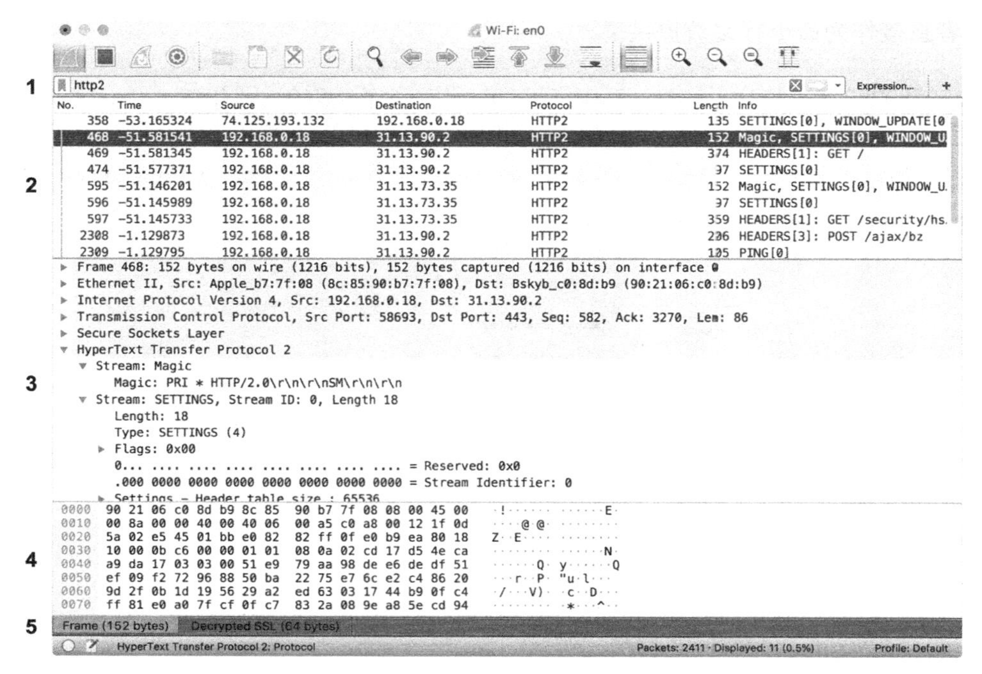

图 4.9 Wireshark 中显示的 HTTP/2 魔法字符串

3. 这里显示了消息的完整内容。如果 Wireshark 可以识别此协议（我曾经发现过一个它不识别的协议），它会根据每个协议展示为方便阅读的样式。

   至于这个例子，从上到下阅读，开始是 Wireshark 自己的基础格式，称为以太帧（这里不是 HTTP/2 帧）。以太帧是以太网内的消息格式，被封装成 IPv4 消息，通过 TCP 发送，通过 SSL/TLS 加密，最后，是你看到的 HTTP/2 消息。你可以通过 Wireshark 查看消息的每一层。在屏幕截图中，我展开了 HTTP/2 部分，然后展开“魔法”HTTP/2 前奏消息。如果你对以太网、IP、TCP 或者 SSL/TLS 这些层上的消息格式更感兴趣，可以展开它们。
4. 接近底部的这一块儿显示原始数据，通常以十六进制和 ASCII 字符串的形式显示。
5. 使用该标签页，你可以选择如何展示原始数据。几乎可以肯定，你只对解压缩之后的首部格式（或者解码之后的“魔法”消息，不包含任何压缩首部）感兴趣，而不关心原始帧格式。

你甚至可以使用 Wireshark 查看 HTTPS 协商消息（包括 `ClientHello` 和

ServerHello 消息中包含的 ALPN 扩展请求和响应）。在图 4.10 中，箭头表示客户端优先支持 h2，然后是 http/1.1。

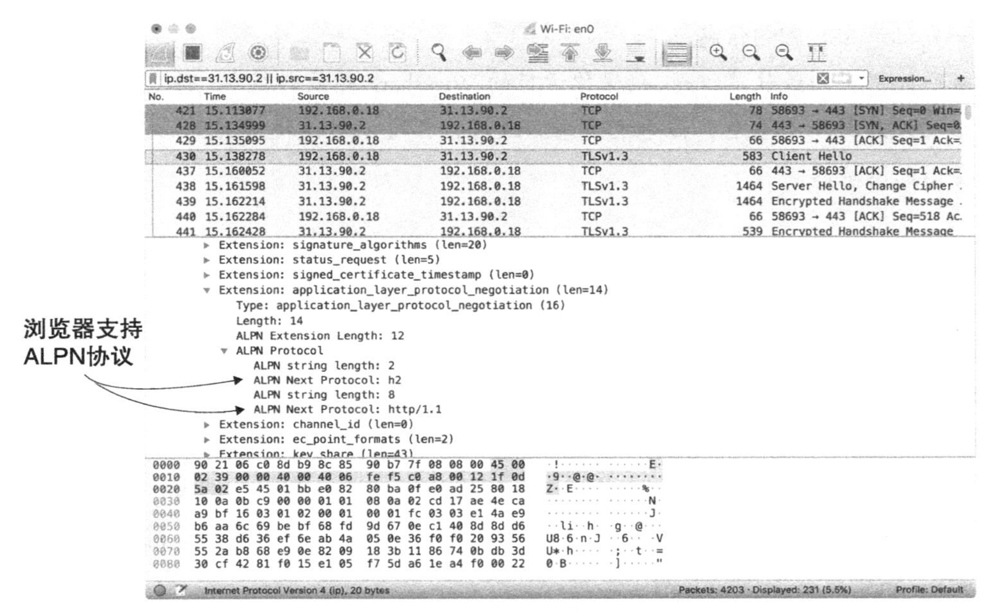

图 4.10　Wireshark 中的 ClientHello 消息中的 ALPN 扩展

在使用 Wireshark 解密数据时遇到了困难

不幸的是，使用 Wireshark 解密 HTTPS 流量可能有点不稳定，所以你可能需要多次尝试才能解决问题。

其中一个原因是，此过程仅适用于具有完整 TLS 握手过程的新 HTTPS 会话。有个问题是，如果再次连接到同一站点，则该站点可能会重用一些旧的加密设置，并且只完成部分握手过程，这不足以让 Wireshark 来解密流量。要查看 Wireshark 中是否正在使用 HTTPS 会话恢复，请过滤 ssl，不要过滤 http2。查看第一个 ClientHello 消息，确认 Session ID 或 SessionTicket TLS 是否为非零值。如果是这样，那说明你正在使用旧会话，此时 Wireshark 无法解密消息（除非它在原始会话建立后运行）。

更糟糕的是，没有哪个浏览器提供一种可靠的方法来删除 SSL/TLS 会话密钥或者会话票据，并强制执行握手全过程。已经有人提出将此功能添加到 Chrome[a]

和 Firefox[b] 中，但是还没有实现。

我发现 Wireshark 通常难以在 macOS 中工作。例如，最新版本的 Firefox 似乎不会一直记录 SSL 密钥信息。

我所能提供的最佳建议是，确保你运行的 Wireshark 是最新版本。休息一会儿，在会话到期后再回来看看，似乎也有用。或者，你可以尝试使用其他的没有存储先前会话的浏览器。

a 见链接4.25所示网址。

b 见链接4.26所示网址。

使用哪个工具

可以使用你最喜欢的工具，不局限于这里提到的几种。Wireshark 提供了最详细的信息，因此如果你想要细致地了解消息结构和格式，没有别的选择。但在很多情况下，这种程度的细节可能太细了。此外，Wireshark 的设置很复杂。除非你熟悉 Wireshark，否则推荐使用另外两个工具。

本章的其他示例使用 nghttp 工具，因为它抓包的方法简单，排版格式也方便本书使用。无论你使用什么工具，消息都应该是相似的，尽管它们在显示数据和设置的顺序上可能存在差异。

如果进行底层调试，或查看协议的详细信息，这些工具会很有用，但大多数人不需要每天都使用它们。当然，大多数开发者使用浏览器中的标准开发者工具就可以获得足够的信息，他们不需要深入研究底层的 net-export 或 Wireshark 的细节。无论如何，这三个都是很棒的工具，它们可以加深你对协议的理解。

4.3.2 HTTP/2 帧数据格式

在开始查看帧数据之前，需要了解 HTTP/2 帧的组成结构。每个 HTTP/2 帧由一个固定长度的头部（见表 4.1）和不定长度的负载组成。

表 4.1 HTTP/2 帧头部格式

字 段	长 度	描 述
Length	24bit	帧的长度，不包含本表格中的头部字段，最大为 $2^{24}-1$ 个 8 位字节，这个数由 SETTINGS_MAX_FRAME_SIZE 限制，默认为 2^{14}

续表

字　段	长　度	描　述
Type	8bit	当前，已经定义了 14 个帧类型[a]： ■ DATA (0x0) ■ HEADERS (0x1) ■ PRIORITY (0x2) ■ RST_STREAM (0x3) ■ SETTINGS (0x4) ■ PUSH_PROMISE (0x5) ■ PING (0x6) ■ GOAWAY (0x7) ■ WINDOW_UPDATE (0x8) ■ CONTINUATION (0x9) ■ ALTSVC (0xa), 在 RFC 7838[b] 中添加 ■ (0xb), 曾经使用过，现在不用了[c] ■ ORIGIN (0xc), 在 RFC 8336[d] 中添加 ■ CACHE_DIGEST, 提议[e]
Flags	8bit	标志位
Reserved Bit	1bit	保留位，现在未使用，必须置为 0
Stream Identifier	31bit	无符号的 31 位整数，用以标记帧所属的流 ID

a 见链接4.27所示网址。
b 见链接4.28所示网址。
c 见链接4.29所示网址。
d 见链接4.30所示网址。
e 见链接4.31所示网址。

如此明确定义的帧，是 HTTP/2 成为二进制协议的原因。HTTP/2 帧与可变长的 HTTP/1 文本消息不同，对于后者，必须通过扫描换行符和空格来解析 —— 这个过程效率低且容易出错。HTTP/2 帧格式更严格，定义更清晰。因为可以使用标志位来表达具体含义（例如，使用 0x01 来表示 HEADERS 帧类型，而不是使用类似 HEADERS 的字符串），帧的解析更容易，需要传输的数据更少。

为什么是 8 位字节而不是字节

和很多协议的定义一样，HTTP/2 规范使用 8 位字节（octet）而不是会有歧义的字节（byte）。一个 8 位字节确定是 8 位，而一个字节大多数情况下可以认为是 8 位，但实际上取决于所使用的操作系统。

Length 字段代表长度。下面详细介绍每个消息类型（Type）。标志位（Flags）字段和帧的类型绑定，每个帧类型分别描述。当前保留位（Reserved Bit）还没有投入使用。流 ID（Stream Identifier）字段的含义也应该是不言自明的。显然，将此字段限制为 31 位的其中一个原因是考虑到 Java 的兼容性，因为它没有 32 位无符号整数[1]。

标志位的含义和值取决于帧类型。HTTP/2 是可扩展的，最初的 HTTP/2 规范[2]仅定义了帧类型 0 ～ 9，后来增加了 3 个，将来无疑会添加更多。

4.3.3 HTTP/2 消息流示例

理解帧最简单的方法是查看它们在实际中应用的情况。例如，使用 nghttp 工具连接到 *www.facebook.com*（支持 HTTP/2 的众多网站之一）。输出如下：

```
$ nghttp -va https://www.facebook.com | more
[  0.043] Connected
The negotiated protocol: h2
[  0.107] recv SETTINGS frame <length=30, flags=0x00, stream_id=0>
          (niv=5)
          [SETTINGS_HEADER_TABLE_SIZE(0x01):4096]
          [SETTINGS_MAX_FRAME_SIZE(0x05):16384]
          [SETTINGS_MAX_HEADER_LIST_SIZE(0x06):131072]
          [SETTINGS_MAX_CONCURRENT_STREAMS(0x03):100]
          [SETTINGS_INITIAL_WINDOW_SIZE(0x04):65536]
[  0.107] recv WINDOW_UPDATE frame <length=4, flags=0x00, stream_id=0>
          (window_size_increment=10420225)
[  0.107] send SETTINGS frame <length=12, flags=0x00, stream_id=0>
          (niv=2)
          [SETTINGS_MAX_CONCURRENT_STREAMS(0x03):100]
          [SETTINGS_INITIAL_WINDOW_SIZE(0x04):65535]
[  0.107] send SETTINGS frame <length=0, flags=0x01, stream_id=0>
          ; ACK
          (niv=0)
[  0.107] send PRIORITY frame <length=5, flags=0x00, stream_id=3>
          (dep_stream_id=0, weight=201, exclusive=0)
[  0.107] send PRIORITY frame <length=5, flags=0x00, stream_id=5>
          (dep_stream_id=0, weight=101, exclusive=0)
[  0.107] send PRIORITY frame <length=5, flags=0x00, stream_id=7>
          (dep_stream_id=0, weight=1, exclusive=0)
[  0.107] send PRIORITY frame <length=5, flags=0x00, stream_id=9>
          (dep_stream_id=7, weight=1, exclusive=0)
```

1 见链接4.32所示网址。

2 见链接4.33所示网址。

```
[  0.107] send PRIORITY frame <length=5, flags=0x00, stream_id=11>
          (dep_stream_id=3, weight=1, exclusive=0)
[  0.107] send HEADERS frame <length=43, flags=0x25, stream_id=13>
          ; END_STREAM | END_HEADERS | PRIORITY
          (padlen=0, dep_stream_id=11, weight=16, exclusive=0)
          ; Open new stream
          :method: GET
          :path: /
          :scheme: https
          :authority: www.facebook.com
          accept: */*
          accept-encoding: gzip, deflate
          user-agent: nghttp2/1.28.0
[  0.138] recv SETTINGS frame <length=0, flags=0x01, stream_id=0>
          ; ACK
          (niv=0)
[  0.138] recv WINDOW_UPDATE frame <length=4, flags=0x00, stream_id=13>
          (window_size_increment=10420224)
[  0.257] recv (stream_id=13) :status: 200
[  0.257] recv (stream_id=13) x-xss-protection: 0
[  0.257] recv (stream_id=13) pragma: no-cache
[  0.257] recv (stream_id=13) cache-control: private, no-cache, no-store,
must-revalidate
[  0.257] recv (stream_id=13) x-frame-options: DENY
[  0.257] recv (stream_id=13) strict-transport-security: max-age=15552000;
preload
[  0.257] recv (stream_id=13) x-content-type-options: nosniff
[  0.257] recv (stream_id=13) expires: Sat, 01 Jan 2000 00:00:00 GMT
[  0.257] recv (stream_id=13) set-cookie: fr=0m7urZrTka6WQuSGa..BaQ42y.61.
AAA.0.0.BaQ42y.AWXRqgzE; expires=Tue, 27-Mar-2018 12:10:26 GMT; Max-
Age=7776000; path=/; domain=.facebook.com; secure; httponly
[  0.257] recv (stream_id=13) set-cookie: sb=so1DWrDge9fIkTZ7e-i5S2To;
expires=Fri, 27-Dec-2019 12:10:26 GMT; Max-Age=63072000; path=/; domain=.
facebook.com; secure; httponly
[  0.257] recv (stream_id=13) vary: Accept-Encoding
[  0.257] recv (stream_id=13) content-encoding: gzip
[  0.257] recv (stream_id=13) content-type: text/html; charset=UTF-8
[  0.257] recv (stream_id=13) x-fb-debug: yrE7eqv05dkxF8R1+i4VlIZmUNInVI+AP
DyG7HCW6t7NCEtGkIIRqJadLwj87Hmhk6z/N3O212zTPFXkT2GnSw==
[  0.257] recv (stream_id=13) date: Wed, 27 Dec 2017 12:10:26 GMT
[  0.257] recv HEADERS frame <length=517, flags=0x04, stream_id=13>
          ; END_HEADERS
          (padlen=0)
          ; First response header
<!DOCTYPE html>
<html lang="en" id="facebook" class="no_js">
<head><meta charset="utf-8" />
...etc.
[  0.243] recv DATA frame <length=1122, flags=0x00, stream_id=13>
...
[  0.243] recv DATA frame <length=2589, flags=0x00, stream_id=13>
```

```
...
[  0.264] recv DATA frame <length=13707, flags=0x00, stream_id=13>
...
[  0.267] send WINDOW_UPDATE frame <length=4, flags=0x00, stream_id=0>
          (window_size_increment=33706)
[  0.267] send WINDOW_UPDATE frame <length=4, flags=0x00, stream_id=13>
          (window_size_increment=33706)
...
[416.688] recv DATA frame <length=8920, flags=0x01, stream_id=13>
          ; END_STREAM
[417.226] send GOAWAY frame <length=8, flags=0x00, stream_id=0>
          (last_stream_id=0, error_code=NO_ERROR(0x00), opaque_data(0)=[])
```

这里只展示了一小部分 DATA 帧，其他省略。可以使用 -n 参数来隐藏数据，仅显示帧头部：

```
$ nghttp -nv https://www.facebook.com | more
```

即使省略了很多数据，这段代码也很复杂，所以我们下面会一点一点讲解。

首先，通过 HTTPS（h2）协商建立 HTTP/2 连接。nghttp 不输出 HTTPS 建立过程和 HTTP/2 前奏 /“魔术”消息，因此我们首先看到 SETTINGS 帧：

```
$ nghttp -v https://www.facebook.com | more
[  0.043] Connected
The negotiated protocol: h2
[  0.107] recv SETTINGS frame <length=30, flags=0x00, stream_id=0>
          (niv=5)
          [SETTINGS_HEADER_TABLE_SIZE(0x01):4096]
          [SETTINGS_MAX_FRAME_SIZE(0x05):16384]
          [SETTINGS_MAX_HEADER_LIST_SIZE(0x06):131072]
          [SETTINGS_MAX_CONCURRENT_STREAMS(0x03):100]
          [SETTINGS_INITIAL_WINDOW_SIZE(0x04):65536]
```

SETTINGS 帧

SETTINGS 帧（0x4）是服务器和客户端必须发送的第一个帧（在 HTTP/2 前奏 /“魔术”消息之后）。该帧不包含数据，或只包含若干键 / 值对，如表 4.2 所示。

表 4.2 SETTINGS 帧格式

字　段	长　度	描　述
Identifier	16bit	规范中定义了 6 项设置，最近又新增了两项（未来可能增加更多）。提议的设置项还没有成为正式标准： ■ SETTINGS_HEADER_TABLE_SIZE (0x1) ■ SETTINGS_ENABLE_PUSH (0x2)

续表

字　段	长　度	描　述
		■ SETTINGS_MAX_CONCURRENT_STREAMS (0x3) ■ SETTINGS_INITIAL_WINDOW_SIZE (0x4) ■ SETTINGS_MAX_FRAME_SIZE (0x5) ■ SETTINGS_MAX_HEADER_LIST_SIZE (0x6) ■ SETTINGS_ACCEPT_CACHE_DIGEST (0x7)[a] ■ SETTINGS_ENABLE_CONNECT_PROTOCOL (0x8)[b] 注意：SETTINGS_ACCEPT_CACHE_DIGEST是一个提议中的设置，还没有成为正式标准，可能还会变更
Value	32bit	这个字段是设置项的值，如果设置项未定义，则使用默认值。提议的设置项还没有成为正式标准： ■ 4096 octets ■ 1 ■ No limit ■ 65 535 octets ■ 16 384 octets ■ No limit ■ 0 – No ■ 0 – No 注意：SETTINGS_ACCEPT_CACHE_DIGEST是一个提议中的设置，还没有成为正式标准，可能还会变更，它的默认值也是这样

a　见链接4.34所示网址。

b　见链接4.35所示网址。

SETTINGS帧仅定义一个可在公共帧首部中设置的标志：ACK (0x1)。如果HTTP/2连接的这一端正在发起设置，则将此标志位设置为0；当确认另一端发送的设置消息时，将其设置为1。如果是确认帧（标志位为1），则不应在负载中包含其他设置。

了解了这些之后，可以再回头看第一个消息：

```
[  0.107] recv SETTINGS frame <length=30, flags=0x00, stream_id=0>
          (niv=5)
          [SETTINGS_HEADER_TABLE_SIZE(0x01):4096]
          [SETTINGS_MAX_FRAME_SIZE(0x05):16384]
          [SETTINGS_MAX_HEADER_LIST_SIZE(0x06):131072]
          [SETTINGS_MAX_CONCURRENT_STREAMS(0x03):100]
          [SETTINGS_INITIAL_WINDOW_SIZE(0x04):65536]
```

收到的 SETTINGS 帧有 30 个 8 位字节数据，没有设置标志位(因此不是确认帧)，使用的流 ID 为 0。流 ID 0 是保留数字，用于控制消息（SETTINGS 和 WINDOW_UPDATE 帧），所以服务器使用流 ID 0 发送此 SETTINGS 帧是合理的。

接下来，将获得设置的具体内容，在此示例中有 5 个设置项（niv=5），每个设置项长度为 16 位（标识符）+ 32 位（值）。也就是说，每项设置有 48 位即 6 字节，加起来总共 30 字节（5 个帧首部 ×6 字节 = 30 字节）。到现在为止还比较容易理解。现在查看发送的各个设置项：

1. Facebook 使用的 SETTINGS_HEADER_TABLE_SIZE 为 4 096 个 8 位字节。此项设置用于 HPACK HTTP 首部压缩，第 8 章讨论，现在先不管它。
2. Facebook 使用的 SETTINGS_MAX_FRAME_SIZE 为 16 384 个 8 位字节，所以客户端（nghttp）不能发送超出这个尺寸的帧。
3. 然后 Facebook 将 SETTINGS_MAX_HEADER_LIST_SIZE 设置为 131 072 个 8 位字节，所以不能发送超过这个尺寸的未压缩的首部。
4. Facebook 将 SETTINGS_MAX_CONCURRENT_STREAMS 设置为 100，即在连接上同时进行的流数量不得超过 100。第 2 章中的示例演示了从服务器同时加载超过 100 张图片的情况，最大的请求数限制为 100。在那个示例中，请求排队并等待空闲流，类似 HTTP/1 中请求排队的方式，但连接数的限制比大多数浏览器使用的 6 个多很多。并行请求的数量在 HTTP/2 中显著增加了，此数量通常受到服务器的限制（通常为 100 或 128 个流），它不是无限制（默认值）的。
5. 最后，Facebook 将 SETTINGS_INITIAL_WINDOW_SIZE 设置为 65 536 个 8 位字节。此项设置用于流量控制，见第 7 章。

在这个看似简单的帧中，有一些东西值得注意。首先，设置项可以是任意顺序，例如 SETTINGS_MAX_CONCURRENT_STREAMS，它在规范中是第三项设置（0x03），但在 SETTINGS_MAX_HEADER_LIST_SIZE 即第 6 项设置(0x06)之后给出。此外，许多设置项都使用默认初始值，因此服务器可以仅使用 3 个设置项，获得相同的效果：

```
[  0.107] recv SETTINGS frame <length=18, flags=0x00, stream_id=0>
          (niv=3)
          [SETTINGS_MAX_HEADER_LIST_SIZE(0x06):131072]
```

```
        [SETTINGS_MAX_CONCURRENT_STREAMS(0x03):100]
        [SETTINGS_INITIAL_WINDOW_SIZE(0x04):65536]
```

如果你想将设置项配置得更明确，显式发送默认配置项没有害处。

这个例子表明，Facebook 使用的 SETTINGS_INITIAL_WINDOW_SIZE 比默认值（65 535 个 8 位字节）多 1 字节，这似乎很奇怪，因为看起来没必要修改默认值。

最后，请注意，Facebook 服务器未设置 SETTINGS_ENABLE_PUSH。这个设置用于服务器推送，是客户端使用的。服务器发送此设置没有意义，虽然我猜它可以用于宣称服务器是否支持推送（如果规范作者决定将其用于此目的）。如果客户端不支持 HTTP/2 推送，或不希望启用它，非常有必要在 SETTINGS 帧中关闭此设置。

回到示例，暂时跳过 WINDOW_UPDATE 帧，查看接下来的 3 个 SETTINGS 帧：

```
[ 0.107] recv SETTINGS frame <length=30, flags=0x00, stream_id=0>
          (niv=5)
          [SETTINGS_HEADER_TABLE_SIZE(0x01):4096]
          [SETTINGS_MAX_FRAME_SIZE(0x05):16384]
          [SETTINGS_MAX_HEADER_LIST_SIZE(0x06):131072]
          [SETTINGS_MAX_CONCURRENT_STREAMS(0x03):100]
          [SETTINGS_INITIAL_WINDOW_SIZE(0x04):65536]
[ 0.107] send SETTINGS frame <length=12, flags=0x00, stream_id=0>
          (niv=2)
          [SETTINGS_MAX_CONCURRENT_STREAMS(0x03):100]
          [SETTINGS_INITIAL_WINDOW_SIZE(0x04):65535]
[ 0.107] send SETTINGS frame <length=0, flags=0x01, stream_id=0>
          ; ACK (niv=0)
          ...
[ 0.138] recv SETTINGS frame <length=0, flags=0x01, stream_id=0>
          ; ACK
          (niv=0)
```

nghttp 接收初始服务器 SETTINGS 帧（刚讨论过），然后，客户端发送带有几个设置项的 SETTINGS 帧。接下来，客户端确认服务器的 SETTINGS 帧。确认 SETTINGS 帧非常简单，只有一个 ACK(0x01)标志，长度为 0，因此只有 0 设置(niv=0)。再接下来是服务器确认客户端的 SETTINGS 帧，格式同样简单。

示例显示，有一段时间，一方已发送 SETTINGS 帧但尚未收到确认信息。在此期间，不能使用非默认的设置项。但是因为所有 HTTP/2 实现必须能够处理默认值，并且必须先发送 SETTINGS 帧，所以这种情况不会产生问题。

WINDOW_UPDATE 帧

服务器还发送了一个 WINDOW_UPDATE 帧：

```
[ 0.107] recv WINDOW_UPDATE frame <length=4, flags=0x00, stream_id=0>
        (window_size_increment=10420225)
```

WINDOW_UPDATE 帧（0x8）用于流量控制，比如限制发送数据的数量，防止接收端处理不完。在 HTTP/1 下，同时只能有一个请求。如果客户端无法及时处理数据，它会停止处理 TCP 数据包，然后 TCP 流量控制（类似 HTTP/2 流量控制）开始工作，降低发送数据的流量，直到接收方可以正常处理为止。在 HTTP/2 下，在同一个连接上有多个流，所以不能依赖 TCP 流量控制，必须自己实现针对每个流的减速方法。

初始的数据窗口大小可以通过 SETTINGS 帧设置，然后使用 WINDOW_UPDATE 帧来改变它的大小。所以，WINDOW_UPDATE 帧是一个简单的帧，没有任何标志位，只有一个值（和一个保留位），如表 4.3 所示。

表 4.3 WINDOW_UPDATE 帧格式

字　段	长　度	描　述
Reserved Bit	1bit	未使用
Window Size Increment	31bit	在接收到下一个 WINDOW_UPDATE 帧之前，可以发送的 8 位字节数

WINDOW_UPDATE 帧未定义标志位，该设置用于给定的流，如果流 ID 指定为 0，则应用于整个 HTTP/2 连接。发送方必须跟踪每个流和整个连接。

HTTP/2 流量控制设置仅应用于 DATA 帧，所有其他类型的帧（至少目前定义的），就算超出了窗口大小的限制也可以继续发送。这个特性可以防止重要的控制消息（比如 WINDOW_UPDATE 帧自己）被较大的 DATA 帧阻塞。同时 DATA 帧也是唯一可以为任意大小的帧。

第 7 章讨论 HTTP/2 流量控制机制。

PRIORITY 帧

随后是几个 PRIORITY 帧（0x2）：

```
[  0.107] send PRIORITY frame <length=5, flags=0x00, stream_id=3>
          (dep_stream_id=0, weight=201, exclusive=0)
[  0.107] send PRIORITY frame <length=5, flags=0x00, stream_id=5>
          (dep_stream_id=0, weight=101, exclusive=0)
[  0.107] send PRIORITY frame <length=5, flags=0x00, stream_id=7>
          (dep_stream_id=0, weight=1, exclusive=0)
```

```
[  0.107] send PRIORITY frame <length=5, flags=0x00, stream_id=9>
          (dep_stream_id=7, weight=1, exclusive=0)
[  0.107] send PRIORITY frame <length=5, flags=0x00, stream_id=11>
          (dep_stream_id=3, weight=1, exclusive=0)
```

这些代码给 nghttp 创建了几个流，使用不同的优先级。实际上，nghttp 并不直接使用流 3 ～ 11，通过 dep_stream_id，它将其他流悬挂在开始时创建的流之下。使用之前创建的流的优先级，可以方便地对请求进行优先级排序，无须为每个后续新创建的流明确指定优先级。并非所有 HTTP/2 客户端都给流预定义优先级，nghttp 基于 Firefox 的优先级模型实现[1]，所以如果你使用其他工具，没有看到这些 PRIORITY 帧，也不要担心。

HTTP/2 下的流优先级策略可能会很复杂，第 7 章再讨论它们。现在，只需要知道有一些请求（比如初始的 HTML、关键 CSS 和关键的 JavaScript）可以排在另外一些不太重要的请求（例如图片，或者非阻塞的异步 JavaScript）之前就可以了。PRIORITY 帧格式如表 4.4 所述，但在你读到第 7 章之前，知道这个格式意义也不大。

表 4.4　PRIORITY 帧格式

字　段	长　度	描　述
E(Exclusive)	1bit	说明当前流是否为排他的（只有设置 Priority 标志位时才使用）
Stream Dependency	31bit	说明此首部依赖于哪个流（只有设置 Priority 标志位时才使用）
Weight	8bit	说明此流的权重（只有设置 Priority 标志位时才使用）

PRIORITY 帧（0x2）长度固定，没有定义标志位。

HEADERS 帧

在所有的设置都完成后，我们终于看到协议所发送的请求部分了。一个 HTTP/2 请求以 HEADERS 帧开始发送（0x1）：

```
[  0.107] send HEADERS frame <length=43, flags=0x25, stream_id=13>
          ; END_STREAM | END_HEADERS | PRIORITY
          (padlen=0, dep_stream_id=11, weight=16, exclusive=0)
          ; Open new stream
          :method: GET
          :path: /
          :scheme: https
          :authority: www.facebook.com
          accept: */*
```

1　见链接4.36所示网址。

```
accept-encoding: gzip, deflate
user-agent: nghttp2/1.28.0
```

除去 HTTP/2 帧首部的开始几行，剩下的部分和 HTTP/1 的请求类似。你可能想到了第 1 章中的内容，HTTP/1 请求由一行请求 URL 和必填的 Host 首部组成（可能还有其他 HTTP 首部）：

```
GET / HTTP/1.1↵
Host: www.facebook.com↵
```

在 HTTP/2 中，并没有特定的帧类型，HEADERS 帧中也没有类似第一行请求 URL 的概念，所有的东西都通过首部发送。HTTP/2 定义了新的伪首部（以冒号开始），以定义 HTTP 请求中的不同部分：

```
:method: GET
:path: /
:scheme: https
:authority: www.facebook.com
```

需要注意的是，:authority 伪首部代替了原来 HTTP/1.1 的 Host 首部。HTTP/2 伪首部定义严格[1]，不像标准的 HTTP 首部那样可以在其中添加新的自定义首部。比如你不能这样创建新的伪首部：

```
:barry: value
```

如果应用需要，还得用普通的 HTTP 首部，没有开头的冒号：

```
barry: value
```

但是可以依照新的规范来创建新的伪首部，在写作本书时，已经有过一次这种情况了：在 Bootstrapping WebSockets with HTTP/2 RFC[2] 中添加 :protocol 伪首部。应用新的伪首部，需要使用新的 SETTINGS 参数，也需要客户端和服务端的支持。

也可以在客户端工具（如 Chrome 开发者工具，见图 4.11）中查看这些伪首部，它们表明正在使用 HTTP/2 请求（在写作本书时，其他浏览器，如 Firefox，不显示伪首部）。

---

1 见链接4.37所示网址。

2 见链接4.38所示网址。

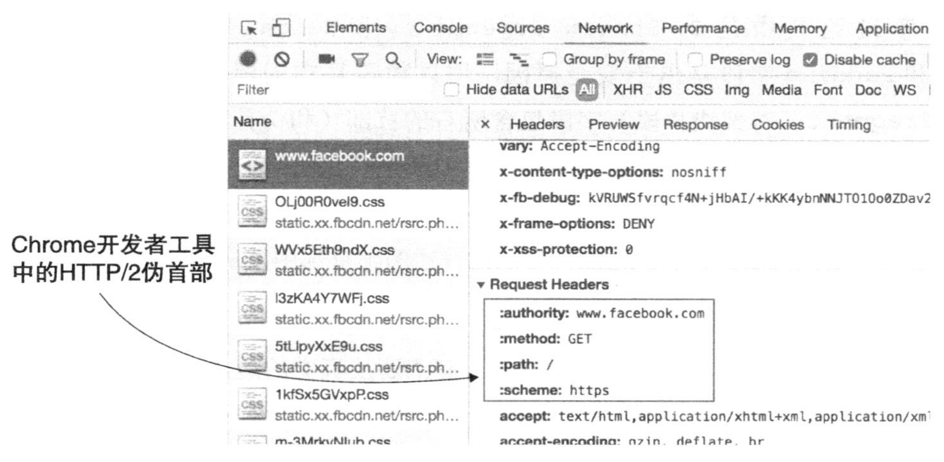

图 4.11　Chrome 开发者工具中的伪首部

还要注意，HTTP/2 强制将 HTTP 首部名称小写。HTTP/1 官方并不关注首部的大小写，但有一些实现并不完全遵循规范。HTTP 首部的值可以包含不同的大小写字母，但是首部名不可以。HTTP/2 对 HTTP 首部的格式要求也更严格。开头的空格、双冒号或者换行，在 HTTP/2 中都会带来问题，虽然大多数 HTTP/1 的实现可以处理这些问题。这个示例是在帧层面查看 HTTP/2 消息的很好的用例。这些错误通常在这种底层格式中比较明显，但当客户端发现首部格式不正确时，报错信息通常含义不明（比如 Chrome 中的 `ERR_SPDY_PROTOCOL_ERROR`），这些错误影响网站正常工作。`HEADERS` 帧格式如表 4.5 所示。

表 4.5　HEADERS 帧格式

字　段	长　度	描　述
`Pad Length`	8bit（可选的）	可选的字段，指示 `Padding` 的内容长度（只有设置 `Padded` 标志位时才有用）
`E(Exclusive)`	1bit	说明当前流是否为排他的（只有设置 Priority 标志位时才使用）
`Stream Dependency`	31bit	说明此首部依赖于哪个流（只有设置 `Priority` 标志位时才使用）
`Weight`	8bit	此流的权重（只有设置 `Priority` 标志位时才使用）
`Header Block Fragment`	帧的长度减去此表中其他字段长度	请求首部（包含伪首部）
`Padding`	由 Pad Length 字段指定	使用 0 填充（只有设置 `Padded` 标志位时才有用）

第7章讨论其中的E、Stream Dependency和Weight字段。添加Pad Length和Padding字段是出于安全原因，用以隐藏真实的消息长度。Header Block Fragment（首部块片段）字段包含所有的首部（和伪首部）。这个字段不是纯文本的，不像nghttp里所显示的那样。第8章会讲HPACK首部压缩格式，所以现在不要太关注这个，像nghttp这样的工具会自动解压HTTP首部。

HEADERS首部定义了4个标志位，可以在普通的帧首部中发送它们：

- END_STREAM(0x1)，如果当前HEADERS帧后面没有其他帧（比如POST请求，后面会跟DATA帧），设置此标志。有点违反直觉的是，CONTINUATION帧（本章稍后讨论）不受此限制，它们由END_HEADERS标志控制，被当作HEADERS帧的延续，而不是额外的帧。
- END_HEADERS (0x4)，它表明所有的HTTP首部都已经包含在此帧中，后面没有CONTINUATION帧了。
- PADDED(0x8)，当使用数据填充时设置此标志位。这个标志表明，DATA帧的前8位代表HEADERS帧中填充的内容长度。
- PRIORITY(0x20)，表明在帧中设置了E、Stream Dependency和Weight字段。

如果HTTP首部尺寸超出一个帧的容量，则需要使用一个CONTINUATION帧（紧接着是一个HEADERS帧），而不是使用另外一个HEADERS帧。这个过程相较于HTTP正文来说好像过于复杂，HTTP正文会使用多个DATA帧。因为表4.5中的其他字段只能使用一次，所以如果同一个请求有多个HEADERS帧，并且它们的其他字段值不同，就会带来一些问题。要求CONTINUATION帧紧跟在HEADERS帧后面，其中不能插入其他帧，这影响了HTTP/2的多路复用，人们正考虑其他替代方案[1]。实际上CONTINUATION帧很少使用，大多数请求都不会超出一个HEADERS帧的容量。

了解了这些前因后果之后再回头看这些日志输出，就能更好地理解消息的第一部分内容了：

```
[  0.107] send HEADERS frame <length=43, flags=0x25, stream_id=13>
          ; END_STREAM | END_HEADERS | PRIORITY
          (padlen=0, dep_stream_id=11, weight=16, exclusive=0)
          ; Open new stream
```

1 见链接4.39所示网址。

```
:method: GET
:path: /
:scheme: https
:authority: www.facebook.com
accept: */*
accept-encoding: gzip, deflate
user-agent: nghttp2/1.28.0
```

每个新的请求都会被分配一个独立的流 ID，其值在上一个流 ID 的基础上自增（在这个示例中上一个流 ID 是 11，它是 nghttp 创建的 PRIORITY 帧，所以这个帧使用流 ID 13 创建，偶数 12 是服务端使用的）。同时设置了多个标志位，组合起来的十六进制数为 0x25，nghttp2 在下一行展示了这些标志位。其中的 END_STREAM(0x1) 和 END_HEADERS（0x4）标志位说明，当前帧包含完整的请求，没有 DATA 帧（可能用于 POST 请求）。PRIORITY 标志位（0x20）表明，此帧使用了优先级策略。将这些十六进制数加起来（0x1 + 0x4 + 0x20），结果是 0x25，在帧首部中显示。这个流依赖流 11，所以被分配了对应的优先级，权重为 16。再次提醒，不用太担心这个话题，第 7 章会解释优先级。nghttp 的注释说，这个流是新建的（Open new stream），然后列出了多个 HTTP 伪首部和 HTTP 请求首部。

HTTP 响应在同一个流上也使用 HEADERS 帧发送，在这个例子中你可以看到：

```
[ 0.257] recv (stream_id=13) :status: 200
[ 0.257] recv (stream_id=13) x-xss-protection: 0
[ 0.257] recv (stream_id=13) pragma: no-cache
[ 0.257] recv (stream_id=13) cache-control: private, no-cache, no-store,
must-revalidate
[ 0.257] recv (stream_id=13) x-frame-options: DENY
[ 0.257] recv (stream_id=13) strict-transport-security: max-age=15552000;
preload
[ 0.257] recv (stream_id=13) x-content-type-options: nosniff
[ 0.257] recv (stream_id=13) expires: Sat, 01 Jan 2000 00:00:00 GMT
[ 0.257] recv (stream_id=13) set-cookie: fr=0m7urZrTka6WQuSGa..BaQ4Ay.61.A
AA.0.0.BaQ42y.12345678; expires=Tue, 27-Mar-2018 12:10:26 GMT; Max-Age=7776
000; path=/; domain=.facebook.com; secure; httponly
[ 0.257] recv (stream_id=13) set-cookie: sb=so11234567890TZ7e-i5S2To; expi
res=Fri, 27-Dec-2019 12:10:26 GMT; Max-Age=63072000; path=/; domain=.facebo
ok.com; secure; httponly
[ 0.257] recv (stream_id=13) vary: Accept-Encoding
[ 0.257] recv (stream_id=13) content-encoding: gzip
[ 0.257] recv (stream_id=13) content-type: text/html; charset=UTF-8
[ 0.257] recv (stream_id=13) x-fb-debug: yrE7eqv05dkxF8R1+1234567890nVI+AP
DyG7HCW6t7NCEtGkIIRqJadLwj87Hmhk6zN3O212zTPFXkT2GnSw==
[ 0.257] recv (stream_id=13) date: Wed, 27 Dec 2017 12:10:26 GMT
```

```
[ 0.257] recv HEADERS frame <length=517, flags=0x04, stream_id=13>
        ; END_HEADERS
        (padlen=0)
        ; First response header
```

在这里，首先看到的是 status 伪首部（:status: 200），不像 HTTP/1.1，这里只给出了三位 HTTP 状态码（200），没有给出对应的文本（如 200 OK）。这个伪首部后面跟着几个 HTTP 首部，再次提醒，它们在传输中不是这种格式，具体见第 8 章，HPACK。然后 nghttp 罗列了 HEADERS 帧的详细信息。令人困惑的是（至少对我来说），nghttp 将帧的详情放到了帧负载之后，我认为应该放在前面[1]。此帧的详情里包含 END_HEADERS 标志位（0x04），它说明整个 HTTP 响应首部都在当前这一个帧中。

尾随首部

HTTP/1.1 引入了尾随首部的概念，可以在正文之后发送它。这些首部可以支持不能提前计算的信息。例如，在以流的形式传输数据时，内容的校验和或者数字签名可以包含在尾随首部中。

实际上，尾随首部的支持很差，很少应用。但是 HTTP/2 决定继续支持它，所以一个 HEADERS 帧（或者一个后跟 CONTINUATION 帧的 HEADERS 帧）可能出现在流的 DATA 帧之前或者之后。

DATA 帧

在 HEADERS 帧之后是 DATA 帧（0x0），它用来发送消息体。在 HTTP/1 中，消息在返回首部之后发送，前面有两个换行符（标记 HTTP 首部结束）。在 HTTP/2 中，数据部分使用不同的消息类型。在首部之后，可以发送一些正文内容，如其他流的部分数据、正文的更多内容等。将 HTTP/2 响应分到多个帧中，你可以在一个连接上同时进行多个流的传输。

HTTP/2 的 DATA 帧比较简单，它包含所需要的任何格式的数据：UTF-8 编码、gzip 压缩格式、HTML 代码、JPEG 图片的字节，什么都行。在帧首部中包含了长度，

1 见链接4.40所示网址。

所以 DATA 帧自己的格式中不需要包含长度字段。像 HEADERS 帧一样，DATA 帧也支持使用内容填充来保护消息的长度，这是出于安全性考虑。所以 Pad Length 字段可以在开头使用，用以说明内容的长度。DATA 帧格式如表 4.6 所示。

表 4.6 DATA 帧格式

字 段	长 度	描 述
Pad Length	8bit（可选的）	可选的字段，指示 Padding 的内容长度（只在设置 Padded 标志位时才有用）
Data	帧长度减去 Padding 字段的长度	数据部分
Padding	由 Pad Length 字段指定	使用 0 填充（只在设置 Padded 标志位时才有用）

DATA 帧定义了两个标志位，可以在普通的帧首部中设置它们：

- END_STREAM(0x1)，当前帧是流中的最后一个。
- PADDED(0x8)，当使用数据填充时设置此标志位。这个标志表明，DATA 帧的前 8 位代表 HEADERS 帧中填充的内容长度。

在这个例子中，出于篇幅的考虑去掉了大部分内容，其中显示为 ...etc 的行代表对应的数据：

```
<!DOCTYPE html>
<html lang="en" id="facebook" class="no_js">
<head><meta charset="utf-8" />
...etc.
[  0.243] recv DATA frame <length=1122, flags=0x00, stream_id=13>
...etc.
[  0.243] recv DATA frame <length=2589, flags=0x00, stream_id=13>
...etc.
[  0.264] recv DATA frame <length=13707, flags=0x00, stream_id=13>
...etc.
[  0.267] send WINDOW_UPDATE frame <length=4, flags=0x00, stream_id=0>
          (window_size_increment=33706)
[  0.267] send WINDOW_UPDATE frame <length=4, flags=0x00, stream_id=13>
          (window_size_increment=33706)
...etc.
[416.688] recv DATA frame <length=8920, flags=0x00, stream_id=13>
```

在这里，你看到 HTTP 代码通过多个 DATA 帧发送（nghttp 贴心地帮你解压了这些数据）。然后客户端在处理这些帧之后，发回了一些 WINDOW_UPDATE 帧，让服务器可以发送更多的数据。非常有趣的是，Facebook 选择在开始时发送相对较小的 DATA 帧（1 122 字节、2 589 字节等），尽管客户端想要处理更大的帧（65 635 字节）。

我不太确定这个选择是有意的（尽可能让数据更早到达客户端），还是因为 TCP 初始拥塞窗口较小，或者其他的原因。

由于 HTTP/2 的 DATA 帧默认支持被分成多个部分，这就没有必要使用分块编码了（在 4.1.1 节中讨论过）。HTTP/2 规范甚至说，“分块编码不能在 HTTP/2 中使用。”

GOAWAY 帧

如下是 GOAWAY 帧（0x7）：

```
[417.226] send GOAWAY frame <length=8, flags=0x00, stream_id=0>
          (last_stream_id=0, error_code=NO_ERROR(0x00), opaque_data(0)=[])
```

这个看起来有点简陋的帧用于关闭连接，当连接上没有更多的消息，或发生了严重错误时使用该帧。GOAWAY 帧格式如表 4.7 所示。

表 4.7 GOAWAY 帧格式

字 段	长 度	描 述
Reserved Bit	1bit	未使用
Last-Stream_ID	31bit	上一个被处理的流 ID，用于客户端判断是否错过了一个最近初始化的流
Error Code	32bit	错误码，用于由错误引发的 GOAWAY 帧： ■ NO_ERROR (0x0) ■ PROTOCOL_ERROR (0x1) ■ INTERNAL_ERROR (0x2) ■ FLOW_CONTROL_ERROR (0x3) ■ SETTINGS_TIMEOUT (0x4) ■ STREAM_CLOSED (0x5) ■ FRAME_SIZE_ERROR (0x6) ■ REFUSED_STREAM (0x7) ■ CANCEL (0x8) ■ COMPRESSION_ERROR (0x9) ■ CONNECT_ERROR (0xa) ■ ENHANCE_YOUR_CALM (0xb) ■ INADEQUATE_SECURITY (0xc) ■ HTTP11_REQUIRED (0xd)
Additional Debug Data	帧长度中剩余的部分（可选的）	未定义，不同的实现中格式可能不同

GOAWAY 帧没有定义什么标志。

查看之前 nghttp 输出日志中最后的消息，会看到一个 GOAWAY 帧的示例：

```
[417.226] send GOAWAY frame <length=8, flags=0x00, stream_id=0>
        (last_stream_id=0, error_code=NO_ERROR(0x00), opaque_data(0)=[])
```

客户端发出 GOAWAY 帧，但不是从服务端接收它。在这个例子中，nghttp 获取了首页的 HTML，没有请求它所依赖的资源（CSS、JavaScript 等），常见的浏览器都会请求这些资源。当响应被处理，并且客户端不再等待更多的数据时，它会发送这个帧来关闭 HTTP/2 连接。Web 浏览器可能会保持连接打开，以供后续的请求使用。但是 nghttp 在获得这些响应之后就关闭了，所以决定关闭连接，然后退出。当你退出浏览器的时候，浏览器也会做同样的事情。

GOAWAY 帧使用最小的 8 字节的长度发送(1bit + 31bit + 32bit)，没有任何标志位，帧使用的流 ID 为 0。从服务器收到的最后一个流 ID 是 0，所以服务器没有发起过流。没有错误码（NO_ERROR[0x00]），没有附加的调试数据。整体来说，这个示例是当不需要再使用连接时，标准的关闭连接的方式。

4.3.4 其他帧

使用 nghttp 访问 Facebook 的示例包含了很多 HTTP/2 帧的类型，但还有一些类型没有出现在这个简单的流程里。同时，HTTP/2 也支持帧类型的扩展。后来新增了三个新的帧类型——ALTSVC、ORIGIN 和 CACHE_DIGEST，本节稍后会讨论这几个新的类型。在撰写本书时，只有前两个帧类型成为了正式标准，以后，标准中可能会添加最后一个类型，或者更多的帧类型。每一个新的 HTTP/2 帧类型、HTTP/2 的设置项和 HTTP/2 的错误码，都必须在 IANA（Internet Assigned Numbers Authority，互联网数字分配机构）[1] 注册。

CONTINUATION 帧

太大的首部需要使用 CONTINUATION 帧（0x9），它紧跟在 HEADERS 帧或者 PUSH_PROMISE 帧后面。因为在请求可以被处理之前，需要完整的 HTTP 首部，并且为了应用 HPACK 的字典（见第 8 章），所以 CONTINUATION 帧必须紧跟在 HEADERS 帧后面。就像我们在讨论 HEADERS 帧时所说的，这种要求降低了 HTTP/2 的多路复用性，对于 CONTINUATION 帧是否需要、是否应该支持更大的 HEADERS 首部，有很多争论。至少到现在，这个帧还存在着，尽管它很少被用到。

1 见链接4.41所示网址。

CONTINUATION 帧比它所跟随的 HEADER 帧或者 PUSH_PROMISE 帧更简单。它包含额外的首部数据。CONTINUATION 帧格式如表 4.8 所示。

表 4.8 CONTINUATION 帧格式

字 段	长 度	描 述
Header Block Fragment	帧的长度	首部的数据

CONTINUATION 帧只定义了一个标志位，就是在普通的帧首部中可以设置的那个。END_HEADERS(0x4)，当设置这个标志的时候，表明 HTTP 首部内容到此帧结束，后续没有别的 CONTINUATION 帧了。

CONTINUATION 帧不会用 END_STREAM 标志来表示正文部分的结束，因为 END_STREAM 标志在 HEADERS 帧里使用，而 CONTINUATION 帧在这一点上遵从原始 HEADERS 帧的设置。

PING 帧

PING 帧（0x6）用以计算发送方的消息往返时间，也可以用来保持一个不使用的连接。当收到这类帧的时候，接收方应当马上回复一个类似的 PING 帧。两个 PING 帧都应当在控制流（流 ID 为 0）上发送。PING 帧格式如表 4.9 所示。

表 4.9 PING 帧格式

字 段	长 度	描 述
Opaque data	64bit (8 octets)	在返回的 PING 请求中，也要发送同样的数据

PING 帧定义了一个可以在通用帧首部中使用的标志位。ACK（0x1）标志位，在发起方的 PING 帧中不设置，在返回方中需要设置。

PUSH_PROMISE 帧

服务器使用 PUSH_PROMISE 帧（0x5）通知客户端它将推送一个客户端没有明确请求的资源。PUSH_PROMISE 帧需要提供将要向其推送资源的客户端信息，所以它包含通常在 HEADERS 帧中包含的那些首部信息（同样，如果要推送的资源首部比较大，则它后面也可能会跟一个 CONTINUATION 帧）。PUSH_PROMISE 帧格式如表 4.10 所示。

表 4.10 PUSH_PROMISE 帧格式

字 段	长 度	描 述
Pad Length	8bit（可选的）	可选的字段，指示 Padding 的内容长度
Reserved Bit	1bit	未使用
Promised Stream ID	31bit	表明将在哪个流上面推送
Header Block Fragment	帧的长度减去此表中其他字段长度	要推送资源的首部
Padding	由 Pad Length 字段指定	使用 0 填充

PUSH_PROMISE 帧定义了两个标志位，它们都可以在普通的帧首部中使用：

- END_HEADERS（0x4），它表明所有的 HTTP 首部都已经包含在此帧中，后面没有 CONTINUATION 帧了。
- PADDED(0x8)，当使用数据填充时设置此标志位。这个标志表明，DATA 帧的前 8 位代表 PUSH_PROMISE 帧中填充的内容长度。

第 5 章讨论 HTTP/2 服务端推送。

RST_STREAM 帧

在起初的 HTTP/2 规范中定义的最后一种帧是 RST_STREAM（0x3），用于直接取消（重置）一个流。该取消可能是由于一个错误，或者是因为请求已经不需要进行了。可能是客户端已经跳转到其他页面、取消了加载，或者不再需要服务器推送的资源了。

HTTP/1.1 不提供这种功能。如果你正在下载页面上一个较大的资源，除非中断连接，否则就算跳转到其他页面，这个资源的下载也不会停止。你没有办法取消一个正在进行中的请求。这个功能也是 HTTP/2 对 HTTP/1.1 所做的优化之一。RST_STREAM 帧格式如表 4.11 所示。

表 4.11 RST_STREAM 帧格式

字 段	长 度	描 述
Error Code	32bit	错误码，解释为什么流被终止 ▪ NO_ERROR (0x0) ▪ PROTOCOL_ERROR (0x1) ▪ INTERNAL_ERROR (0x2) ▪ FLOW_CONTROL_ERROR (0x3)

续表

字段	长度	描述
		■ SETTINGS_TIMEOUT (0x4) ■ STREAM_CLOSED (0x5) ■ FRAME_SIZE_ERROR (0x6) ■ REFUSED_STREAM (0x7) ■ CANCEL (0x8) ■ COMPRESSION_ERROR (0x9) ■ CONNECT_ERROR (0xa) ■ ENHANCE_YOUR_CALM (0xb) ■ INADEQUATE_SECURITY (0xc) ■ HTTP_1_1_REQUIRED (0xd)

RST_STREAM 帧没有定义任何标志位。

规范对这些错误码的含义没有做太多说明，而且就算规范中提到，有时候也不太清晰。比如，下面这段话指出，使用两个错误码中的一个来取消服务器推送的响应：

> 无论出于何种原因，如果客户端决定不再接收服务端推送的响应，或者服务器过了很长时间还没开始发送它所承诺的响应，那么客户端可以设置一个 RST_STREAM 帧，使用 CANCEL 或者 REFUSED_STREAM 错误码，并注明所推送的流的 ID。

总的来说，使用哪个错误码，什么时候使用，取决于实现方。各种实现也不总是相同。

ALTSVC 帧

在 HTTP/2 规范被批准之后，ALTSVC 帧（0xa）是第一个追加到 HTTP/2 中的帧。在一个单独的规范[1]中对其进行了解释，其允许服务端宣告获取资源时可用的其他服务，见 4.2.4 节。这个帧可以用来进行升级（比如从 h2 升级到 h2c）或者重定义流量到另外一个版本。ALTSVC 帧格式如表 4.12 所示。

1 见链接4.42所示网址。

表 4.12 ALTSVC 帧格式

字 段	长 度	描 述
Origin-Len	16bit	Origin 字段长度
Origin	长度由 Origin-Len 字段设置	可选的替代源。（译注：这里的源是协议、域名、端口号的组合，参考同源策略中的源）
Alt-Svc-Field-Value	帧的长度减去其他字段值的长度	可选的服务类型

ALTSVC 帧未定义任何标志位。

ORIGIN 帧

ORIGIN 帧（0xc）是一个新的帧，于 2018 年 3 月标准化[1]，服务器使用它来宣告自己可以处理哪些源（比如域名）的请求。当客户端决定是否合并 HTTP/2 连接的时候，该帧非常有用。ORIGIN 帧格式如表 4.13 所示。

表 4.13 ORIGIN 帧格式

字 段	长 度	描 述
Origin-Len	16bit	Origin 字段的长度
Origin	由 Origin-Len 的值指示此字段的长度	可选的替代源

该帧可以包含多组 Origin-Len/Origin。ORIGIN 帧没有定义任何标志位。

我们在第 6 章讨论连接合并时会再次讨论 ORIGIN 帧。

CACHE_DIGEST 帧

CACHE_DIGEST 帧（0xd）是一个新的帧提议[2]。客户端可以使用这个帧来表明自己缓存了哪些资源。例如，它指示服务器不必再推送这些资源，因为客户端已经有了。在撰写本书时，CACHE_DIGEST 帧格式如表 4.14 所示（因为还处在提议阶段，不是正式标准，所以日后可能会有变化）。

表 4.14 CACHE_DIGEST 帧格式

字 段	长 度	描 述
Origin-Len	16bit	Origin 字段的长度
Origin	由 Origin-Len 的值指示此字段的长度	摘要代表的源
Digest-Value	帧的长度减去此表格中其他字段的长度	缓存摘要（见第 5 章）

1 见链接4.43所示网址。

2 见链接4.44所示网址。

CACHE_DIGEST 帧定义了如下标志位：

- RESET(0x1)，客户端用来告诉服务器重置当前保存的 CACHE_DIGEST 信息。
- COMPLETE(0x2)，表明当前包含的缓存摘要代表所有的缓存，而不是缓存的一部分。

我们在第 5 章讨论 HTTP/2 服务端推送的时候会再次讨论 CACHE_DIGEST 帧。

总结

- HTTP/2 是一个二进制协议，其消息有明确的、精细的格式和结构。
- 由于这个原因，客户端和服务端在发送 HTTP 消息之前必须协商都使用 HTTP/2。
- 对于 Web 浏览器，这个协商的过程主要在 HTTPS 连接协商中完成，使用一个新的叫 ALPN 的扩展。
- 在 HTTP/2 中，请求和响应通过 HTTP/2 帧的形式传输。
- 一个 HTTP/2 GET 请求，通常以 HEADERS 帧的形式发送，接收的响应通常是一个 HEADERS 帧，跟着一个 DATA 帧。
- 大多数 Web 开发者和 Web 服务器管理员，不需要关心 HTTP/2 帧的细节，尽管可以使用工具查看这些帧。
- 当前有几种 HTTP/2 帧，以后还会添加新的帧。

实现HTTP/2推送

5

本章要点

- 什么是 HTTP/2 推送
- 请求 HTTP/2 推送的不同方式
- HTTP/2 推送在客户端和服务端如何工作
- 推送什么，不推送什么
- HTTP/2 推送的常见问题
- HTTP/2 推送的一些风险

5.1 什么是HTTP/2服务端推送

HTTP/2 服务端推送（以下称为 HTTP/2 推送）允许服务器发回客户端未请求的额外资源。在引入 HTTP/2 之前，HTTP 是一个简单的请求 - 响应协议（浏览器请求资源，服务器响应该资源）。如果页面需要显示额外的资源（例如 CSS、JavaScript、字体和图像等），那么浏览器必须下载初始页面，看它引用了哪些额外的资源，然后请求它们。对于图像，发出这些额外请求可能不是什么问题。请求图像通常不会占用初始绘制时间，页面会先开始渲染，当遇到图像时先显示一个空白区域。然而，某些资源(例如CSS和JavaScript)对于页面呈现至关重要，并且在下载这些资源之前，浏览器甚至不会开始渲染页面。这至少增加了一次往返，也就减慢了网页浏览速度。HTTP/2 多路复用技术允许在同一连接上并行请求所有资源，因为这样排队会减少，所以它优于 HTTP/1。如果没有 HTTP/2 推送，浏览器必须在下载初始页面之后才能请求这些关键的资源。因此，大多数网页请求在最佳情况下至少需要两次往返，页面显示时间可能是你预期的两倍。图 5.1 显示，在第二组请求中同时下载 CSS 文件和 JavaScript 文件。

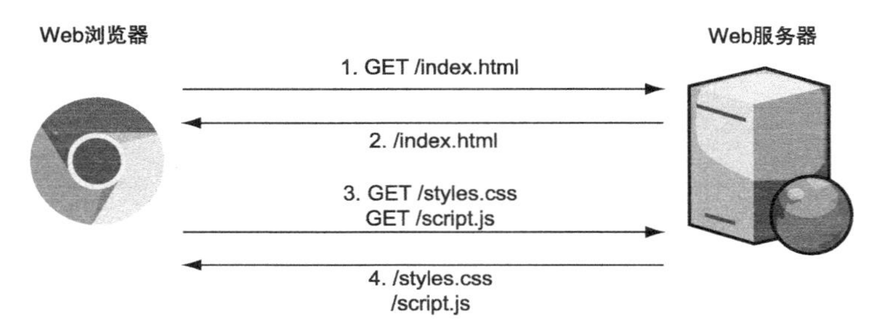

图 5.1 关键资源需要一个额外的请求往返

图 5.2 显示，初始渲染需要两个往返。注意，由于网络或者计算处理时间的问题，styles.css 和 script.js 资源到达的时间有一点不同，它们不是并行执行的。

图 5.2 关键资源的往返延迟瀑布图

这个往返延迟催生了一些性能优化手段，如将样式通过 `<style>` 标签内联到 HTML 页面中，或类似的，通过 `<script>` 标签将 JavasScript 内联到 HTML 中。通过内联这些关键资源，浏览器可以在原始页面下载解析之后马上开始渲染，而不需要等待附加的关键资源。

但是，内联资源有几个缺点。对于 CSS，通常只包含关键样式（初始绘制时所需要的样式），之后才会下载完整的样式表，以减少内联的代码量，防止页面过大。将关键 CSS 从 CSS 资源中筛选出来嵌入 HTML 中的操作比较复杂，尽管有一些工具可以帮助完成这项任务。除复杂以外，这个过程还会产生浪费。因为被内联在页面中，所以关键 CSS 在网站的每个页面中重复出现。如果它在 CSS 文件中，就可以被其他页面使用并缓存起来。更糟的是，内联的 CSS 通常还包含在稍后下载的主 CSS 文件中，它不仅仅在页面间重复，而且在每个页面内也有重复。其他的缺点还包括：要求使用 JavaScript 来加载非关键 CSS 文件，因为 CSS `link` 标签没有 `async` 属性，而只使用标准的 `<link rel="stylesheet" type="text/css" href="...">` 会导致渲染被阻塞，然后等待文件加载。另外，如果你想改变关键 CSS 的内容（比如网站改版），则需要修改每一个页面，而不是只更新一个通用的 CSS 文件。总的来说，内联给首次访问带来了性能提升，但有点投机取巧了。那么是否有更好的方式来解决这个问题呢？这正是 HTTP/2 推送要做的。

HTTP/2 推送打破了 HTTP“一个请求 = 一个响应”的惯例。它允许服务器使用多个返回来响应一个请求。“可以给我这个页面吗，请问？”答案可能是：“当然，并且这里有一些额外的资源，你在加载那个页面时会用得到。”图 5.3 展示了使用一个往返获取页面和渲染所需的关键资源。

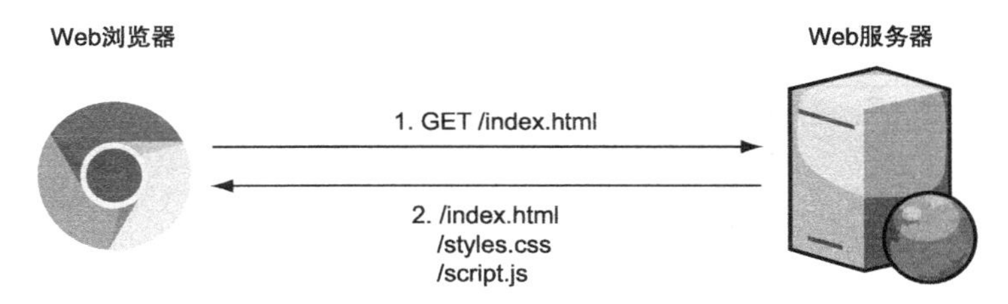

图 5.3 使用 HTTP/2 推送可以避免关键资源的往返延迟

这个过程也可以使用瀑布图表达出来，如图 5.4 所示。同样，这三个资源不是同时到达的，有一些很短的时差，但是所需要的时间只比一个往返多一点，不到两个往返的时间。

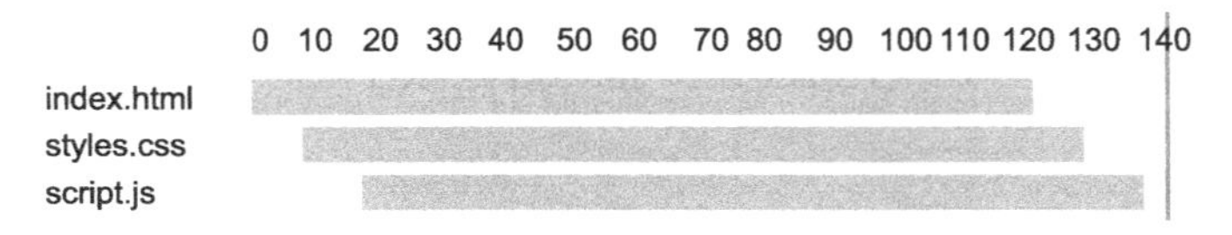

图 5.4 使用 HTTP/2 推送在一个往返中接收所有请求的瀑布图

节省的时间也可以使用第 2 章介绍的请求 - 响应图表来描述。图 5.5 展示了通过在初始页面的请求中返回所有关键资源而节省的时间。

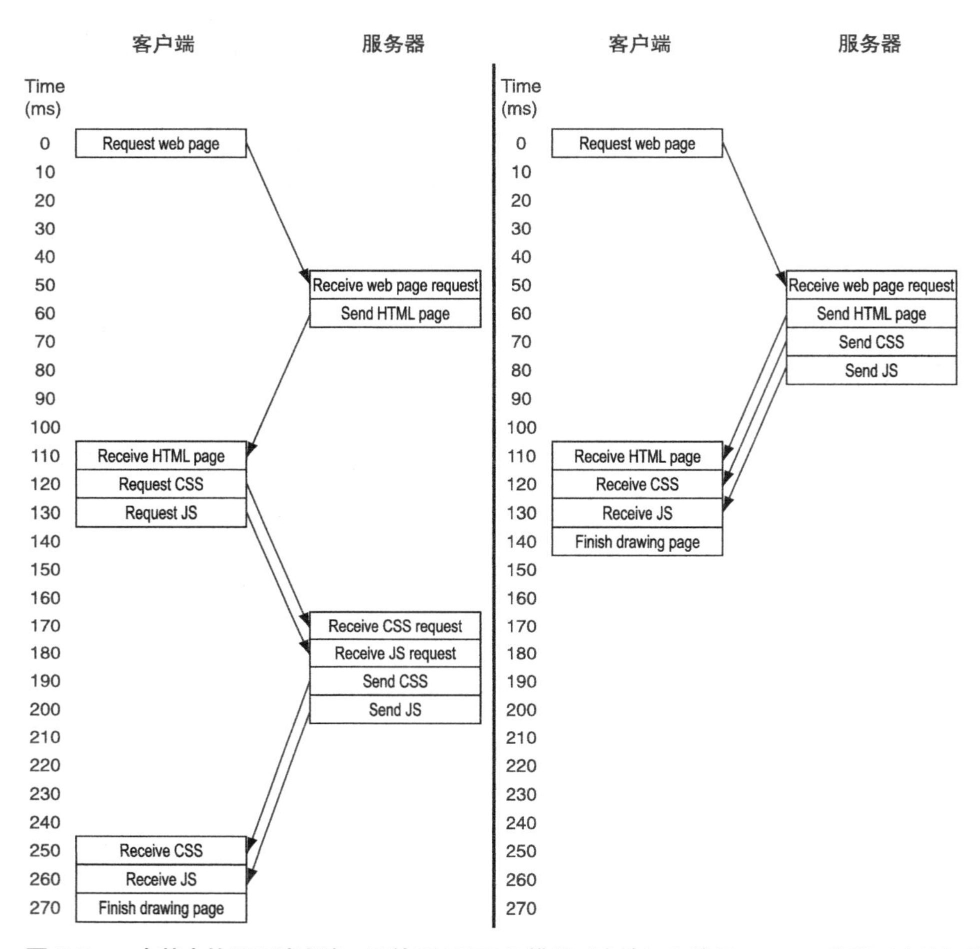

图 5.5 一个基本的网页请求流，不使用 HTTP/2 推送（左边）和使用 HTTP/2 推送（右边）的情况

如果使用方法正确，HTTP/2 推送可以减少加载时间。但如果你多推送了资源（客户端不需要，或者已经在缓存里），则将会延长加载时间。这会浪费带宽，本来应该用这些带宽加载需要的资源。所以，在使用 HTTP/2 推送时应该小心，经过考虑后再使用。

HTTP/2 推送是否能替代 WebSockets 或者 SSE

需要注意的一个关键点是，仅在响应初始请求时才会发送推送的资源。完全由服务器来决定客户端是否需要资源，基于 HTTP/2 推送是不可能做到的。诸如

WebSockets 和服务器发送事件（SSE）之类的技术真正允许双向流，HTTP/2 中不是真正的双向流，一切都仍然是从客户端请求发起的。推送资源是为了响应初始请求而做出的额外响应。完成该初始请求后，流会被关闭，除非客户端发起其他请求，否则不能推送其他资源。因此，按照 HTTP/2 推送现在的规范，它不是 WebSockets 或 SSE 的替代品，但如果以后它进一步扩展的话，也许有替代它们的机会（参见 5.9 节）。

5.2 如何推送

如何推送取决于 Web 服务器，因为不是每个服务器都支持 HTTP/2 推送。一些 Web 服务器可以通过 HTTP link 首部或者通过配置来推送。其他的（如 IIS）需要写一些代码，所以它们只能通过动态生成的页面推送，而不支持静态 HTML 文件。查看你的 Web 服务器文档，可以了解你的服务器是否支持 HTTP/2 推送，以及如何推送。在本章后面，我们大多使用 Apache、Nginx 和 NodeJS 作为示例。虽然实现的细节会有细微的不同，但相关概念适用于大多数 HTTP/2 Web 服务器。如果你的 Web 服务器不支持 HTTP/2 推送，你仍旧可以使用 CDN 来包装服务（见第 3 章），然后使用 CDN 提供推送支持。

5.2.1 使用 HTTP link 首部推送

很多 Web 服务器（如 Apache、Nginx 和 H2O）和一些 CDN（如 Cloudflare 和 Fastly）使用 HTTP link 首部通知 Web 服务器推送资源。如果 Web 服务器看到了这些 HTTP link 首部，它将推送在首部中引用的资源。在 Apache 中，可以使用如下配置添加一个 link 首部：

```
Header add Link "</assets/css/common.css>;as=style;rel=preload"
```

如果使用 Nginx，语法也是类似的：

```
add_header Link "</assets/css/common.css>;as=style;rel=preload"
```

推送 link 首部经常包含在条件语句中，以支持仅对指定的路径或者文件类型推送资源。例如，在 Apache 中，只随着 index.html 推送 CSS 样式表，使用如下配置：

```
<FilesMatch "index.html">
    Header add Link "</assets/css/common.css>;as=style;rel=preload"
</FilesMatch>
```

其他的 Web 服务器支持类似的添加 HTTP 首部的方法，但不是所有的 Web 服务器都使用 HTTP link 首部的方法来推送资源。如果使用这种方法推送，则当把请求返回给客户端时，Web 服务器读取这些首部，获取资源，然后将它发送出去。还要设置 `rel=preload` 属性来指示 Web 服务器，要将这个资源推送过去，但其中 `as=style` 部分（指示资源的类型）是可选的。这个 `as` 属性可以用来决定优先级，其他的 Web 服务器可能不需要它。Apache 使用 Content type 而不是 `as` 属性来设置优先级。

preload HTTP 首部和 HTTP/2 推送

preload link 首部的使用早于 HTTP/2，开始时被用作客户端暗示（第 6 章讨论）。这个首部允许浏览器直接获取资源，不用等着下载、读取、解析整个页面之后才决定是否下载另一个资源。preload 首部允许站长说："这个资源肯定会用到，所以我建议，如果你没有它的缓存，尽快请求它。"

很多 HTTP/2 的实现重新修改了 preload link 首部的使用目的，实现服务端推送以更好地利用这个暗示，提前发送资源。如果你想使用原来的 preload 方式，但不让服务器推送资源，通常可以使用 `nopush` 属性：

```
Header add Link "</assets/css/common.css>;as=style;rel=preload;nopush"
```

现在，没有标准的方法做相反的事情（推送 link 首部但不把它当作 preload 首部），但是 H2O Web 服务器（还有 Fastly CDN，它使用 H2O[a]）已经添加了 `x-http2-push-only` 属性来处理这种情况：

```
link: </assets/jquery.js>;as=script;rel=preload;x-http2-push-only
```

还可以在 HTML 的 HEAD 标签中设置 preload。使用如下代码：

```
<link rel="preload" href="/assets/css/common.css" as="style">
```

但是，通常只有 HTTP 首部支持 HTTP/2 推送。HTTP/2 推送通常忽略 HTML 中的标签，因为对于服务器来说，解析 HTML 并提取这些首部，比从

HTTP 首部中获取这些信息要复杂得多，也要花更多时间。Web 浏览器总是会解析 HTML 的，所以它们支持两种形式的 preload 提示。

如果用于客户端提示，则必须指定 as 属性；但是如果用于 HTTP/2 推送，则可能不太需要指定。为防止产生歧义，推荐一直设置这个属性。as 属性完整的集合可在 w3.org[b] 的网站上找到，包含 script、font、image 和 fetch。注意，使用这些属性（特别是 font）时，同时需要使用 crossorigin 属性。[c]

一些人会对 HTTP/2 推送重用 preload 首部感到困惑。他们觉得将现有的功能用于新的目的并不是一个好点子[d]，并建议修改这个功能。尽管有这种顾虑，但 preload 的使用量看上去一直在增长。对于客户端提示和服务端推送来说，使用 preload 首部的一个好处是，不支持 HTTP/2 推送的客户端 / 服务端组合依然能够使用这个首部来以高优先级预加载资源，所以你仍然能获得性能提升。在 5.8 节我们会接着讨论 preload 指令，讨论它们和 HTTP/2 推送不同的使用场景。这里，只是想给那些意识到和客户端提示有区别的读者一些信息。

a 见链接5.1所示网址。
b 见链接5.2所示网址。
c 见链接5.3所示网址。
d 见链接5.4所示网址。

当测试 Apache 的时候，应当关闭 PushDiary 配置，其用于阻止在一个连接上多次推送同样的资源（5.4.4 节会详细讨论）：

```
H2PushDiarySize 0
```

浏览器中的强制刷新功能（F5）会让 Apache 忽略 PushDiary 配置，但是在测试时把 PushDiary 配置关掉更方便一些。不然的话，你会看到不一致的结果。其他的服务器可能也有类似的推送配置，也需要关掉。要推送多个资源，可以使用多个 link 首部：

```
Header add Link "</assets/css/commoncss>;rel=preload;as=style"
Header add Link "</assets/js/common.js>;rel=preload;as=script"
```

或者将多个首部合并为一个用逗号隔开的首部：

```
Header add Link "</assets/css/common.css>;rel=preload;as=style,</assets/js/
common.js>;rel=preload;as=script"
```

在第 1 章我们说过，这两个方法在 HTTP 语法层面的含义完全一样，所以可以使用任意一种。

5.2.2 查看 HTTP/2 推送

如图 5.6 所示，服务端推送的资源在 Chrome 开发者工具中以 Initiator 列显示。

可以看到，第二个资源（common.css）是由服务端推送的。同时也可以看到，马上就开始下载资源了，请求瀑布图中没有绿色的 `Waiting(TTFB)` 标记，随后的请求也是这样。

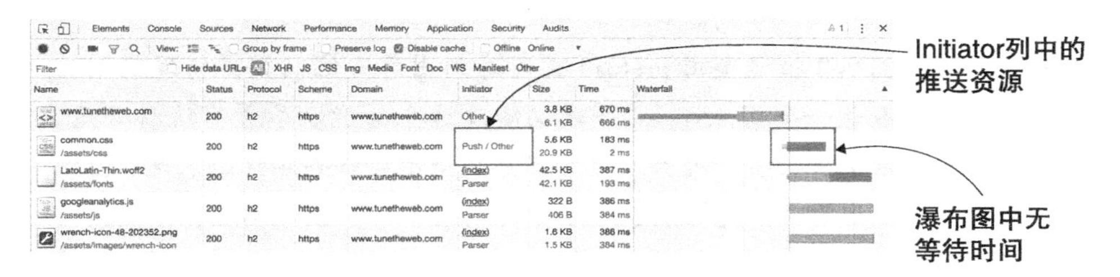

图 5.6 在 Chrome 开发者工具 Network 标签中查看 HTTP/2 推送的资源

图 5.7 显示了同一个页面没有启用推送的情况（common.css 请求由第二个位置移动到了第三个位置，其没有被推送）。

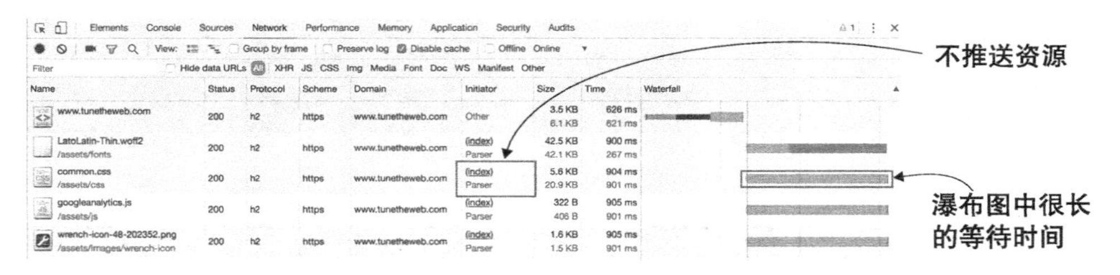

图 5.7 与图 5.6 中一样的页面加载，但是没有服务端推送

由 webpagetest.org 生成的瀑布图没有区分服务端推送的资源。但是打开对应的资源，在详情里可以看到有一个 `SERVER PUSHED` 标记，如图 5.8 所示。

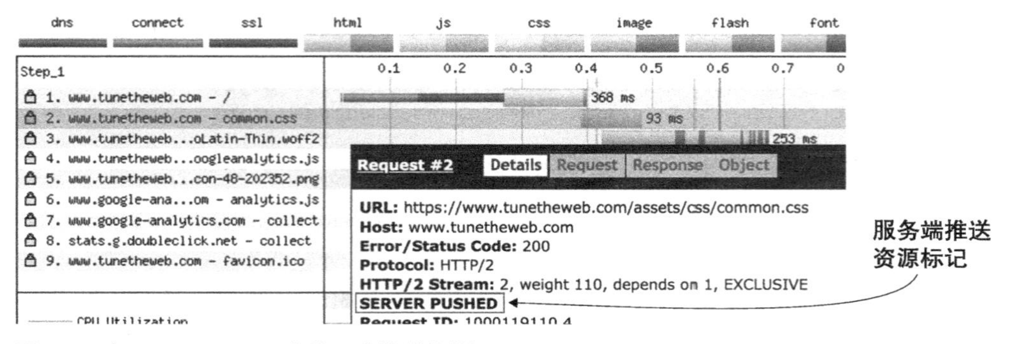

图 5.8 在 WebPagetest 中的一个推送资源

还可以使用 nghttp 发送 Web 请求，这样就可以看到第 4 章中所说的帧了。使用如下命令（修改其中的 URL）：

```
$ nghttp -anv https://www.tunetheweb.com/performance/
```

使用这个命令请求页面和所需要的所有静态资源（-a 标志），不在屏幕上展示下载的数据（-n 标志），但会打开更多的输出日志以显示 HTTP/2 帧（-v 标志）。

在连接之后，使用 SETTINGS 和 PRIORITY 帧完成连接设置。nghttp2 使用 HEADERS 帧发出页面请求：

```
[ 0.013] send HEADERS frame <length=53, flags=0x25, stream_id=13>
    ; END_STREAM | END_HEADERS | PRIORITY
    (padlen=0, dep_stream_id=11, weight=16, exclusive=0)
    ; Open new stream
    :method: GET
    :path: /performance/
    :scheme: https
    :authority: www.tunetheweb.com
    accept: */*
    accept-encoding: gzip, deflate
user-agent: nghttp2/1.28.0
```

在收到返回的页面之前，会收到一个 PUSH_PROMISE 帧。需要注意的是，nghttp 先展示收到帧的内容，然后才是帧的详情：

```
[ 0.017] recv (stream_id=13) :scheme: https
[ 0.017] recv (stream_id=13) :authority: www.tunetheweb.com
[ 0.017] recv (stream_id=13) :path: /assets/css/common.css
[ 0.017] recv (stream_id=13) :method: GET
[ 0.017] recv (stream_id=13) accept: */*
[ 0.017] recv (stream_id=13) accept-encoding: gzip, deflate
[ 0.017] recv (stream_id=13) user-agent: nghttp2/1.28.0
[ 0.017] recv (stream_id=13) host: www.tunetheweb.com
[ 0.017] recv PUSH_PROMISE frame <length=73, flags=0x04, stream_id=13>
          ; END_HEADERS
          (padlen=0, promised_stream_id=2)
```

PUSH_PROMISE 帧和浏览器在请求资源时发送的 HEADERS 帧类似，但有两点区别：

- 这个帧由服务端发送到客户端，而不是由客户端发送到服务端。它由服务器发起，告诉客户端“我要把这个资源发送给你，假定你请求过它”。
- 它包含一个 promised_stream_id，代表所要推送资源的流 ID，如上述代码的最后一行所示，表明要推送的资源将要通过流 2 发送。服务端发起的流 ID（当前只用以推送）是偶数。

在这之后，服务器返回开始时请求的资源，在请求流（13）上，使用 HEADERS 帧，后面跟着 DATA 帧。然后服务器在流（2）上发送推送的资源，使用一个 HEADERS 帧，后面跟着 DATA 帧：

```
[  0.017] recv (stream_id=13) :status: 200
[  0.017] recv (stream_id=13) date: Sun, 04 Feb 2018 12:28:07 GMT
[  0.017] recv (stream_id=13) server: Apache
[  0.017] recv (stream_id=13) last-modified: Thu, 18 Jan 2018 21:52:14 GMT
[  0.017] recv (stream_id=13) accept-ranges: bytes
[  0.017] recv (stream_id=13) cache-control: max-age=10800, public
[  0.017] recv (stream_id=13) expires: Sun, 04 Feb 2018 15:28:07 GMT
[  0.017] recv (stream_id=13) vary: Accept-Encoding,User-Agent
[  0.017] recv (stream_id=13) content-encoding: gzip
[  0.017] recv (stream_id=13) link: </assets/css/common.css>;rel=preload
[  0.017] recv (stream_id=13) content-length: 6755
[  0.017] recv (stream_id=13) content-type: text/html; charset=utf-8
[  0.017] recv (stream_id=13) push-policy: default
[  0.017] recv HEADERS frame <length=2035, flags=0x04, stream_id=13>
          ; END_HEADERS
          (padlen=0)
          ; First response header
[  0.017] recv DATA frame <length=1291, flags=0x00, stream_id=13>
[  0.017] recv DATA frame <length=1291, flags=0x00, stream_id=13>
[  0.018] recv DATA frame <length=1291, flags=0x00, stream_id=13>
[  0.018] recv DATA frame <length=1291, flags=0x00, stream_id=13>
[  0.018] recv DATA frame <length=1291, flags=0x00, stream_id=13>
[  0.018] recv DATA frame <length=300, flags=0x01, stream_id=13>
          ; END_STREAM
[  0.018] recv (stream_id=2) :status: 200
[  0.018] recv (stream_id=2) date: Sun, 04 Feb 2018 12:28:07 GMT
[  0.018] recv (stream_id=2) server: Apache
[  0.018] recv (stream_id=2) last-modified: Sun, 07 Jan 2018 14:57:44 GMT
[  0.018] recv (stream_id=2) accept-ranges: bytes
[  0.018] recv (stream_id=2) cache-control: max-age=10800, public
[  0.018] recv (stream_id=2) expires: Sun, 04 Feb 2018 15:28:07 GMT
[  0.018] recv (stream_id=2) vary: Accept-Encoding,User-Agent
[  0.018] recv (stream_id=2) content-encoding: gzip
[  0.018] recv (stream_id=2) content-length: 5723
[  0.018] recv (stream_id=2) content-type: text/css; charset=utf-8
[  0.018] recv HEADERS frame <length=63, flags=0x04, stream_id=2>
          ; END_HEADERS
          (padlen=0)
          ; First push response header
[  0.018] recv DATA frame <length=1291, flags=0x00, stream_id=2>
[  0.018] recv DATA frame <length=1291, flags=0x00, stream_id=2>
```

```
[  0.018] recv DATA frame <length=1291, flags=0x00, stream_id=2>
[  0.018] recv DATA frame <length=1291, flags=0x00, stream_id=2>
[  0.018] recv DATA frame <length=559, flags=0x01, stream_id=2>
          ; END_STREAM
```

5.2.3 使用 link 首部从下游系统推送

如果你使用 HTTP link 首部来指示要推送的资源，则不需要在 Web 服务器的配置中设置这些首部。如第 3 章所述，常常有一个像 Apache 之类的 Web 服务器在下游的应用代码（可能是一个应用服务器，如 Tomcat、NodeJS，或者一些 PHP 执行器）之前，用以解决性能和安全问题。如果这些应用服务器前的 Web 服务器支持基于 link 首部的 HTTP/2 推送（Apache 和 Nginx 支持），你就可以设置 HTTP 响应首部，然后应用服务器可以让 Web 服务器推送资源，如图 5.9 所示。

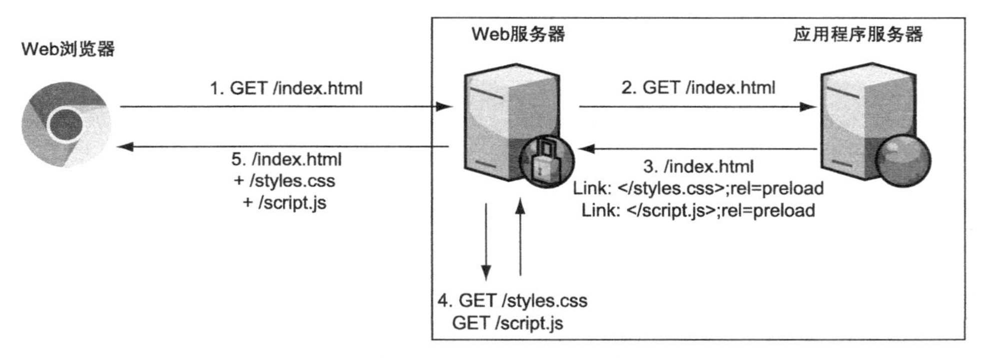

图 5.9 在 HTTP/2 下，从下游的应用服务器推送 link 首部

应用可以使用 HTTP 首部告诉 Web 服务器要推送什么资源，这样就可以把所有的逻辑放到一个地方，不需要每次都修改 Web 服务器的配置和应用代码。就算后面使用 HTTP/1 连接，这个过程也能正常工作。即使你需要从后端服务器推送资源，也不必在它上面支持 HTTP/2，想想后端服务器支持 HTTP/2 的困难（见第 3 章），这真是太好了。图 5.10 以请求 - 响应的图表显示了这个流程是如何工作的。

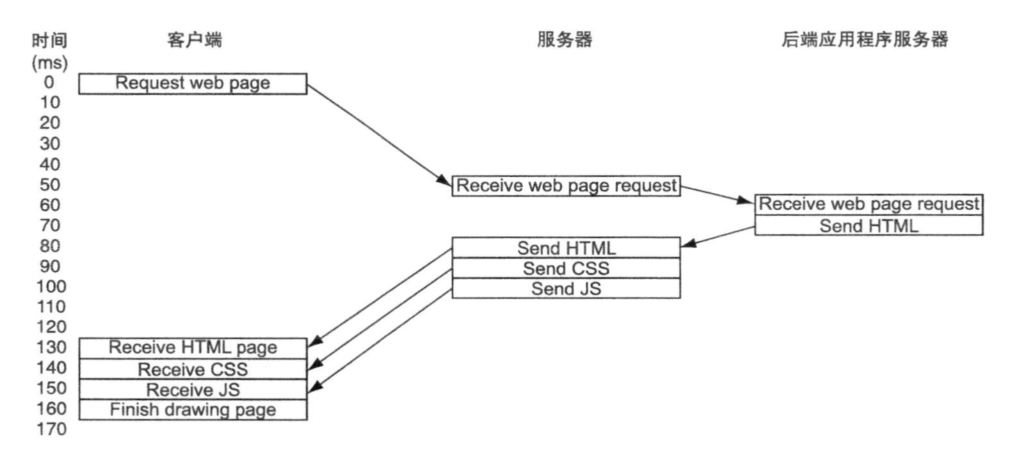

图 5.10　使用 link 首部从后端应用服务器推送资源

来看一个该流程的示例。创建一个简单的 node 服务，使用 HTTP/1.1，如下面的代码所示。

代码 5.1　使用 HTTP link 首部的 HTTP/1.1 node 服务

```
var http = require('http')
const port = 3000

const requestHandler = (request, response) => {
  console.log(request.url)
  response.setHeader('Link','</assets/css/common.css>;rel=preload');
  response.writeHead(200, {"Content-Type": "text/html"});
  response.write('<!DOCTYPE html>\n')
  response.write('<html>\n')
  response.write('<head>\n')
  response.write('<link rel="stylesheet" type="text/css"
href="/assets/css/common.css">\n')
  response.write('</head>\n')
  response.write('<body>\n')
  response.write('<h1>Test</h1>\n')
  response.write('</body>\n')
  response.write('</html>\n')
  response.end();
}

var server = http.createServer(requestHandler)
server.listen(port)
console.log('Server is listening on ' + port)
```

将这段代码放到 app.js 中，然后使用如下命令运行：

```
node app.js
```

将看到这样一行输出：

```
Server is listening on 3000
```

这段代码监听 3000 端口，返回一个简单的用代码写死的 Web 页面。该页面在 HEAD 标签中引用一个样式表（通过 link 首部引用这个样式表）。你可以在另外一个窗口中使用 curl 来查看结果：

```
$ curl -v http://localhost:3000
* Rebuilt URL to: http://localhost:3000/
*   Trying ::1...
* TCP_NODELAY set
* Connected to localhost (::1) port 3000 (#0)
> GET / HTTP/1.1
> Host: localhost:3000
> User-Agent: curl/7.56.1
> Accept: */*
>
< HTTP/1.1 200 OK
< Link: </assets/css/common.css>;rel=preload;as=style
< Content-Type: text/html
< Date: Sun, 04 Feb 2018 15:46:12 GMT
< Connection: keep-alive
< Transfer-Encoding: chunked
<
<!DOCTYPE html>
<html>
<head>
<link rel="stylesheet" type="text/css" media="all"
     href="/assets/css/common.css">
</head>
<body>
<h1>Test</h1>
</body>
</html>
* Connection #0 to host localhost left intact
```

让 Apache 代理这个 node 服务器，在 Apache 配置文件中添加下面一行。需要打开 Apache 中的 mod_proxy 和 mod_proxy_http 模块：

```
ProxyPass /testnodeservice/ http://localhost:3000/
```

这段代码让请求通过 Apache 调用 node 服务，Apache 可以监听 443 端口，提供 HTTPS 服务。这种代理配置允许你通过浏览器中的 HTTP/2 调用 node 服务，而不需要 node 应用支持 HTTP/2 或者 HTTPS，Apache 帮你处理这个过程。我们会看到，

Apache 推送了样式表，如图 5.11 所示。

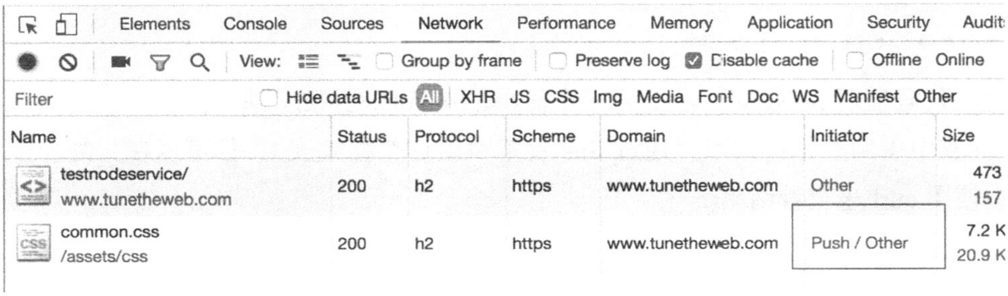

图 5.11　在 link 首部中引用的资源下游系统可以推送

在这个例子中，推送的资源（common.css）由 Apache 提供。链接的资源（使用 link 首部标明）可以由 Apache 自己提供，由下游应用（这个例子中是 NodeJS）提供，或者由另外一个下游系统提供。由于 Apache 可以请求资源，所以它就可以推送那个资源。

Web 服务器不能给其他域名推送资源。如果你从 example.com 加载页面，它从 google.com 加载图片，那你就不能推送那些图片，只有 google.com 可以推送。有关此话题的更多讨论，参考 5.5.1 节。

上面的示例（推送样式表）很简单，但是通过支持 HTTP link 首部的 Web 服务器（或 CDN）代理，你可以使用任意下游服务创建更复杂的示例。应用可以根据它对请求或用户会话的分析来决定推送什么、什么时候推送，但仍然将实际推送过程放到 Web 服务器上完成。

5.2.4　更早推送

在 Web 服务器配置中设置 HTTP link 首部不是推送资源的唯一方法。如何做取决于你的 Web 服务器，因为这个过程和实现相关。例如 Apache，使用 `H2PushResource` 指令：

```
H2PushResource add /assets/css/common.css
```

Nginx 提供了类似的语法：

```
http2_push /assets/css/common.css;
```

Chrome 开发者工具中不显示未使用到的推送资源

如果被页面用到，推送的资源会在 Chrome 开发者工具 Network 标签页中显示。预加载器会使用 preload 提示，因此使用 HTTP link 首部方法推送的所有资源都会出现（前提是包含 as 属性）。但是，如果使用其他方法推送，而且页面没有使用此资源，则资源将在后台推送，不显示在 Chrome 开发者工具中。

如果你在使用 Chrome 开发者工具查看推送资源时遇到了问题，先确认一下页面是否真正用到了推送的资源。如果页面不需要推送的资源，则推送会造成浪费。

通过 HTTP link 首部直接推送的优势是，服务器不需要在推送前等资源返回以查看 link 首部。可以在服务器处理原始请求时推送依赖的资源。这对于简单的静态资源来说影响不大，服务器可以直接提供，响应时间很快，但是对于生成比较慢的资源，直接推送的意义就大得多了[1]。图 5.12 显示了类似于图 5.5 的请求响应表，但这次，Web 页面需要花费 100 ms 来生成，可能是因为它需要一个数据库查询，或者其他的动态处理。

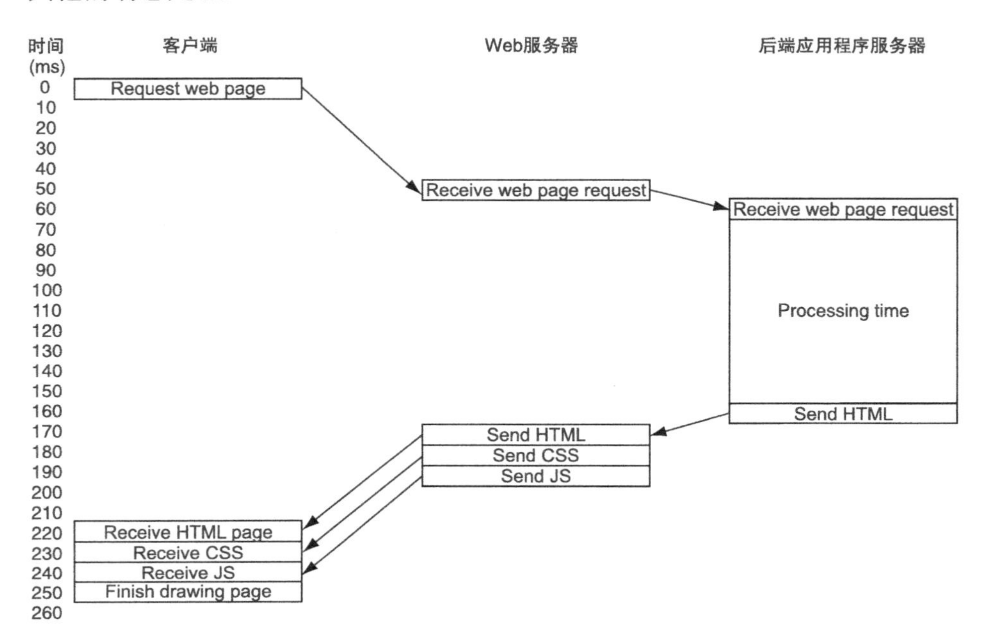

图 5.12 加载后端处理时间较长的网页

1 见链接5.5所示网址。

图 5.12 中显示，有较长一段时间，HTTP/2 连接上没有东西发送也没有东西接收，这有点浪费资源，让人再次想起 HTTP/2 要解决的队首阻塞问题。CSS 和 JavaScript 生成速度可能更快，因为它们是静态的，由服务器从本地磁盘上获取（或者缓存在 Web 服务器中）。这段时间可以用来推送一些资源，当页面本身加载完成的时候，它所依赖的资源就准备好了，如图 5.13 所示。

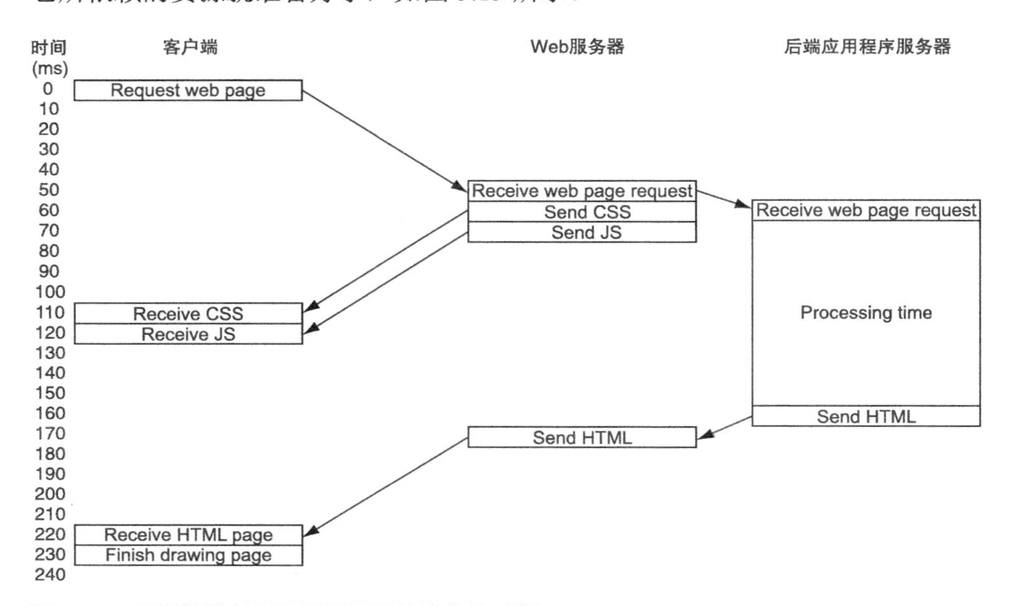

图 5.13　更早推送以尽量利用可能被浪费的时间

为了演示，修改这个简单的 NodeJS 服务来模拟延迟，如下面的代码所示。注意，其中的 `async/await` 需要 NodeJS 7.10 及以上版本支持。

代码 5.2　使用 HTTP link 首部的 Node 服务，并设置 10 s 延迟

```
var http = require('http')
const port = 3000

async function requestHandler (request, response) {

  console.log(request.url)

  //Start getting the response ready
  response.setHeader('Link','</assets/css/common.css>;rel=preload ')

  //Pause here for 10 seconds to simulate a slow resource
  await sleep(10000)
```

```
  //And now return the resource
  response.writeHead(200, {"Content-Type": "text/html"})
  response.write('<!DOCTYPE html>\n')
  response.write('<html>\n')
  response.write('<head>\n')
   response.write('<link rel="stylesheet" type="text/css" media="all"
href="/assets/css/common.css">\n')
  response.write('</head>\n')
  response.write('<body>\n')
  response.write('<h1>Test</h1>\n')
  response.write('</body>\n')
  response.write('</html>\n')
  response.end();
}

function sleep(ms){
    return new Promise(resolve=>{
        setTimeout(resolve,ms)
    })
}

var server = http.createServer(requestHandler)
server.listen(port)
console.log('Server is listening on ' + port)
```

如果再次使用 nghttp 来调用这段代码的服务，然后使用 grep 过滤输出，只显示 `recv frame` 相关的行，你会看到，在连接建立之后有一个 10 s 的延迟，直到 `PUSH_PROMISE` 帧被发送（对应前面代码中的 10 s 的 sleep）：

```
$ nghttp -anv https://www.tunetheweb.com/testnodeservice/ | grep "recv.*frame"
[ 0.209] recv SETTINGS frame <length=6, flags=0x00, stream_id=0>
[ 0.209] recv WINDOW_UPDATE frame <length=4, flags=0x00, stream_id=0>
[ 0.213] recv SETTINGS frame <length=0, flags=0x01, stream_id=0>
[ 10.225] recv PUSH_PROMISE frame <length=73, flags=0x04, stream_id=13>
[ 10.225] recv HEADERS frame <length=647, flags=0x04, stream_id=13>
[ 10.225] recv DATA frame <length=139, flags=0x01, stream_id=13>
[ 10.226] recv HEADERS frame <length=108, flags=0x04, stream_id=2>
[ 10.226] recv DATA frame <length=1291, flags=0x00, stream_id=2>
[ 10.226] recv DATA frame <length=1291, flags=0x00, stream_id=2>
[ 10.226] recv DATA frame <length=1291, flags=0x00, stream_id=2>
[ 10.226] recv DATA frame <length=1291, flags=0x00, stream_id=2>
[ 10.226] recv DATA frame <length=559, flags=0x01, stream_id=2>
```

如果改变 Apache 的推送配置，使用 `H2PushResource` 而不是等待 link 首部，则推送会直接发生，不需要 10 s 的延迟，因为要推送的资源不再被主资源所阻塞：

```
$ nghttp -anv https://www.tunetheweb.com/testnodeservice/ | grep "recv.*frame"
[ 0.248] recv SETTINGS frame <length=6, flags=0x00, stream_id=0>
```

```
[ 0.248] recv WINDOW_UPDATE frame <length=4, flags=0x00, stream_id=0>
[ 0.253] recv SETTINGS frame <length=0, flags=0x01, stream_id=0>
[ 0.253] recv PUSH_PROMISE frame <length=73, flags=0x04, stream_id=13>
[ 0.253] recv HEADERS frame <length=675, flags=0x04, stream_id=2>
[ 0.253] recv DATA frame <length=1291, flags=0x00, stream_id=2>
[ 0.253] recv DATA frame <length=1291, flags=0x00, stream_id=2>
[ 0.253] recv DATA frame <length=1291, flags=0x00, stream_id=2>
[ 0.253] recv DATA frame <length=1291, flags=0x00, stream_id=2>
[ 0.253] recv DATA frame <length=559, flags=0x01, stream_id=2>
[ 10.262] recv HEADERS frame <length=60, flags=0x04, stream_id=13>
[ 10.262] recv DATA frame <length=139, flags=0x01, stream_id=13>
```

这个改进非常有用，尽管大多数资源没有 10 s 的延迟（为了演示故意夸大了），越早推送，越能更高效地利用带宽，不需要等主请求完成。

使用 Web 服务器的更早推送指令（如 H2PushResource）的缺点是，你不能再使用应用来发起这些推送，应用更应该决定是否要推送资源。为了解决这个问题，有了一个新的 HTTP 状态码——103 Early Hints[1]，其允许通过 preload HTTP link 首部来提前指示是否需要一个资源。像 100 系列的其他状态码一样，它是用来提示信息的，可以忽略它，但它可以让更早的响应只发送首部（包含 HTTP/2 所需要的 link 首部），然后跟一个标准的 200 响应码。在 HTTP/1.1 中，这个代码看起来像是两个请求挨着：

```
HTTP/1.1 103 Early Hints
Link: </assets/css/common.css>;rel=preload;as=style

HTTP/1.1 200 OK
Content-Type: text/html
Link: </assets/css/common.css>;rel=preload;as=style

<!DOCTYPE html>
<html>
...etc.
```

图 5.14 显示了请求响应图。

这里，后端服务器发送一个提前的 103 响应，说页面需要 CSS 和 JavaScript。Web 服务器使用 HTTP/2 推送来推送这两个静态资源，同时它还等待网页生成。之后，当页面生成并被发送之后，客户端就可以直接使用这些推送过来的资源。你就可以在网页到达时马上渲染页面，不需要在后端服务器和 Web 服务器之间分离逻辑（也不需要使用内联技术）。

1　见链接5.6所示网址。

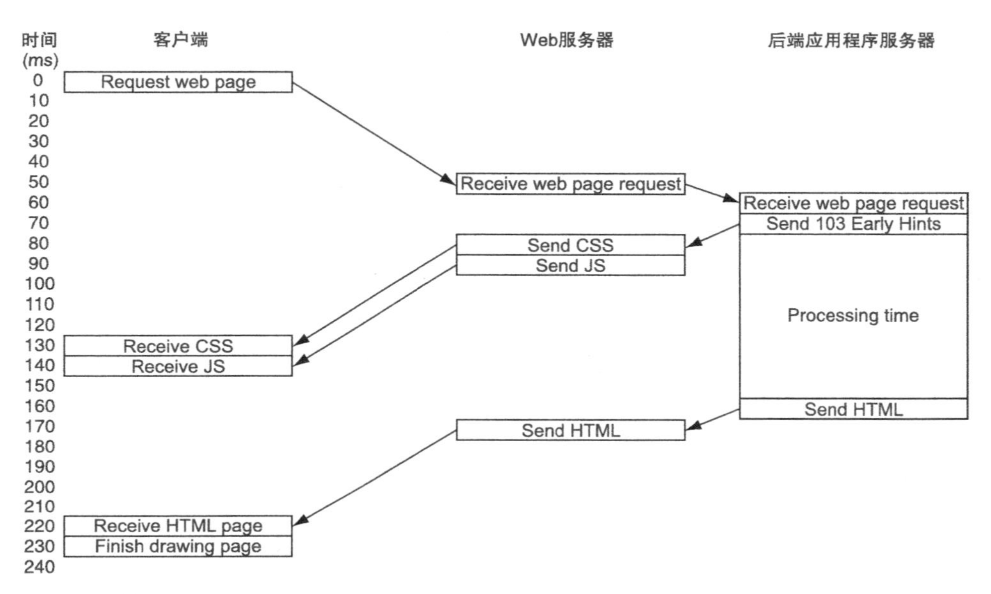

图 5.14 使用状态码 103 告诉 Web 服务器更早推送资源

相较于配置 Web 服务器让它知道推送哪些资源，这个过程可能会慢一些。在图 5.14 中，如果在 Web 服务器中配置，推送可以在 60 ms 处发生。但使用 link 首部，在 80 ms 处才开始推送。虽然慢了一些，但是让后端服务器控制推送，可以让延迟在很多场景下都是可接受的。

在 nghttp 中，场景可能看起来像这样：

```
$ nghttp -anv https://www.tunetheweb.com/testnodeservice/ | grep
      "recv.*frame"
[ 0.307] recv SETTINGS frame <length=6, flags=0x00, stream_id=0>
[ 0.307] recv WINDOW_UPDATE frame <length=4, flags=0x00, stream_id=0>
[ 0.307] recv SETTINGS frame <length=0, flags=0x01, stream_id=0>
[ 0.308] recv HEADERS frame <length=60, flags=0x04, stream_id=13>
[ 0.308] recv PUSH_PROMISE frame <length=73, flags=0x04, stream_id=13>
[ 0.309] recv HEADERS frame <length=675, flags=0x04, stream_id=2>
[ 0.309] recv DATA frame <length=1291, flags=0x00, stream_id=2>
[ 0.310] recv DATA frame <length=1291, flags=0x00, stream_id=2>
[ 0.310] recv DATA frame <length=1291, flags=0x00, stream_id=2>
[ 0.310] recv DATA frame <length=1291, flags=0x00, stream_id=2>
[ 0.310] recv DATA frame <length=559, flags=0x01, stream_id=2>
[ 10.317] recv HEADERS frame <length=60, flags=0x04, stream_id=13>
[ 10.317] recv DATA frame <length=1291, flags=0x01, stream_id=13>
[ 10.317] recv DATA frame <length=1291, flags=0x00, stream_id=13>
[ 10.318] recv DATA frame <length=1291, flags=0x00, stream_id=13>
[ 10.318] recv DATA frame <length=1291, flags=0x00, stream_id=13>
```

```
[ 10.318] recv DATA frame <length=1291, flags=0x00, stream_id=13>
[ 10.318] recv DATA frame <length=300, flags=0x01, stream_id=13>
```

在初始设置之后，你会看到：

- 先收到一个 103 响应，在流 13 的一个 HEADERS 帧中，发生在 0.308 s 处。
- 一个 PUSH_PROMISE 帧（也是在流 13 中）提示客户端，马上要来一个推送。
- 资源通过一个 HEADERS 帧和几个 DATA 帧发送，都在流 2 中发送，时间发生在 0.309 s ～ 0.310 s 处
- 当等了这个人为的 10 s 延迟之后，实际响应被处理完，通过一个 HEADERS 帧和一个或者多个 DATA 帧发送，发生在 10.317 s 处。

在撰写本书时，对 103 Early Hints（比较新）的支持还比较少。比如，Node 本身不支持它[1]，但你可以通过使用第三方库[2]来添加这项支持，或者向流中写入原始 HTTP 内容（第三方库就是这么做的）。Apache 支持处理 103 响应，它会处理其中的 link 首部来推送资源，但是它故意不将 103 响应发送给浏览器，因为一些浏览器不支持这些响应，可能会发生错误。可以通过 H2EarlyHints[3] 启用对这个状态码的转发功能。

对 103 状态码的支持比较少还有一个原因，它需要在一个请求中发送多个响应。尽管这对于 100 系列的响应来说，是有效的 HTTP 行为，但这对于其他的 HTTP 响应来说还是不太常见。因为它是额外增加的响应。并不是每个 HTTP 的实现都能很好地处理这个额外的响应，它们可能期望一个 HTTP 请求只有一个响应。其他的 100 系列的状态码（如 100 Continue、101 Switching Protocols 和 102 Processing）只应用于特殊场景，比如切换到 WebSockets。许多工具和库允许设置不同的状态码，甚至创建这些工具还不知道的状态码，但很少有人可以根据手动设置的 103 响应码正确处理两个请求。对 103 码的支持迟早会出现，到那时这个响应码将证明自身的价值，我希望这一天来得不会太晚。

5.2.5 使用其他方式推送

并不是只有使用 Web 服务器推送这一种方法，开发者还能使用一些后端应用服

1 见链接5.7所示网址。

2 见链接5.8所示网址。

3 见链接5.9所示网址。

务器在应用中实现推送。下面的代码演示了如何创建一个简单的支持推送的 NodeJS 服务。这段代码依赖 http2 模块，要求使用 NodeJS v9 及以上版本。

代码 5.3 支持服务端推送的 Node 服务

```
'use strict'

const fs = require('fs')
const http2 = require('http2')

const PORT = 8443

//Create a HTTP/2 server with HTTPS certificate and key
const server = http2.createSecureServer({
  cert: fs.readFileSync('server.crt'),
  key: fs.readFileSync('server.key')
})

//Handle any incoming streams
server.on('stream', (stream, headers) => {

  //Check if the incoming stream supports push at the connection level
  if (stream.session.remoteSettings.enablePush) {

    //If it supports push, push the CSS file
    console.log('Push enabled. Pushing CSS file')

    //Open the File for reading
    const cssFile = fs.openSync('/www/htdocs/assets/css/common.css', 'r')

    //Get some stats on the file for the HTTP response headers
    const cssStat = fs.fstatSync(cssFile)
    const cssRespHeaders = {
        'content-length': cssStat.size,
        'last-modified': cssStat.mtime.toUTCString(),
        'content-type': 'text/css'
    }

    //Send a Push Promise stream for the file
    stream.pushStream({ ':path': '/assets/css/common.css' },
    (err, pushStream, headers) => {
      //Push the file in the newly created pushStream
      pushStream.respondWithFD(cssFile, cssRespHeaders)
    })
  } else {
    //If push is disabled, log that
    console.log('Push disabled.')
  }

  //Respond to the original request
```

```
  stream.respond({
    'content-type': 'text/html',
    ':status': 200
  })
  stream.write('<DOCTYPE html><html><head>')
   stream.write('<link rel="stylesheet" type="text/css" media="all" ref="/
assets/css/common.css">')
  stream.write('</head><body><h1>Test</h1></body></html>')
})

//Start the server listening for requests on the given port
server.listen(PORT)
console.log(`Server listening on ${PORT}`)
```

NodeJS 可以使用这段代码将资源推送到浏览器。这个简单的例子只支持基于 HTTPS 的 HTTP/2。如果是生产环境的服务器，则可能还需要同时支持 HTTP/1.1 和非加密的 HTTP 访问（这也是为什么，在像 Node 这样的应用服务之前加一层 Web 服务器通常更简单一些）。其他的编程语言（像 ASP.NET 和 Java），也有类似的推送资源的方式。

需要在全链路上支持推送吗

如我们之前提到的，通常会有一个负载均衡器，或者一个 Web 服务器作为系统接入点（通常叫边缘节点），它将请求代理到后端的应用服务。笔者推荐这种做法，因为 Web 服务器相比动态的应用服务器通常性能更好，安全性更高。当使用 HTTP/2 推送时，你可能认为基础架构中所有部分都支持 HTTP/2 会更好，这样就可以从应用服务器推送资源到 Web 服务器，再到用户的浏览器。然而，当中间经过其他节点时，这个过程会变得隔外复杂。如果应用服务器和边缘服务器支持推送，但是客户端不支持会怎么样？或者反过来，客户端支持其他的不支持又会怎么样？你又如何在多个服务之间跟踪推送的资源呢？

HTTP/2 规范声明[a]：

> 中间节点可以从服务端接收推送的资源，并选择不将它们推送到客户端。换句话说，如何利用推送的信息取决于中间节点。同样，中间节点可以选择向客户端推送额外的资源，而不需要后端服务器做任何操作。

实际上，让边缘节点服务器使用 HTTP link 首部（用不用 103 Early Hints 均可）来处理推送逻辑会更简单。有时候，应用服务器告诉 Web 服务器，让它推送一个马上从应用服务器获取的资源，这个过程好像绕了点弯路，但这更简单，可以让应用服务器推送不受它们控制的资源（例如存储在 Web 服务器层的静态文件和媒体）。

在撰写本书时，据我所知，没有哪个服务器支持在整个链路中都使用 HTTP/2 推送。Apache HTTP/2 代理模块（mod_proxy_http2）是当时仅有的支持在后端连接中使用 HTTP/2 的实现之一，但它强制关闭后端连接上的推送支持，使用 SETTINGS 帧来防止出现问题。[b]

回过头看第 3 章中的 HTTP/2 基础架构设置，后端 Web 服务器及代理服务器对 HTTP/2 的不支持，是没有必要让基础架构中所有部分都支持 HTTP/2 的另外一个原因。这个情况会持续到 HTTP/2 获得广泛支持之时，到那时就没有理由不去支持 HTTP/2 了。

a 见链接5.10所示网址。

b 见链接5.11所示网址。

5.3 HTTP/2推送在浏览器中如何运作

不管你在服务端如何推送一个资源，浏览器处理推送的方式与你猜想的不太一样。资源不是被直接推到网页中，而是被推到缓存中。跟平常一样处理网页。当页面知道它需要什么资源时，它先查看缓存，如果发现缓存中有，就直接从缓存中加载，而不需要向服务端请求。

细节实现跟浏览器相关，在 HTTP/2 规范中没有详细说明，但是大多数浏览器都通过一个特殊的 HTTP/2 推送缓存实现 HTTP/2 推送，其跟大多数 Web 开发者都熟悉的普通 HTTP 缓存不同。在撰写本书时，关于这个实现的文档是 Jake Archibald（属于 Google Chrome 团队）的一篇博客[1]，这篇博客讲了每个浏览器对 HTTP/2 推送的处理逻辑，详细阐述了 HTTP/2 理论上应该如何工作，它在实际中又是如何实现的，这些通常跟我们期望的不一致。根据他的这次测试，人们给浏览器厂商提交了一些 Bug，当前有一些已经解决了，有一些还没有。

1 见链接5.12所示网址。

HTTP/2 推送是一个新的概念，要解决浏览器端（和服务端）所有的实现问题，还有很多工作要做。本书尽量提醒一些重要的 Bug，但是新的 Bug 还可能会出现。

5.3.1 查看推送缓存如何工作

推送的资源存放在单独的内存中（HTTP/2 推送缓存），等待浏览器请求，而后它们会被加载到页面中。如果设置了缓存首部，则在后来使用它们时它们照旧会被保存到浏览器的 HTTP 缓存中。需要注意的是，基于 Chromium 的浏览器（Chrome 和 Opera）不会缓存不受信任的网站（比如自签名的证书，有一个红锁头提示）的资源。就算在浏览器提示错误时你坚持访问，还是不会使用缓存[1]。要使用 HTTP/2 推送，必须得有一个绿色的锁头，可以使用一个真实的证书，或者让你的浏览器信任你自签名的证书；不然的话，推送的资源会被忽略[2]。

推送缓存不是浏览器查找资源的第一个地方。虽然这个过程和浏览器相关，一些测试也说明，如果资源在 HTTP 缓存中，浏览器就不会使用被推送的资源。就算被推送的资源比缓存的资源更新，只要浏览器认为缓存的资源可以用（基于 cache-control 首部），它就会使用之前缓存的旧的内容。对于使用 Service worker 的网站来说，浏览器会在推送缓存之前检查 Service worker 缓存。很容易就会推送一个用不到的资源。图 5.15 说明了当加载资源时发生了什么，在 Chrome 浏览器中，页面加载所需的资源时会检查哪些缓存。

当页面请求发出去（1）并收到响应（2）时，推送的资源会被放到 HTTP/2 推送缓存中（3）。然后依次检查各种缓存，最后向 Web 服务器发出请求（4）。下面是每种缓存的简单解释：

- 图片缓存是一个短期的内存中的缓存。当页面多次引用一个图片时，它可以防止多次下载图片。当用户离开页面时，缓存被销毁。
- preload 缓存是另外一种短期的内存中的缓存，它用来缓存预加载的资源（见第 6 章）。同样，这个缓存是跟页面绑定的。不要给另外一个页面预加载资源，因为它用不到。

1 见链接5.13所示网址。

2 见链接5.14所示网址。

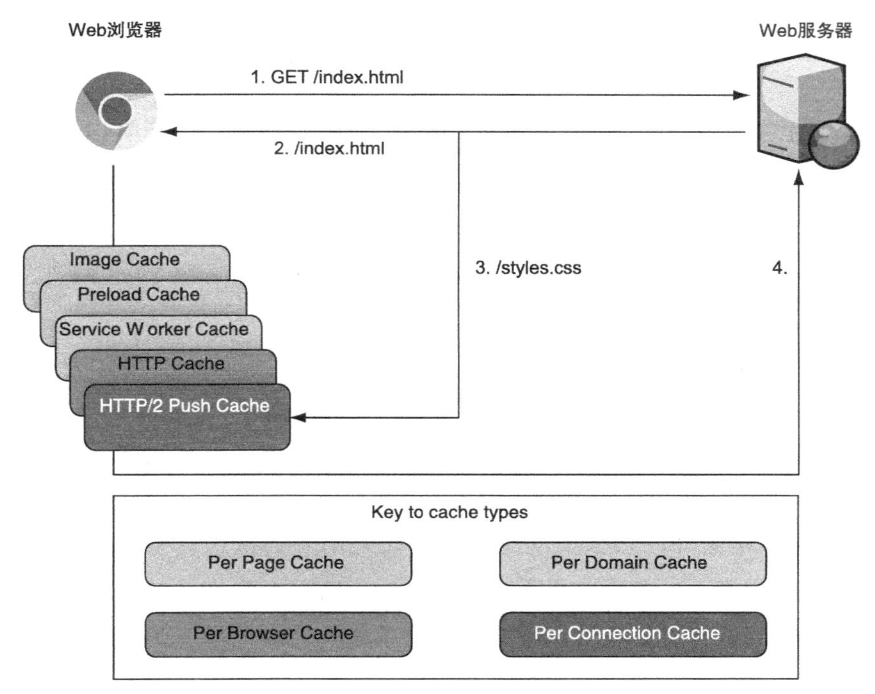

图 5.15 浏览器和 HTTP/2 推送的交互

- Service workers 是相当新的后台程序，它独立于网页运行，可以作为网页和网站的中间人。它可以让网站表现得更像原生应用，比如你可以在没有网络的时候运行。它们有自己的缓存和域名绑定。
- HTTP 缓存是大多数开发者知道的主要缓存，它是一种基于磁盘的持久缓存，多个浏览器可以共享，每个域名使用有限的空间。
- HTTP/2 推送缓存是一个短期的内存中的缓存，它和连接绑定，最后才使用它。

当服务器推送 styles.css 时，它被推送到 HTTP/2 推送缓存中。当 Web 浏览器发现它需要 styles.css 时，它不知道（或者不关心）服务器已经推送了资源，但它在向服务器发起请求之前，依次检查所有的缓存。如果在 HTTP 缓存中存在一个可用的 styles.css，浏览器就将它从缓存中拿出来直接使用，尽管在 HTTP/2 推送缓存中已经有一个更新的版本。使用在 4.3.1 节中讨论的 chrome://net-export 工具，可以查看当前所有活动页面没声明的推送资源概要，如图 5.16 所示。

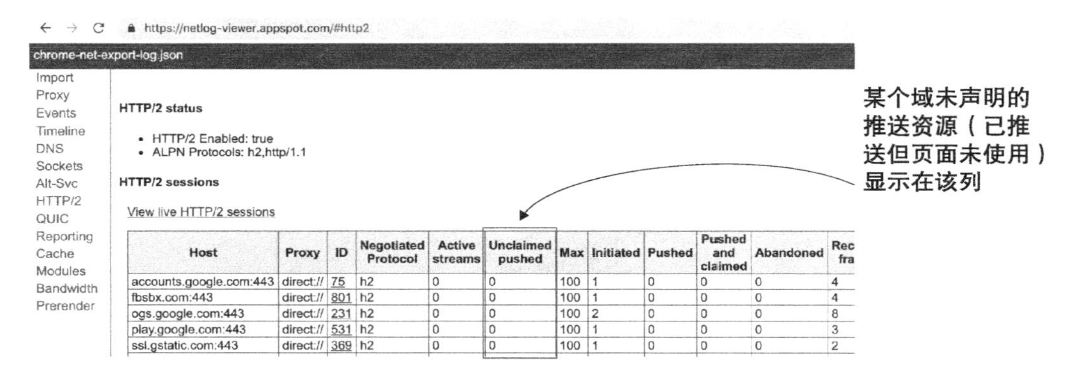

Host	Proxy	ID	Negotiated Protocol	Active streams	Unclaimed pushed	Max	Initiated	Pushed	Pushed and claimed	Abandoned	Rec fra
accounts.google.com:443	direct://	75	h2	0	0	100	1	0	0	0	4
fbsbx.com:443	direct://	801	h2	0	0	100	1	0	0	0	4
ogs.google.com:443	direct://	231	h2	0	0	100	2	0	0	0	8
play.google.com:443	direct://	531	h2	0	0	100	1	0	0	0	3
ssl.gstatic.com:443	direct://	369	h2	0	0	100	1	0	0	0	2

图 5.16 在 Chrome 中对未声明的推送资源进行跟踪

HTTP/2 推送缓存和连接绑定，这意味着如果连接关闭，推送资源也就无法使用了。这一点和大多数开发者经常使用的 HTTP 缓存不同，于是引发了一些有意思的思考。比如，如果连接断开，那么推送缓存和之前未用到的推送资源也丢掉了（所以推送资源带来了浪费）。如果使用另外一个连接，也用不到推送的资源。在 HTTP/2 中，应该只有一个连接，所以你可能认为这不是什么大问题。但是不同的浏览器，它们实现 HTTP/2 功能的方式可能不同。之前，我们提到过不添加认证信息的请求，大多数浏览器使用一个单独的连接处理它们。WHATWG（The Web Hypertext Application Technology Working Group，网页超文本技术工作组），正在讨论是否做一项变更，让浏览器使用同一个连接来处理带或者不带认证信息的请求[1]。这就导致不能推送跨域的字体（通过另外一个域名加载的，包括使用域名分片的情况），因为必须得用不添加认证信息的请求访问它们。同时，单独的标签页或者浏览器进程也可能启动不同的连接，具体取决于浏览器：Chrome 和 Firefox 在不同标签页中共享连接；Edge 不共享；Safari 看起来会在一个标签页内打开多个连接[2]。HTTP/2 推送缓存被绑定到连接，而不是页面，而且给下个要访问的页面推送资源也是有可能的。但是，因为这个缓存的存活时间短，连接也可能断开，所以给下个页面推送资源不是一个好主意。

最后，当资源从连接的推送缓存中被“认领”并拿出后，就不能再从推送缓存中使用它了。如果 HTTP `cache-control` 首部设置了缓存，则可以从浏览器的

1 见链接5.15所示网址。

2 见链接5.16所示网址。

HTTP 缓存中获取。推送缓存还有一点和 HTTP 缓存不同，那就是不缓存的资源（在 HTTP cache-control 首部中设置了 no-cache 和 no-store）也可以被推送，并可以从推送缓存中读取它们。从传统意义上讲，它不算是缓存，只是一个存放请求资源的地方。Yoav Weiss，一名 Web 性能架构师，称它是“未认领的推送流容器”[1]，但这个说法没有推送缓存那么容易记。

5.3.2 使用 RST_STREAM 拒绝推送

客户端可以通过发送 RST_STREAM 帧来拒绝推送资源，使用一个 CANCEL 或者 REFUSED_STREAM 代码即可。当使用这个帧时，说明浏览器已经有了推送的资源，或者其他原因（比如用户在页面还在加载时离开了，所以浏览器就不再需要推送的资源了）。

这个方法可能听起来是一个防止推送浏览器端不需要的资源的好方法。但问题是，它需要一些时间来将 RST_STREAM 帧发送回服务器，并且同时，服务器持续发送 HEADERS 帧和 DATA 帧，但浏览器会丢掉它们。RST_STREAM 帧是一个控制信号，它不会激进到断开整个连接，在 HTTP/2 中不可能在不影响其他流的情况下断开连接。在服务端收到 RST_STREAM 帧并做出响应之前，可能整个推送的资源已经发完了。

只有在浏览器知道它不需要推送的资源时，RST_STREAM 帧才有用。如果 HTTP 缓存中已经有资源，明显可以利用 RST_STREAM 帧来停止推送。但是，如果推了一张很大的图片，而页面从来不用，会发生什么？网页可能更新过，不再使用这张图片，但是推送配置可能没更新。浏览器不知道它已经不需要图片了，它会开心地接收整个资源，但不使用它。只使用浏览器开发者工具，你可能永远都不知道你在推送一个无用的图片，因为它不会出现在开发者工具的 network 标签中。

总的来说，RST_STREAM 帧是一个用来中止流的有用方法，特别是用来中止一个推送资源的流，但我们不能指望用它来控制错误推送的资源。过度推送会浪费资源，就算服务器能处理，也要记得，带宽不是免费的。移动连接特别关注带宽，所以如果你推送不需要的资源，你就是在浪费访客的钱。而且，浪费掉的这部分带宽本来可以用来发送页面真正需要的资源。

---

1 见链接5.17所示网址。

5.4 如何实现条件推送

使用 HTTP/2 推送有一个较大的风险，那就是可能会推送不需要的资源。有一些风险是本章之前讨论过的实现问题导致的（比如，连接没有被重用），但大多数时候是因为推送的资源浏览器端已经有了。

举个例子，如果你想要推送样式表，你可能会优化首次页面加载的时间。但如果在用户访问你网站上其他页面时，你也在每个页面的请求中推送样式表，那就是在推送用户已经有的多余的资源（假设使用配置良好的 cache-control 首部缓存资源）。

既然 RST_STREAM 帧不够高效，在停止资源推送时有一些浪费，那么，还有别的什么办法来确保没有在推一个客户端不使用的资源吗？

5.4.1 在服务端跟踪推送的资源

服务器可以记录它在一个客户端的连接上推送过哪些资源。这项技术的实现取决于服务端，可以基于连接，或者会话 ID 等。比如，每次推送一个资源时，服务器要记住，在这个连接 / 会话上不再推送同样的资源，就算被要求推送。Apache 使用这个方法，这也是为什么在测试的时候要关掉 H2PushDiarySize 设置。这个功能可以在 Web 应用中实现，从而给 Web 开发者更多的控制权。

缺点是，服务端需要基于已有的数据猜测是否需要推送资源。比如，浏览器缓存被清空，资源在本地没缓存，但服务器还是不会推。同时，请求量大的服务器在记录推送的资源时，会遇到资源限制；经过负载均衡的服务器可能没有推送过资源的完整信息，因为一个客户端的请求可能会被均衡到不同的服务器上。

总的来说，这个过程会很复杂，这种粗暴的给无状态的 HTTP 协议添加状态的做法可能并不是最好的方法。HTTP/2 给协议的其他部分添加了状态的概念（HPACK 首部压缩和流状态，第 7 章和第 8 章讲述），所以，为了有一个更好的实现，可能这个问题应该在协议层面解决。我们在 5.4.4 节讨论一个这样的提议，但现在，我们先看看有什么其他的方法。

5.4.2 使用 HTTP 条件请求

例如，客户端发送一个 if-modified-since 或者 etag 首部，而引用这个 CSS

的页面已经在浏览器的缓存中，但已过期。当你看到类似的首部时，可以选择不推送这个 CSS 资源，因为这个样式文件可能已经在缓存中了（通常可能比引用它的页面被缓存的时间长）。这个方法比在服务端跟踪推送要简单，但是也有很多相似的缺点，比如服务端也要对客户端的内容进行猜测，以及跳转到另外一个样式文件已缓存的页面时，可能会多推送资源。

5.4.3 使用基于 cookie 的推送

还有一种做法是，在客户端记录哪些资源已经被推送。cookie 是做这个的理想载体，当然也可以使用 `LocalStorage` 和 `SessionStorage`。

想法是，当推送资源时，设置一个会话 cookie 或者和被推送的资源时间相同的 cookie。当页面中每个请求到达时，检查是否存在这个 cookie。如果 cookie 不存在，则资源可能就不在浏览器缓存中，那么就推送资源并设置 cookie。如果 cookie 存在，就不推送资源。这个功能可以通过任何客户端来实现，或者在服务器配置中实现。如下是一个 Apache 的例子：

```
#Check if there's a cookie saying the css has already been loaded
#If so, set an environment variable for use later
SetEnvIf Cookie "cssloaded=1" cssIsloaded

#If no cookie, and it's an html file, then push the css file
#and set a session-level cookie so next time it won't be pushed:
<FilesMatch "index.html">
    Header add Link "</assets/css/common.css>;as=style;rel=preload"
     env=!cssIsloaded
    Header add Set-Cookie "cssloaded=1; Path=/; Secure; HttpOnly"
     env=!cssIsloaded
</FilesMatch>
```

可以在任意服务端语言中实现同样的逻辑。

这个方法相较于前两种方法有很大的提升。在服务端不需要跟踪任何东西，所以逻辑更简单，但是基于浏览器状态要跟踪的内容多了一些。cookie 和 HTTP 缓存不同，虽然可以将过期时间设置为相同的，但 cookie 可以被单独重置（例如在浏览器中关闭 cookie，或者使用访客模式）。同样，服务端跟踪技术也可以有类似实现。

在写作本书时，cookie 可能是跟踪资源是否已经被推送过且被缓存的最好的方法，但它也有一些问题。

5.4.4 使用缓存摘要

缓存摘要是一个提议[1]，浏览器用它来告诉服务器缓存里有什么内容。当连接建立时，浏览器发送一个 CACHE_DIGEST 帧，列出当前域名（或者本连接授权的其他域名，见第 6 章）的 HTTP 缓存中的所有资源。服务器以 URL 的形式得到缓存的内容，包括 etag 首部，其说明对应 URL 资源的版本。这个方法比前面让服务器猜测客户端有哪些缓存内容要好得多，因为浏览器已经明确告诉服务器，它缓存了什么。服务器可以在连接中记住客户端的缓存，在发送更多资源时更新该列表。CACHE_DIGEST 帧应该在连接建立之后尽快发送（最好是在第一个请求发出后马上发送）。

缓存的内容可能会很大，所以，不能直接发送完整的 URL 和 etag，提议要求客户端使用基于 cuckoo filter 的摘要算法来编码。我们这里不会深入讲解 cuckoo filter 算法[2]，只要知道用这些算法发送缓存内容很高效就足够了，并且产生错误的风险比较低（比如，摘要说一个资源在缓存中，但其实没有，或相反）。

在撰写本书时，缓存摘要还没有成为标准，浏览器也没有提供支持。但有趣的是，一些服务器（如 Apache、http2server 和 H2O）已经添加了对当前草案（来自于 H2O 的实现）的支持。由于现在浏览器不发送 CACHE_DIGEST 帧，所以这些实现只用以跟踪服务端推送的请求。服务器记录它们已经发送的资源，这样就不会多次推送同一个资源（尽管被要求推送）。这个功能很有用，但是如果可以根据浏览器缓存的状态，使用 CACHE_DIGEST 帧来初始化，就会更有用。正如我们在本节开始时所说，之前已经使用如下配置将 Apache 的这个功能关掉了，当我们测试 HTTP/2 推送的时候：

```
H2PushDiarySize 0
```

这行代码将最大的推送日志尺寸改为 0，也就是说我们不知道之前推送了什么，这样的话在把资源推送过去之后还可以推送。如果不把这个参数设置为 0，当你多次测试一个页面的时候，你就会看到，有时候会推送有时候不推，这在测试 HTTP/2 推送时，会给人带来困扰。完成测试后，去掉此项配置，使用默认的 H2PushDiarySize（每个连接 256 个条目）或者指定合适的值。其他的服务器可能与 Apache 的实现类似，具体参考服务器文档。

---

1 见链接5.18所示网址。

2 见链接5.19所示网址。

如果你的 Web 应用在使用 service workers，现在就可以在浏览器端使用缓存摘要，因为通过 service workers 你可以操作 HTTP 请求。现在已经有一些相关的实现[1]。由于现在 CACHE_DIGEST 帧的提议还没有通过，因此浏览器和服务器还未实现对它的支持，所以不能使用 CACHE_DIGEST 帧。这些基于 service workers 的实现经常在 HTTP 首部或者 cookie 中发送缓存摘要。你的 Web 应用需要手动发送这个首部（使用 service workers），然后用它来初始化服务端的推送。尽管测试这个功能可能会很有意思，但如果它成为标准，让浏览器来发送摘要会更好。然而，在 2019 年 1 月，HTTP 工作组声称，他们不会继续进行标准化缓存摘要的工作[2]。

人们对缓存摘要的最后一个顾虑是安全性。浏览器缓存可能包含敏感信息，如之前访问的 URL，或者可能包含区分用户的信息，等等。虽然服务端可能有这些数据（必须将请求发送给服务器），但安全依然是个问题。当前的草案提议，浏览器在使用隐私模式，或者禁用 cookie，或者 cookie 被清空的时候不发送缓存摘要。目前，安全和隐私问题是停止缓存摘要标准化的另外一个原因。

5.5 推送什么

现在我们知道了什么是 HTTP/2 推送，以及它在客户端和服务端如何运行。那么，我们要推送什么资源呢？

5.5.1 你能推送什么

规范规定了一些 HTTP/2 推送的基本规则[3]：

- 在 SETTINGS 帧中将 SETTINGS_ENABLE_PUSH 设置为 0，客户端可以禁用推送。此后，服务端不能使用 PUSH_PROMISE 帧。
- 推送请求必须使用可以缓存的方法（GET、HEAD 和一些 POST 请求）。
- 推送请求必须是一些安全请求（通常为 GET 或者 HEAD 请求）。
- 推送请求不能包含请求体（但经常包含响应体）。
- 只将推送请求发送到权威服务器的域。

---

1 见链接5.20所示网址。

2 见链接5.21所示网址。

3 见链接5.22所示网址。

- 客户端不能推送，只有服务端可以。
- 资源可以在当前请求的响应中推送。如果没有请求，则服务端不可能发起一个推送。

实际上，由于这些规则，只有 GET 请求会被推送。规则指定你能推送哪些东西，但是你应该推送什么还需要再三考虑。

由于权威性的限制，你只能推送服务器提供的资源。如果网站使用 getbootstrap.com 提供的 Bootstrap（或者使用 jquery.com 提供的 jQuery 等），那服务器就不能推送这些资源。如果你通过自己的服务器代理这些请求，就能推送，但是需要把对这些资源的请求指定到自己的服务器上。如果需要这样做，那为什么不直接在本地服务器提供这些页面呢，还不需要额外设置代理？

有一个叫作 Signed HTTP Exchanges[1] 的有趣协议（之前叫 Web Packaging），通过它你可以在你的域名上提供签名的资源，就像是直接从源站提供的一样，这使得推送其他网站的资源高效了很多。但是，该协议还在制定的过程中，在写作本文时，客户端和服务端还没有提供对它的支持，但它肯定值得关注。

5.5.2　应该推送什么

想使用 HTTP/2 推送的站长必须回答一个关键问题，那就是，推送什么资源？并且，还有个可能更重要的问题，不推什么？HTTP/2 推送是用来做性能优化的，但如果你推了太多东西，将必要的带宽浪费在推送客户端不需要的资源上，反而会降低性能，这些带宽本应该用于下载页面将要使用的资源。

在理想情况下，应该只推送页面需要的关键资源。推送不会被用到的资源会产生浪费。这里说的不会被用到的资源，包括页面没引用的资源、客户端不能使用的资源（如客户端不支持图片格式），或者针对客户端可能不会被用到的资源（如只会在指定屏幕尺寸下才会显示的图片）。我们之前说过，只有关键资源才应该被推送。虽然我们很想推送页面需要的所有资源，但这可能会减慢关键资源的加载。推送资源的优先级基于哪个客户端发起的请求而定。

同时，需要考虑客户端缓存里是否已经有资源了（见 5.3 节）。应该推送很可能缓存里没有的资源。

1　见链接5.23所示网址。

应该使用 HTTP/2 推送把空闲的网络时间利用好。所以，推送页面需要的所有资源可能不会提升性能，因为我们忽略了浏览器可能会设置的加载优先级。Chrome 团队写了一篇论文，深入解释了要推送什么[1]，其中一个主要的建议是，推送需要的最少资源，来“填充空闲的网络时间，不要做多余的操作”。其他的研究[2]也表明在推送时应该采用保守的策略。出于这个原因，更早推送和 `103` 状态码是对基础推送策略的重要提升。

简单来说，少推比多推更好。没有推送资源最差的情况是，后面还需要再请求它，页面没有获得更好的性能。但是，推送过多的资源，最差的情况是，发送了不需要的资源，然后就浪费了客户端、网络和服务端的资源，这会让页面加载变慢。但是 HTTP/2 推送，甚至推送过多内容，不会破坏页面。可能会降低性能，可能会浪费资源（也有消耗），但页面本身最终还是会正常加载。

5.5.3 自动化推送

你可能需要设计一个策略来推送资源。站长或者开发者都需要决定（针对每个页面）应该推送哪些资源，并且，这应该在服务端配置吗？或者这个过程应该变成自动化的吗？ Jetty[3] 是一个 Java servlet 引擎，它选择第二个选项，尝试自动化推送[4]。它监控使用 `Referer` 首部的请求和后续的请求。基于所看到的内容，它给未来可能来自其他客户端的请求创建推送资源。这个引擎省去了决定推送什么资源的步骤，但之后就要考虑，是否要使用这个实现，这个实现是否适用于你的网站。决定推送什么很困难，给每个网站添加自动化推送逻辑同样困难。Jetty 的实现非常有趣，他配合使用一些缓存摘要方法来防止过量推送，这可能就足够了。同样，站长可能想进行更多直接的控制，因为他们应该对他们的网站和访客有更好的认知，而且对于应该推什么有更好的想法。

1 见链接5.24所示网址。

2 见链接5.25所示网址。

3 见链接5.26所示网址。

4 见链接5.27所示网址。

5.6 HTTP/2推送常见问题

可以在 Chrome 开发者工具（或者类似的基于 Chromium 的浏览器，如 Opera）Network 标签页的 Initiator 列中查看 HTTP/2 推送。但如果在这一列里没看到推送的资源怎么办？下面列出了一些发生该问题的常见原因：

- *你在使用 HTTP/2 吗？* 如果没有，推送不会工作。添加 Protocol 列确认你正在使用 HTTP/2。阅读第 3 章以了解没有使用 HTTP/2 的原因。
- *你的服务器支持 HTTP/2 推送吗？* 在写作本书时，还有一些服务器和 CDN 不支持 HTTP/2 推送。不幸的是，是客户端在 `SETTINGS` 帧中说明自己是否支持推送，而不是服务器。所以没有办法通过 nghttp 或者 Chrome 的 net-export 页面查看 `SETTINGS` 帧以确认服务器是否支持推送。
- *你的服务器在其他基础架构之后吗？* 如果你的服务器之前有负载均衡器，或者其他中断 HTTP/2 连接的基础架构，则它可能不支持 HTTP/2 推送，尽管你的服务器本身是支持的。就算它支持 HTTP/2 推送，它也有可能不会透传推送的资源，推送的资源应该由边缘节点处理。

  如果在你的应用服务器（Node 或者 Netty）之前有 Apache，Apache 不允许应用服务器自己推送资源，应用服务器必须使用 HTTP link 首部让 Apache 推送资源。
- *服务器正在推送资源吗？* 可以使用 nghttp 查看具体的帧，确认 `PUSH_PROMISE` 帧和资源本身是否被发送，从而确定是不是浏览器的问题。
- *页面需要这些资源吗？* 如果页面不需要这些资源，则浏览器不会使用它们，它们也不会在 Chrome 开发者工具 Network 标签页中显示。可以使用 chrome net-export 工具来查看所有当前活动页面未声明使用的推送资源概要，如图 5.16 所示，这在 5.2.1 节中讨论过。

  如果使用 HTTP link 首部推送，并设置 `rel=preload`，且设置了 `as` 属性，则 Chrome 会认为这些资源是网页需要的（和 preload 暗示不同），就会让它们显示在 Network 标签页中。这个操作有时候很有用，有时又会带来困惑。一种调试的方法是从 link 首部中去掉 `as` 属性（如 `as=style`）。Chrome 不会使用这些资源作为 preload 暗示，但是你的 Web 服务器应该仍然推送它们（因为 `as` 属性对于推送来说不是必需的，取决于具体实现）。如果没有 `as`

属性时资源不出现在 Network 标签页，但是有 as 属性时出现，那我们就知道你推送了一个页面不需要的资源。

- *你在使用服务器支持的正确方式推送吗？*如何推送取决于服务器。很多服务器使用 HTTP link 首部，但并不是所有的服务器都这么做，所以不能假设它们都使用这个方法。查看你的服务器文档，或者参考在线指南了解你的服务器如何推送。
- *服务器是否明确指定不推送这个资源？*如果你实现了基于缓存的推送（见 5.4 节），或者一些其他的只在特殊场景推送的方法，那这可能是推送没发生的原因。如果刷新页面，或者重启浏览器（或者重启服务器），能看到推送的资源偶尔出现，可检查资源被设置为何时推送。比如 Apache，可以将 `H2PushDiarySize` 设置为 0，从而关闭推送记录功能。如果服务器认为客户端已经缓存了这个资源，它就不再推了。在调试的时候，如果想让服务器多次推送相同的资源，这个配置非常有用。
- *要推送的资源存在吗？*当你指定一个推送的资源时，很容易打错字，如果因此导致资源不存在，那肯定不能推送！推送一个不存在的资源会在服务器日志中产生一条 404（Not Found）记录。类似地，如果使用 nghttp，在返回的帧中，也会有这个 404 状态码。如果使用 HTTP link 首部，并使用 `rel=preload` 和 as 属性，也会在 Network 标签页中出现 404 状态码，或者 canceled request[1]。
- *你是否在一个客户端预料之外的连接上推送？*在 5.2.1 节中已经讨论过，HTTP/2 推送和连接绑定。如果你在这个连接上推送，但是浏览器期望在另外一个连接上接收，那么浏览器就不会使用你推送的这个资源。字体是最明显的问题，因为必须通过不添加认证信息的连接加载字体，但一些浏览器的问题会导致字体使用不同的连接。WebPagetest 的连接视图可能是查看这种情况的最好的地方。
- *你在使用自签名的证书或者其他不受信任的证书吗？*对于不受信任的 HTTP 证书（包含本机使用的自签名的虚假证书）[2]，Chrome 忽略推送请求。想要使

1 见链接5.28所示网址。

2 见链接5.29所示网址。

用推送的资源，必须将证书添加到计算机的信任存储里，让浏览器显示出绿色锁头。Chrome 还要求证书有一个有效的 SAN（Subject Alternative Name）。很多创建自签名证书的指南都只包含较老的 Subject 字段，所以就算你添加了信任，这些证书也不能被识别。想要支持推送，必须将它们替换为同时有 Subject 和 SAN 的证书。

5.7 HTTP/2推送对性能的影响

HTTP/2 推送对不同的网站有不同的影响，具体取决于往返时间和网站的优化程度。当前，只有小部分网站使用 HTTP/2 推送，所以关于 HTTP/2 推送对性能的影响的有效资料不多。

高效使用 HTTP/2 推送的关键是利用连接未被使用时的空闲带宽。这对于需要花很长时间在服务端生成的网页，性能提升会很大；而对于静态网页，没那么明显。尽管可能节省一次往返的时间，但由于带宽和处理逻辑限制，推送的资源可能排在高优先级的资源后面，这将会降低请求延迟优化带来的收益（往返时间的一半）。图 5.17 显示了这个效果。两个瀑布图显示的前 4 个资源的请求的数据差不多，所以推送带来的收益很小。

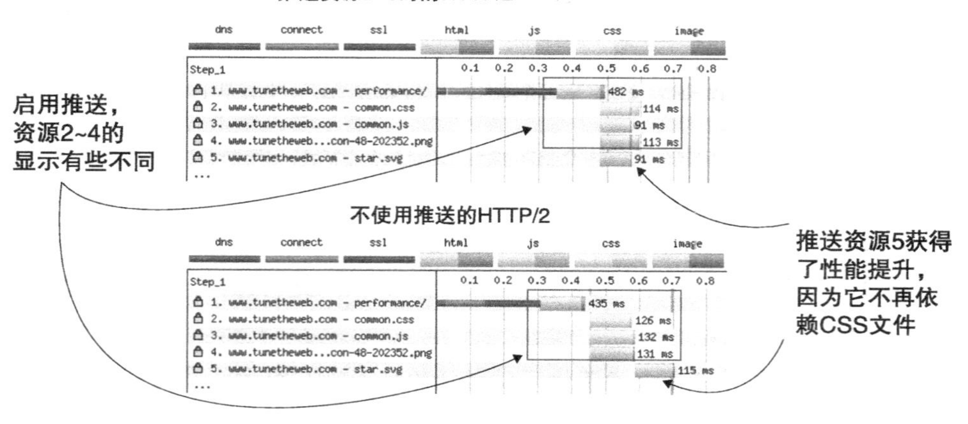

图 5.17 HTTP/2 推送的资源和主动请求的资源响应时间不同

其中推送第 5 个 `star.svg` 资源会获得较好的收益；在推送时，不需要等待样式表加载完才开始下载（在本章后面，我们会讨论预加载，它提供类似的功能）。在这个示例中，推送看起来并没有解决它原来的问题——去掉内联资源的需求，但如果使用正确的话，它还是可以带来可观的收益的。

2018 年 7 月，在蒙特利尔举行的第 102 次 IETF 会议上，Akamai[1] 和 Chrome 团队[2] 演示了 HTTP/2 推送的效果。Akamai 展示了一些统计数据，当他们提前推送有可能需要的资源时，性能有提升。Chrome 也展示了一些小的提升，但他们是通过禁用推送来做的对比。这些稍稍不同的方法引发了一些问题。Akamai 的用户更能代表互联网大多数用户吗？ Chrome 也只关注已经启用推送的网站（比较少，而且可能是由 HTTP/2 的拥护者部署的）。是 Akamai 在决定应该推送哪些资源吗？在 Chrome 的实验中，与用户的网站自己决定推送什么比起来哪种方法更好？

有两个问题比较明显，特别是 Chrome 团队的：使用 HTTP/2 推送的网站很少（根据 Chrome 的数据，只占 HTTP/2 会话的 0.04%），并且推送真有可能降低性能。Chrome 团队还问了一个问题，当推送关闭时是否有人意识到不同？本身使用推送的网站很少，而且本章也讲过，推送比较复杂，所以很多人质疑它是否真的有用，并提出了一些替代方案。

5.8 对比推送和预加载

HTTP/2 推送存在很多小问题，即使它能按预想的（经常不符合预期）工作。使用 HTTP/2 推送有明确的风险，比如会浪费带宽，或者降低网站的速度。我们之前讲过，这里所说的风险不是指网站挂掉，而是浪费资源，而这些资源本可以更好地用在其他地方。一个主要问题是，服务器不知道浏览器缓存中有哪些资源，可能缓存摘要能解决这个问题，但前提是它能成为标准。在它成为标准之前，人们关心的是，HTTP/2 推送是否已经为主流应用做好准备，还是说我们现在使用预加载就可以了。

预加载[3] 可以告诉浏览器，页面需要一个资源，而不用等浏览器自己发现它需要这个资源。5.1.1 节讲过，可以使用 HTTP link 首部来进行预加载（可能需要使用 `nopush` 属性防止推送）：

---

1 见链接5.30所示网址。

2 见链接5.31所示网址。

3 见链接5.32所示网址。

```
Link: "</assets/css/common.css>;rel=preload;as=style;nopush"
```

在 HTML 中：

```
<link rel="preload" href="/assets/css/common.css" as="style">
```

不管使用哪种方式，浏览器看到这行代码都应该以高优先级加载这个资源。之前我们讲过，HTTP/2 的一个重大不同是，在预加载资源时，as 属性非常重要。没有这个属性，浏览器会忽略预加载暗示，或者资源被下载两次。

相对于在需要之前就推送资源，预加载没有 HTTP/2 推送那么快，但是它是一个浏览器发起的请求，有一些优势：

- 浏览器知道缓存里有什么，然后它就知道是否要发出对应的请求。不像 HTTP/2 推送，对于客户端已经有的资源，预加载暗示不会触发新的下载。如果浏览器已经有这个资源，它会忽略预加载暗示。因为很多 HTTP/2 服务器使用 HTTP link 首部来推送资源，所以，如果你不想推送一个资源，需要使用 nopush 属性。
- 使用预加载暗示，就没有那么多对推送缓存复杂性的担心，资源会被下载并缓存到 HTTP 缓存中。如果预加载的资源没有被使用到，下载它也是浪费了时间，但无论使用预加载还是 HTTP/2 推送，都有同样的问题。
- 还可以使用预加载从其他域加载资源，但使用 HTTP/2 推送，只能推送自己域名下的资源。
- 不管预加载的资源有没有被用到，Chrome 开发者工具中都会有显示；但 HTTP/2 推送的资源，只有被用到时才会在 Chrome 开发者工具中显示（对此，有个办法是给每个推送的资源添加一个 link 首部）。

优势还是很明显的，有人建议暂时坚持使用风险较低的预加载。Fastly 的 Hooman Beheshti 分析表明，2018 年 2 月只有 0.02% 的网站使用 HTTP/2 推送（在 HTTP/2 正式成为标准后差不多已经过了三年）[1]，这与 Chrome 团队的分析类似，见 5.7 节。有些人对使用这种技术犹豫不决，并且他们有充分的理由犹豫，特别是如果预加载资源所带来的收益比风险要小得多时。

使用带有新的 103 HTTP 状态码的预加载会使预加载和 HTTP/2 推送之间的性

1 见链接5.33所示网址。

能差距更加接近，因为对于需要时间加载的资源，可以使用预加载 HTTP link 首部更早地发送 103 响应，并告诉浏览器开始请求。这样可能在需要时，资源已经存在，具体取决于页面和生成时间。在 5.2.4 节中，我们讲过，如何让 103 响应与 HTTP/2 推送相配合，从而在程序进行处理时，而网络空闲的时候主动推送资源。如图 5.18 所示。

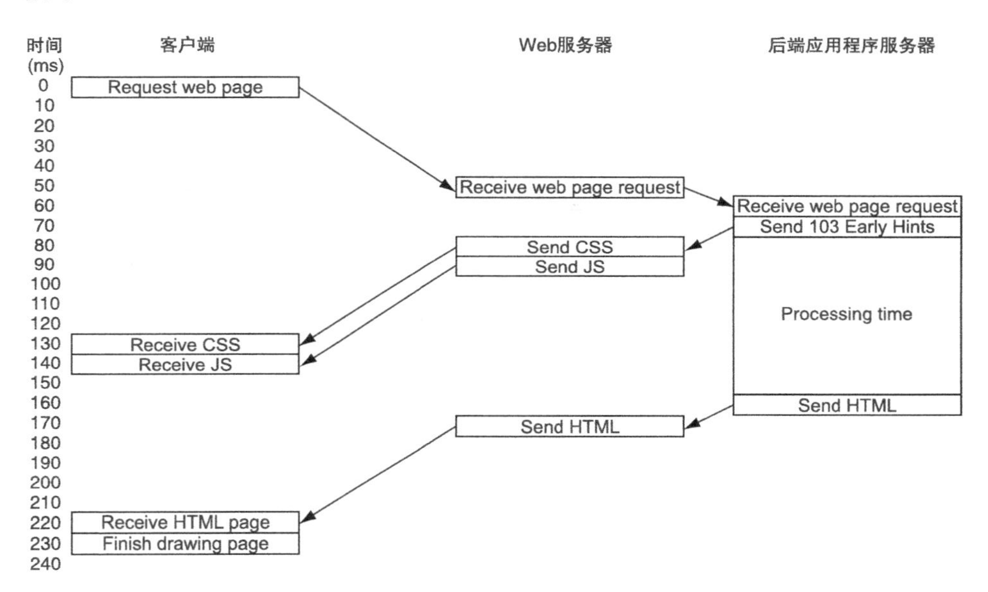

图 5.18 使用状态码 103 告诉 Web 服务器更早推送资源

由该图可以看到，后端应用服务器可以使用 103 Early Hints 响应来告知 Web 服务器，在处理请求时推送资源，以渲染所请求的网页。在这种情况下，由于 103 响应仅用来告诉 Web 服务器推送一些响应，因此 Web 服务器可以不透传，因为将它发送到客户端并没有什么好处（并且如前所述，一些浏览器不能正常处理 103 响应）。

如果你不想实现这个推送方法，考虑到本章所说的一些原因，一个风险较小的选择可能不是使用 HTTP/2 推送，而是给浏览器返回 103 响应（如果浏览器支持的话）。然后浏览器可以使用预加载的 HTTP link 首部来预加载资源，如图 5.19 所示。

这个过程没有推送那么快，因为浏览器还需要请求这些资源，但是相较于让浏览器自己解析页面，然后发现它需要这些资源，这个方法还是快多了。在这个示例中，附加响应的请求和发送主页面也有一些重叠，这也让这个过程看起来复杂一些，但现实可能就是如此。相比于推送，这个方法的优势是，不太需要担心浪费带宽。如果浏览器已经有这些资源，则不会请求它们。取决于时间，预加载的资源可能在页面需要它们之前就下载完成了，这时就和 HTTP/2 推送一样快了。就算有时候它没有像图 5.19 中显示的那么快，在开发者们找到更好的安全又不浪费地使用 HTTP/2 推送的方法之前，预加载也可能是一个更安全的过渡方法。

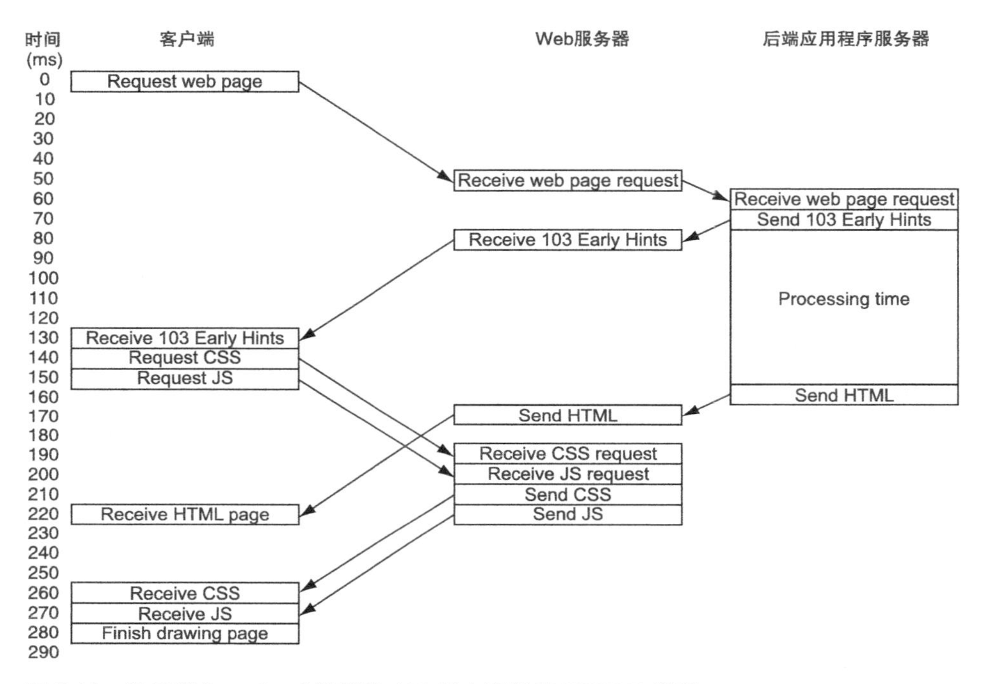

图 5.19 使用带有 preload 首部的 103 状态码代替 HTTP/2 推送

在撰写本书时，还没有浏览器支持 `103 Early Hints` 的处理（Chrome[1] 和 Firefox[2] 正在开发中），并且，不是所有的浏览器都支持预加载 link 首部[3]。也许等到 `103 Early Hints` 首部得到更好的支持的时候，过量推送的问题已经可以使用缓存摘要或者类似技术解决了，那时开发者就会有两个选择。

5.9 HTTP/2推送的其他应用场景

当前 HTTP/2 推送只用于特殊的应用场景：更早地推送关键资源以加速页面加

1 见链接5.34所示网址。

2 见链接5.35所示网址。

3 见链接5.36所示网址。

载，取代内联资源。然而，起初，一些人问，这个应用场景是否支持扩展[1]？讨论过的应用场景有如下这些：

- 如果不再严格要求只针对具体的请求响应推送，HTTP/2 推送是否可以代替 WebSockets 或者 SSE？这些技术支持在客户端和服务端双向通信（比如说当服务端有新的信息时，更新页面）。或者，HTTP/2 和 WebSockets 或 SSE 配合使用是否就足够了[2]？当前，在本章开始时已经说过，HTTP/2 推送并不是一个好的替代品，但是可以通过一些改动让连接真正变成双向的，它有这个潜力（尽管与 WebSockets 的格式相比，HTTP 的开销意味着这个方案并不明智）。另外，BBC 研发部有一篇有趣的论文，描述了如何使用 HTTP/2 推送作为广播方法[3]。
- 当资源更新时，HTTP/2 推送是否可以用来更新浏览器缓存？当前，使用缓存和清除缓存[4]的技术还比较复杂。但如果你可以使用 HTTP/2 推送直接推送资源到 HTTP 缓存中（现在还不行），就会有一些新的办法来处理网站更新。
- 它可以用来改进渐进式 JPEG 吗？渐进式 JPEG 开始时显示模糊图像，随着文件内容的下载图像变得更清晰，这可以更好地利用并行下载多个图像的特性。如果你可以在发送初始视图后更改优先级，使用 HTTP/2 推送会更有趣[5]。这样，服务器可以发送具有高优先级的初始视图，然后再以低优先级发送图像的其余部分。Shimmercat 是一个实现了这项技术的 Web 服务器，第 7 章会讨论它。
- 它可以用于 API 吗？不止一位 API 开发者建议 HTTP/2 推送在保持资源分离的情况下，用于推送额外信息，由此可能会增加许多有趣的应用场景，而且可能不受浏览器推送缓存的限制。该协议可以在任何请求的响应中推送额外资源。但很多时候，浏览器限制推送的使用（不允许使用推送资源，或者通知页面，除非页面之后请求资源才能使用它）。不基于浏览器的 HTTP/2 客户端可以消除这类限制。

1 见链接5.37所示网址。

2 见链接5.38所示网址。

3 见链接5.39所示网址。

4 见链接5.40所示网址。

5 见链接5.41所示网址。

- *是否会在其他场景中添加通知？* 向浏览器添加 HTTP/2 推送通知事件或 API，可能会出现更多有趣的用例。例如，新闻或社交网站可以通过简短的“有任何更新吗？”请求轮询服务器。如果有更新（例如突发新闻），则可以将所需资源作为标准 HTTP 资源（HTML、基于 JSON 的数据、图像等）推送。然后可以将事件发送到 Web 应用程序，通知客户端在推送的内容到达时进行展示。该技术可以即时更新网页。这种技术优于 WebSockets 和 SSE 的地方是 HTTP 的特性（例如缓存、文件格式和简单性）。

总的来说，除了降低首次渲染时间，还会有更好的 HTTP/2 推送的应用场景。笔者认为，HTTP/2 推送还处于初始应用阶段（由于本章中所说的一些原因），但是它有很大的潜力，它可能会实现本章中提出的一些设想，或者有其他实现[1]。IETF 创建了一个提供信息的 RFC，记录 HTTP/2 服务端推送的应用场景[2]。

或者，我们是不是给自己添加了太多的限制，还一直维护旧的 HTTP 概念？WebSockets 和 SSE 说明，人们需要基于 HTTP 的双向协议，可能我们应该在协议中支持双向通信。不止有一个提议写到这个问题[3]，而且 HTTP/2 引入的分帧层也适用于这些实现。在第 10 章我们会讨论这个话题。

HTTP/2 推送是新技术，站长们应该小心使用。这个特性很有趣，可以做一些测试，看它是否实现了所承诺的性能提升，还是它只是让事情变复杂了，且带来的收益很小。

笔者希望，你在阅读本章后能够明白，尽管 HTTP/2 推送有巨大的潜力，也需要在三思之后才开始使用。事实上，直到更多的最佳实践和可识别缓存的技术出现之前，你可能都不会想要使用它。

总结

- HTTP/2 推送是 HTTP/2 中的一个新概念，它允许为一个请求返回多个响应。
- HTTP/2 推送被提议时，目的是作为内联关键资源的替代方案。
- 很多服务器和 CDN 通过使用 HTTP link 首部实现 HTTP/2 推送。

1 见链接5.42所示网址。

2 见链接5.43所示网址。

3 见链接5.44所示网址。

- 新的 103 状态码可用来更早提供 link 首部。
- HTTP/2 推送在客户端的实现方式可能没有那么显而易见。
- 很容易就会推送过多的内容，这会降低网站性能。
- HTTP/2 推送带来的性能提升可能没那么大，但是风险很高。
- 相较于使用推送，配合使用预加载和 103 状态码可能更好。
- HTTP/2 推送可能有其他应用场景，但有些需要更改协议。

6 HTTP/2优化

本章要点

- HTTP/2 给 Web 开发者带来了哪些变化
- HTTP/1.1 的 Web 优化技术在 HTTP/2 下是不是反模式
- 其他的优化技术，在 HTTP/2 下是否还有价值
- 如何同时对 HTTP/1 和 HTTP/2 做优化
- 连接合并

至此，我们已经对 HTTP/2 有了很深入的理解：它要解决什么问题，它如何工作，它提供了哪些新特性，带来了哪些机会。本书第 3 部分，还会介绍一些更高级的主题，但通过前面的学习，我们清楚地知道 HTTP/2 对我们的网站有什么意义，如何优化它。应该如何更新开发流程？我们是否可以丢弃一些优化技术？可以使用哪些新技术？对于那些不能使用 HTTP/2 的人，其能做什么？本章会回答这些问题。

6.1 HTTP/2对Web开发者的影响

我们知道，HTTP/2 从根本上改变了将 HTTP 消息发送到服务器的方式，它应

该会带来性能的提升。但开发者需要改变开发语言和开发实践，才能使用 HTTP/2 吗？应该使用专门的 JavaScript 框架来适配 HTTP/2 吗？总的来说，这些问题的答案是：不需要做任何改变，但如果做一些改变收益会更高。

HTTP/2 在设计上是向后兼容的。如果你的服务器支持 HTTP/2，在大多数情况下，你不需要修改任何代码就能直接看到性能提升。对于一些新的特性（如 HTTP/2 推送），需要修改代码才能使用。如果对 HTTP/2 的理解足够深入，你就能获得很大的性能提升，本章我们来更加深入地理解 HTTP/2。但是无论如何，HTTP/2 不会要求你做这些改变。所讲的这些变更，大部分都是可选的，你做了这些变更能获得更大的性能提升。

然而，转换到 HTTP/2 可能没有你想的那么简单（参考第 3 章和附录的内容）。你可能需要升级你的基础架构，甚至考虑新的架构，比如在你的服务器之前添加一个反向代理，或者 CDN。你可能还需要做其他的决策，这也可能会带来新的机会。你可以在升级时或者升级之后利用这些新的机会。这些话题相对独立，本章主要解释 HTTP/2 对 Web 开发者的意义（假设开发者已经可以使用它）。

如何从浏览器发出 HTTP/2 请求

HTTP/2 最大的优点就是，你在服务端支持 HTTP/2 之后，不需要在客户端做任何变更，浏览器会完成剩下的工作。不需要更新 JQuery 的版本，不需要使用不同的 AJAX 语法，也不需要从 Angular 切换到 React（或者反过来）。从 Web 开发者的视角看，每个前端的 HTTP 请求和响应的运行方式没有改变——除了会更快一些（在理想的情况下，没有请求排队）。通过一些库和工具浏览器可以处理底层的网络请求细节，所以只有浏览器需要知道 HTTP/2。

当前，前端开发者不能确定应该使用 HTTP/1.1 还是 HTTP/2，不像之前可以确定使用 HTTP/1.1 还是 HTTP/1.0（或者 HTTP/0.9）。这个情况在未来可能会有所改善，因为可以给请求指定优先级，例如，无论是使用 HTML 还是 AJAX[a,b,c]，都需要为 HTTP/2 推送注册回调[d]。

a　见链接6.1所示网址。

b　见链接6.2所示网址。

c　见链接6.3所示网址。

d　见链接6.4所示网址。

6.2 一些HTTP/1.1优化方法是否成了反模式

HTTP/2 被设计用来解决 HTTP/1.1 的一些基本的性能问题。这些性能问题使得在 HTTP/1.1 下请求不同的资源开销昂贵，由此产生了不同的优化技术，比如提高 HTTP 连接的数量，或者减少请求的资源。提高 HTTP 连接数要求浏览器打开多个连接，还要在多个域名上托管资源（域名分片）。减少请求的资源数量意味着使用文件合并技术来合并多个 CSS 和 JavaScript 文件为一个大文件，或者将多个小图片合并为一个精灵图，精灵图可以使用巧妙的 CSS 再次解开。两种优化方法都是使用更少的 HTTP 请求来传输同样的数据（或者更少的数据）。

这些变通方法解决了 HTTP/1.1 的一些效率低下的问题，但是引入了新的问题，如第 2 章所述。HTTP/2 试图在协议层面解决这些问题。现在在协议层，由于分帧层的实现，请求几乎没有开销；所以，是不是不再需要这些变通方法了？实际上，已经有很多关于 HTTP/1.1 的优化技术在 HTTP/2 下变成反模式的讨论。但事情的进展没有那么快，我们说的是几乎没有开销，且仅在协议层面。

6.2.1 HTTP/2 请求依然有开销

当一个网页引用一个资源时，就启动了一系列的处理，有些处理被 HTTP/2 提升了性能，还有一些没有。图 6.1 描述了当一个网页需要一个资源时，浏览器所做的选择和处理。

简要来说，浏览器需要检查缓存中是否存在一个副本（如第 5 章所述），如果存在，就不会再发出 HTTP 请求。当发起一个 HTTP 请求时，可能会使用已有的连接，或者启用新的连接，这取决于使用哪个域名和请求的类型。在资源被下载之后，客户端需要查看缓存首部来决定是否将它保存到缓存中，以备将来使用。在这些步骤之后，浏览器还需要处理这个资源（解析 CSS 或者 JavaScript，处理 JPEG 图片，等等）。

除了发送和接收请求这两个事情，还有很多的事情我们需要处理，更不用说获得了这个资源后如何处理它。这些过程都需要时间——通常比较短。但如果你去掉 HTTP/1.1 的 6 个连接的限制，并且有几百个资源，你就会看到一些新的、有趣的问题。

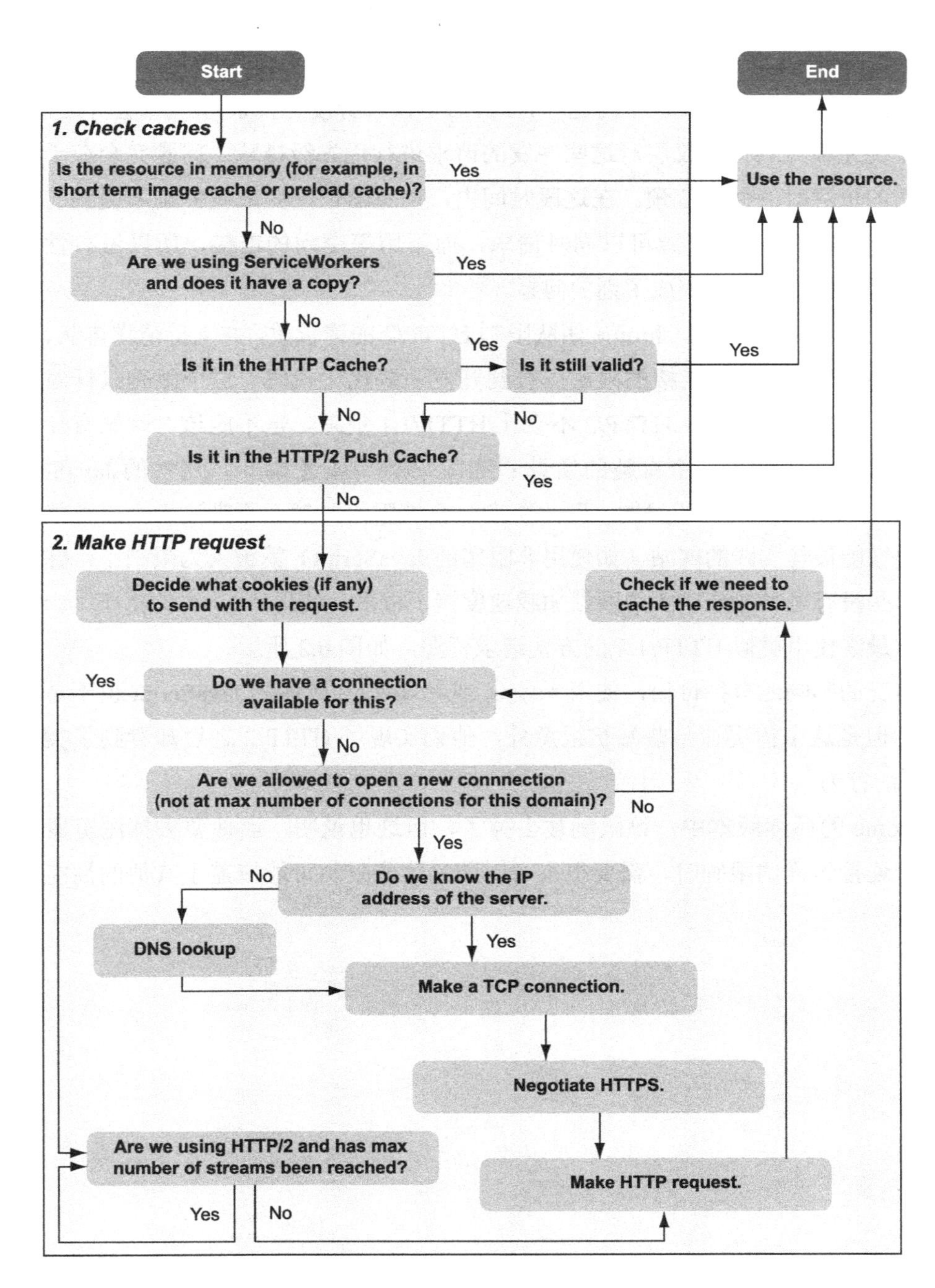

图 6.1 当需要 HTTP 资源时，浏览器的处理过程

2016 年，正在推广 HTTP/2 的时候，Chrome 开发者们发现了一个明显的延迟，

该延迟出现在使用 HTTP/2 加载大量资源的时候[1]。比如，有些网站在 400 ms ～ 500 ms 内没有响应，也没有请求发出。这个问题和 HTTP/2 协议本身没有关系。第 7 章会介绍，可以使用流优先级策略在协议层对这些并发的请求进行优先级排队。问题完全在于获取所发送的资源时的性能瓶颈。在这段时间内，浏览器忙于完成我们刚才提到的任务。使用 HTTP/2，很多资源可以同时请求，而不用等空闲的连接，所以没有性能损耗。但这个能力将瓶颈变成了别的问题。

为了防止出现这个延迟，Chrome 团队限制 HTTP/2 的请求数，并支持请求排队，这又回到了 HTTP/1 的 6 个连接的限制，直到开发团队优化代码。这个限制只针对非必需资源，所以在理论上，HTTP/2 不会比 HTTP/1.1 更差，也不应该对网站有什么影响。但是，却出现了一个有趣的场景：带有 async 或者 defer 属性的 JavaScript 资源（一般用来解决性能问题，防止阻塞）会被限流，然而不带这两个属性就不会。使用性能最佳实践的网站（如使用非阻塞的 JavaScript）就被人为限制了，并且它们比那些没有遵循最佳实践的网站加载速度慢了很多。使用 async 或者 defer 属性的网站最终使用类似 HTTP/1.1 的方式请求资源，如图 6.2 所示。

这种情况的影响还有待讨论，使用 async 或者 defer 属性的 JavaScript 也不是关键资源。但是这个情况让一些站长很意外，他们实现了 HTTP/2 之后却看到了类似 HTTP/1 的行为[2]。

在 Chrome 的后续版本中，该限制被去掉了，但这也说明，当你要去掉浏览器中类似 6 个连接这样的限制时，需要很小心，因为这些限制可能掩盖了其他的性能问题。

1 见链接6.5所示网址。

2 见链接6.6所示网址。

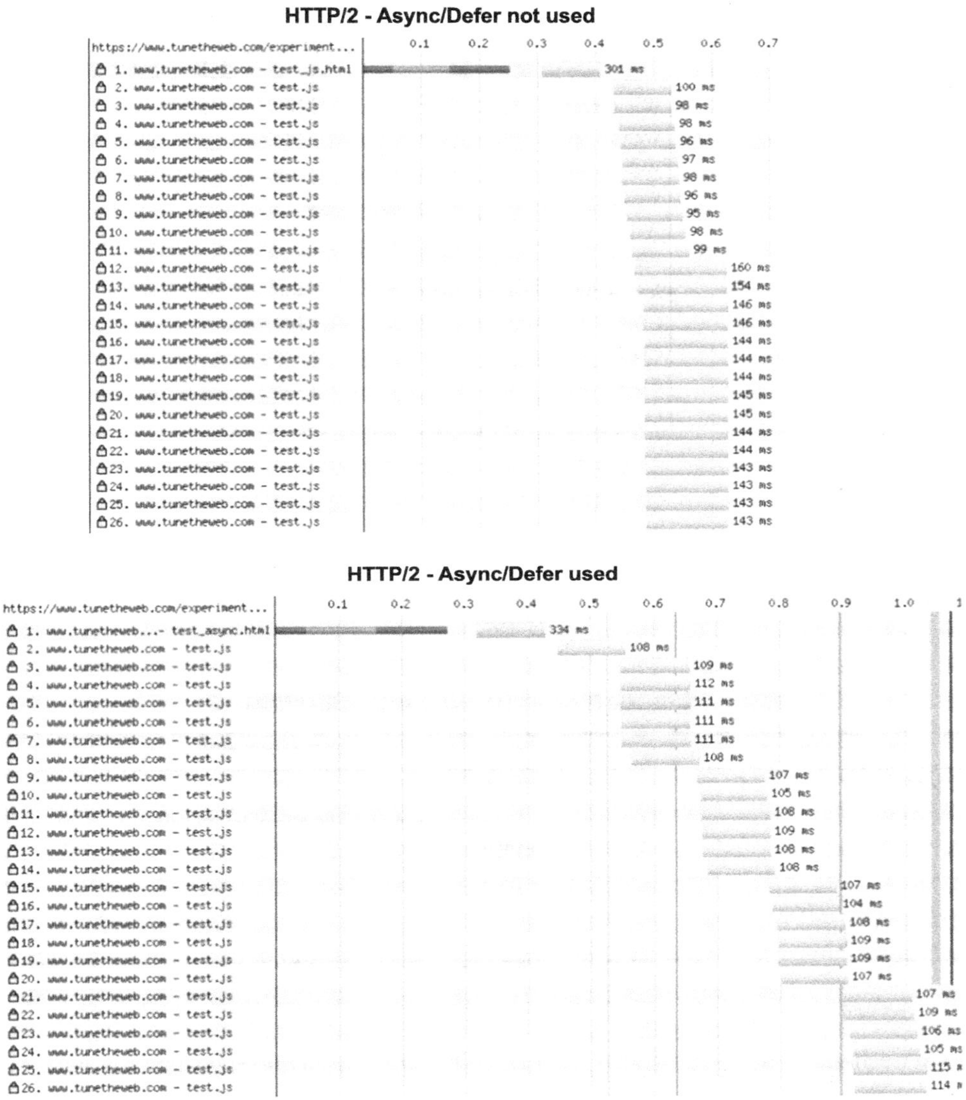

图 6.2 在 Chrome 中，不阻塞渲染的 JavaScript 被人为地减慢了

6.2.2 HTTP/2 不是没有限制

还有一点需要说明，HTTP/2 不是完全去掉了这个限制。第 5 章讨论过，尽管 `SETTINGS_MAX_CONCURRENT_STREAMS` 参数默认是无限大的，但很多实现也会为其添加限制，如表 6.1 和表 6.2 所示。

表 6.1　主流的服务端实现中对 HTTP/2 并发的流数量的限制

软　　件	类　　型	默认并发流数量
Apache HTTPD (v2.4.35)	Web server	100[a]
Nginx (v1.14.0)	Web server	128[b]
H2O (2.3.0)	Web server	100[c]
IIS (v10)	Web server	100
Jetty (9.4.12)	Web and Java servlet container	128[d]
Apache Tomcat (9.0)	Web and Java servlet container	200[e]
Node (10.11.0)	JavaScript runtime environment	100[f]
Akamai	CDN	100
Amazon CloudFront and S3	CDN	128
Cloudflare	CDN	128
MaxCDN	CDN	128

a　见链接6.7所示网址。

b　见链接6.8所示网址。

c　见链接6.9所示网址。

d　见链接6.10所示网址。

e　见链接6.11所示网址。

f　见链接6.12所示网址。

表 6.2　主流浏览器对 HTTP/2 并发的流数量的限制

软　　件	默认并发流数量
Chrome (v69)	1000
Firefox (v62)	Not set (uses HTTP/2 default of unlimited)
Safari (v12)	1000
Opera (v56)	1000
Edge (v17)	1024
Internet Explorer 11	1024

这些设置数据，有一部分来自于文档，其他来自于实际测试。对于 CDN，笔者使用 Wireshark 拦截主页的请求，或者托管在 CDN 上面的其他页面请求，同时在 Wireshark 中还可以查看在第 4 章中所讲的 `SETTINGS` 帧（4.3.3 节）。对于浏览器，笔者启动一个 nghttp 服务，打开冗余日志，检查不同浏览器在创建 HTTP/2 连接时发送的 `SETTINGS` 帧。

非常明显的是，服务端设置的限制远比浏览器少。实际上，Firefox 不添加约束并使用默认的未设限的值，这也是有道理的，因为最终浏览器掌控发送什么请求，所以它可以在协议之外添加限制（Chrome 最早时这样做）。另外，浏览器可能比服务端处理的并发请求数少很多，服务器可能要在同一时间响应很多用户。考虑到

Chrome 在请求很多资源时会遇到的问题，在 HTTP/2 完全落地之前，如果浏览器厂商能给连接的默认数量再多加一些限制可能会更好。需要 200 个以上资源的网站比较少，但当 HTTP/2 完全启用之后，网站就不再合并精灵图了，那时需要大量资源的网站就会变多。假设你的网站需要 500 个资源，并且你觉得在 HTTP/2 下不需要合并这些资源，则可能一开始只能加载 100 ～ 128 个资源，其余的会排队，这就像在 HTTP/1.1 中一样了。当达到了服务端 100 个流的限制时，这个行为就和第 2 章（2.6.1 节）中讲的完全一样了。在一些案例中，网站尝试去掉文件合并的操作，然后就遇到了这些限制[1]。

6.2.3　越大的资源压缩越有效

在通过网络发送之前，应该压缩所有的 Web 资源。对于某些格式（如图片的 JPEG 和 PNG，字体的 WOFF 和 WOFF2），格式本身就实现了压缩，Web 服务器不应该再次压缩。对于主要由文本组成的资源，如 HTML、CSS 和 JavaScript，使用 gzip（或更新的 brotli[2]）之类的压缩，通常由 Web 服务器自动处理。

几乎所有这些压缩格式，都有一个共同点，即压缩大文件比压缩小文件效果好。7.3.4 节会讨论每个压缩算法的工作原理，但这里我们知道以下的工作原理就够了：大多数压缩算法的实现都是找到数据中的重复部分，然后使用引用指向不重复的数据来减小数据大小。越大的文件，找到的重复内容就会越多，故压缩率比较高。压缩一个 100 KB 的大文件总是比单独压缩 10 个 10 KB 的文件效果要好，即使总的未压缩数据完全相同。因为不再合并资源文件（HTTP/1.1），所以即使未压缩的尺寸相同，在 HTTP/2 下压缩收益都会降低，而且发送的数据也更多。

具体有多大的差别，取决于你的文件。我们来看一些真实的案例。下载一些常用的 jQuery 文件：

```
curl -OL https://code.jquery.com/jquery-3.3.1.min.js
curl -OL https://code.jquery.com/mobile/1.4.5/jquery.mobile-1.4.5.min.js
curl -OL https://code.jquery.com/ui/1.12.1/jquery-ui.min.js
```

然后通过 Linux 的 cat 命令合并这些文件：

```
cat jquery-3.3.1.min.js jquery.mobile-1.4.5.min.js jquery-ui.min.js >
jquery_combined.js
```

1　见链接6.13所示网址。

2　见链接6.14所示网址。

查看这些文件的列表，看看这些文件有多大：

```
-rw-r--r--  1 barry  p   86927 19 May 19:31 jquery-3.3.1.min.js
-rw-r--r--  1 barry  p  253668 19 May 19:31 jquery-ui.min.js
-rw-r--r--  1 barry  p  200143 19 May 19:31 jquery.mobile-1.4.5.min.js
-rw-r--r--  1 barry  p  540738 19 May 19:31 jquery_combined.js
```

86 927 KB + 200 143 KB + 253 668 KB = 540 738 KB —— 也就是合并的文件的大小。

然后使用 gzip 标准设置来压缩这些文件：

```
gzip jquery*
```

看看新生成的文件大小：

```
-rw-r--r--  1 barry  p   30371 19 May 19:31 jquery-3.3.1.min.js.gz
-rw-r--r--  1 barry  p   68058 19 May 19:31 jquery-ui.min.js.gz
-rw-r--r--  1 barry  p   55649 19 May 19:31 jquery.mobile-1.4.5.min.js.gz
-rw-r--r--  1 barry  p  152652 19 May 19:31 jquery_combined.js.gz
```

同样，把文件大小加起来（30 371 KB + 68 058 KB + 55 649 KB），结果是 154 078 KB，但是合并后的文件压缩后为 152 652 KB。只小了 1%，但大小确实跟原来不同。如果使用未最小化过的文件（6.3.1 节），差别会更大。

在另一方面，不再合并文件，可以使开发者更清楚页面需要哪些资源。比如，一些开发者可能给网站的每一个页面加载了一个非常大的合并后的 JavaScript 文件。一些页面只需要这个 JavaScript 文件的一部分，其他页面需要其他部分。但因为 HTTP/1.1 处理多个文件不够高效，所以通常给每个页面发送一个大文件比给每个页面创建不同的文件要更好。在使用 HTTP/2 时，下载多个资源不再是一个问题，所以可将每个页面修改为只包含需要的 JavaScript，这可以减少每个页面下载的数据。

文件传输数据的减少是否能与压缩率的降低相抵？答案取决于你的网站。如果拆分资源，那么相比于现在，你之前发送了多少多余的数据。一些研究[1]表明，就算去掉了不需要的代码，也会多传输一些数据，尽管在这些情况下传输大量的 JavaScript 可能是一个更大的问题。就算会稍微多传输一些数据，但处理更少的数据所带来的性能提升，也弥补了因拆分文件而发送更多数据造成的性能损失。总的来说，HTTP/2 可能不需要像 HTTP/1.1 那样有那么多的资源合并，但是在拆分文件之前要考虑一下带来的压缩率下降问题。

1 见链接6.15所示网址。

6.2.4 带宽限制和资源竞争

对于任意在传输的 HTTP/1.1 请求，HTTP/1.1 创建了一个自然的限制。因此，Web 浏览器要尽量确定发送资源的优先级。是的，Web 开发者试着用文件合并和域名分片作为变通方案，但这些解决方案也有限制。现在并发请求的最大数量已经大大增加，你会更容易进入带宽匮乏的境地，一些请求会抢占别的请求的带宽。

在第 2 章的示例网站中，通过 HTTP/2 下载 360 个图片的结果是，有 100 个图片并发下载，而在 HTTP/1.1 中是 6 个不同的连接。因为同时下载 100 个图片，所以在 HTTP/2 下每个资源下载的时间会更长，如图 6.3 所示。

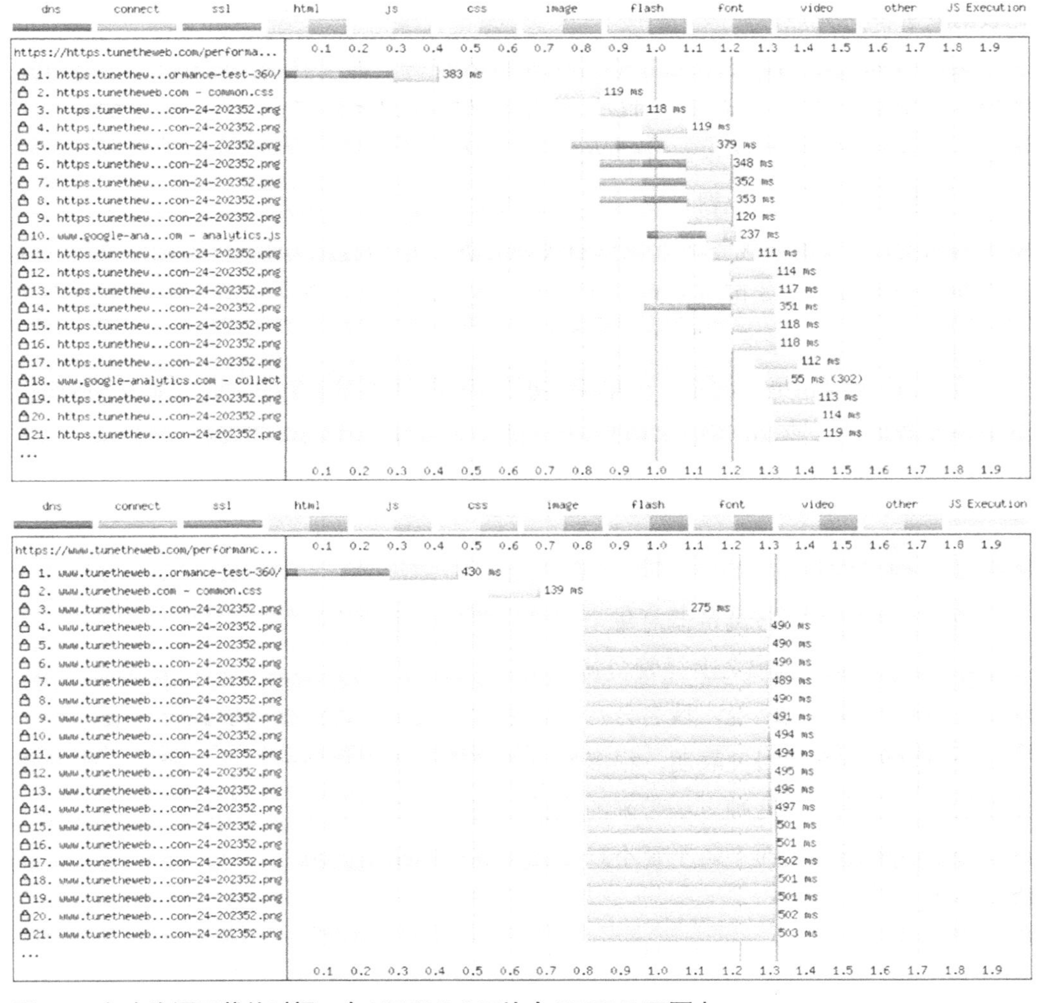

图 6.3 每个资源下载的时间，在 HTTP/1.1 下比在 HTTP/2 下要少

总体来说，在 HTTP/2 下，下载图片快多了。但是，先完整地下载一些资源（在 HTTP/1.1 下自然就是这样），比每个图片都下载一点要好（在 HTTP/2 下默认是这样，除非指定明确的优先级来阻止这种行为）。

99design，一个 Web 设计网站，在刚切换到 HTTP/2 时，遇到了类似的问题[1]。页面需要的所有资源现在可以并行下载，包括那些较大的、高质量的图片（设计网站肯定会有）。但是一些处在页面顶部的图片在 HTTP/2 下加载变慢了，因为其他的图片也在同时加载，占用了带宽。在 HTTP/1.1 的时候，浏览器必须给图片指定优先级，让在屏幕上显示的图片优先下载，6 个连接的限制确保这些图片不会被低优先级的其他图片延迟。

这都可以通过为请求设置正确的优先级来解决。前面我们已经提到了 HTTP/2 的优先级策略，在第 7 章会深入讨论。优先级策略在很大程度上不受站长的控制（这也是为什么把它放到后面章节讲解的原因），但是它可能是浏览器和服务端性能有差别的关键因素。如果浏览器可以给出合理的优先级建议（比如使用高优先级下载在屏幕内的图片，使用低优先级下载页面底部的图片），而且服务器可以响应这些建议，那么使用优先级策略就可以提高页面性能。或者，可以完全按照请求的顺序加载图片，当前 Chrome 就是这么做的（见第 7 章）。

所以，这个问题更多的是一个早期实现的问题，而不是 HTTP/2 协议本身的问题。由于开发者们已经有 20 年的 HTTP/1 的经验，因此在迁移到 HTTP/2 的过程中，还可能会遇到类似的问题。

6.2.5 域名分片

域名分片用来突破浏览器对每个域名设置的最多 6 个连接的限制。通过在不同的子域名或者其他的域名上托管资源，网站可以同时开启多个下载。在笔者看来，除了依赖资源很多的情况，域名分片的效果被夸大了，也许使用资源合并或者精灵图是个更好的方案。研究表明，很多额外的连接只用来加载一到两个资源，所以创建连接的开销比使用这种方法带来的收益要高。与以往一样，网站应该衡量域名分片此类技术的影响，而不是不管不顾地把资源放到指定的地方，认为这样做总能带来性能提升。

---

1 见链接6.16所示网址。

在 HTTP/2 的世界里，域名分片的意义没有那么大，并且设置和管理这些额外的基础设施也是一种负担。同时，HTTP/2 的某些部分（如 HTTP/2 推送和 HPACK 首部压缩）在单个连接上表现更好，所以域名分片反而可能会降低性能。所以，当 HTTP/2 应用更普遍的时候，应减少域名分片的使用。6.4.4 节会讲述，HTTP/2 可以合并分片的域名，因此域名分片在 HTTP/1.1 和 HTTP/2 下都表现良好。在一些特殊的场景中，对于有损的连接，分片还是有价值的（见第 9 章），但通常来说，除了这些场景，域名分片没什么必要了。就算是这些场景，让浏览器决定有需要时开启多个连接，比让网站不管是不是有损连接都设置分片要更好。

6.2.6　内联资源

内联关键 CSS 或者脚本，一直都有点麻烦——它是非常强大的技巧，但也只是技巧而已。将 CSS 代码放到页面的头部提升页面首次加载时的渲染速度，但之后，这段代码要么跟后面加载的 CSS 文件有重复，要么不进缓存，导致网站后续的页面无法从缓存中使用它。同时，内联关键 CSS 的操作比较复杂，可能要覆盖默认的 CSS 样式表加载的方式，以防止它们阻塞渲染。

HTTP/2 推送要消除对内联资源的需求，但如第 5 章所述，这项技术使用起来很复杂，它的应用没有我们想象中那么广泛。我觉得内联还会作为常用性能优化手段存在一段时间，有一些网站需要使用这种技术提升首次加载的性能。

6.2.7　总结

HTTP/2 的一个目标是解决 HTTP/1.1 中请求的开销问题。HTTP/2 带来了显著的性能提升，但是 HTTP 请求还是有开销的。通常，问题在于协议之外（比如浏览器多个请求的开销），但还有一些和 HTTP/2 的工作方式有一定的关系。比如，如果有太多的同时进行的请求，关键资源就被阻塞，这会降低首屏的渲染时间。

还要考虑到一个事实，那就是 HTTP/2 的实现还不够成熟。一些不太好的实现肯定会随着时间变得更好。起初可能会有一些 Bug，或者人们对新的协议的使用不够高效（比如不会正确地处理优先级）。强烈建议，在早期一定要经常更新 HTTP/2 软件（无论是服务端还是浏览器软件）。

再强调一点，过了 20 年，开发者才对 HTTP/1 有如此深入的理解，技术栈才成熟，但是 HTTP/2 还在成长期。这项技术还没展示出太多特别受欢迎的特点，反而有很多让人意外的瓶颈和其他效率低下的案例，显得HTTP/2没有它承诺的那么高效。

HTTP/2大幅提升了并发下载数量（之前6个连接），但是并没有移除下载数量的限制。这里建议，仍然保持同域名的请求不超过100个。如果去掉文件合并会有几百个文件的话，则不要去掉文件合并，但是可以利用新的下载数量限制来更合理地打包代码。

在HTTP/1.1下流行的优化方法就没那么必要了，但是在开发者们还在熟悉新协议的时候，移除这些优化方法还太早。但是，要适度使用（比如使用更少的文件合并，而不是不合并）。开发者可以将代码分为不同的资源组，可以按是否会一起使用对代码进行分组，而不是像之前那样将所有代码打包到一个文件中。减少HTTP/1.1优化技术的使用，而不是完全不用，研究者们和站长们在这方面达成了一致[1]。当HTTP/2发布的时候，有很多关于HTTP/1.1性能优化技术变成反模式的讨论，从严格意义上说这种说法并不完全正确。

需要记住一点，HTTP/2不是银弹。能看到多数网站性能有提升，但是还有小部分网站没有提升。解释任何预期行为都需要仔细的测试和对协议的认知。

6.3 在HTTP/2下依然有效的性能优化技术

HTTP/2改进了之前版本的HTTP协议的一些低效率的地方，这就导致某些性能优化技术在HTTP/2下就没那么有用了。HTTP协议优化并不是提高网站性能的唯一技术，但是由于Web的性质（通常涉及客户端和服务器之间的交互），网络性能优化在很大程度上是优化网络层的应用。我们非常有必要回顾影响数据传输的其他性能优化最佳实践，探究为什么它们在HTTP/2下仍然有效，明了HTTP/2下的新机会。

6.3.1 减少要传输的数据量

不管HTTP/2提供了哪些方法来优化请求和响应，少发送数据总是好的。HTTP/2没有那么神奇，它不会增加带宽，它只是让数据传输更高效，这样网站就会加载更快，但它们通常加载同样大小的数据（如果压缩率降低，数据可能会稍微多一些，如6.2.3节所述）。因此，尽可能减少发送的数据量仍然是有价值的。在

1 见链接6.17所示网址。

HTTP/2 下，那些用来减少数据量的技术同样有效。

使用合适的文件格式和大小

媒体内容丰富的网页可能非常有趣，但多媒体内容需要时间来加载和展示。根据 HTTP Archive 的数据，网页中接近 80% 的数据是图像和视频[1]（见图 6.4），所以合适的文件格式和尺寸还是很重要的。

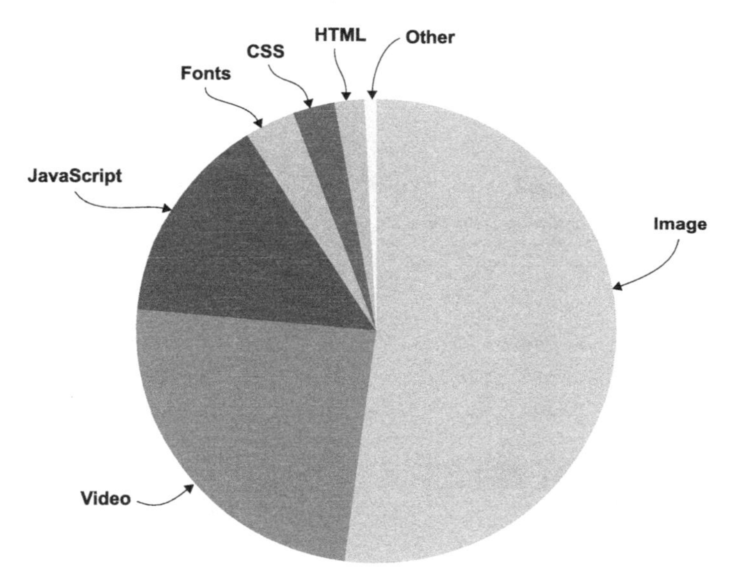

图 6.4 每个页面上各内容类型所占大小

视频和音频有点特殊，所以在这里不讨论它们，只讨论图像[2]。通常，我们使用 JPEG（或者 JPG）格式显示照片，其他的图像用 PNG 格式。Google 推出了 WebP，但看起来其应用还没那么多，尽管它已经出来好多年了[3]。虽然 SVG 的应用在增长，但也还有很长的路要走。几乎所有的网站都使用 JPEG 和 PNG[4] 格式，这也是有原因的，因为这些格式的使用广泛，且它们对文件尺寸和图像质量做了很好的平衡。

JPEG 是有损格式，会丢失一些图像质量，但是我们可以设置压缩比，以平衡质量和尺寸。降低图像质量并生成更小的图像很容易做到，而且肉眼无法发现质量

1 见链接6.18所示网址。

2 见链接6.19所示网址。

3 见链接6.20所示网址。

4 见链接6.21所示网址。

降低。图像还可能包含相当多的无用数据（比如什么时候拍摄的，用什么相机拍的，使用了什么 ISO 标准等）。大多数元数据与浏览网页的用户无关，应该删掉，但是在使用第三方图像的时候，需要注意授权，看是否能够修改。可以使用各种工具和图像编辑软件来改变图像质量和元数据，以减小文件大小。但考虑到使用方便，建议使用 tinypng.com，它可以快速压缩 JPEG 和 PNG 图像，并且不会对图像质量产生较大的影响。这个网站也可以通过 tinyjpg.com 访问，两个站点都使用相同的工具，都可以处理这两种格式。如图 6.5 所示，大多数图像的尺寸都可以大幅压缩。

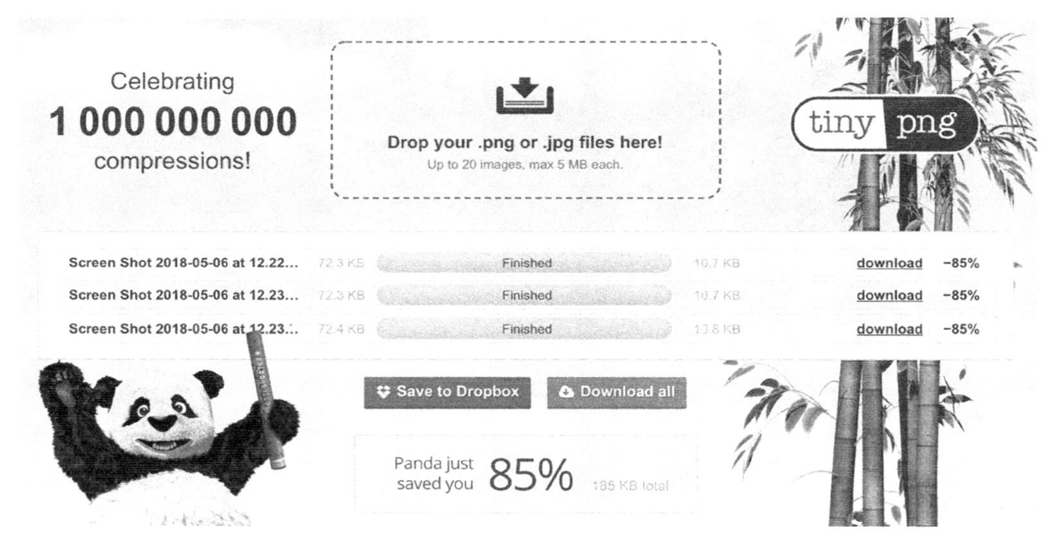

图 6.5 通过 tinypng 可以大幅度减小图像尺寸

除了查看图像质量，还应该考虑图像宽高。发送一个 5120 像素 ×2880 像素的图像，却以 100 像素宽度显示，会浪费下载时间和浏览器的处理时间。绝不应将大尺寸、原始尺寸的图像放在网页上。如果需要这些类型的图像，请提供单独的下载链接。

发送适当大小的图像通常还意味着移动和桌面站点要使用不同的图像，并且还要针对不同的屏幕大小进行适配。虽然在大屏幕上访问你网站的用户可能会欣赏高质量的图像，但是如果给使用移动设置的用户发送相同的图像，他们可能会觉得你的网站很慢。图 6.6 显示桌面和移动网站的大小正在趋同，这可能是因为更多网站正在转向响应式设计，一个网站同时支持桌面和移动端，但没有为不同的端提供不同的图像。

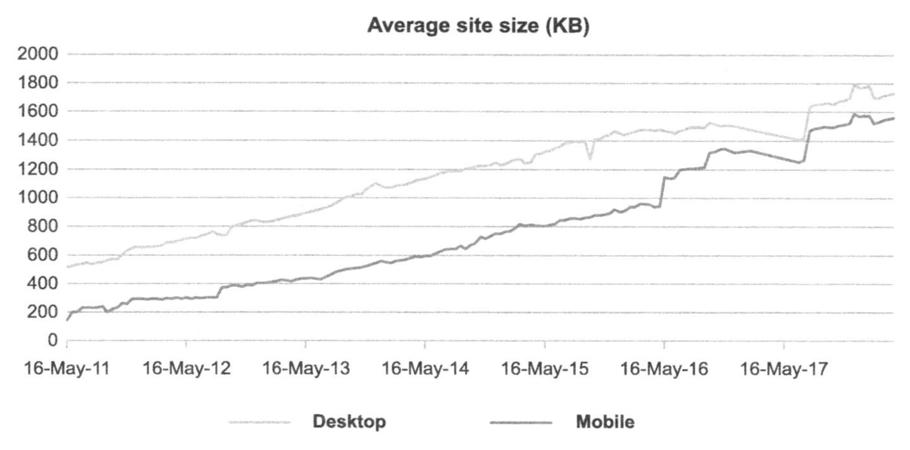

图 6.6 移动端和桌面端网站的大小在逐渐接近

总的来说，HTTP/2 不改变可以发送的文件格式，不修改发送给客户端或在客户端使用的数据。还要坚持使用最合适的文件格式，并且在图像上线前做优化。

压缩文本数据

多媒体内容的压缩通常通过文件格式来实现（如图像格式），但作为 Web 的基础技术——HTML、CSS 和 JavaScript 是基于文本的，你应该知道如何尽可能地减小这些资源的尺寸。在 HTTP/1.1 下，通过 gzip 压缩 HTTP 消息体，或者使用其他类似的工具来减少发送的数据，在 HTTP/2 下还应该做这些事情。HTTP/2 总体上不改变发送的数据，只改变发送的方式。文本响应正文压缩，在 HTTP/2 下和 HTTP/1 下是一样的。文本压缩率很高，很容易就能获得 90% 的压缩率。表 6.3 列出了常见的 JavaScript 和 CSS 库的压缩率[1]。

表 6.3 使用 gzip 压缩常见库的压缩率

库	尺寸	压缩尺寸	压缩率
jquery-1.11.0.js	276 KB	82 KB	70%
angular-1.2.15.js	729 KB	182 KB	75%
bootstrap-3.1.1.css	118 KB	18 KB	85%
foundation-5.css	186 KB	22 KB	88%

在发送前压缩数据的唯一缺点是，服务端要压缩，客户端要解压，这都需要花费时间和计算性能，但是在主流硬件上，这个损耗几乎可以忽略不计。传输更少的

1 见链接6.22所示网址。

数据带来的收益经常远远超出压缩所带来的时间和计算开销。

gzip 仍然是最流行的压缩技术[1]，尽管 brotli[2] 等压缩算法正变得越来越流行。brotli 提供更好的压缩率（取决于设置[3]），因此可以带来更多的收益。对于不支持 brotli 的浏览器，还应该使用 gzip 类的工具[4]。HTTP/2 和 HTTP/1.1 使用相同的方式处理不同的内容编码，因此更改为 HTTP/2 对于是否压缩响应体（请压缩！），或者使用哪种格式压缩没有任何影响。但有一些细微的区别，像 brotli 这样新的压缩算法要求 HTTPS，还可能要求更高版本的 Web 服务器。如果你同时迁移到 HTTPS 和 HTTP/2，或者必须升级 Web 服务器软件以启用 HTTP/2，则现在可以选择使用这些新压缩算法，但最好先将 HTTP/2 调试顺畅之后再更新压缩方式。

对于压缩，最好的情况是，只要一点点服务器的设置就可以无缝支持。当设置完成之后，服务器会自动压缩资源，浏览器自动解压资源。还可以使用一些 Web 服务器提前压缩内容以减少服务器负载。当你需要添加新的内容时，需要做一些设置（如在上传之前先压缩），但这些操作在 HTTP/2 之下没有变化。

不管你使用哪个版本的 HTTP，都应该压缩 HTTP 正文。内容编码会通过 `content-encoding` HTTP 首部告诉浏览器，这和在 HTTP/1.1 中一样。

压缩 HTTP 首部

关于压缩，在 HTTP/2 下有一点不同，我们还没有详细讨论，那就是首部压缩。HTTP/1 只允许压缩请求和响应的正文部分，然而通过 HPACK，HTTP/2 还能压缩 HTTP 首部。这是 HTTP/2 提升多个请求的性能的方法之一。不使用 HPACK，如果两个请求发送相同的数据，就需要发送两次相同的首部。这个优化在 HTTP 首部持续增加的情况下特别重要，因为对于很多小的请求，首部会占请求和响应相当大的一部分。

因为首部压缩由底层的浏览器处理，所以站长和开发者能做的不多，这里我们先不深入讨论这个问题，第 8 章再解释它如何运作。

1 见链接6.23所示网址。

2 见链接6.24所示网址。

3 见链接6.25所示网址。

4 见链接6.26所示网址。

最小化代码

另外一种减少数据的方法是最小化代码，如最小化 HTML、CSS 和 JavaScript 的代码。此方法包括去掉空格和注释、重写代码、去掉局部变量名、去掉不必要的分隔符等。这个方法在 HTTP/2 下也没什么改变，所以如果你之前最小化过代码，在迁移到 HTTP/2 之后你可以继续做。

但 HTTP/2 不要求在代码部署时有很多的合并，所以可以省略构建的一个步骤。这时可以使部署的代码和源代码保持一致，因为不需要再做合并。在这种情况下，你可能不想再做最小化操作。不做最小化操作可能会增加一点性能损耗，但是，在压缩以后做最小化操作只是增加一些额外开销，因为压缩时已经去掉了很多的重复字符串（如空格）。同时，当你在生产环境调试问题时，读取最小化之后的代码也很困难。不幸的是，有些 Bug 没那么容易在开发环境复现。你可以添加 sourcemap，以便在生产环境查看源码，但是这个过程会比较复杂[1]。

我们看一个实际的例子，看看最小化节约了多少空间。例如，流行的 Bootstrap v4.0.0 的库。这个库同时提供了最小化之后和原始的 CSS、JavaScript 代码，因而我们可以比较这些不同的版本。我们从 Bootstrap CSS 开始。在 Chrome 里，打开开发者工具，确保显示出 Size 这一列，并从 *https://stackpath.bootstrapcdn.com/bootstrap/4.1.3/css/bootstrap.min.css* 加载 CSS 文件，如图 6.7 所示。

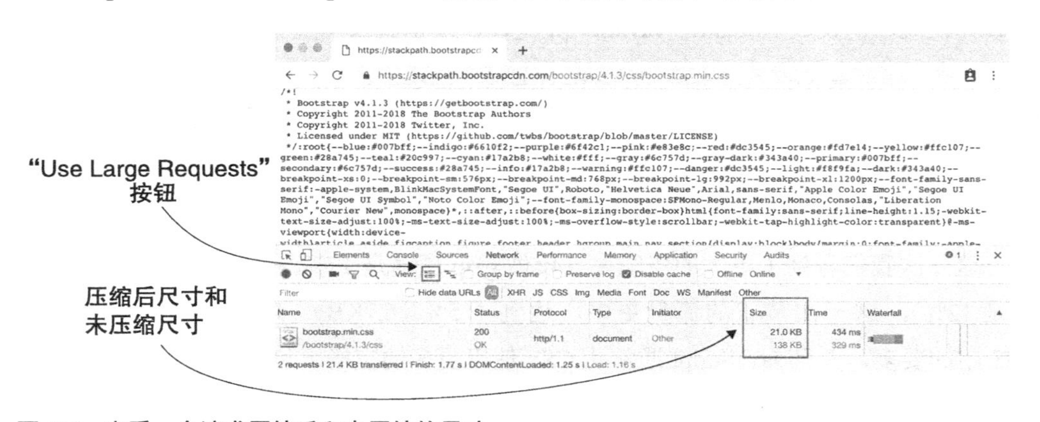

图 6.7　查看一个请求压缩后和未压缩的尺寸

如果 Size 这一列不显示两个数字，则点击 Use Large Request Rows 按钮。在这

1　见链接6.27所示网址。

个示例中，Size 这一列同时显示了压缩后的大小（21.0KB）和未压缩的大小（138KB）。从技术上讲，不能直接比较这两个数字，上面的值是传输的数据大小，包含 HTTP 首部（请求和响应），然而下面的值只包含返回的正文部分的大小。我单独测量了首部，未压缩时大约是 0.5KB 大小。所以可以先不管它们，它们的影响可以忽略不计。还可以分别下载和压缩文件（见 6.2.3 节）得到更准确的值，但这会引入其他的问题，即命令行和服务端分别使用什么 gzip 设置。

对未最小化的代码重复上面的操作，然后把它们放到一起，就得到了表 6.4 中所示的结果。

表 6.4 gzip 和最小化对 Bootstrap CSS(v4.1.3) 的影响

压缩类型	Bootstrap.css	Bootstrap.min.css
原始文件	170 KB	138 KB（原始尺寸的 81% ）
gzip	22.8 KB（原始尺寸的 13%）	21.0 KB（原始尺寸的 12%）

如你所见，没有最小化的版本压缩后尺寸为原来的 13%，而最小化的版本压缩后尺寸为原来的 12%。所以最小化之后压缩更好，但是也只有 1%（1.8KB）的差别。确实，每一个字节都很重要，并且对于像 Bootstrap 这样的服务商，提供最小化之后的版本是有意义的。但对你的代码来说，节省的流量通常没那么大。

节省的字节数取决于具体的代码。尽管对于 Bootstrap CSS 文件来说，看起来没那么大收益，但换成 Bootstrap JavaScript 文件，差别就很明显了（见表 6.5）。

表 6.5 gzip 和最小化对 Bootstrap JavaScript(v4.1.3) 的影响

压缩类型	Bootstrap.js	Bootstrap.min.js
原始文件	121 KB	49.8 KB（原始尺寸的 41%）
gzip	20.9 KB（原始尺寸的 17%）	14.2 KB（原始尺寸的 12%）

这一次我们看到了更大的压缩率（仅做 gzip 压缩是 17%，最小化之后做 gzip 压缩是 12%），这一次节省的流量更多，达到了 5%（6.7KB）。JavaScript 中的注释比 CSS 中的要多，并且 JavaScript 通常比 CSS 使用更多的空格，包含更多的变量名，所以这个结果符合预期。实际上，可以看到，如果只是最小化代码，不压缩，能将 JavaScript 代码减少到原来的 41%，然而对于 CSS 代码只能减少到 81%。同时，只做了最小化操作的两个文件的尺寸都远比只做了 gzip 操作的大，这也佐证了我的观点：gzip 压缩（或类似的压缩）是主要的优化方法。最小化代码给你带来的提升比较小。

对于更大的网站，或者更专业的站长，最小化代码可能更有价值。表 6.6 扩展了表 6.5 的内容，罗列了一些常见 Web 开发库被压缩之后的大小。你从一些库的最小化版本的尺寸，能看到明显的区别，特别是 jQuery 和 Angular。

表 6.6 常见库的压缩率

库	尺寸	压缩尺寸	压缩率
jquery-3.3.1.js	265 KB	78.9 KB	30%
jquery-3.3.1.min.js	84.9 KB	30.0 KB	35%
angular-1.7.2.js	960 KB	297 KB	31%
angular-1.7.2.min.js	168 KB	56.6 KB	34%
bootstrap-4.1.3.css	121 KB	20.9 KB	17%
bootstrap-4.1.3.min.css	49.8 KB	14.2 KB	29%
foundation-6.4.3.css	158 KB	18.8 KB	12%
foundation-6.4.3.min.css	118 KB	14.7 KB	12%

需要最小化代码的另一种情况是混淆。在限制使用的场景中，我们尝试使用混淆来隐藏一些逻辑，因为反解最小化之后的代码比较烦琐。尽管如此，删除注释可以防止将内部开发者一些令人尴尬的想法泄漏到外网（比如“以后有时间必须修改这段糟糕的代码”）。最后，最小化之后的代码理论上执行得更快，因为浏览器要解析的内容更少，但代码解析的第一步也是最小化代码，所以最小化代码的好处也没有那么大。

总的来说，HTTP/2 对于你是否要最小化代码没有直接影响。但如果迁移到 HTTP/2 更改了你的开发实践（比如更少合并文件），则可能需要重新审视最小化代码的收益，看是否还有必要。与让 Web 服务器压缩文件相比，最小化代码的操作更加复杂，并且最小化相对于压缩的性能提升也比较少。

6.3.2 使用缓存防止重复发送数据

关于 Web 性能优化，我们经常听到的一句话是：“最快的 HTTP 请求是不发请求。”虽然没人知道这是谁最先说的[1]。HTTP/2 的意图是提升 HTTP 请求的性能，但是它永远不会比使用缓存（不发请求）更快。如果访客再次需要那个资源，他们可以从 HTTP 缓存中取到它，这比创建一个完整的网络请求要快，不管使用 HTTP/1、HTTP/2 还是未来新版本协议。

尽可能利用缓存是 HTTP/1 下一个非常棒的性能优化方向，在 HTTP/2 下也是。

1 最可能是Steve Souders，但他不承认是他说的，别人总说这句话来自于他。见链接6.28所示网址。

在 HTTP/2 下，也存在 cache-control 和 expires 首部，也应该使用它们。但有些人说，已经不需要 expires 首部了，因为所有的常见客户端都支持 HTTP/1.1，并且在实际中已经很少有人使用 HTTP/1.0 了，特别是对于支持缓存的应用来说[1]，这也有些道理。

使用缓存也会有一些问题。如何最大化地利用缓存，而且当版本更新时如何避免浏览器使用旧版本的内容，是两个棘手的问题[2]。是否缓存了通用的资源（样式表、JavaScript 和 LOGO 等），可能是一个响应迅速的网站和响应缓慢的网站的重要区别之一。缓存非常重要，理解 HTTP 缓存和 304（Not Modified）响应码非常重要，我们在第 1 章中已经简单介绍过。

一个 HTTP 响应可能包含一个 cache-control 首部（或者更老的 expires 首部），用以说明资源缓存的有效期是多久。我们看一个实际的案例。如果你从一个新的浏览器打开 Wikipedia，应该会看到如图 6.8 所示的首部。

图 6.8　Wikipedia 中的 cache-control 首部

由该图可知，Wikipedia 主页可以被缓存 3600 秒（max-age=3600），或者说 1 小时。在 1 小时之后，使用该主页前必须重新验证（must-revalidate）。还有一个中间缓存，比如代理，可以把页面缓存 86400 秒，或者说 1 天（s-maxage=86400）。但这些中间缓存经常使用其他的技术来保持内容更新（超出本书讨论的范围），所以可以忽略这个设置。

确保没有选中 Disable Cache 选项。然后点击浏览器的返回按钮，之后你会看到如图 6.9 中所示的内容。

1　见链接6.29所示网址。

2　见链接6.30所示网址。

Elements Console Sources Network Performance Memory Application Security Audits

View: Group by frame Preserve log Disable cache Offline Online

Filter Hide data URLs All XHR JS CSS Img Media Font Doc WS Manifest Other

Name	Status	Protocol	Type	Initiator	Size
www.wikipedia.org	200	h2	document	Other	(from disk cache)
sprite-556af1a5.svg /portal/wikipedia.org/assets/img	200	h2	svg+xml	(index) Parser	(from disk cache)
Wikipedia-logo-v2@2x.png /portal/wikipedia.org/assets/img	200	h2	png	(index) Parser	(from disk cache)
index-938bf89a12.js /portal/wikipedia.org/assets/js	200	h2	script	(index) Parser	(from disk cache)
gt-ie9-011f8dbfa9.js /portal/wikipedia.org/assets/js	200	h2	script	(index) Parser	(from disk cache)
Wikinews-logo_sister@2x.png /portal/wikipedia.org/assets/img	200	h2	png	(index) Parser	(from disk cache)

图 6.9 从磁盘缓存中加载的 Wikipedia

正如所料，Size 这一列的内容表明，从磁盘缓存中加载网站。如果你看到 from memory cache，而不是 from disk cache，则说明你是从另外一个 Wikipedia 页面，而不是从其他网站过来的，那这个时候相关的资源已经在最近的内存缓存中了。原理都是相似的。图 6.9 显示了老的缓存响应，其中有一个 200 状态码（使用稍浅的颜色指示它是缓存的响应）。

你可以等一个小时让缓存过期，然后再试一下。为了节约时间，你可以重新加载页面（效果一样），能看到如图 6.10 所示的效果。

Elements Console Sources Network Performance Memory Application Security Audits

View: Group by frame Preserve log Disable cache Offline Online

Filter Hide data URLs All XHR JS CSS Img Media Font Doc WS Manifest Other

Name	Status	Protocol	Type	Initiator	Size
www.wikipedia.org	304	h2	document	Other	560 B 74.0 KB
sprite-556af1a5.svg /portal/wikipedia.org/assets/img	200	h2	svg+xml	(index) Parser	(from memory c...
Wikipedia-logo-v2@2x.png /portal/wikipedia.org/assets/img	200	h2	png	(index) Parser	(from memory c...
index-938bf89a12.js /portal/wikipedia.org/assets/js	200	h2	script	(index) Parser	(from memory c...
gt-ie9-011f8dbfa9.js /portal/wikipedia.org/assets/js	200	h2	script	(index) Parser	(from memory c...
Wikinews-logo_sister@2x.png /portal/wikipedia.org/assets/img	200	h2	png	(index) Parser	(from memory c...

图 6.10 重载 Wikipedia 并使用缓存

这次，看到一个 304 响应码，而不是常见的 200 响应码。另外，如果你刷新同一个窗口，则会看到 Chrome 使用 in-memory 的图像缓存来响应图像，而不是通常基于磁盘的 HTTP 缓存（见图 6.9）。之所以出现 304 响应码是因为浏览器发送了一个条件 GET 请求，如图 6.11 所示。

图 6.11　条件 GET 请求

浏览器在缓存中发现首页，然后发现它已过期，之后发送一个页面请求——但是它说："如果服务器上的页面比我的新，就发给我。使用上次发送页面时的修改时间（`if-modified-since`）或者 eTag 值（`if-none-match`）做比较。" eTag 值比日期值更好用。它的值取决于具体实现，比如可以是内容的哈希值。如果同时提供了两个值（见图 6.11），则 `if-none-match` 首部中的 eTag 值更优先。服务器进行检查，看到页面没更新，返回一个 304 响应，告诉浏览器持有的副本还可以使用。304 响应没有 HTTP 正文部分，所以比完整的资源下载得快。

304 响应的下载还是有点慢，它需要一次到服务器的完整网络调用。虽然网络请求在 HTTP/2 下比较廉价，但它也不是没有消耗。在 HTTP/1 下，因为 HTTP 请求相对昂贵，发送一个 304 响应所用时间几乎和发送完整的 200 响应一样，所以 304 响应的应用可能没有想象中那么多。比如很多网站完全不缓存他们的 HTML 页面。每次你访问主页的时候，浏览器都重新下载页面，然后只让它引用的资源使用缓存。不缓存页面会让人感觉网站响应慢。如果你在访问主页时，点击了另外一个页面，然后又想返回到主页，重载应该瞬间发生，但实际上浏览器重载主页时通常会有一个小的延迟。给网页添加一个 `cache-control` 配置，就算是一个短期的配置，也可以让网站运行更快（在缓存时间内直接从缓存加载），同时也可以节省带宽（就算缓存过期也可以使用 304 响应）。

还要注意的是，304 响应也有开销，所以不建议使用 304 响应来代替缓存——

但可以用来代替你还没有缓存的资源。在我截前文中那些图时，我很难找到一个像Wikipedia那样的缓存网页的网站。一些新闻和社交网站要求页面实时更新，你可以使用其他更好的方式给页面加载资源，而不是使用预先生成的不能缓存的HTML，比如可以使用JavaScript AJAX请求。我认为网站应该缓存页面一小段时间，至少在使用HTTP/2时，因为304响应比200响应的开销低很多。

很多人建议使用长期的缓存，这样未来的访问也可以受益，但是在访问网站的会话期间使用缓存，用户的体验更好，所以相对而言在此期间使用缓存更重要。可以使用短期缓存来做会话内的浏览性能提升，而且短期缓存也不太需要使用复杂的刷新缓存技术。类似地，在服务端使用缓存防止端点服务器频繁请求源站，这会带来显著的性能提升，即使缓存很短的时间[1]。

短期缓存的一个缺点是，浏览器可能认为缓存的资源过期，然后将它清理掉。所以最好的选择是“缓存很长时间，但是在短时间后重新验证它”，可是这样的选项并不存在。Mark Nottingham，HTTP工作组的联合主席[2]，推荐使用一个`Stale-While-Revalidate`选项[3]，但是现在还没有浏览器支持该选项。

总的来说，HTTP/2不直接改变缓存选项，但是缓存降低了网络请求的开销，所以我们需要重新评估缓存策略。同时，还有人建议使用HTTP/2推送来更新缓存（见第5章），但目前还不可行。

6.3.3 Service Worker可以大幅减少网络加载

Service Worker[4]是现代浏览器中较新的功能，但Internet Explorer 11仍不支持该功能[5]。它支持在网页和网络之间添加一层JavaScript代理，如图6.12所示。

1 见链接6.31所示网址。

2 见链接6.32所示网址。

3 见链接6.33所示网址。

4 见链接6.34所示网址。

5 见链接6.35所示网址。

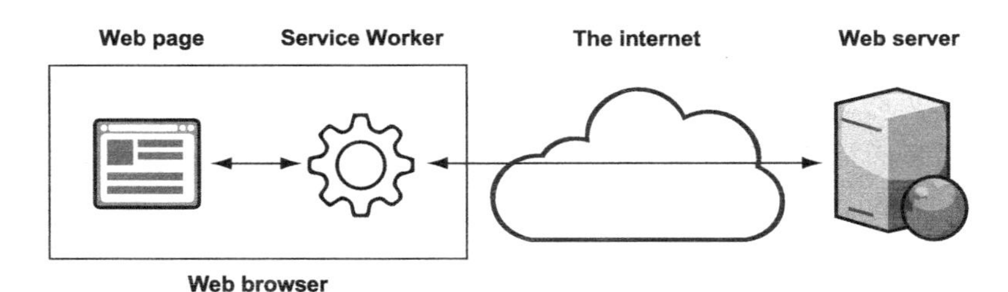

图 6.12 Service Worker

Service Worker 可以查看、回复，或者更改 HTTP 请求。可以使用它提供类似本地移动应用的体验，特别是在离线的时候。就算缓存了网页，当重载页面时，其也会尝试连接到网站来检查缓存的版本是否有效，并且当没有网络连接时，重载会失败。这种情况通常不会在移动应用里发生，它不允许你在离线时刷新。当网站使用 Service Worker 时，Service Worker 可以中断请求，当离线时，其可以返回一个之前缓存的资源版本。这就使得在离线时也能使用缓存的网站，像移动端应用一样。

Service Worker 为在 Web 开发中优化 HTTP 端提供了多种方法。虽然使用较短的缓存周期，但是当资源过期时 Service Worker 并不从缓存中将其删除。这样我们可以使用 304 响应，而且不用担心长期缓存的问题，并且在 HTTP/2 下 Service Worker 的使用方法没变。关于 Service Worker 需要使用一整本书来讲述，这里我们不过多讲述 Service Worker。但期望在未来几年，Service Worker 能得到更广泛的应用，因为它为处理 HTTP 请求提供了多种手段。

6.3.4 不发送不需要的内容

还是继续不发送不必要的 HTTP 请求的主题。另外一个可能提升性能的方法是，确保只发送需要的数据。这一点看起来很理所当然，但是很多时候你可能发送了不太需要的数据。

在 6.2 节中讲述的文件合并技术和精灵图技术，都是为了减少 HTTP 请求数，但这通常会导致发送更多的数据。减少 HTTP 请求在 HTTP/2 下没有那么必要了，你需要站在数据的角度来重新审视这些技术。如果你已经将它们集成在发布网站的构建流程中，并且没有想到要去掉它们，那可能你没有觉得有什么问题。但是你应该好好想想，你是否因为这些技术发送了过多的数据。

还有其他一些事情也会导致不需要的资源被加载。比如，你可能加载了在移动端中不显示的图像。HTTP/2 不会阻止发送不使用的资源。实际上，它增加了一些发送资源（HTTP/2 推送）的方法，你也会因此多发送资源，如第 5 章中所述。

在 HTTP/2 下下载资源更快了，但是要下载的数据（除了 HTTP 首部压缩以外）不会减少。网站还是要保证只下载需要的资源。

6.3.5 HTTP 资源暗示

第 5 章介绍了预加载资源暗示。HTTP 资源暗示是资源暗示的一部分[1]，其可以用来深入优化 HTTP 的使用，这些选项在 HTTP/2 下和在 HTTP/1 是一样的。每个暗示使用 link HTTP 首部或者 HTML 中的 `<link>` 标签来实现。HTTP 资源暗示已经存在相当长的时间了，但是最近才被认可、支持。它补充了 HTTP/2 的功能。

DNS Prefetch

第 2 章讲过，Amazon 使用此暗示。下面这段代码在首页的 `HEAD` 节中：

```
<link rel='dns-prefetch' href='//m.media-amazon.com'>
```

如其名字所指的，这个暗示使 DNS 查询在需要连接之前发生，从而节省了建立连接的时间（见图 6.13 第 17 行）。

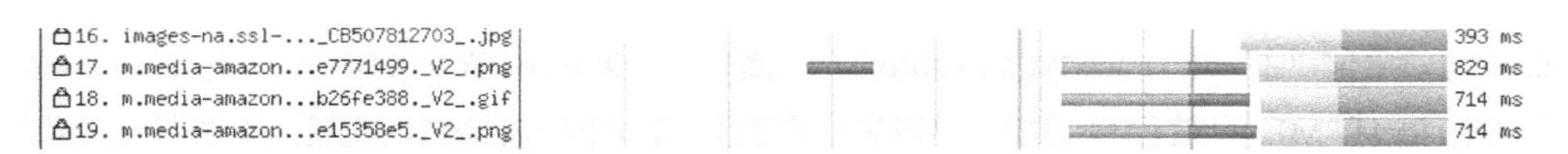

图 6.13 DNS prefetch

这个暗示可能节省的时间不多，但它的实现代码也不多。所有主流的浏览器都对它提供了支持[2]。DNS 查询有一个存活时间（TTL），所以网站不能过早地进行 DNS 查询（比如查询你在下一个页面会用到的域名），因为当 TTL 过期时，DNS 查询可能要再重复一次。通常会有 300 秒或者更长的 TTL，并且理想情况下，你的网页加载时间不会超过 5 分钟，所以它对于你的页面资源来说是安全的。但是这个暗示只对晚一些发布的资源有用。在引用资源之前使用 `dns-prefetch` 是没用的，因为当浏览器看到这个引用时会直接进行 DNS 查询。这项技术对于不是从 HTML 中直接解析出来的、依赖其他资源的连接非常有用。多数网站从其他域名加载资源，

1 见链接6.36所示网址。

2 见链接6.37所示网址。

所以使用这个首部应该会有较好的效果。

PRECONNECT

preconnect（提前连接）做了进一步延伸。它除了提前做DNS解析以外，还提前创建连接，这可以节省创建新的连接时的TCP和HTTPS开销。[1] 大多数当前主流的浏览器都对它提供了支持。不要太早使用preconnect，如果有段时间不用它，TCP慢启动算法会介入，这会降低传输速度，更糟的是，连接可能会被断开（见第9章）。

与DNS prefetch一样，当需要使用来自其他域名的关键资源时，preconnect很有用。

PREFETCH

prefetch（预取）用来加载低优先级的资源。preload试图让当前页面加载更快，而prefetch通常用来给将来要访问的页面加载内容。因为它加载的资源的优先级很低，所以直到当前页面加载完成时它才会开始加载。它加载的资源会放在缓存中，方便后续使用。大多数主流的浏览器都支持prefetch[2]，除了Safari（至少在写作本书时，Safari还没有支持）。prefetch的使用方法没有因为HTTP/2而发生变化。

PRELOAD

preload（预加载）告诉浏览器使用高优先级给本页加载资源。它是preconnect之后的一个本地步骤，但不像prefetch，它给当前页面加载资源。Web浏览器非常擅长扫描HTML的前面部分，并加载需要的资源，但preload可以让浏览器先下载页面没有直接包含的资源（比如在CSS文件中引用的字体）。浏览器对preload的支持还不够好，但也有很多浏览器支持了[3]。

preload和HTTP/2推送（见第5章）有一些关联，主要是它被用来作为替代方案。由于HTTP/2推送的复杂性，preload资源暗示（不使用HTTP/2推送）可能是一个更简单的选择。很多人建议，使用preload来代替HTTP/2推送，但要确保使用link首部时添加`nopush`属性（HTML版本不需要使用该属性，因为Web服务器不会使用HTML中的暗示来推送资源）。

当大家都使用`103 Early Hints` HTTP响应码（见第5章）时，preload会很

1 见链接6.38所示网址。

2 见链接6.39所示网址。

3 见链接6.40所示网址。

有用，因为它可以包含 HTTP preload link 首部（在 HTTP/1.1 下也可以）。

PRERENDER

prerender 是开销最大的资源暗示。使用它可以下载整个页面（包含页面需要的其他资源）并提前渲染。这么做的原因是，如果肯定会访问下一个页面，则可以直接把它加载了。当前只有 Chrome 和 IE11 支持这个特性[1]，但 Chrome 正打算把它标记为不推荐使用，以后可能不再支持它[2]。过度使用 prerender 的风险很高，会浪费客户端的带宽和运算资源。在 HTTP/2 下 prerender 的使用方法没有改变，但你不要期望别的浏览器优先实现该特性。

6.3.6 减少最后 1 公里的延迟

HTTP/2 通过在一个 TCP 连接上支持多个请求来试图减小延迟带来的影响。然而 HTTP/2 并没有解决延迟的问题，你还是要尽力降低延迟。Web 服务器通常通过高速的、高带宽的、高可用的基础架构连接到网络，但浏览网络（宽带和移动网络）的用户的连接没那么稳定。所谓的最后一公里是指用户连接到网络的这部分，通常是延迟影响比较大的地方。

解决这个问题的最简单方法是，让服务器尽量离浏览器近一些，对于全球化的网站来说，通常要部署离用户更近的服务器网络。这个网络可以是企业自己管理的网络，或者（更常见的）是 CDN。大多数 CDN 支持 HTTP/2[3]。考虑到将 Web 服务器升级到 HTTP/2 比较复杂，以及 HTTP/2 要求更严格的 HTTPS，故使用 CDN 还是简单一些（见第 3 章），而且能有效降低延迟。

6.3.7 优化 HTTPS

整个世界都在向 HTTPS 迁移。新的特性如 HTTP/2 依赖 HTTPS，无论从技术上还是从人们意愿上，运行网络的关键组件的人们（浏览器厂商、HTTP 工作组等）都认为应该加密使用互联网。HTTPS 最早只在一些网站或者网站的一部分网页上使用，现在的趋势是全站使用 HTTPS。

1 见链接6.41所示网址。

2 见链接6.42所示网址。

3 见链接6.43所示网址。

HTTPS 在过去几年里获得了大幅增长，这主要是因为一些免费的证书颁发机构（如 Let’s Encrypt[1]）和浏览器厂商（如 Chrome[2] 和 Mozilla Firefox[3]）也在推动 HTTPS 的发展，如图 6.14[4] 所示。HTTP/2 只是你使用 HTTPS 的其中一个理由。

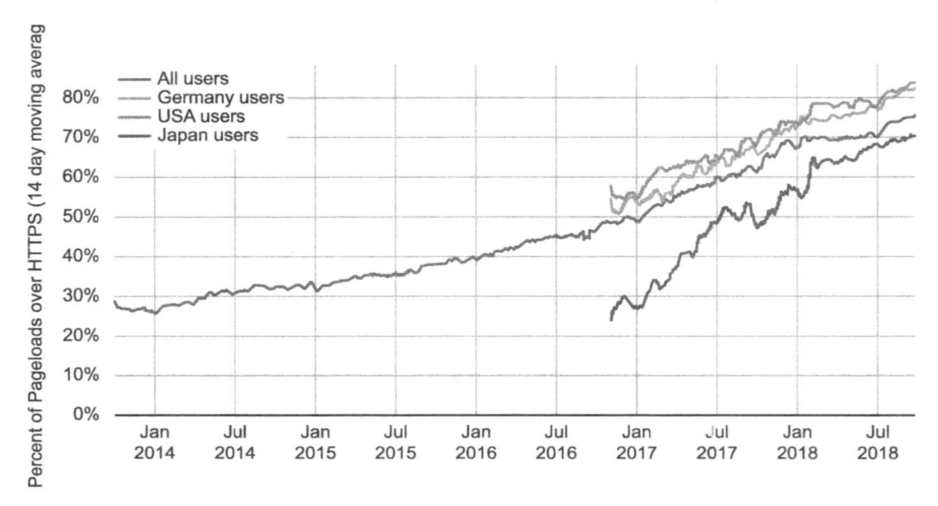

图 6.14 HTTPS 在过去几年里的增长，数据来自 Let’s Encrypt（基于 Firefox 遥测统计）

因为要创建加密会话，所以 HTTPS 给网页加载增加了额外的延迟。但这个延迟比较小，并且，就算对于移动设备来说，加密和解密的计算开销可以忽略不计，但是该延迟对初始连接的时间有影响。可以使用 preconnect（见 6.3.5 节）尝试提前连接，以减少对后续依赖域名的影响，但这项技术并不能解决页面初始连接延迟的问题。

优化 HTTPS 的设置非常重要，可以减少创建 HTTPS 连接的时间，也可以增加访客安全等级（防止出现浏览器警告）。优化 HTTPS 的设置对所有使用 HTTPS 的网站都很重要（因为这意味着是由于浏览器的要求才使用 HTTPS）。如下是一些 HTTPS 优化的建议（对 HTTP/1 或者 HTTP/2 都适用）：

- *确保只加载 HTTPS 资源，避免混合内容警告*。可以在内容安全策略中使用 `upgrade-insecure-requests`[5] 来强制使用这个设置，因为浏览器对它的

1 见链接6.44所示网址。

2 见链接6.45所示网址。

3 见链接6.46所示网址。

4 见链接6.47所示网址。

5 见链接6.48所示网址。

支持比较完善[1]。

- *确保及时更新你的 HTTPS 证书*。过期的证书影响用户访问网站。过去更新证书需要手动操作，现在更常使用自动化的解决方案，Let's Encrypt 一直在做这个事情。Let's Encrypt 只允许使用 90 天的证书，这就需要自动化操作，手动更新短期证书比较麻烦。
- *定期检查你的 HTTPS 设置*。HTTPS 协议、密码和配置经常改变，随着运算能力的增强，会增加新的配置，而且旧的配置会变得不太安全。可以使用在线的 SSLLabs Server Test 工具[2]做一个全面的 HTTPS 配置测试，这是大家熟知的 HTTPS 缺陷和最佳实践测试工具。评分为 A 级则说明没有问题。定期扫描（至少每个季度一次）保持评分，可以保你无忧。
- *实现 TLS 会话重用*。[3]TLS 握手需要花费相当长的时间，所以减少 TLS 握手非常有必要。其中最好的方法是使用 *TLS 会话重用*，这样就不必为每一个连接都建立完整的握手过程。在 HTTP/2 下，使用的连接更少，这能给后续其他连接（比如带或者不带授权信息的连接）带来性能提升。TLS 会话重用引入了一些安全问题[4]，因为后续重新连接的 HTTPS 可能比较脆弱（TLSv1.3 解决了大部分问题），但是即便如此大多数网站还是愿意启用 TLS 会话重用，因为它带来的性能提升还是比较明显的。
- *不要过于关注安全问题而影响性能*。安全很重要，但在安全和性能之间总有一个平衡。如果你使用最安全的设置并且使用最新的 TLS 协议和密码，那么你就会创建一个很多人不能访问的缓慢的网站。在撰写本书时，一个 2048 位的 RSA 密钥、TLSv1.2 协议和 TLS_ECDHE_RSA_WITH_AES128GCM_SHA256 密码已经足够了。随着时间的推移，情况会好转，但要注意，问题的关键是选择合适的安全等级。你还可以使用 Mozilla Configuration Generator[5] 来生成常见的 Web 服务器的配置，而且可以使用 SSLLabs 工具扫描其他的网站，将它们的设置和自己的做对比。我经常扫描 ssllabs.com 网站，

---

1 见链接6.49所示网址。

2 见链接6.50所示网址。

3 见链接6.51所示网址。

4 见链接6.52所示网址。

5 见链接6.53所示网址。

因为 SSLLabs 最了解如何配置。

- *考虑是否可以将 HTTPS 的配置工作委托出去*。HTTPS 配置较复杂。将这个工作外包给相关专家，或者使用云服务器、CDN 都比自己管理更好，这能确保你的用户总是使用强健的 HTTPS 配置。把密钥交给 HTTPS 配置服务商，要保证他是你信任的第三方，否则你就是在自毁长城。
- *如果可以的话，启用 TLSv1.3*。该协议在 2018 年 8 月成为标准[1]，但可能大家还没使用它。该版本协议有了很大的性能（及安全）提升。[2]

关于 HTTPS 就讲到这里，很多网站已经启用了 HTTPS。HTTP/2 要求使用 HTTPS，这使得一些网站必须迁移到 HTTPS。使用 HTTPS 需要一些管理成本，站长们需要考虑如何最佳使用它。凡是运行网站的人都应该对以上几点多加注意，不管使不使用 HTTP/2。

6.3.8 和 HTTP 无关的性能优化技术

这一节，主要介绍通过 HTTP 传输资源的一些技巧。许多的 Web 性能提升与数据下载方式无关。特别糟糕的 JavaScript 可以轻松地使网站慢得像蜗牛一样。加载大量广告和日志跟踪系统会占用网站的资源。低配置的服务器难以应付网站的大量请求。以上这些主题远远超出了本书的讨论范围，不要认为只使用这里介绍的一些技巧优化 HTTP 的使用就够了，你可能还会遇到其他的性能问题。

HTTP 性能优化技术非常重要，很多 Web 资料（书籍、博客或会议）都会重点讲述它，但其并不是 Web 性能优化的全部。因此，如果你觉得从网站或 Web 应用程序方面做更好，就不必花太多时间优化 HTTP 的使用。

6.4 同时对HTTP/1.1和HTTP/2做优化

现如今，大多数用户应该都可以使用 HTTP/2 了，因为浏览器普遍都支持它。[3]然而还有一些用户不能使用 HTTP/2，他们在使用旧版本的浏览器，或者使用旧的设备，导致不容易升级浏览器（比如手机）。或者可能代理（包括反病毒软件）在

1 见链接6.54所示网址。

2 见链接6.55所示网址。

3 见链接6.56所示网址。

浏览器和服务器之间做了连接降级。如果我们使用这些 HTTP/2 专有技术（比如少量合并文件），会对那些用户产生什么影响呢？好消息是，就算你对 HTTP/2 做了优化，用户还是能正常访问你的网站。

最差的情况是，如果你去掉了针对 HTTP/1 的优化，则网站会变慢，但不会导致网站不能访问。在可以预见的将来，只要有 HTTP/1 流量，你都应该同时对 HTTP/1 和 HTTP/2 做优化。

6.4.1 计算 HTTP/2 流量

你要做的第一件事情是计算每种协议的流量。这里，假设你已经升级到了 HTTP/2，但是还没有更新网站，所以还在使用 HTTP/1.1 的优化方法。如果你的网站的大部分流量都在 HTTP/2 上面，就没太大必要关注 HTTP/1 流量。网站在 HTTP/1 下还会正常工作，只是比理想的情况慢了一点。

计算 HTTP/2 流量的最简单的方法是在 Web 服务器的日志文件里添加日志。在 Apache 中，可以在 `LogFormat` 指令中添加配置。通常可以在 httpd.conf 主配置文件中（在一些发行版中是 apache2.conf），给 `LogFormat` 添加一个 `%H` 字段：

```
LogFormat "%h %l %u %t %{ms}T %H \"%r\" %>s %b \"%{Referer}i\"
"%{User-Agent}i\" %{SSL_PROTOCOL}x %{SSL_CIPHER}x
%{Content-Encoding}o %{H2_PUSHED}e" combined
CustomLog /usr/local/apache2/log/ssl_access_log combined
```

则 access 日志中会出现如下日志：

```
78.17.12.1234 - - [11/Mar/2018:22:04:47 +0000] 3 HTTP/2.0 "GET / HTTP/2.0"
200 1847 "-" "Mozilla/5.0 (Macintosh; Intel Mac OS X 10_13_3)
    AppleWebKit/537.36 (KHTML, like Gecko) Chrome/64.0.3282.186
    Safari/537.36" TLSv1.2 ECDHE-RSA-AES128-GCM-SHA256 br
```

这里，我们看到协议（`HTTP/2.0`）在请求（`GET/HTTP/2.0`）之前的记录。因为 Apache 在日志中输出 HTTP/1 格式的请求，所以请求使用的协议可以从请求行（`%r`）获取，但使用 `%H` 在日志文件中单独列出来更方便解析。

在 Nginx 中，可以使用类似的方法，通过 `$server_protocol` 环境变量添加协议日志：

```
log_format my_log_format '$remote_addr - $remote_user [$time_local] '
                '$server_protocol "$request" $status $body_bytes_sent '
                '"$http_referer" "$http_user_agent"';
access_log /usr/local/nginx/nginx-access.log my_log_format;
```

如果你使用的是其他 Web 服务器，请参考相关文档。

端点服务器的重要性

如果在几个 Web 服务器之前使用负载均衡器，则需要在负载均衡器上探查使用的协议，这取决于使用什么类型的负载均衡器。

HTTP 负载均衡器（也叫 7 层负载均衡器，遵守第 1 章提到的 OSI 模型）作为 HTTP 连接的一端，向实际提供服务的 Web 服务器发起 HTTP 请求。所以，如果你在 Web 服务器上探查协议，则 Web 服务器的日志记录的是负载均衡器和 Web 服务器之间的连接使用的协议，这个协议可能跟真正客户端和负载均衡器之间的连接使用的协议不同，我们应该关注这个协议。这种情况下，应该在负载均衡器上探查协议，而不是在 Web 服务器上。

TCP 负载均衡器（也叫 4 层负载均衡器）在 TCP 层工作，其转发 TCP 包（HTTP 消息）到下游的 Web 服务器。所以，这时 HTTP 消息是原始消息，可以在 Web 服务器上探查协议。

这里所谓的端点服务器是你要关注的协议（这里是 HTTP）用户的接入点，所以在计算流量时，要了解整个构架，弄清楚在哪个地方计算。

在日志中记录使用的协议，你可以通过分析这些日志，计算每个协议的流量。如果使用 Linux 系统，或基于 UNIX 的操作系统，则可以组合使用 grep、sort 和 uniq 来进行简单的统计：

```
$ grep -oh 'HTTP\/[0-9]\.[0-9]*' ssl_access_log | sort | uniq -c
    196 HTTP/1.0
    1182 HTTP/1.1
    5977 HTTP/2.0
```

可以看到，还有少量的 HTTP/1.0 流量（可能是机器人的，不是真实流量）。剩下的，HTTP/1.1 占 16%，HTTP/2 占 81%。

6.4.2 在服务端检测 HTTP/2 支持

假如使用 HTTP/1 的访客还占网站流量相当大的一部分，你可能需要识别当前的连接是 HTTP/1.1 还是 HTTP/2，并针对不同的协议版本返回不同的响应。使用 HTTP/1 的用户可以使用完全合并的资源，并从分片的域名上加载静态资源，而 HTTP/2 的用户可以使用较少合并的资源，从主域名上加载所有的内容。

想要针对两个版本的协议做区分处理，就要知道进来的连接使用的是哪个版本协议。就像在统计使用协议时，需要统计端点服务器上的流量（参考上面的“端点服务器的重要性”）一样，你还要看端点服务器的能力。将它使用的协议的版本信息发送给下游会很重要。

大多数 Web 服务器都提供各种环境变量[1]，可以使用它们判断使用的协议，以及调整服务器配置。CGI 和 PHP 脚本可以访问 SERVER_PROTOCOL 环境变量，此变量的值会对应地被设置为 HTTP/1.1 或 HTTP/2.0。

一些 Web 服务器可以提供额外的变量，例如 Apache，会提供如下环境变量以供大家使用，见表 6.7。

表 6.7 Apache HTTP/2 环境变量

变 量名	值 类 型	描 述
HTTP2	Flag	使用 HTTP/2
H2PUSH	Flag	针对该连接启用 HTTP/2 服务端推送，而且客户端也支持 HTTP/2 服务端推送
H2_PUSH	Flag	H2PUSH 的属性名
H2_PUSHED	String	对于服务器推送的请求，该变量的值为空或为 PUSHED
H2_PUSHED_ON	Number	该变量标识触发推送请求的 HTTP/2 流编号
H2_STREAM_ID	Number	该变量的值为 HTTP/2 请求流编号
H2_STREAM_TAG	String	这是 HTTP/2 请求过程中的唯一流标识符，其包括由一个连字符连接的连接 ID 和流 ID

可以从 Apache 配置中访问这些环境变量，也可以从 CGI 和 PHP 脚本中访问。还可以在 LogFormat 指令中使用它们，所以有必要在自定义日志格式中添加 %{H2_PUSHED}e，以在日志中记录推送的资源。

Nginx Web 服务器中有一个 $http2 变量[2]。当使用基于 HTTPS 的 HTTP/2 连接时（所有浏览器都使用该连接），它会被设置为 h2；当使用未加密的 HTTP/2 连接时它的值是 h2c。在撰写本书时，Nginx 没有提供其他相关的环境变量，比如是否启用推送的变量。

1 见链接6.57所示网址。

2 见链接6.58所示网址。

很多人使用 Apache 和 Nginx 作为反向代理服务器，将请求代理到下游应用服务器（如 Node 或者 Tomcat 这种基于 Java 的应用服务器）。在 Apache 中，可以使用 ProxyPass 配置：

```
ProxyPass /webapplication/ http://localhost:3000/
```

这时，因为是下游系统，所以它们没办法访问 Apache 的环境变量。但是，你可以通过 RequestHeader 指令来设置额外的 HTTP 首部以通知下游系统：

```
#Set up a HTTP_VERSION variable as Apache doesn't have a variable for this
#(SERVER_PROTOCOL and Request_Protocol aren't full environment variables)
SetEnvIf Request_Protocol "(.*)" HTTP_VERSION=$1

#Then use this variable to set a HTTP Header for downstream systems to see
RequestHeader set protocol "%{HTTP_VERSION}e"

#Add some other, pre-defined HTTP2 variables
RequestHeader set http2 %{HTTP2}e
RequestHeader set h2push %{H2PUSH}e
ProxyPass /webapplication/ http://localhost:3000/
```

下游系统可以像读取其他 HTTP 首部一样读取这些 HTTP 首部。

在 Nginx 中也有类似的语法：

```
location /webapplication/ {
    proxy_set_header protocol $server_protocol;
    proxy_set_header http2 $http2;
    proxy_pass http://localhost:3000;
}
```

我们以 Node 为例。你可以参考第 5 章中简单服务器的代码，并添加两行代码来输出 HTTP/2 支持情况的日志，如下所示。

代码 6.1 检查 HTTP 首部的 Node 程序

```
'use strict'

var http = require('http')
const port = 3000

const requestHandler = (request, response) => {
  const { headers } = request;
  console.log('HTTP Version: ' + headers['protocol'])
  console.log('HTTP2 Support: ' + headers['http2'])
  console.log('HTTP2 Push Support: ' + headers['h2push'])
  response.setHeader('Link','</assets/css/common.css>;rel=preload')
```

```
  response.writeHead(200, {"Content-Type": "text/html"})
  response.write('<!DOCTYPE html>\n')
  response.write('<html>\n')
  response.write('<head>\n')
  response.write('<link rel="stylesheet" type="text/css" href="/assets/css/
common.css">\n')
  response.write('</head>\n')
  response.write('<body>\n')
  response.write('<h1>Test</h1>\n')
  response.write('</body>\n')
  response.write('</html>\n')
  response.end();
}

var server = http.createServer(requestHandler)
server.listen(port)
console.log('Server is listening on ' + port)
```

使用 Apache 服务器时，在浏览器中访问 `/webapplication/`，node 日志输出如下：

```
HTTP Version: HTTP/2.0
HTTP2 Support: on
HTTP2 Push Support:on
```

使用 HTTP/1 浏览器访问时输出如下：

```
HTTP Version: HTTP/1.1
HTTP2 Support: (null)
HTTP2 Push Support: (null)
```

使用 Nginx 时输出有稍微不同：

```
HTTP Version: HTTP/2.0
HTTP2 Support: h2
HTTP2 Push Support: undefined
```

经由 Nginx 的 HTTP/1.1 请求，如下：

```
HTTP Version:HTTP/1.1
HTTP2 Support:undefined
HTTP2 Push Support:undefined
```

还有一个方法是，通过查询参数来传递这些信息，而不是使用 HTTP 首部。但是 HTTP 首部无论对于 `GET` 还是 `POST` 请求来说都比较简单。无论如何，你都可以知道当前使用的是什么协议，并且可以让应用根据不同的协议做出不同的响应。

6.4.3 在客户端检测 HTTP/2 支持

客户端应用可能也想知道你在使用 HTTP/1 还是 HTTP/2。当前没有标准的方法可以获取此信息，但是 Resource Timing Level 2 API 包含一个 `nextHopProtocol` 属性[1]，其提供了相关的信息。

因为有中间代理的存在，很难知道客户端可以支持什么协议。有可能客户端只能使用 HTTP/1.1，但是代理通过 HTTP/2 访问服务器（在现实中，往往相反，浏览器支持 HTTP/2，但由于代理的存在，降级到了 HTTP/1.1）。出于这个原因，一般在服务端检测所使用的协议，并将该信息返回给客户端比较好。可以使用多种方法返回结果，可以使用 HTTP 首部，或者 JavaScript 变量。唯一需要注意的是，指示协议版本的资源缓存会不会影响未来的连接。如果你开始时使用 HTTP/2 连接，服务端在资源中返回 HTTP/2 的信息，然后在客户端将这个资源缓存起来。当客户端切换为 HTTP/1 连接时，则可能会因为缓存的信息错误而做错误的优化。

6.4.4 连接合并

HTTP/2 规范允许多个域名使用同一个 HTTP/2 连接，前提是它们是 *authoritative*（官方）的域名[2]。就是说，这些域名被解析到同一个 IP 地址，并且 HTTPS 证书中同时包含这些域名。这是为了充分利用单个连接的优势，并自动合并在同一个服务器上的分片的域名（也就是连接合并）。

假设你有一个网站 *www.example.com*，使用 images.example.com 来托管图像。如果这两个域名都指向同一台服务器，在服务器上通过虚拟主机技术区分不同请求，那么在 HTTP/2 下，如果你设置了正确的 `:authority` 伪首部，就可以使用同一个连接来响应请求。如果你只是为了解决 HTTP/1 的 6 个连接数的限制才创建了域名分片，并且这些分片的域名还使用同一台服务器，就会发生连接合并，如图 6.15 所示。

从一个更高的层面（比如浏览器开发者工具）看，HTTP 请求和分片之后的请求完全一样。只有在连接层，客户端才可以决策如何合并连接。网站还可以继续支持域名分片，HTTP/1.1 的连接会自动使用分片的域名，而 HTTP/2 的连接会自动合并分片的域名，就像没有做过域名分片一样，所有的资源通过一个连接加载。这是

1 见链接6.59所示的网址。

2 见链接6.60所示的网址。

理想情况，不需要做额外的工作来支持HTTP/1的用户，或者为HTTP/2的用户做优化。但是，现实往往没那么简单。

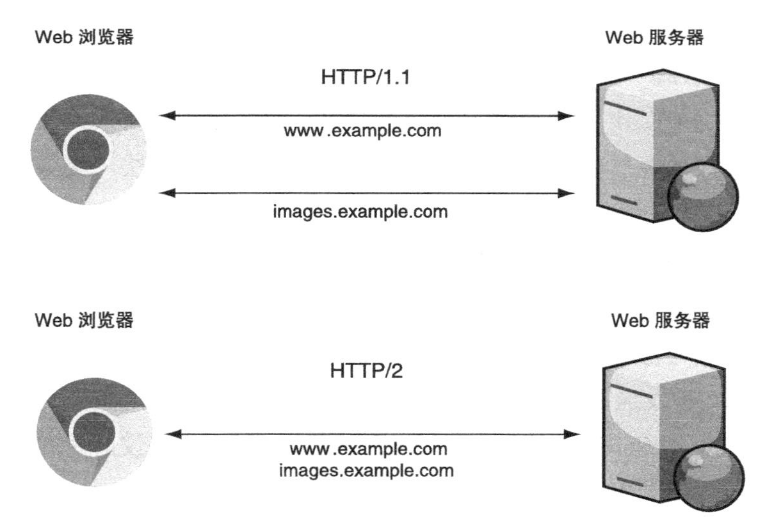

图 6.15 HTTP/2 下的连接合并

首先，只有在这些域名指向同一台服务器时连接合并才生效。如果服务器不同，就会使用不同的连接。另外一个问题是，浏览器要实现连接重用的功能，而有些浏览器并没有这么做[1]。规范只是说连接可以被重用，但是没说一定要重用。在撰写本书时，Safari和Edge不会做合并，而Chrome和Firefox会。

同时，这个功能可能会导致一些问题，具体取决于浏览器的实现。一些域名会指向多个IP地址，其中的一些IP地址可能会被其他的域名共用，浏览器可能认为它可以重用（或者合并）一个连接，但其实它不能。假设有表6.8中所示的IP地址。

表 6.8 连接合并示例

域名	IP 地址
www.example.com	1.2.3.4
	1.2.3.5
images.example.com	1.2.3.4
	1.2.3.6

在这个场景下，IP 1.2.3.4上的任意连接都可以同时服务 *www.example.com* 和images.example.com的HTTP/2请求，但是其他IP地址（1.2.3.5和1.2.3.6）上的连

1 见链接6.61所示的网址。

接则不能。Firefox 实现了一个更激进的连接合并方法，如果它知道这些 IP 列表有交集，会试图允许两个域名重用连接，不管实际的连接使用哪个 IP。这会导致错误，BBC 在开始迁移到 HTTP/2 的时候就注意到了这个问题[1]。

可以使用新的 HTTP 状态码 `421` 来解决这个问题，服务器可以用它友好地通知浏览器，其使用了错误的连接，并且要再看一下应该向哪个服务器发送请求。然而，根据 BBC 的数据，当前对这个状态码的支持还比较少。还有一个方法，服务器可以使用 `ORIGIN` 帧[2]告诉客户端它是哪些域的官方服务器，不需要客户端再猜。在撰写本书时，这个帧还比较新，但已经有一些服务器支持[3,4]，其他的服务器也有可跟踪的功能需求[5,6]。在浏览器端，Firefox[7]已经支持了这个帧，其他浏览器也在跟进，因为这个帧已经被认定成为标准了[8]。此帧可能会在连接开始时被发送（理想情况下，在 HTTP/2 `SETTINGS` 帧发送之后），这也应该可以防止发送错误的请求。另外，HTTP/2 中还有一个提议，即 Secondary Certificate Authentication[9]。此提议的内容是，就算使用了不同的证书，只要 IP 相同，就可以做连接合并。

简单地说，连接合并比较复杂，所以不建议依赖此项特性。反而，要看是否需要域名分片，看它是否会带来性能提升。如果想要保留域名分片的功能，最好在不同的服务器上使用该功能，以防止连接合并带来复杂问题。

6.4.5 还要为 HTTP/1.1 的用户优化多久

最后一个问题是，同时为 HTTP/1 和 HTTP/2 做优化的这种状态还要持续多久？优化需要做额外的工作，所以要考虑是否值得付出这些努力，如果要做，做多久？有一些其他的办法，比如先不要去掉 HTTP/1.1 的变通方案，因为它们在 HTTP/2 下不会变得更糟，只是没那么必要。如果网站的大部分用户都在使用 HTTP/2，显然

1 见链接6.62所示的网址。
2 见链接6.63所示的网址。
3 见链接6.64所示的网址。
4 见链接6.65所示的网址。
5 见链接6.66所示的网址。
6 见链接6.67所示的网址。
7 见链接6.68所示的网址。
8 见链接6.69所示的网址。
9 见链接6.70所示的网址。

为更多人优化更合适，可以允许那些使用 HTTP/1.1 连接的用户慢一些。每个站长都应该基于自身情况和你期望的效果来做出决策。浏览器对 HTTP/2 的支持是足够强的。一般不能使用 HTTP/2 的用户有这么几类：

- 使用旧版本软件（并且会缺少一些功能，具体取决于对旧版本的支持程度）的用户。
- 在公司代理之后（可能使用更快的连接）的用户。
- 在反病毒代理之后（可能是桌面用户，大部分使用宽带网络）的用户
- 使用小众的浏览器（可能在渲染页面时还会有其他问题）的用户。
- 机器人或者爬虫程序（你可能没兴趣去支持它们）

总的来说，有必要先看看你的访客中有哪些在使用 HTTP/1，然后再决定给两个版本的协议做优化是否有价值。对于较大的网站来说，答案可能是肯定的；但对于小一些的网站，同时优化可能就没那么必要。因为就算你不为 HTTP/1 做优化，网站还会正常工作（虽然会慢），所以这个选项很值得考虑。类似地，在网站设计中，可以采用优雅降级的方法为不支持一些新功能的浏览器提供可以正常运行但未优化的网站。

总结

- 设计 HTTP/2 是为解决 HTTP/1.1 的性能问题的。
- 我们希望不再做关于 HTTP/1.1 的性能优化，因为需要付出额外的努力，并且还会带来一些问题。这个希望正在实现的途中。尽管不太需要使用这些技术了，但现在移除它们还为时过早。
- 其他的 Web 性能优化技术在 HTTP/2 下大部分还有用，但有必要在网站迁移到 HTTP/2 之前再次确认。
- 可以同时为 HTTP/1.1 和 HTTP/2 连接做优化。
- 浏览器可以使用连接合并技术来自动合并不同域名的连接，但过程比较复杂。

第3部分

HTTP/2进阶

本书第 1 部分对 HTTP/2 进行了简单介绍。第 2 部分讲了 HTTP/2 的细节，以及使用方法。第 4 章介绍了 HTTP/2 的基础，以及它的工作方式。第 5 章专注于 HTTP/2 推送，这是 HTTP 中的新概念。第 6 章介绍了 HTTP/2 对开发实践的影响。

在本部分中，会更深入地讨论一些大多数人不懂的高级话题。第 7 章讨论之前没覆盖到的规范的其他部分。第 8 章专门讲解独立出来的 HPACK HTTP 首部压缩规范。这两章会让你加深对 HTTP/2 协议的理解，做到融汇贯通。学习了本部分的内容后，你可以解决一些 HTTP/2 的问题，甚至可以为 HTTP/2 的发展做些贡献。

7 高级HTTP/2概念

本章要点

- HTTP/2 流状态
- HTTP/2 流量控制
- HTTP/2 优先级策略
- HTTP/2 一致性测试

本章介绍 HTTP/2 协议的另一些概念，大致按照它们在规范中出现的顺序来讲解[1]。这些技术很多不受 Web 开发者的直接控制，甚至可能不受服务器管理员的控制（除非他们自己开发 HTTP/2 服务器），所以这些主题更高阶一些。但是，如果你正在试图实现自己的 HTTP/2 服务器，这些知识会有助于你深入了解协议的工作机制，并有助于你调试。此外，在将来，开发者或者至少 Web 服务器管理员能够拥有更多的控制权。第 8 章介绍 HPACK 协议，它是与 HTTP/2 分开的规范。

1　见链接7.1所示的网址。

7.1 流状态

每下载一次资源创建一个 HTTP/2 流，下载完成后这个流会被丢弃，这是 HTTP/2 流不完全等同于 HTTP/1.1 连接的一个原因。尽管我们在第一次讨论 HTTP/2 时，为了简单，将流解释为 HTTP/1.1 的连接。有许多图表将 HTTP/2 流和 HTTP/1 连接（如图 7.1 所示，之前在第 2 章中也使用过该图表）做类比，但从严格意义上来讲这种做法并不正确，因为流不会被重用。

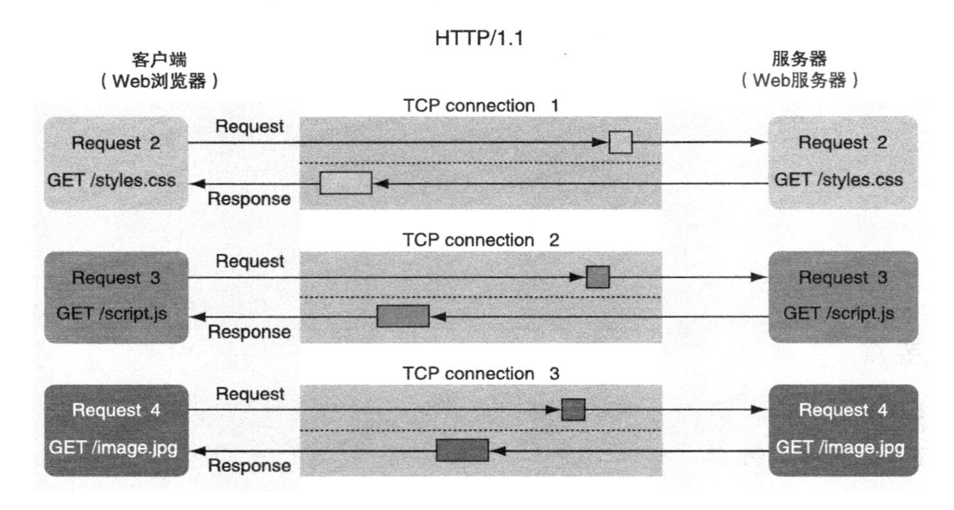

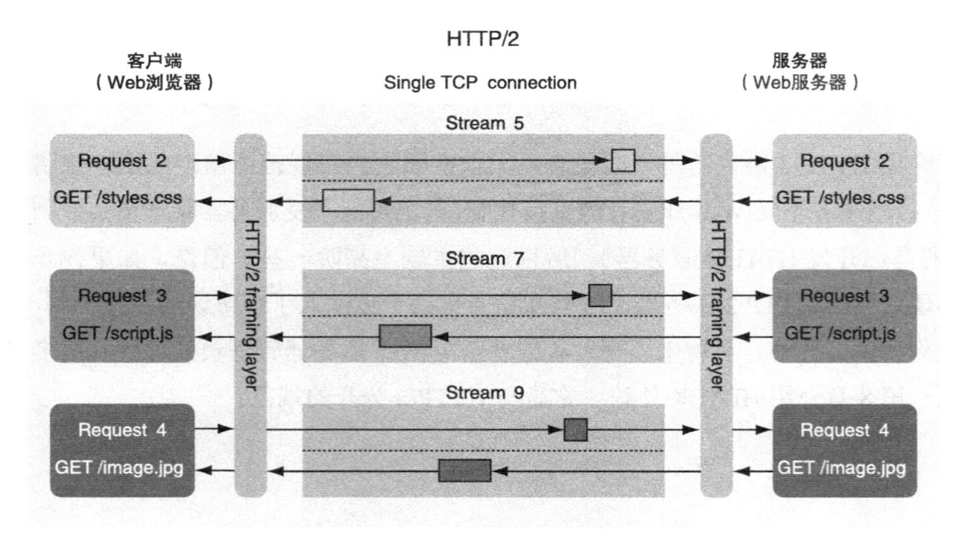

图 7.1 可以使用类似的方式表述 HTTP/1.1 的连接和 HTTP/2 的流，尽管它们不同

在流传输完它的资源之后，流会被关闭。当请求新资源时，会启用一个新的流。流是一个虚拟的概念，它是在每个帧上标示的一个数字，也就是流 ID。所以关闭或创建一个流的开销，远小于创建 HTTP/1.1 连接（包含 TCP 三次握手，可能在发送请求之前还有 HTTPS 协议协商）的开销。实际上，HTTP/2 连接比 HTTP/1 连接开销更高，因为在它上额外添加了 HTTP/2“魔法”前奏消息，并且在发送请求之前还至少要发送一个 SETTINGS 帧。但 HTTP/2 的流开销更低。

HTTP/2 的流会经过一些生命周期状态。客户端发送 HEADERS 帧以开启一个 HTTP 请求（比如 GET 请求），服务器响应此请求，然后流结束。这个过程经历如下状态：

- 空闲。流刚被创建或者引用时的状态。实际上，大多数流处在这个状态的时间都很短，因为如果不想使用一个流，你也不会引用它，所以大多空闲的流会被直接使用，然后直接进入下一个状态：打开。
- 打开。当流被用以发送 HEADERS 帧时，就是打开的状态，此时流可以用来做双向的消息传递。只要客户端还在发送数据，流都保持在这个状态。因为大多 HTTP/2 请求只包含一个 HEADERS 帧，当这个帧被发送完成时，流就可能进入下一状态：半关闭。
- 半关闭。当客户端使用 END_STREAM 标志位，表明请求的 HEADERS 帧已经包含了请求的所有数据时，流就变成半关闭的状态，此时流只能被用来给客户端发送响应数据，客户端不能使用它再发送数据（除非像 WINDOW_UPDATE 这种控制帧）。
- 关闭。当服务器完成数据发送，并在最后一个帧上使用 END_STREAM 标志时，流就变成关闭状态，此时不可以再使用流。

这个列表只解释了简单的由客户端发起 HTTP 请求的过程，由服务端发起的请求也是类似的过程。当前，只有 HTTP/2 推送响应是由服务端发起的（但并不是说未来不会有新的帧由服务端发起）。这时，一个流启动另外一个流（使用承诺的流 ID），这个新的承诺的流会经过一个类似的状态流转过程：

- 空闲。当承诺（要推送）的流最初被创建，或者被另外一个流上的 PUSH_PROMISE 帧引用的时候的状态。
- 保留。推送流直接进入保留状态，直到服务器准备好要推送的资源。你知道流已经存在（所以它起码是空闲的），其将被用于发送指定的资源（此时就不是空闲状态了，所以是保留的状态），但是没有具体资源的详细信息，就像第一个示例中，在接收到 HEADERS 帧之后的状态。但是因为它只用于推送资源，所以这个流永远不会是打开状态，因为你不会想让客户端在这个流上发送数据。当推送流发送完 HEADERS 帧之后（在原始的流上发送完 PUSH_PROMISE 帧之后），它会从保留态变成半关闭状态。明显，半关闭状态是下一个状态。

- 半关闭。当服务器开始推送响应时，承诺的（推送）流进入半关闭状态，流只能用于发送推送的数据。
- 关闭。当服务器发送完数据，在最后一个 DATA 帧上使用 END_STREAM 标志时，流会变成关闭状态，此时不能再使用流。

完整的 HTTP/2 状态流转图如图 7.2 所示，该图包括前面两个列表中的流状态，以及其他一些可能的流状态（例如，当使用 RST_STREAM 帧提前结束连接时的状态）。

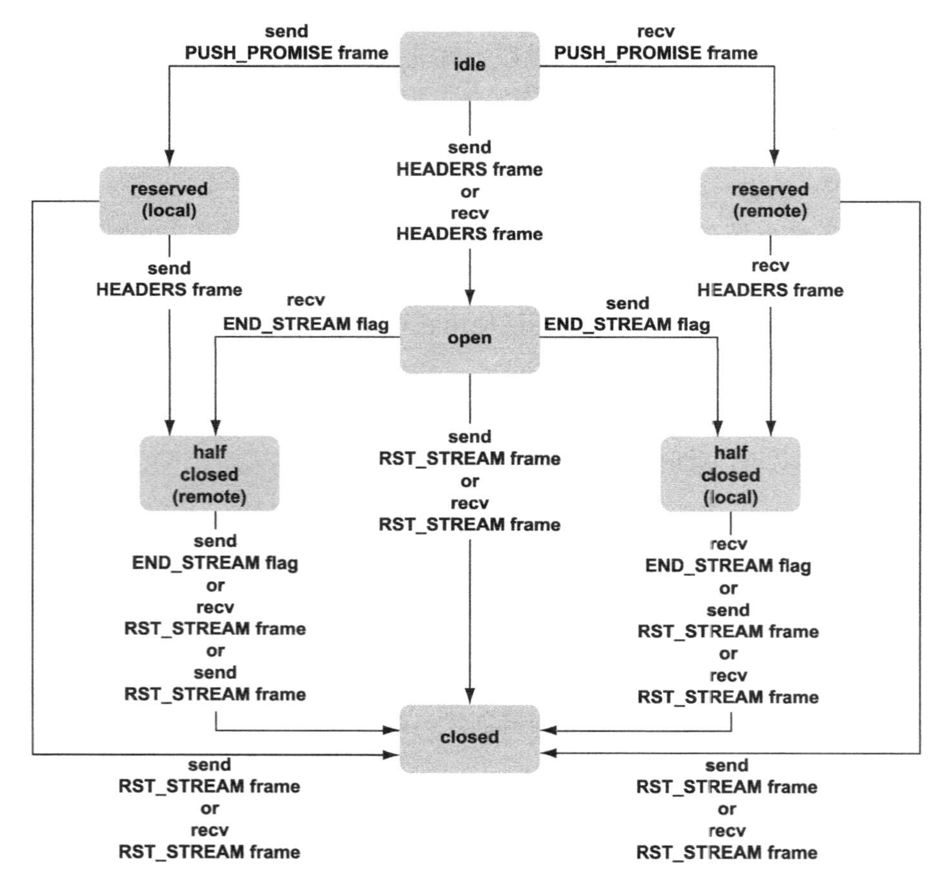

图 7.2 HTTP/2 流状态

对于上面的每个流程，客户端和服务端看到的流状态稍微不同，具体取决于状态是它主动改变的还是基于另外一端的消息改变的。所以，其中一些状态有一个本地的或者远程的指示（具体取决于你是流的创建者还是接收者），且有自每个状态的 send 和 recv 过渡。

回到第一个 GET 请求的例子，它经过如下状态：空闲，打开，半关闭，关闭。但是其中半关闭状态有点模棱两可，对于客户端来说它是关闭的（只能接收数据不能发送），但对于服务端是半关闭的。客户端把流看作关闭（本地）状态，服务端把它看作半关闭（远程）状态。所以，一个请求对于客户端和服务端来讲，会经过不同的状态流转。它经过图中左边的状态流转还是右边，取决于你是以客户端还是服务端的视角来看。

这个状态图只显示状态转换。一些帧不会引起状态变化，例如 CONTINUATION 帧，是之前 HEADERS 帧的扩展，所以在图中要被当作 HEADERS 帧的一部分。类似地，其他的帧（如 PRIORITY、SETTINGS、PING 和 WINDOW_UPDATE）也不会引起状态变化，所以图中没有展示。

开诚布公地讲，HTTP/2 状态图对大多数 HTTP/2 的用户来讲都不重要，只对底层 HTTP/2 库的实现者比较重要，因为其可以帮助他们理解在每个状态下能发送哪些帧，不能发送哪些帧。然而这个图，以及不同的状态在规范[1]中被多次提到，理解这些状态有助于理解，使用任何 HTTP/2 不允许的方式改变状态都会产生 PROTOCOL_ERROR 消息的原因。理解这个状态图可以知道为什么会遇到这类错误（虽然这类错误经常是由底层的 HTTP/2 实现导致的，大多数 Web 开发者也没办法自己手动修复）。

在开始接触 HTTP/2 状态图时你可能觉得很费解，不像其他东西，可以使用浏览器开发者工具，或者本书中提到的其他工具（nghttp 或者 Wireshark）查看。其中的状态多是一些内部状态，HTTP/2 的实现者需要管理和维护它。因为这个原因，理解它比较困难。然而，结合主要的应用场景（如请求一个 HTTP 资源，像之前的示例），常常可以理解得更深一些。

7.2 流量控制

流量控制是网络协议的一个重要部分。当接收方没有准备好处理数据时（可能

1 见链接7.2所示的网址。

是因为忙而无法处理数据），可以使用流量控制来停止发送方的数据发送。进行流量控制是非常有必要的，因为这样可以让客户端以不同的速度处理数据。高速的服务器或许可以快速地发送数据，但如果低速的客户端（如手机）跟不上它的速度，它会在内存中缓存数据，当缓存区满了的时候，它就开始丢弃数据包，并要求服务端重发。这就导致服务端、网络和客户端浪费一些资源。

在 HTTP/1.1 下流量控制不是必需的，因为不管何时最多只会有一个消息在传输。因此，可以使用连接层的 TCP *流量控制*。如果接收方停止消费 TCP 数据包，它就不再响应这些包，然后发送方就会停止发送，因为 TCP 拥塞窗口（CWND）会被用光（见第 2 章）。

在 HTTP/2 下，使用由多个流组成的*多路复用*的连接，所以只使用连接层的流量控制就不够了。不仅需要连接层的控制，还需要流层级的控制，比如你可能想要接收某一个流的更多数据。第 4 章提供了一个用户暂停视频下载的示例。在这种情况下，你可能不想继续下载视频，把它暂停了，但你想要在 HTTP/2 连接上加载其他可能会使用的资源。

HTTP/2 中的流量控制和 TCP 方法类似。在连接开始时（使用 `SETTINGS` 帧），确定流量控制窗口大小（如果不指定，默认为 65 535 个 8 位字节）。然后每次都会从总量中减去发送的数据的大小，而后再将接收到的响应数据（通过 `WINDOW_UPDATE` 帧）大小加回去。有一个连接层的流量控制窗口，它有点类似 TCP 流量控制窗口，而且每个流也有一个流量控制窗口。发送方能发送的数据最大值不超过最小的流量控制窗口（整个连接和单个流的窗口，都不能超出其大小）的大小。当流量控制窗口大小变为 0 的时候，发送方必须停止发送数据，直到接收到响应消息，告诉你其已将窗口大小更新为非 0 值。如果你实现了一个 HTTP/2 客户端或者服务端，但是忘了实现 `WINDOW_UPDATE` 帧，你很快就会发现另外一端会停止跟你会话。

流量控制在 `DATA` 帧上（将来新的 HTTP/2 帧也可能会被纳入流量控制）使用。当客户端不再发送确认帧时，还可以发送控制帧（特别是用来控制流量的 `WINDOW_UPDATE` 帧）。

7.2.1 流量控制示例

下面看一个流量控制的示例，还是使用 nghttp 工具。在本节中，我们创建一个对 Facebook 首页和所需资源的请求，然后将日志通过管道的方式输出给 `grep` 展示，其中重要的部分如下：

```
$ nghttp -anv https://www.facebook.com | grep -E "frame <|SETTINGS|window_
size_increment"
[ 0.110] recv SETTINGS frame <length=30, flags=0x00, stream_id=0>
          [SETTINGS_HEADER_TABLE_SIZE(0x01):4096]
          [SETTINGS_MAX_FRAME_SIZE(0x05):16384]
          [SETTINGS_MAX_HEADER_LIST_SIZE(0x06):131072]
          [SETTINGS_MAX_CONCURRENT_STREAMS(0x03):100]
          [SETTINGS_INITIAL_WINDOW_SIZE(0x04):65536]
[ 0.110] recv WINDOW_UPDATE frame <length=4, flags=0x00, stream_id=0>
          (window_size_increment=10420225)
[ 0.110] send SETTINGS frame <length=12, flags=0x00, stream_id=0>
          [SETTINGS_MAX_CONCURRENT_STREAMS(0x03):100]
          [SETTINGS_INITIAL_WINDOW_SIZE(0x04):65535]
```

可以看到，Facebook 服务器使用的流量控制窗口大小为 65 536 个 8 位字节（收到的 SETTINGS 帧中的 SETTINGS_INITAL_WINDOW_SIZE 的值），nghttp 使用 65 535 个 8 位字节（发送方 SETTINGS 帧中的 SETTINGS_INITAL_WINDOW_SIZE 的值）的窗口大小。顺便说一下，65 535 是默认大小，因此 nghttp 不需要发送该信息。代码显示，两端可以使用不同流量控制窗口大小（甚至可以非常接近，只差一个 8 位字节）。

在两个 SETTINGS 帧中间，出现第一个 WINDOW_UPDATE 帧（代码中加粗部分）：

```
[ 0.110] recv WINDOW_UPDATE frame <length=4, flags=0x00, stream_id=0>
        (window_size_increment=10420225)
```

这个帧说明，Facebook 准备接收 10 420 225 个 8 位字节，因为这个帧使用的流 ID 为 0，所以这是会应用到所有流的连接层的限制，其是流本身的流量控制之外的限制。流 0 不得用于 DATA 帧，也不需要有自己的流量控制，这也是为什么它可以用来做连接层的流量控制的原因。这个 10 420 225 是在初始的 65 536 基础上增加窗口大小得到的，所以 Facebook 还可以在初始的设置中将窗口大小设置为两者的和（10 485 761），但使用这种方式实现也是允许的。

然后 nghttp 确认收到服务端的设置，其后面跟着一些 nghttp 用来设置优先级策略的帧（这也是在空闲状态创建帧的几个场景之一）：

```
[  0.110] send SETTINGS frame <length=0, flags=0x01, stream_id=0>
[  0.110] send PRIORITY frame <length=5, flags=0x00, stream_id=3>
[  0.110] send PRIORITY frame <length=5, flags=0x00, stream_id=5>
[  0.110] send PRIORITY frame <length=5, flags=0x00, stream_id=7>
[  0.110] send PRIORITY frame <length=5, flags=0x00, stream_id=9>
[  0.110] send PRIORITY frame <length=5, flags=0x00, stream_id=11>
```

后面我们再讨论 PRIORITY 帧，现在先不管它。

然后，我们看到首个请求使用 HEADERS 帧发送，并使用流 ID 13：

```
[ 0.110] send HEADERS frame <length=43, flags=0x25, stream_id=13>
```

注意，客户端发起的流必须使用奇数 ID。因为 11 被最后一个 PRIORITY 帧使用，所以 13 是下一个可用的流 ID。

然后服务端确认收到 SETTINGS 帧，之后使用另外一个 WINDOW_UPDATE 帧将流 13 的窗口大小增加到 10 420 224 个 8 位字节（偶数，比连接层的限制少 1 个 8 位字节，但没有说这两个大小需要保持一致）：

```
[ 0.134] recv SETTINGS frame <length=0, flags=0x01, stream_id=0>
[ 0.134] recv WINDOW_UPDATE frame <length=4, flags=0x00, stream_id=13>
        (window_size_increment=10420224)
```

然后，nghttp 开始接收资源的 HEADERS 和 DATA 帧：

```
[ 0.348] recv HEADERS frame <length=293, flags=0x04, stream_id=13>
[ 0.349] recv DATA frame <length=1353, flags=0x00, stream_id=13>
[ 0.350] recv DATA frame <length=2571, flags=0x00, stream_id=13>
[ 0.351] recv DATA frame <length=8144, flags=0x00, stream_id=13>
[ 0.374] recv DATA frame <length=5563, flags=0x00, stream_id=13>
[ 0.375] recv DATA frame <length=2572, flags=0x00, stream_id=13>
[ 0.376] recv DATA frame <length=1491, flags=0x00, stream_id=13>
[ 0.377] recv DATA frame <length=2581, flags=0x00, stream_id=13>
[ 0.378] recv DATA frame <length=4072, flags=0x00, stream_id=13>
[ 0.379] recv DATA frame <length=5572, flags=0x00, stream_id=13>
```

在接收到一些 DATA 帧之后，nghttp 决定告诉服务器它已经消费掉了这么多数据。把这些 DATA 帧的大小加起来（1353 + 2571 + 8144 + 5563 + 2572 + 1491+ 2581 + 4072 + 5572），结果是 33 919，所以 nghttp 告诉服务器它在连接层（流 ID 为 0）和流 13 上已经消费掉了这么多数据。

```
[ 0.379] send WINDOW_UPDATE frame <length=4, flags=0x00, stream_id=0>
        (window_size_increment=33919)
[ 0.379] send WINDOW_UPDATE frame <length=4, flags=0x00, stream_id=13>
        (window_size_increment=33919)
```

还要注意的是，只将 DATA 帧负载的大小（length 字段给出）加入流量控制的计算中，9 个字节的帧首部不包含在流量控制中。

以类似的方式继续传输数据，直到所有的资源传输完成，然后客户端通过一个非常友好的 GOAWAY 帧关闭连接：

```
[  0.381] recv DATA frame <length=2563, flags=0x00, stream_id=13>
[  0.382] recv DATA frame <length=1491, flags=0x00, stream_id=13>
[  0.384] recv DATA frame <length=2581, flags=0x00, stream_id=13>
[  0.398] recv DATA frame <length=4072, flags=0x00, stream_id=13>
[  0.400] recv DATA frame <length=2332, flags=0x00, stream_id=13>
[  0.402] recv DATA frame <length=1491, flags=0x00, stream_id=13>
[  0.403] recv DATA frame <length=1500, flags=0x00, stream_id=13>
[  0.405] recv DATA frame <length=1500, flags=0x00, stream_id=13>
[  0.406] recv DATA frame <length=3644, flags=0x00, stream_id=13>
[  0.416] send HEADERS frame <length=250, flags=0x25, stream_id=15>
[  0.417] recv DATA frame <length=9635, flags=0x00, stream_id=13>
[  0.417] recv DATA frame <length=807, flags=0x00, stream_id=13>
[ 0.419] send WINDOW_UPDATE frame <length=4, flags=0x00, stream_id=0>
          (window_size_increment=33107)
[ 0.419] send WINDOW_UPDATE frame <length=4, flags=0x00, stream_id=13>
          (window_size_increment=33107)
[ 0.420] recv DATA frame <length=16384, flags=0x00, stream_id=13>
[ 0.420] recv DATA frame <length=369, flags=0x00, stream_id=13>
[ 0.424] recv DATA frame <length=16209, flags=0x01, stream_id=13>
[ 0.444] recv WINDOW_UPDATE frame <length=4, flags=0x00, stream_id=15>
         (window_size_increment=10420224)
[ 0.546] recv (stream_id=15) x-frame-options: DENY
[ 0.546] recv HEADERS frame <length=255, flags=0x04, stream_id=15>
[ 0.546] recv DATA frame <length=1293, flags=0x00, stream_id=15>
[ 0.546] recv DATA frame <length=2618, flags=0x00, stream_id=15>
[ 0.547] recv DATA frame <length=3135, flags=0x00, stream_id=15>
[ 0.547] send WINDOW_UPDATE frame <length=4, flags=0x00, stream_id=0>
         (window_size_increment=34255)
[ 0.547] recv DATA frame <length=10, flags=0x01, stream_id=15>
[ 0.547] send GOAWAY frame <length=8, flags=0x00, stream_id=0>
```

没看到 WINDOW_UPDATE 帧

如果你没有使用 Facebook 作为例子（可能你使用自己的网站），你可能会意外地发现，看不到任何 WINDOW_UPDATE 帧。这可能是因为你使用的网站太小，在发送 WINDOW_UPDATE 帧之前就能下载完所有的数据。

就算使用 Facebook，nghttp 在 9 个帧的 33 919 字节之后就发送了 WINDOW_UPDATE 帧，这远远还没到我们之前说的 65 535 的限制。如果 nghttp 没有在这时发送 WINDOW_UPDATE 帧，服务器还会愉快地继续发送数据。

具体什么时候发送 WINDOW_UPDATE 帧（在每个 DATA 帧被消费完？接近限制的时候？还是周期性的？）取决于客户端。nghttp 在消费的数据达到窗口大小的一半时发送此帧（这个例子中是 32 768 字节）[a]。这就是为什么在 5572 字节的

DATA 帧之后就发送它的原因，因为在这个帧之前，总共收到了 28 347 个字节，没到一半的限制，而在这个帧之后，到了 33 919 字节，超过了一半。

如果我们使用 Twitter 作为例子，返回给 nghttp 的响应小于 32KB（至少对于未登录的请求是这样），nghttp 就不需要使用 `WINDOW_UPDATE` 帧，那这个例子就没那么有趣了。读者们可以使用自己的网站做实验，使用 nghttp 的 `-w` 和 `-W` 参数，来设置不同的初始窗口大小[b]。

a 在链接7.3所示的网址查找`nghttp2_should_send_window_update`函数。

b 见链接7.4所示的网址。

7.2.2 在服务器上设置流量控制

可以在 Apache 中设置流量控制窗口的大小，使用 `H2WindowSize` 配置[1]：

```
H2WindowSize 65535
```

其他服务器可能也支持此项设置，比如 NodeJS，可以使用 `initialWindowSize` 参数来设置[2]。Jetty servlet 支持使用 `jetty.http2.initialStreamRecvWindow` 参数进行设置[3]。在撰写本书时，很多其他的服务器（如 IIS 和 Nginx）不支持添加此配置。实际上，除非你想更细致地控制服务器，否则一般不需要修改此项配置。

7.3 流优先级

接下来我们来看流优先级策略。HTTP/2 引入了优先级的概念，客户端可以用它来给请求添加重要程度的建议。当浏览器下载完页面之后，它加载所需的其他资源来渲染页面。关键的、阻塞渲染的资源（比如 CSS 和阻塞渲染的 JavaScript）是高优先级的，图片或者 `async` JavaScript 可以以更低的优先级来请求。服务器可以利用优先级来决定发送帧的顺序，重要的帧优先发送，这样它们就会更早到达，不会被流量控制或者带宽问题拖后腿。

1 见链接7.5所示的网址。

2 见链接7.6所示的网址。

3 见链接7.7所示的网址。

流优先级：提示还是命令

流优先级由请求方指定（比如客户端），但由响应方（比如服务器）最终决定发送什么帧。所以，优先级是一种建议或提示，完全由响应方决定要不要忽略优先级，并且以响应方认为的顺序返回数据。规范中说得很明确，“发送优先级……只是一个建议。”[a]

谁来决定优先级更好？是浏览器还是服务器？之前是浏览器来充当这个角色，因为浏览器使用有限的 HTTP/1.1 连接，它必须决定如何使用连接才是最佳的。但在 HTTP/2 下情况不同，服务器掌控优先级。如果网站管理员非常了解网站本身，那么他来调配优先级以适配网站会更合理。但如果没有这种高级的调优（很多站长都不想费这个劲），那么浏览器通常比服务器对优先级的理解更深入。

我猜大多数 Web 服务器采用客户端提供的优先级提示来决定优先级，所以最终，客户端（如浏览器）可能会决定优先级。也可能服务端会覆盖这些配置（见 7.3.4 节），但大多数情况下，采用客户端的优先级。

一些 Web 服务器可能完全不使用优先级策略，因为实现起来相当复杂。但我觉得那些实现了优先级策略的服务器，相比于没实现的，会获得更好的性能提升，所以请仔细选择 Web 服务器（和浏览器）！

a 见链接7.8所示的网址。

HTTP/2 定义了两种不同的方法来设置优先级：

- 流依赖
- 流权重

可以在请求的 HEADERS 帧中设置这些优先级，或者在其他时间使用单独的 PRIORITY 帧来设置。

7.3.1 流依赖关系

一个流可以依赖于另外一个流，只有当所依赖的流不需要使用连接来发送数据时，这个流才可以开始发送资源。图 7.3 展示了一个这样的例子。

所有的流都默认依赖于流0（图7.3中未显示），它是控制流，没有依赖。在这个示例中，main.css是依赖index.html的第一个资源，应该使用最高的优先级发送，然后是main.js，最后是image.jpg。通常，首先加载index.html，然后是依赖它的资源，所以没有必要像图中这样让其他资源依赖于HTML文件。但是对于较大的index.html来说，其他请求发送时它可能还处在下载中，所以让所有请求依赖于它并不一定是错的。

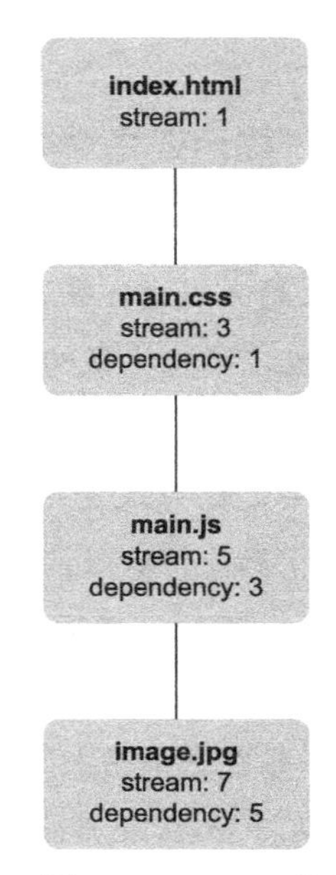

图7.3 HTTP/2流依赖的示例

这个依赖结构并不意味着子流被它们的父依赖阻塞。比如，当Web服务器没有可用的main.css，需要从后端的服务器上拉取时，这时如果main.js可用，则它可以发送main.js。如果它们都不可用，当服务器等待这些资源的时候，可以发送image.jpg。使用流优先级的目的是尽量高效利用连接，而不是作为一种阻塞机制。

当服务器拉取main.css和main.js时，它可以开始发送image.jpg，当这些资源都可以返回给客户端时，服务器可能暂停发送image.jpg，并发送main.css，然后是main.js，之后才会继续发送image.jpg的剩余数据。或者，服务器可以使用一个更简化的模型，先发送完image.jpg，让其他的准备好的资源先排队。具体实现取决于服务器。

多个流可以有同一个依赖，如图7.4所示，因为每个流都可以指定它依赖的流。

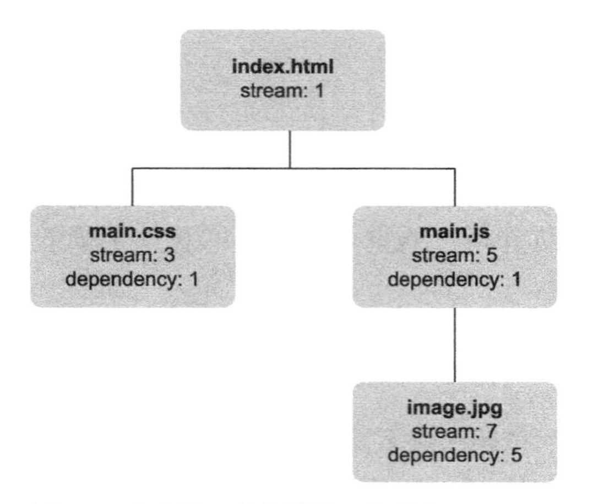

图7.4 多个流可以依赖同一个父流

在这个示例中，main.css 和 main.js 都依赖于流 1，图片依赖于 main.js 的流。如果图片文件优先级比这些关键的资源都低，则理想情况下它应该依赖于 CSS 和 JS 流，如图 7.5 所示，但目前不支持这种多依赖的概念。

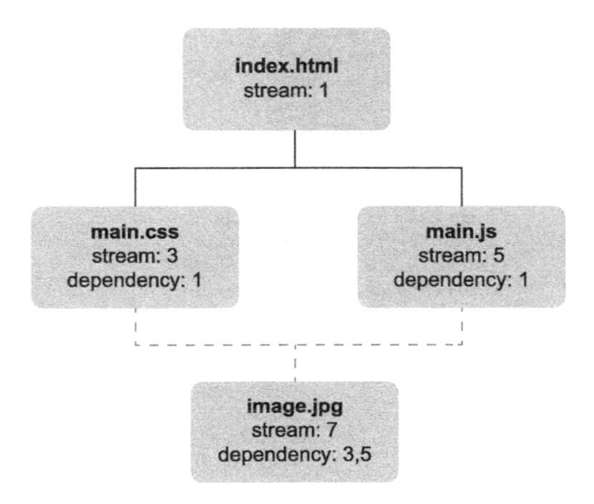

图 7.5　HTTP/2 不支持依赖多个父流

如果可以支持依赖多个父流，则只在 main.css 和 main.js 都不需要使用连接时加载文件，但 HTTP/2 依赖模型不支持多依赖（虽然和权重的方法类似）。

当服务端要发送的资源可用时，流优先级的处理很复杂。当要添加新的请求，或者完成当前进行中的请求时，处理更加复杂。通常，在请求的过程中，服务器必须多次重新评估依赖，以达到最理想的性能。早期，Apache 在它的 HTTP/2 实现中发现，不做优先级重排会导致效率不够高[1]。

新增的流还可以是排他的。一个流可以要求独占依赖，其他现有的流应该依赖于这个新的排他的流。图 7.6 显示了添加 critical.css 到已有环境中，并让它依赖于流 1 的情况，左边未设置排他的标志，右边使用了排他的标志。

如你所见，不使用排他标志的时候，critical.css 与 main.css 及 main.js 使用同样的依赖等级，当设置了排他的标志时，它的优先级变高，让所有的流依赖于它。这正是此例所需要的，它的名字也表明了这一点（critical.css，关键 CSS）。

1　见链接7.9所示的网址。

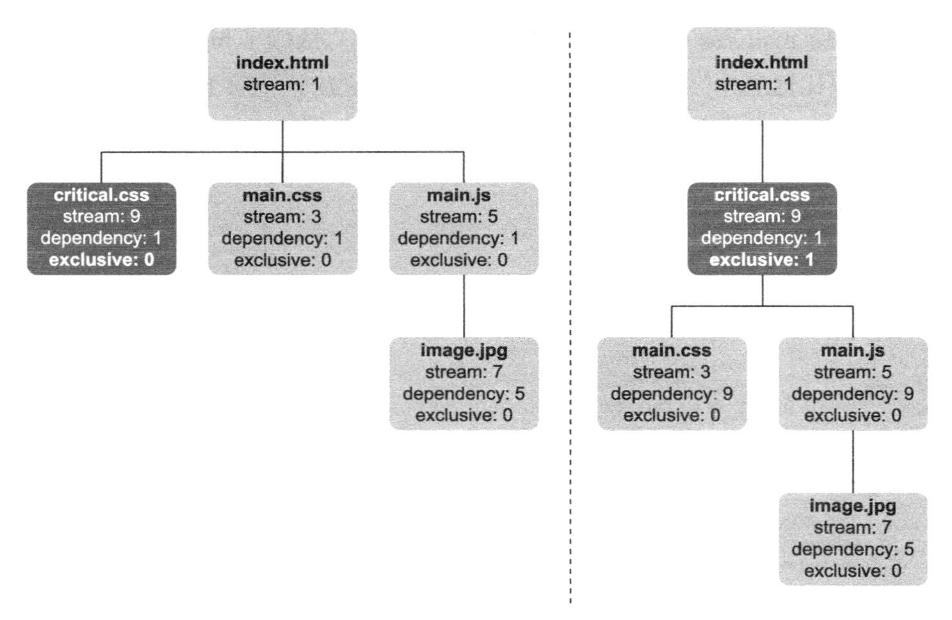

图 7.6 添加一个新的 critical.css 依赖，使用或者不使用排他的标志

7.3.2 流权重

另外一个有助于定义流优先级的概念是流权重，其用于给两个依赖同一个父资源的请求设定优先级。相比于假定同一个依赖水平的资源权重相同，流权重可以支持更复杂的场景，比如 critical.css 的场景，可以使用权重以几乎相同的方式实现优先级策略，见图 7.7。

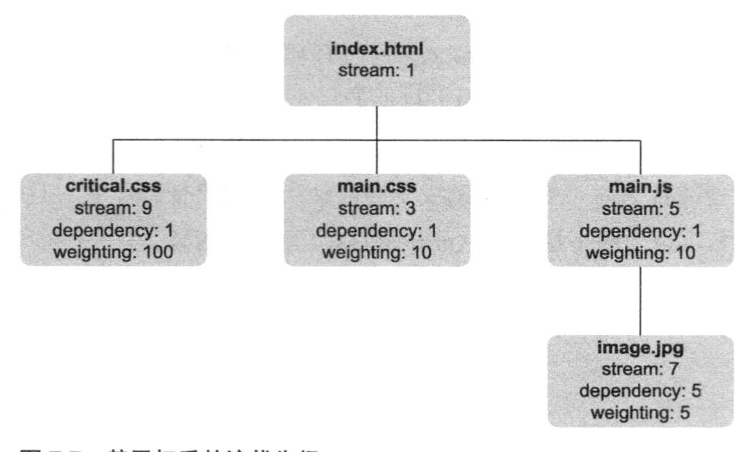

图 7.7 基于权重的流优先级

这里，critical.css（权重 100）会获得 10 倍于 main.css（权重 10）和 main.js（权重 10）的资源。使用权重与让它们通过排他设置互相依赖的方式不同，但相近。当 critical.css 传输完成，main.css 和 main.js 分别得到 50% 的资源，因为它们的权重相同。

image.jpg 的权重为 5，在这个场景中没用到它。如果 main.js 比 main.css 先完成传输（或者还不能发送 main.js），则 image.jpg 得到 50% 的资源，因为它使用 main.js 的份额。为了防止这种情况发生，并且让 CSS 和 JS 比图片的权重更高，更合理的依赖图可能是图 7.8 中所示的更扁平的样子。

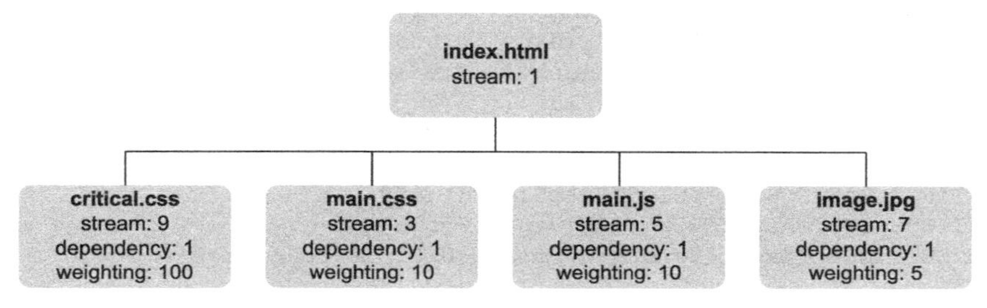

图 7.8 基于权重的依赖

为了使优先级模型更简单，一些客户端会使用 PRIORITY 帧预设置一些假流，并为它们设置对应的优先级，然后将请求挂在这些流下面。在 HTTP/2 标准制定的后期才添加了支持假 PRIORITY 帧的概念[1]，它是更灵活的方案，支持更轻量的优先级模型。例如，它可以支持依赖树，如图 7.9 所示。

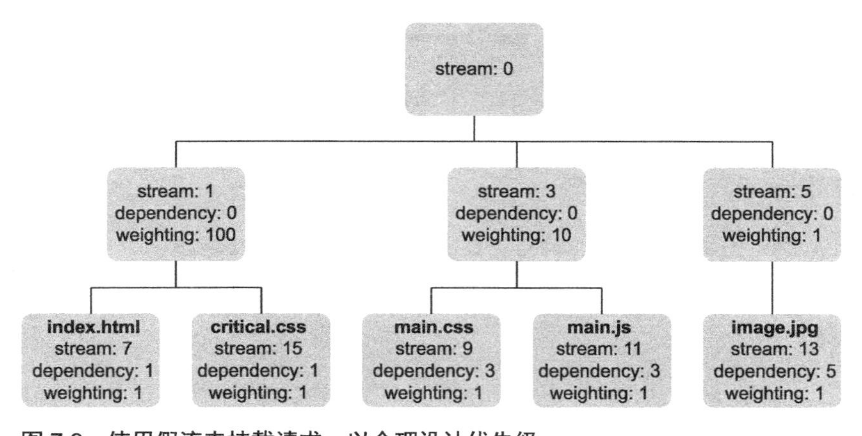

图 7.9 使用假流来挂载请求，以合理设计优先级

1 见链接7.10所示的网址。

这些假流仅用于优先级排序，永远不会被用来直接发送请求。在 nghttp 连接的开始，会给流 3、5、7、9 和 11 设置优先级，如下所示：

```
$ nghttp -nva https://www.facebook.com:443
[  0.041] Connected
The negotiated protocol: h2
[  0.093] recv SETTINGS frame <length=30, flags=0x00, stream_id=0>
          (niv=5)
          [SETTINGS_HEADER_TABLE_SIZE(0x01):4096]
          [SETTINGS_MAX_FRAME_SIZE(0x05):16384]
          [SETTINGS_MAX_HEADER_LIST_SIZE(0x06):131072]
          [SETTINGS_MAX_CONCURRENT_STREAMS(0x03):100]
          [SETTINGS_INITIAL_WINDOW_SIZE(0x04):65536]
[  0.093] recv WINDOW_UPDATE frame <length=4, flags=0x00, stream_id=0>
          (window_size_increment=10420225)
[  0.093] send SETTINGS frame <length=12, flags=0x00, stream_id=0>
          (niv=2)
          [SETTINGS_MAX_CONCURRENT_STREAMS(0x03):100]
          [SETTINGS_INITIAL_WINDOW_SIZE(0x04):65535]
[  0.093] send SETTINGS frame <length=0, flags=0x01, stream_id=0>
          ; ACK
          (niv=0)
[  0.093] send PRIORITY frame <length=5, flags=0x00, stream_id=3>
          (dep_stream_id=0, weight=201, exclusive=0)
[  0.093] send PRIORITY frame <length=5, flags=0x00, stream_id=5>
          (dep_stream_id=0, weight=101, exclusive=0)
[  0.093] send PRIORITY frame <length=5, flags=0x00, stream_id=7>
          (dep_stream_id=0, weight=1, exclusive=0)
[  0.093] send PRIORITY frame <length=5, flags=0x00, stream_id=9>
          (dep_stream_id=7, weight=1, exclusive=0)
[  0.093] send PRIORITY frame <length=5, flags=0x00, stream_id=11>
          (dep_stream_id=3, weight=1, exclusive=0)
```

这段代码生成了图 7.10 所示的依赖树，有一个高优先级的流 3（流 11 依赖于它），一个低优先级的流 7（流 9 依赖于它），还有一个优先级中等的流 5。

所有的请求都依赖于其中的一个流：

```
[ 0.093] send HEADERS frame <length=43, flags=0x25, stream_id=13>
    ; END_STREAM | END_HEADERS | PRIORITY
    (padlen=0, dep_stream_id=11, weight=16, exclusive=0)
    ; Open new stream
    :method: GET
    :path: /
    :scheme: https
    :authority: www.facebook.com
    accept: */*
    accept-encoding: gzip, deflate
user-agent: nghttp2/1.31.0
```

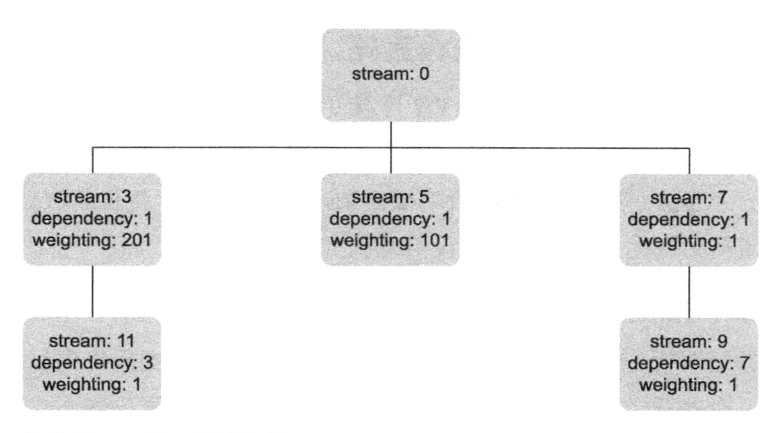

图 7.10 nghttp 流优先级

该设置最早来自于 Firefox 依赖树。关键 CSS 和 JavaScript 依赖于流 3，非关键的 JavaScript 依赖于流 5，其他的依赖于流 11。注意，在写作本书时，流 7 和 9 还没被用到[1]。总是给同样的流挂载依赖，你可以很容易地创建相当高效的依赖模型。

7.3.3 为什么优先级策略如此复杂

为什么同时需要流依赖和权重呢？当为 HTTP/2 做标准化时，关于这个问题的争论相当多。而作为HTTP/2 的基础，SPDY 起初只有基于权重的优先级策略。事实是，优先级问题本身就是复杂的，同时支持依赖和权重，或者两者混合，可以大大增加优先级的灵活性。使用后来增加的仅用于设置优先级的流，我们可以设计出更多实现方案。

然而，没有规定一定要支持流优先级策略，很多客户端和服务端的实现都选择不实现优先级策略，下一节会讲这个内容。就像 6.2.4 节所讲的，高效处理 HTTP/2 流优先级的能力会成为另外一个浏览器和服务器实现的关键区别，尽管大多数 Web 用户和开发者都不了解相关的技术细节。

在 HTTP/2 被标准化之后，现实世界应用 HTTP/2 优先级策略的情况，以及当前还没有完美的优先级实现方案的事实，都要求简化优先级的实现[2]。这到底会改变 HTTP/2，还是会成为未来的（HTTP/3）版本中新增功能，还暂未可知。

1 见链接7.11所示的网址。

2 见链接7.12所示的网址。

7.3.4 Web 服务器和浏览器中的优先级策略

HTTP/2 优先级策略可能是一个让单个 HTTP/2 连接更高效的强大选项。它比 HTTP/1.1 的 6 个单独的连接更有优势，在 HTTP/1.1 下没有优先级的概念，只能选择使用或者不使用其中一个连接。然而，优先级策略很复杂，当前对它的支持也有限。尽管很多服务端和客户端都支持优先级策略，但没给站长太多控制权。

给 Web 服务器添加优先级策略

在撰写本文时，服务器对优先级策略的支持情况混乱。有些服务器支持优先级策略，且支持相关配置，有些服务器支持它但不支持相关配置，还有些服务器不支持优先级策略。表 7.1 总结了流行的 HTTP/2 Web 服务器对优先级策略的支持情况。

表 7.1 流行的 HTTP/2 Web 服务器对优先级策略的支持

服务器（版本）	HTTP/2 优先级支持
ApacheHTTPD (v2.4.35)	支持优先级策略，但只有推送的优先级可以显式配置[a]
IIS(v10.0)	不支持优先级策略[b]
Nginx(v1.14)	支持优先级策略[c]，但没有可用的配置选项[d]
Node(v10)	支持优先级策略，可以显式配置[e]
nghttpd(1.34)	有对优先级策略的完整支持[f]

a 见链接7.13所示的网址。
b 见链接7.14所示的网址。
c 见链接7.15所示的网址。
d 见链接7.16所示的网址。
e 见链接7.17所示的网址。
f 见链接7.18所示的网址。

大多数其他的 Web 服务器几乎没有提到 HTTP/2 优先级策略，也就说明它们可能不支持，那肯定就不支持配置。对于支持优先级策略的服务器，普遍的思路是让客户端来指定请求的优先级，而不是使用服务端优先级配置。

Shimmercat 是一个相当新的 Web 服务器，它采用一种有趣的方法，开始时以高优先级发送图像，然后调整回较低优先级。这种方法可以先发送前几个字节，让浏览器尽早知道图像的大小和布局页面所需的其他元数据，然后调低图像文件其余部分的优先级。

未来可能更多的 Web 服务器会使用此类的创新，或者添加更多的可控制配置项。但现在，大多数服务器使用客户端建议的优先级，或者不支持优先级策略。

给 Web 浏览器设置优先级策略

Web 浏览器对优先级策略的支持比较随机。查找有关此主题的文档很麻烦，但可以通过查看流优先级来推断它的做法。为此，可以按照第 4 章中的说明设置 Wireshark，但只能对支持导出 HTTPS 密钥设置的浏览器（例如桌面上的 Chrome、Opera 和 Firefox）使用此技术。更好的方法是以冗余日志模式运行 nghttpd 服务器并查看传入消息。还可以将输出通过管道传输到 `grep` 以过滤出重要消息。对于没有 Linux 终端的 Windows 用户，如果他们使用的是 PowerShell，则可以使用 `findstr` 或 `select-string` 查找。

```
nghttpd -v 443 server.key server.crt | grep -E "PRIORITY|path|weight"
```

然后在同一个文件夹中创建一个临时的 index.html 文件，为其加载不同的多媒体资源，从而来查看不同的浏览器如何处理不同的媒体类型：

```
<html>
<head>
<title>This is a test</title>
<link rel="stylesheet" type="text/css" media="all" href="head_styles.css">
<script src="head_script.js"></script>
</head>
<body>
<h1>This is a test</h1>
<img src="image.jpg" />
<script src="body_script.js" /></script>
</body>
</html>
```

对于这个简单的测试，有没有引用样式表、JavaScript 或图像文件并不重要。实际上，如果这些项目不存在，测试会稍微容易一些，因为你只会看到 `404 HEADERS` 帧响应，而不是 `HEADERS` 帧和 `DATA` 帧响应，它们只会增加噪声。

然后，连接到服务器（比如 *https://localhost*），查看发送的帧。Firefox（v62）和 nghttp 客户端发送帧的方式类似，这并不令人意外，因为 nghttp 是基于 Firefox 实现的：

```
[id=1] [  3.010] recv PRIORITY frame <length=5, flags=0x00, stream_id=3>
          (dep_stream_id=0, weight=201, exclusive=0)
[id=1] [  3.010] recv PRIORITY frame <length=5, flags=0x00, stream_id=5>
          (dep_stream_id=0, weight=101, exclusive=0)
[id=1] [  3.010] recv PRIORITY frame <length=5, flags=0x00, stream_id=7>
          (dep_stream_id=0, weight=1, exclusive=0)
[id=1] [  3.010] recv PRIORITY frame <length=5, flags=0x00, stream_id=9>
          (dep_stream_id=7, weight=1, exclusive=0)
```

```
[id=1] [  3.010] recv PRIORITY frame <length=5, flags=0x00, stream_id=11>
          (dep_stream_id=3, weight=1, exclusive=0)
[id=1] [  3.010] recv PRIORITY frame <length=5, flags=0x00, stream_id=13>
          (dep_stream_id=0, weight=241, exclusive=0)
[id=1] [  3.010] recv (stream_id=15) :path: /
          ; END_STREAM | END_HEADERS | PRIORITY
          (padlen=0, dep_stream_id=13, weight=42, exclusive=0)
[id=1] [ 3.033] recv (stream_id=17) :path: /head_styles.css
          ; END_STREAM | END_HEADERS | PRIORITY
          (padlen=0, dep_stream_id=3, weight=22, exclusive=0)
[id=1] [ 3.034] recv (stream_id=19) :path: /head_script.js
          ; END_STREAM | END_HEADERS | PRIORITY
          (padlen=0, dep_stream_id=3, weight=22, exclusive=0)
[id=1] [ 3.035] recv (stream_id=21) :path: /image.jpg
          ; END_STREAM | END_HEADERS | PRIORITY
          (padlen=0, dep_stream_id=11, weight=12, exclusive=0)
[id=1] [ 3.035] recv (stream_id=23) :path: /body_script.js
          ; END_STREAM | END_HEADERS | PRIORITY
          (padlen=0, dep_stream_id=5, weight=22, exclusive=0)
```

从这个输出可以看出，Firefox 添加了一个额外的流 13，其使用权重 241（一个非常紧急的流？）加载初始请求，这说明它的优先级比其他的 CSS 请求优先级高。

Chrome（v69）不像 nghttp 或者 Firefox 一样使用预先设置的 PRIORITY 帧，但它在请求发出时给它们添加优先级，并设置依赖流。它还喜欢使用排他的依赖，会创建很高的依赖树：

```
[id=3] [112.082] recv (stream_id=1) :path: /
        ; END_STREAM | END_HEADERS | PRIORITY
        (padlen=0, dep_stream_id=0, weight=256, exclusive=1)
[id=3] [112.101] recv (stream_id=3) :path: /head_styles.css
        ; END_STREAM | END_HEADERS | PRIORITY
        (padlen=0, dep_stream_id=0, weight=256, exclusive=1)
[id=3] [112.101] recv (stream_id=5) :path: /head_script.js
        ; END_STREAM | END_HEADERS | PRIORITY
        (padlen=0, dep_stream_id=3, weight=220, exclusive=1)
[id=3] [112.101] recv (stream_id=7) :path: /image.jpg
        ; END_STREAM | END_HEADERS | PRIORITY
        (padlen=0, dep_stream_id=5, weight=147, exclusive=1)
[id=3] [112.107] recv (stream_id=9) :path: /body_script.js
        ; END_STREAM | END_HEADERS | PRIORITY
        (padlen=0, dep_stream_id=0, weight=183, exclusive=1)
```

人们对这种使用排他的方式的收益有争议[1]。Chromium 团队的理由是，大多数请求在完整的资源（除了 HTML 和渐近式 JPEG 图片）被接收到之前都不可用，所以通常情况下，在一个连接上发送多个资源没有意义。

1 见链接7.19所示的网址。

Opera（v59）和 Chrome 的做法类似（它也是基于 Chromium 的浏览器），但是 Safari（v12.0) 貌似使用基于权重的优先级，不使用流依赖（和 Chrome 恰恰相反）：

```
[id=9] [213.347] recv (stream_id=1) :path: /
       ; END_STREAM | END_HEADERS | PRIORITY
       (padlen=0, dep_stream_id=0, weight=255, exclusive=0)
[id=9] [213.705] recv (stream_id=3) :path: /head_styles.css
       ; END_STREAM | END_HEADERS | PRIORITY
       (padlen=0, dep_stream_id=0, weight=24, exclusive=0)
[id=9] [213.705] recv (stream_id=5) :path: /head_script.js
       ; END_STREAM | END_HEADERS | PRIORITY
       (padlen=0, dep_stream_id=0, weight=24, exclusive=0)
[id=9] [213.706] recv (stream_id=7) :path: /image.jpg
       ; END_STREAM | END_HEADERS | PRIORITY
       (padlen=0, dep_stream_id=0, weight=8, exclusive=0)
[id=9] [213.706] recv (stream_id=9) :path: /body_script.js
       ; END_STREAM | END_HEADERS | PRIORITY
       (padlen=0, dep_stream_id=0, weight=24, exclusive=0)
```

Edge（v41）对优先级的支持最差，在撰写本书时还不支持流优先级，所以每个资源使用默认的优先级 16：

```
[id=4] [ 64.393] recv (stream_id=1) :path: /
[id=4] [ 64.616] recv (stream_id=3) :path: /head_styles.css
[id=4] [ 64.641] recv (stream_id=5) :path: /head_script.js
[id=4] [ 64.642] recv (stream_id=7) :path: /image.jpg
[id=4] [ 64.642] recv (stream_id=9) :path: /body_script.js
```

如你所见，不同的浏览器之间差异很大，这就导致相同的网站会有不同的性能。一些研究人员已经针对不同的浏览器做了较深入的测试[1]。未来可能还会有更多的研究和提升。HTTP/2 提供了指定优先级的工具，但我还没有找到使用它们的最佳方法。

7.4 HTTP/2一致性测试

至此，我们了解了 HTTP/2 的所有细节，下面我们来对比客户端和服务端的不同实现。

7.4.1 服务端一致性测试

H2spec[2] 是一个 HTTP/2 一致性测试工具，它发送不同的消息到 HTTP/2 服务器，

1 见链接7.20所示的网址。

2 见链接7.21所示的网址。

并检查服务器是否正确遵守规范。下载适用你计算机的版本[1]，然后找一个 HTTP/2 服务器做测试：

```
h2spec -t -S -h localhost -p 443
```

注意 如果你使用的是一个不受信任的证书（比如给 localhost 使用的自签名证书），则需要传递一个 -k 参数以忽略认证错误：

```
h2spec -t -S -h -k localhost -p 443
```

这段代码会在你的服务器上执行多项测试，并显示每项测试的通过情况：

```
$ ./h2spec -t -S -h localhost -p 443
Generic tests for HTTP/2 server
  1. Starting HTTP/2
    ✓ 1: Sends a client connection preface
  2. Streams and Multiplexing
    ✓ 1: Sends a PRIORITY frame on idle stream
    ✓ 2: Sends a WINDOW_UPDATE frame on half-closed (remote) stream
    ✓ 3: Sends a PRIORITY frame on half-closed (remote) stream
    ✓ 4: Sends a RST_STREAM frame on half-closed (remote) stream
    ✓ 5: Sends a PRIORITY frame on closed stream
  3. Frame Definitions
    3.1. DATA
      ✓ 1: Sends a DATA frame
      ✓ 2: Sends multiple DATA frames
      ✓ 3: Sends a DATA frame with padding
    3.2. HEADERS
      ✓ 1: Sends a HEADERS frame
      ✓ 2: Sends a HEADERS frame with padding
      ✓ 3: Sends a HEADERS frame with priority

...etc
```

我使用这个工具对一些常见的 Web 服务器做了测试，结果如表 7.2 所示。

表 7.2 常见 Web 服务器的 HTTP/2 一致性

服务器（版本）	测试通过
Apache (v2.4.33)	146/146 (100%)
nghttpd (v1.13.0)	145/146 (99%)
Apache Traffic Server (v7.1.3)	140/146 (96%)
CaddyServer (v0.10.14)	137/146 (94%)
HAProxy (v1.8.8)	136/146 (93%)
IIS (v10)	119/146 (82%)
AWS ELB	115/146 (79%)
Nginx (v1.13.9)	112/146 (77%)

1 见链接7.22所示的网址。

我还对一些常见的 CDN 主页做了类似的测试，假定其主页运行在其 CDN 基础架构上，显然这个假设有可能是错的。测试结果如表 7.3 所示。

表 7.3　常见 CDN 的 HTTP/2 一致性

CDN（站点测试）	测试通过
Fastly (www.fastly.com) Google (www.google.com) Cloudflare	137/146 (94%)
(www.cloudflare.com) MaxCDN (www.maxcdn.com)	135/146 (92%)
Akamai (www.akamai.com)	113/146 (77%)
	113/146 (77%); note that test 6.3.2 hung
	107/146 (73%)

这里，需要特别表扬 Apache，它获得了较好的得分。但是，一些其他的服务端实现不符合规范，这有什么影响吗？可以说不影响，因为它们在处理不正确的消息时通常会失败，这些消息首先就不应该被发送。很多流行的服务器或者 CDN 可以成功处理 HTTP/2 流量，尽管它们不是 100% 符合规范，也没有问题。

如果你查看 Nginx 的测试结果，会看到如下的测试失败信息：

```
4.2. Frame Size
  ✓ 1: Sends a DATA frame with 2^14 octets in length
  ✗ 2: Sends a large size DATA frame that exceeds the
  SETTINGS_MAX_FRAME_SIZE
      -> The endpoint MUST send an error code of FRAME_SIZE_ERROR.
          Expected: GOAWAY Frame (Error Code: FRAME_SIZE_ERROR)
                    RST_STREAM Frame (Error Code: FRAME_SIZE_ERROR)
                    Connection closed
            Actual: WINDOW_UPDATE Frame (length:4, flags:0x00, stream_id:1)
```

Nginx 本应该处理较大的 DATA 帧，但它没有；同时，客户端也不应该发送这样的帧。然后看下面的错误，你会看到一些状态错误：

```
5. Streams and Multiplexing
  5.1. Stream States
    ✗ 1: idle: Sends a DATA frame
      -> The endpoint MUST treat this as a connection error of type
    PROTOCOL_ERROR.
        Expected: GOAWAY Frame (Error Code: PROTOCOL_ERROR)
            Connection closed
        Actual: Timeout
    ✗ 2: idle: Sends a RST_STREAM frame
      -> The endpoint MUST treat this as a connection error of type
    PROTOCOL_ERROR.
        Expected: GOAWAY Frame (Error Code: PROTOCOL_ERROR)
            Connection closed
```

还有，当流处在空闲状态时，Nginx 没有正确处理错误的帧，但还是那句话，客户端不应该发送这些帧。大多数其他的错误也是如此。

如果你在开发一个 HTTP/2 服务器，则可以使用 H2spec 工具检查你的服务器是否正确地遵守了规范，但是实际上很多主流 Web 服务器的实现都不完美。在技术上，互联网很包容，并且（不像很多编程语言）经常忽略小的错误。但是，这些错误以后会带来更多意料之外的错误，所以知道你的网站的表现也很重要。当我在 Twitter 上发表了之前的统计数据之后[1]，一些服务器的实现意识到了这个问题，打算提高它们对规范的实现一致性。

7.4.2　客户端一致性测试

对于客户端，也有一个同样的测试一致性的工具[2]，但没有打包版本，只能从源码编译，读者可以自己练习如何使用它。

总结

- HTTP/2 中有一些高深的概念很少被提及，因为很多人只关注普通概念。
- 本章中所讲的大部分底层细节不受服务器管理员和网站开发者的控制。
- HTTP/2 的流有不同的状态，其状态图显示了不同状态间的转换。
- HTTP/2 支持流级别的流量控制，而不是由 TCP 在连接层管理（HTTP/1.1 是这样）。
- HTTP/2 引入了流优先级的概念，客户端可以用它来向服务端建议返回请求的优先级。
- HTTP/2 的流优先级策略基于依赖关系或权重，你可以使用其中一种，或者结合使用两者。
- 不同的浏览器和服务器使用流优先级的方式不同。
- 很多 HTTP/2 的实现不严格遵守规范。

1　见链接7.23所示的网址。

2　见链接7.24所示的网址。

8 HPACK首部压缩

本章要点

- 数据压缩背景知识
- 为什么 HTTP/2 需要它自己的 HTTP 首部压缩技术
- HPACK 压缩格式
- 解压缩 HPACK 编码的首部
- 客户端和服务端对 HPACK 的实现

本章的话题是首部压缩。HTTP/1 总是支持 HTTP 正文压缩，但是到了 HTTP/2 之后才能压缩 HTTP 首部。

8.1 为什么需要首部压缩

事实上，相对于 HTTP 正文，通常 HTTP 首部相当小，它们还有点琐碎、重复。Chrome 发出的常见的 HTTP/2 `GET` 请求如下所示：

```
:authority: www.example.com
:method: GET
```

```
:path: /url
:scheme: https
accept: text/html,application/xhtml+xml,application/xml;q=0.9,image/
webp,image/apng,*/*;q=0.8
accept-encoding: gzip, deflate, br
accept-language: en-GB,en-US;q=0.9,en;q=0.8
upgrade-insecure-requests: 1
user-agent: Mozilla/5.0 (Macintosh; Intel Mac OS X 10_13_4)
AppleWebKit/537.36 (KHTML, like Gecko) Chrome/66.0.3359.139 Safari/537.36
```

只有加粗的部分在下一个发送给服务器的请求中会发生变化，即请求的方法（GET）和路径（/url）。代码中的 403 个字符，只有 7 个不会在下次请求中重复。实际上，对于大多数网页请求来说，请求方法可能都是 GET，尽管 Web 服务可能会支持其他的方法。所以，只有 :path 或者 /url 可能会发生变化，也就是说，Chrome 的每个请求中有 399 个字符是重复的 —— 大量的浪费。

因为有一些首部很长，所以问题会加剧，比如下面代码中的 accept 和 user-agent 首部，cookie 首部可能更长。如下是 Twitter 的请求首部（其中 cookie 的值被混淆过了）：

```
:authority: twitter.com
:method: GET
:path: /
:scheme: https
accept: text/html,application/xhtml+xml,application/xml;q=0.9,
image/webp,image/apng,*/*;q=0.8
accept-encoding: gzip, deflate, br
accept-language: en-GB,en-US;q=0.9,en;q=0.8
cookie: _ga=GA1.2.123432087.1234567890; eu_cn=1; dnt=1; kdt=rmnAfbecvko4123
4oRYSzztq7n12345abcdABCD12; remember_checked_on=1; personalization_id="v1_k
0123451/EKaVeysDnuhKg=="; guest_id=v1%3A152383314680123456; ads_prefs="HBES
AAA="; twid="u=3374717733"; auth_token=12791876dfc0e57eae12345897b7940f55ac
7dfd; tfw_exp=1; csrf_same_site_set=1; csrf_same_site=1; lang=en; _twitter_
sess=BAh7CSIKZ12345678zonQWN0aW9uQ29udHJvbGxlcjo6Rmxhc2g6OkZsYXNo%250ASGFza
HsABjoKQHVzZWR7ADoPY3JlYXRlZF9hdGwrCPdpPx12345HaWQiJWY4%250AZGUwOGM3ZjRiYzJ
mYjRiAbCdEfGwNjIyZTk1Ogxjc3JmX2lkIiVkYjg3%2501234kZTVkMDdlMTAxMGI2YTgyZDFhN
TA0MmZiNQ%253D%253D--fd52ba1537f8fb9bf35dbd6080a6cd413edc6cd2; ct0=713653a0
6266b507960945523226bcc4; _gid=GA1.2.1893258168.1525002762; external_refere
r=1234567890w%3D|0|S381234567896Dak8Eqj76tqsc12345Lq4vYdCl5zxIvK6Q123vRkA%3
D%3D; app_shell_visited=1
referer: https://twitter.com/
upgrade-insecure-requests: 1
user-agent: Mozilla/5.0 (Macintosh; Intel Mac OS X 10_13_4) AppleWebKit/537
.36 (KHTML, like Gecko) Chrome/66.0.3359.139 Safari/537.36
```

这段代码有 1 278 个字符，看起来只有 :path 伪首部会在下个请求中发生变化，所以每个请求会浪费 1 277 个字符。响应也会有同样的首部重复的问题。图 8.1 显示了 Twitter 的响应首部。

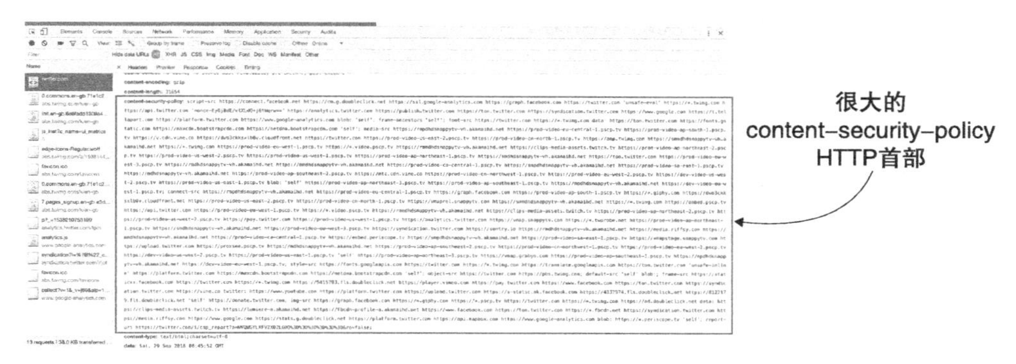

图 8.1　Twitter 响应首部

这个响应很荒唐地有 5 804 个字符，其中大部分是详细（且庞大）的 content-security-policy 首部。它是一个安全功能，网站用它来告诉浏览器可以在这个网站上加载什么类型的资源[1]。

计算机科学家憎恶重复，所有的这些重复都是 HTTP 首部压缩成为 HTTP/2 的关键部分的原因之一，也是为什么 SPDY 一开始就支持了这项功能的原因。压缩和解压缩数据需要时间和处理器性能，但相比于所需要的网络传输时间，计算所需要的时间相当短，所以在网络上发送数据之前进行压缩几乎总是有用的。同时，HTTPS 也要求加密，这比压缩更需要计算资源。压缩之后再加密小的数据更好一些。

8.2 压缩的运作方式

想要理解本节后面 HTTP 压缩的内容，你需要有一点数据压缩的背景知识。这个话题相当高深，我尽量避免复杂的数学运算，但本节会提供足够的细节帮助你理解 HTTP/2 首部压缩的实现方式，以及这么实现的原因。

一些压缩是*有损压缩*，因为用不到，所以数据中的一些细节可以忽略。这类的压缩通常用于媒体内容如音乐文件、图像和视频的压缩，可以对它们进行大量压缩，而不会使数据的整体含义受损。但如果压缩太多，会丢掉细节，这时候像图片就不能再放大。有损压缩是在减少数据和保证质量间的小心平衡。

1　见链接8.1所示网址。

HTTP 首部是重要的数据，尽管有很多重复，也不能使用有损压缩，虽然有损压缩通常效率更高。无损压缩的工作方式是，移除那些在解压时可以很容易恢复的重复数据。有三种方法可以实现这个功能：

- 查表法
- 更高效的编码技术
- lookback(反查) 压缩

后面几节我们讲这几种压缩方法。

8.2.1 查表法

第一种方法是将冗长的、重复的数据拿出来，使用引用来代替。解压缩时使用查询表中的原始文本替换引用。此过程可以是动态的，它对于结构一致的数据尤其有效。我们看一个简单的 GET 请求：

```
:authority: www.example.com
:method: GET
:path: /url
:scheme: https
```

这个请求有 64 个字符，如果你有一个这样的查询表：

```
$1=:authority:
$2=:method:
$3=:path:
$4=:scheme:
```

则可以将这段文本编码为如下：

```
$1 www.example.com
$2 GET
$3 /url
$4 https
```

这个请求有 39 个字符，40% 的改进！然而，查询表可能要包含在压缩后的数据中，包含与否取决于它是由格式识别的标准查询表还是由具体文本生成的动态查询表。如果表包含在数据中，则整体的大小可能和原来的文本一样，或者比原来的文本还要大，这就没价值了。只有表里的值经常重复时查询表才有意义。

在这个简单的示例中，查询的内容是常用的 HTTP 首部名，所以可以使用提前约定的静态查询表，不需要每次都在数据中发送。这个表可以由动态查询表补充不在提前约定范围内的值。比如，*www.example.com* 这个域名，可能会在后续的请求中重用，所以可以将它添加到动态表中，方便后续引用。

8.2.2 更高效的编码技术

有几项技术属于这个分类，但对于它们都有一个事实：如果使用更具体的方式来表示数据，则可以将数据压缩得更小。

比如，基于像素的图片，可以采用 1 比特像素范围（黑或白）。如果你有一张图片只有红色和黄色，则可以使用一个 8 位的色板，并且只使用这两个颜色。或者，可以使用一个 1 位的色板，但提前说明 0 代表黄色 1 代表红色。类似地，对于文本可以使用 ASCII 编码（7 位）、UTF-8 编码（8 位表示 ASCII 字符，16 位表示常用的西欧字符，其他常用的字符用 24 位表示，其余的使用 32 位表示）或者 UTF-16 编码（大多数字符是 16 位，其他字符最多 32 位）。如果你使用英语写作，UTF-8 编码是最合适的，但如果你使用非西方语言写作，则 UTF-16 编码会更好，因为 UTF-8 编码经常使用 24 位来表示这些语言，而 UTF-16 编码经常使用 16 位。使用合适的格式意味着更高效的编码。

想要节省更多空间，可以了解一下变长编码。大多数编码技术都是固定长度的编码。比如 ASCII 编码，使用 7 位来表示字符，如表 8.1 所示。

表 8.1 ASCII 编码的一个子集

二进制表示	字 符
01000001	A
01000010	B
01000011	C
01000100	D
01000101	E
01000110	F
01000111	G
等等	

这种编码方法又好看又简单，但不够高效，因为每个字符都占据同样的空间，而不管它们的使用频率如何。在英语中，E 是最常见的字母，然后是 T 和 A，再然后是最少见的字母（分别是 X、J、Q 和 Z）。既然它们被使用的频率都不一样，为什么要对它们一样看待呢？

相比于所有的 ASCII 字符都使用 7 位来表示，英文文本使用变长的字符会更高效一些。这种技术会使用少于 7 位的二进制值来表示常用的字符，多于 7 位的二进制值来表示不常用的字符。Unicode（UTF-8 和 UTF-16）在某种程度上使用这种方式，针对不同使用频率的字符，分配不同的字符区间（1~4 个 8 位字节）。这种方式复杂的地方在于识别字符之间的边界（因为这个格式的字符的长度不是固定的 7 位）。

Huffman 编码是更进一步的可变长度编码。它的工作原理是根据每个值的使用频率为其分配一个唯一代码，并且保证没有一个代码是其他代码的前缀。这些唯一代码的计算方法超出了本书的范围，但它们可能类似表 8.2 中所示的样子（基于英语字母频率分布的 Huffman 编码）。

表 8.2 使用 Huffman 编码的 ASCII 编码子集

二进制表示	Huffman 编码	字 符
01000001	1111	A
01000010	101000	B
01000011	01010	C
01000100	11011	D
01000101	100	E
01000110	01011	F
01000111	00001	G

在 Huffman 编码中，没有任何一个代码是另外一个代码的前缀。代码 `0101` 不会被用来代表一个字母，因为它会让人疑惑，它可能是字母 C 或者 F 的前缀。通过仔细地选择编码字符串，就能准确地解码数据。只要你从文本的开头处开始解，你就可以把它解了。从开头开始读，直到匹配到一个字符；然后匹配下一个字符，直到整个文本都解码完。

例如，如果你想编码单词 `face`，你可以使用 ASCII 编码（4×7 位 =28 位），或者 Huffman 编码（5+4+5+3=17 位）。就算在这个简单的示例中，Huffman 编码的文本也更小。如果是一个更长的文本，效果会更明显。

Huffman 代码压缩是查询表的扩展。像本章之前讨论的常规的查询表一样，Huffman 表可以基于数据可能相似的已知结构（如英文文本）提前定义，也可以基于要加密的数据动态生成，或者可以同时使用两种方式。

8.2.3 Lookback（反查）压缩

反查压缩在当前位置放置引用，指向重复文本。下面的 HTML 文本是这种类型的压缩绝佳示例：

```
<html>
<body>
<h1>This is a title</h1>
<p>This is some text</p>
</body>
</html>
```

这段文本可以被压缩为：

```
<html>
<body>
<h1>This is a title</(-20,3)
<p>(-24,6)some text</(-19,2)
</(-58,4)
</(-73,4)
```

文本中每个重复的部分都使用一个引用来代替，它标明解码器在之前多远处可以找到重复的文本，重复的文本有多长。引用（–20，3）说明向前去 20 个字符，然后取 3 个字符，替换该引用。如你所见，这个方法在 HTML 文本中表现良好，因为闭合标签和开始标签总是重复（虽然在这个示例中只有少量的标签，查询表对 HTML 来说可能更好）。也可以使用这种压缩方式来压缩 HTTP 首部，比如 `accept` 首部：

```
accept: text/html,application/xhtml+xml,application/xml;q=0.9, image/
webp,image/apng,*/*;q=0.8
```

可以看到，`html` 在首部中重复了两次，还有 `application`, `xml` 和 `image`，所以可以使用反查函数来编码。计算机不关心是不是只反查整个单词，这里这么做只是为了解释得更清楚。比如 `ml` 同时被 `html` 和 `xml` 使用，所以使用它可能会更好。

8.3 HTTP正文压缩

HTTP 正文压缩通常用于文本数据。媒体数据一般通过指定的格式提前压缩过了，不需要再压缩。例如 JPEG，是专门针对图片的压缩格式，不需要再由 Web 服务器压缩，图片不会再被 Web 服务器压缩（压缩之后可能反而会变大），再压缩会浪费处理性能。之前所讲的压缩方式都能很好地压缩文本。服务器和浏览器使用的技术（deflate、gzip 和 brotli）很相似，它们都是基于 deflate 算法的变种。组合使用多种技术可以获得更好的压缩率。当发起请求的时候，浏览器通过 `accept-encoding`HTTP 首部告诉服务器它所支持的压缩算法。

```
accept-encoding: gzip, deflate, br
```

服务器选取其中一个算法压缩响应的正文，在响应首部中，它告诉浏览器使用哪种算法压缩资源：

```
content-encoding: gzip
```

这项技术支持引进新的压缩算法（比如 brotli），这些新引进的算法只有在客户端和服务端都支持的时候才会被启用。

基于 deflate 的压缩算法有一个主要问题：被证实是不安全的。它的问题是，你可以使用数据长度来猜测内容，特别是当你能影响内容中的一部分时。虽然 HTTP 正文可以包含一些敏感的数据（比如在页面上显示你的名字或者账号），但大多数安全问题是关于 HTTP 首部的，因为它们包含 cookie 和其他用于提供授权的 token。比如有如下请求：

```
:authority: www.example.com
:method: GET
:path: /secretpage
:scheme: https
cookie: token=secret
```

如果你能得到其中 token 的值(`secret`),就可以伪装这个用户。当然,你拿不到,因为消息被加密了，并且在理想情况下，cookie 会被标记为 `HttpOnly`[1]，所以就算你能给页面注入 JavaScript 代码，也不能通过 JavaScript 来获取这个 cookie 的值。

但如果你能访问页面，就可以使用稍微不同的 URL 发出如下请求，然后检测所发出消息的长度：

```
https://www.example.com/secretpage?testtoken=a
https://www.example.com/secretpage?testtoken=b
https://www.example.com/secretpage?testtoken=c
...etc.
```

因为基于 deflate 的压缩技术的工作方式是识别并替换重复的内容，你最终会发现至少有一个测试（`testtoken=s`）比其他的测试要短，因为它重复了真实 cookie（`token=secret`）中的第一个部分。现在我们知道了 token 的第一个字母，就可以重复这个过程，直到得到完整的 token：

---

1 见链接8.2所示网址。

```
https://www.example.com/secretpage?testtoken=sa
https://www.example.com/secretpage?testtoken=sb
https://www.example.com/secretpage?testtoken=sc
https://www.example.com/secretpage?testtoken=sd
https://www.example.com/secretpage?testtoken=se - this is shorter!
https://www.example.com/secretpage?testtoken=sea
https://www.example.com/secretpage?testtoken=seb
https://www.example.com/secretpage?testtoken=sec - this is shorter!
https://www.example.com/secretpage?testtoken=seca
https://www.example.com/secretpage?testtoken=secb
https://www.example.com/secretpage?testtoken=secc
...etc.
```

这个过程看起来比较长，但使用脚本实现起来很简单，它也是一个真实的攻击实践，叫作 CRIME（Compression Ratio Info-leak Made Easy）[1]。这种攻击是针对 SPDY 的，SPDY 使用 gzip 做 HTTP 首部压缩。

8.4 HTTP/2的HPACK首部压缩

如上所述，由于使用 CRIME 会有不安全因素，因此 HTTP/2 需要使用一个不同的压缩方法，以免受此类攻击。HTTP 工作组制定了一个新的规范，叫作 HPACK（不是简写），它基于查询表和 Huffman 编码，但（关键）不是基于反查的压缩方法。

HPACK[2] 是独立于 HTTP/2 的规范。之前，一度有合并这两个规范的讨论，但最终，工作组决定保持它们互相独立。HTTP/2 规范对 HPACK 的描述比较少，将很多细节放到了独立的 HPACK 规范中[3]，但说明了首部压缩是 HTTP/2 的一部分，并且首部压缩是有状态的（8.4.2 节会有更多解释）。

关于 HPACK 很有趣的一点是，它不像很多 HTTP 规范，它不够灵活，也不能被扩展。实际上，HPACK 规范明确指出[4]：

> HPACK 格式被有意保持简单且死板。这两个特征都会减少因为实现错误所带来的互操作风险，或者安全问题。没有定义扩展机制，如要改变当前格式，只能使用一个完整的替代品。

1 见链接8.3所示网址。

2 见链接8.4所示网址。

3 见链接8.5所示网址。

4 见链接8.6所示网址。

虽然我不认为 HPACK 简单，但我认同作为一个互联网规范它是死板的，正如前文中所说，这是出于安全的原因。最终，肯定会有新版本的 HPACK（可能是 QPACK，会作为 QUIC 的一部分，见第 9 章）。这个新版本的实现方式还没定义（可能是连接创建时的一个新设置），但就目前来说，HPACK 的定义相当死板。

8.4.1 HPACK 静态表

HPACK 有一个静态表，包含 61 个常见的 HTTP 首部名称（有些还有值），其中一部分如表 8.3 所示。完整的表参考 HPACK 规范文档[1]。

表 8.3 HPACK 静态表的一部分

索 引	首 部 名	首 部 值
1	:authority	
2	:method	GET
3	:method	POST
4	:path	/
5	:path	/index.html
6	:scheme	http
7	:scheme	https
8	:status	200
9	:status	204
10	:status	206
11	:status	304
12	:status	400
13	:status	404
14	:status	500
15	accept-charset	
16	accept-encoding	gzip, deflate
17	accept-language	
18	accept-ranges	
19	Accept	
…	…	…
60	Via	
61	www-authenticate	

这个表同时被请求和响应使用，HTTP 消息可以用它来压缩常用的首部名，和一些常用的首部名、首部值组合。比如，如下首部

```
:method: GET
```

1 见链接8.7所示网址。

会被压缩为一个引用，其索引为2。

另一个示例，首部

```
:method: DELETE
```

在表中不存在，但是可以使用索引2来压缩首部名，并编码DELETE。也就是说，对于表中首部名/首部值组合（比如:method: GET）这种条目，可以只使用其中的首部名部分（如:method）。然而，反过来就不行，没办法查找和另外一个首部名关联的首部值。比如header1: GET，不能使用索引2中的GET值。

如果编码:method: DELETE首部到索引3，然后再编码DELETE值，这和使用索引2是一样的效果。两种方法都引用:method首部名，所以都有效。在8.6节我们会回过头来讨论这个话题。

8.4.2 HPACK动态表

除了静态表以外，HPACK还有一个连接级的动态表，从位置62开始（跟在静态表之后），最大到SETTINGS帧的SETTINGS_HEADER_TABLE_SIZE所定义的大小。如果没有明确指定，默认是4 096个8位字节。当到达表的最大尺寸时，最老的记录会被删除。为了简化这个过程，在写入表时，每个条目的id都会递增。如果请求包含两个自定义首部：

```
Header1: Value1
Header2: Value2
```

则开始时给Header1分配的位置为62。当发现Header2的时候，Header1被移到位置63，然后将Header2记录为62。也就是说，一个首部在表中的位置不是静态的，当前请求和后续请求中新的首部被添加到表中时，它随之增长。出于这个原因，必须顺序接收HEADERS和CONTINUATION帧以维护这个动态表的完整。TCP确保其有序，所以在HTTP/2中，每个TCP连接有一个唯一的动态表。

这个过程比较复杂，最好使用一个真实的示例来解释，8.5节中提供了一个这样的示例。但首先，要了解如何在静态和动态表中引用这些首部。

8.4.3 HPACK首部类型

要不要将首部添加到动态表是可以设置的。HPACK首部分为4类，具体如下。

索引首部字段类型

索引首部字段类型（以 1 开始）是对表直接查询（包含静态表和动态表），所以当首部名称和值都在表中时才使用该类型。这个首部包含一个表索引的值，其最少会被补齐到 7 位，格式如图 8.2 所示。

0	1	2	3	4	5	6	7
1	Index (7+)						

图 8.2　索引首部字段类型格式

对于需要 7 位以上的更大的索引，需要使用更多的逻辑[1]。这里不讨论这些逻辑，但是需要说明的是，会给这 7 个比特位填充 1，并使用更多的 8 位字节来表示这个更大的索引值。

比如要编码 `:method: GET`，使用索引 2（二进制为 `10`，使用 0 填充 7 位之后是 `000 0010`）。给它前面添加一位 1（用来指示这是索引首部字段类型），就变成了 `1000 0010`，使用十六进制表示为 `82`。如果使用 Wireshark 工具来查看，就能看到这些数据（如图 8.3 所示）。8.5 节会介绍如何使用 Wireshark 工具来查看这些数据，这里可以先看一下截图示例。

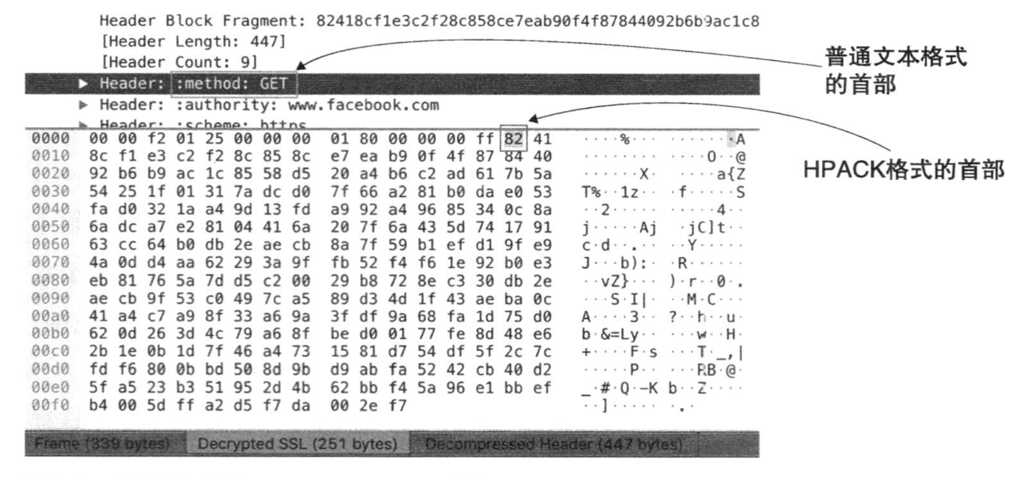

图 8.3　HPACK 压缩：`:method: GET` 首部

1　见链接8.8所示网址。

带递增索引的字符串首部字段

这个类型以 01 开头，当首部值不在表中，要将其添加到动态表中以备后续使用时，使用此类型。

这个类型包含首部名（可能是在表中的首部名索引，或者是不在表中的具体的首部名）和首部值。

如果使用一个索引的首部名（首部名已经在索引表中），则使用 01 之后的 6 个比特位定义索引的值，后面跟首部本身的值，如图 8.4 所示。

0	1	2	3	4	5	6	7
0	1	Index (6+)					
H	Value Length (7+)						
Value String (Length octets)							

图 8.4　带递增索引的字符串首部字段 格式 1

首部值的字符串可以使用 Huffman 编码，也可以不用（取决于编码是否会让它更短）。如果使用 Huffman 编码，则图中 H 位会被设置为 1，如果使用 ASCII 编码，则 H 位为 0。理想情况下，会使用最短的编码方式，所以一些首部会使用 Huffman 编码，一些可能直接使用 ASCII 编码。

图 8.5 是一个实际的例子。其中 :authority 首部的索引是 1，所以会被编码为 01000001，用十六进制表示为 41，随后是经过 Huffman 编码的值（见 8.4.4 节）。

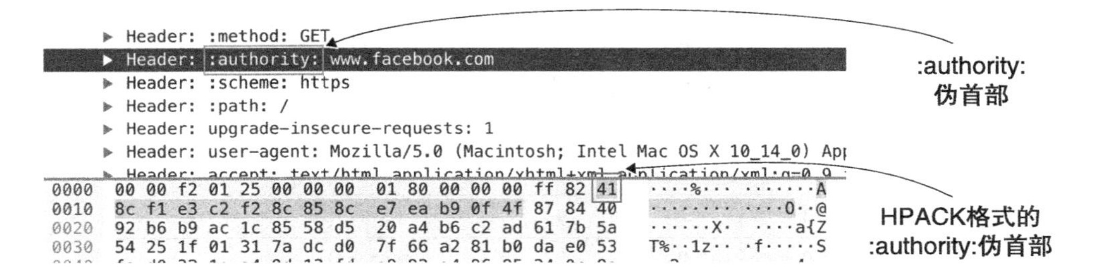

图 8.5　:authority 伪首部的 HPACK 编码，带有新的值

而对于不在索引表中的新首部名称，在 01 之后的 6 个比特位全部被设置为 0，然后首部名称和首部值都会以长度 / 值组合的格式给出，如图 8.6 所示。

0	1	2	3	4	5	6	7
0	1	0					
H	Name length (7+)						
Name string (length octets)							
H	Value length (7+)						
Value string (length octets)							

图 8.6 带递增索引的字符串首部字段 格式 2

所以开始的 8 个比特位，是 01000000 或者说是 40。图 8.7 是一个真实的示例，以 40 开始。

图 8.7 一个带索引的新 HPACK 首部

不索引的字符串首部字段

这个类型以 0000 开头，适用于可能会在每个请求中变化的首部，如果将其加入到动态表中会产生浪费（比如 path）。这个首部类型包含首部名（可能是在表中的首部名索引，或者是不在表中的具体的首部名），但是首部名和值不会保存在动态表中。这两种格式（首部名使用索引或者具体的文本表示）如图 8.8 和图 8.9 所示。

0	1	2	3	4	5	6	7
0	0	0	0	Index (4+)			
H	Value length (7+)						
Value string (length octets)							

图 8.8 不索引的字符串首部字段 格式 1

0	1	2	3	4	5	6	7
0	0	0	0	0			
H	Name length (7+)						
Name string (length octets)							
H	Value length (7+)						
Value string (length octets)							

图 8.9　不索引的字符串首部字段 格式 2

如图 8.10 所示的示例。编码后的首部以十六进制 00 开头（二进制为 0000 0000），由此我们就知道这个首部是第二种类型，不从表中引用首部名（:path）。

其中，:path 首部名经过 Huffman 编码为 84 b9 58 d3 3f，首部值（/security/hsts-pixel.gif）被编码为 91 61 05... 等，见 8.4.4 节。这个首部整体被编码为 00 84 b9 58 d3 3f 91 61 05 等。

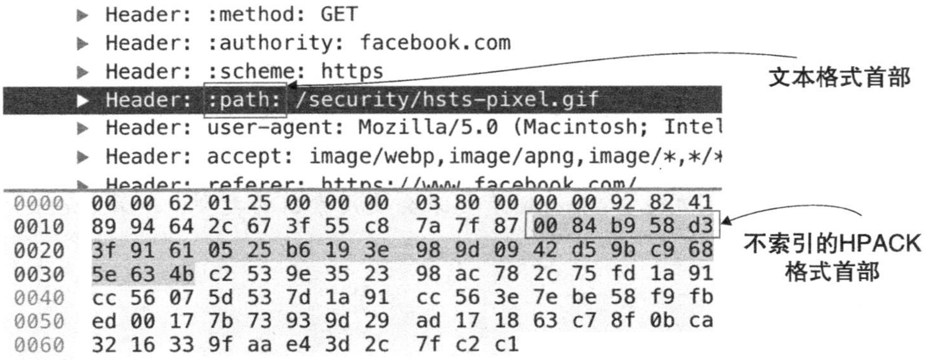

```
▶ Header: :method: GET
▶ Header: :authority: facebook.com
▶ Header: :scheme: https
▶ Header: :path: /security/hsts-pixel.gif
▶ Header: user-agent: Mozilla/5.0 (Macintosh; Intel
▶ Header: accept: image/webp,image/apng,image/*,*/*
▶ Header: referer: https://www.facebook.com/
0000  00 00 62 01 25 00 00 00  03 80 00 00 00 92 82 41
0010  89 94 64 2c 67 3f 55 c8  7a 7f 87 00 84 b9 58 d3
0020  3f 91 61 05 25 b6 19 3e  98 9d 09 42 d5 9b c9 68
0030  5e 63 4b c2 53 9e 35 23  98 ac 78 2c 75 fd 1a 91
0040  cc 56 07 5d 53 7d 1a 91  cc 56 3e 7e be 58 f9 fb
0050  ed 00 17 7b 73 93 9d 29  ad 17 18 63 c7 8f 0b ca
0060  32 16 33 9f aa e4 3d 2c  7f c2 c1
```

文本格式首部

不索引的HPACK 格式首部

图 8.10　不索引首部的 HPACK 示例

这个编码看起来有点奇怪，还有点浪费，因为 :path 首部已经在表中了（第 4 和第 5 个）。这个首部使用格式 1 来编码，会少 5 个 8 位字节：

- 格式 1（索引 5）：**05** 91 61 05 等
- 格式 2（无索引）：**00 84 b9 58 d3 3f** 91 61 05 等

如果你在 Firefox 下使用同样的请求，它会使用索引 5，但不知道为什么 Chrome 看起来更喜欢发送首部名字。这个示例说明，客户端编码的方式可能不会总符合预期。

从不索引的字符串首部字段

这个类型以 0001 开头，和前一个类似，但是这个值一定不能在任何后续的重新编码流程中被添加到动态表（比如当服务器在两个 HTTP/2 实现之间充当代理的时候）。这个首部类型用于敏感信息（比如用户名、密码），我们不希望它们被存储在一个共享的 HTTP 首部索引中。这个首部用来指示，在传输时如何处理重新编码和当前编码。

应该将 cookie 存储在 HPACK 表中吗

cookie 是敏感数据，并且看起来正是最后这种类型适用的对象。不存储的缺点是，对后续请求 cookie 的压缩减少了。cookie 会很大，而且重复，所以理想情况下，应该将它们压缩。

与局部反查的压缩不同，使用 HPACK，要猜到整个 cookie 的内容才能看到效果（可能是请求变小）。一些实现（例如 Firefox 和 nghttp）[a] 在遇到较小的 cookie(少于 20 字节）时只使用从不索引的类型，依据是更大的 cookie 猜起来更困难，压缩就变得有价值。对于更大的 cookie，那些实现会索引对应的值，这样就可以在后续的请求中引用它。Chrome 看起来会使用索引的类型，不管 cookie 的长度是多少，所以看起来它不使用从不索引的类型。

a 见链接8.9所示网址。

如果发送方决定采用这个类型，设置和前面的“不索引”的格式相似（见图 8.11 和图 8.12），具体取决于首部是引用的索引中的值还是完整的文本内容。

0	1	2	3	4	5	6	7
0	0	0	1	Index (4+)			
H	Value length (7+)						
Value string (length octets)							

图 8.11 从不索引的字符串首部字段 格式 1

0	1	2	3	4	5	6	7
0	0	0	1	0			
H	Name length (7+)						
Name string (length octets)							
H	Value length (7+)						
Value string (length octets)							

图 8.12 从不索引的字符串首部字段 格式 2

8.4.4 Huffman 编码表

Huffman 编码，需要定义一个编码表，以给文本中每个字符指定不同的编码。对于 HPACK，这个表被定义在规范中，所以客户端和服务器都知道要使用什么值来编码、解码首部内容。表 8.4 列出了部分 HPACK Huffman 编码。完整的表参考 HPACK 规范[1]。

表 8.4 HPACK Huffman 编码表中的部分编码

<table>
<tr><th>符　号</th><th>编　码</th><th>Huffman 编码（二进制）</th><th>长度（位）</th></tr>
<tr><td>' '</td><td>(32)</td><td>|010100</td><td>[6]</td></tr>
<tr><td>'!'</td><td>(33)</td><td>|11111110|00</td><td>[10]</td></tr>
<tr><td>'"'</td><td>(34)</td><td>|11111110|01</td><td>[10]</td></tr>
<tr><td>'#'</td><td>(35)</td><td>|11111111|1010</td><td>[12]</td></tr>
<tr><td>'$'</td><td>(36)</td><td>|11111111|11001</td><td>[13]</td></tr>
<tr><td>…</td><td>…</td><td>…</td><td>…</td></tr>
<tr><td>'0'</td><td>(48)</td><td>|00000</td><td>[5]</td></tr>
<tr><td>'1'</td><td>(49)</td><td>|00001</td><td>[5]</td></tr>
<tr><td>…</td><td>…</td><td>…</td><td>…</td></tr>
<tr><td>'A'</td><td>(65)</td><td>|100001</td><td>[6]</td></tr>
<tr><td>'B'</td><td>(66)</td><td>|1011101</td><td>[7]</td></tr>
<tr><td>'C'</td><td>(67)</td><td>|1011110</td><td>[7]</td></tr>
<tr><td>'D'</td><td>(68)</td><td>|1011111</td><td>[7]</td></tr>
<tr><td>'E'</td><td>(69)</td><td>|1100000</td><td>[7]</td></tr>
<tr><td>…</td><td>…</td><td>…</td><td>…</td></tr>
<tr><td>'L'</td><td>(76)</td><td>|1100111</td><td>[7]</td></tr>
<tr><td>…</td><td>…</td><td>…</td><td>…</td></tr>
<tr><td>'T'</td><td>(84)</td><td>|1101111</td><td>[7]</td></tr>
<tr><td>…</td><td>…</td><td>…</td><td>…</td></tr>
</table>

1 见链接8.10所示网址。

回到之前的一个示例，查看首部：

```
:method: DELETE
```

这个首部可以使用索引 2 来压缩，然后编码值 DELETE：

字母	D	E	L	E	T	E
Huffman 编码	1011111	1100000	1100111	1100000	1101111	1100000

组成 8 位字节后，首部就成了 1011 1111 1000 0011 0011 1110 0000 1101 1111 1000 00，最后 8 位使用 1 来填充，变为 0011。首部以十六进制表示为 bf 83 3e 0d f8 3f，在前面设置 Huffman 标志位和长度。在这个例子中，长度是 6 个 8 位字节，以二进制表示是 110，填充为 7 位，是 000 0110。然后在开头添加 Huffman 标志位 1，结果就是 1000 0110 或者 86，最终完整的首部编码为 86 bf 83 3e 0d f8 3f。

8.4.5 Huffman 编码脚本

HPACK Huffman 编码和解码很容易就可以自动化实现。如下代码是一个 Perl 的类似实现。注意，出于节省篇幅的考虑，只显示了一部分 Huffman 表。完整的代码在本书的 GitHub 主页上[1]。

代码 8.1 简单的 HPACK Huffman 编码器

```
#!/usr/bin/perl

use strict;
use warnings;

#Read in the string to convert from the command line.
my ($input_string) = @ARGV;

if (not defined $input_string) {
  die "Need input string\n";
}

#Set up and populate a hash variable with all the Huffman lookup values.
#Note that only printable values are used in this simple example.
my %hpack_huffman_table;
```

1 见链接8.11所示网址。

```
$hpack_huffman_table{' '} = '010100';
$hpack_huffman_table{'!'} = '1111111000';
$hpack_huffman_table{'\"'} = '1111111001';
$hpack_huffman_table{'#'} = '111111111010';
...etc.
$hpack_huffman_table{'}'} = '11111111111101';
$hpack_huffman_table{'~'} = '1111111111101';

#Set up a binary string variable
my $binary_string="";

#Split the input string by character
my @input_array = split(//, $input_string);

#For each input character, look up the string in the Huffman hash table
#And add it to the binary_string variable.
foreach (@input_array) {
  $binary_string = $binary_string . $hpack_huffman_table{$_};
}

#Pad out the binary string to ensure that it's divisble by 8
while (length($binary_string) % 8 != 0) {
        $binary_string = $binary_string . "1";
};

#Calculate the length by dividing by 8.
my $string_length = length($binary_string)/8;

#This simple implementation doesn't handle large strings
#(left as an exercise for the reader).
if ($string_length > 127) {
        die "Error string length > 127 which isn't handled by this
     program\n";
}

#Set the most significant bit (128) to indicate that Huffman encoding is
used
#and include the length
#(again, this simple version naively assumes 7 bits for the length).
printf("Huffman Encoding Flag + Length: %x\n",128+$string_length);

#Iterate though each 4-bit value and convert to hexidecimal
printf("Huffman Encoding Value         : ");
for(my $count=0;$count<length($binary_string);$count = $count + 4) {
        printf("%x",oct("0b" . substr($binary_string,$count,4)));
}
printf ("\n");
```

这段代码将字符串编码为十六进制的HPACK Huffman字符串。以下是一个示例：

```
$ ./hpack_huffman_encoding.pl DELETE
```

```
Huffman Encoding Flag + Length: 86
Huffman Encoding Value        : bf833e0df83f
```

可以使用类似的脚本来解码 HPACK Huffman 编码的字符串。还可以对这个脚本做一些优化，支持输入一个首部的列表，然后处理动态表。将这两个任务留给你当作练习，你可以选择使用自己的语言来完成。

虽然 Huffman 编码对人类来说比较复杂，但是它使用代码实现起来很简单，使用计算机进行编解码也很高效。所以，你不太可能手动进行编解码。

8.4.6 为什么 Huffman 编码不总是最佳的

对于一些值，Huffman 编码的结果会比 ASCII 编码更大。比如，如果使用 ASCII 来编码 `delete`，则可以直接跳到十六进制数（因为每个 ASCII 编码都是 1 个 8 位字节的长度），如：

字母	D	E	L	E	T	E
ASCII 十六进制码	44	45	4C	45	54	45

可以看到，ASCII 编码的版本长度同样为 6，并且将 Huffman 编码标志位设置为 `0`，然后在首部前添加 `06`，最终得到的完整编码的首部为 `06 44 45 4C 45 54 45`。

对于这个示例，用不用 Huffman 编码没有区别 —— 两个都是 7 个字节长。尽管在这个例子中用到的所有 Huffman 编码是 7 位的（ASCII 编码是 8 位的），但是还需要填充数据以达到 8 位字节数，所以最后编码长度相同。对于一些其他的首部，ASCII 编码可能会更小，比如，当首部中存在一些 Huffman 表中不常用的字符（长于 8 位）时。出于这个原因，HPACK 规范不要求一定使用 Huffman 编码，具体看客户端的需求，并且每个首部的编码也可以不同。只要编码能够使用更少的字节来表达对应的值，就可以使用。

但一般而言，Huffman 编码通常比 ASCII 编码更高效。有一部分原因是，虽然 ASCII 编码只需要 7 位，但它使用完整的 8 位字节，因此每个 ASCII 编码都浪费 1 位。Huffman 编码可以是变长的，因此理论上不会浪费。然而，在这种变长编码中，较少使用的字符所占空间多于 8 位，所以如果都是较少使用的字符，反而使用 ASCII 编码更高效。按照定义，这些字符应该很少被用到（假设 HPACK Huffman 编码表反映了实际使用情况）。最后，从静态或动态表中查找总是比 Huffman 或 ASCII 格式编码更高效。

8.5 HPACK压缩实例

在前面几节，我们了解了很多理论。在本节，我们来看一些实际的案例，以加深对这些理论的理解。大多数支持 HTTP/2 的工具会帮你处理 HPACK，并在背后做许多的工作，所以还是需要回头使用 Wireshark 工具来查看它发送的原始数据（和解码后的数据）。我们在第 4 章介绍过 Wireshark 工具，可以参考那一章的内容了解如何使用 Wireshark 工具。

假设你在嗅探 HTTP/2 流量，现在要查看 HTTP/2 首部。图 8.13 所示是一个请求 Facebook 的示例，选中的是第一个 HEADERS 帧（窗口中的第 2 行）。

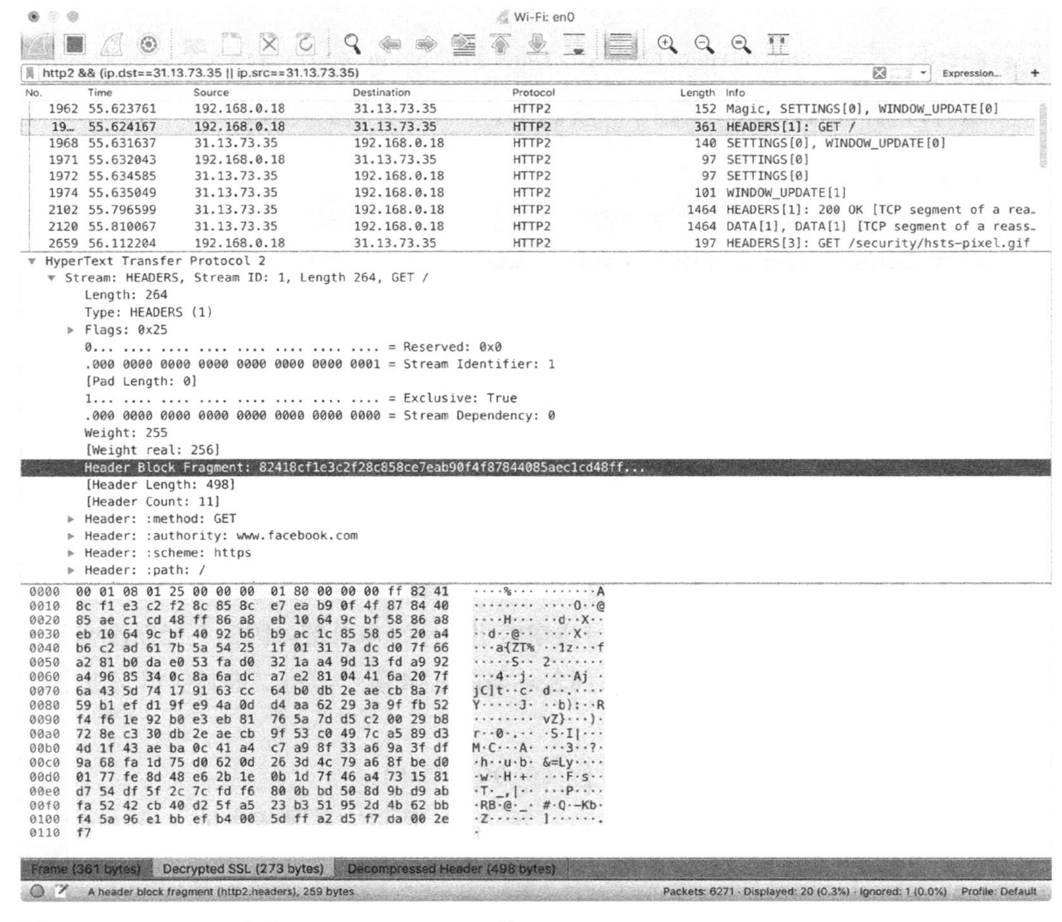

图 8.13 Wireshark 中的 HTTP/2 HEADERS 帧

在图的底部可以看到，Wireshark 帧（一个通用的名词用来表示数据包，不要和 HTTP/2 帧混淆）有 361 个字节。这个帧被解密后，变成 273 字节，解压之后是 498 字节。就算是对这第一个帧的首部压缩效果也很明显，节省了 45% 的空间（273/498 = 55%），虽然其中一部分节省的空间在加密之后又用掉了。

剥离 HTTP/2 帧的细节（比如帧类型、标志位和权重等），可以得到解码之后的首部，以十六进制的格式表示：

```
82 41 8c f1 e3等
```

用你新学到的知识来解码这个首部。因为我们在处理变长的 Huffman 编码时，以 8 位字节查看一个首部没什么用，要将它转换为二进制格式：

```
82418cf1e3... = 1000 0010 0100 0001 1000 1100 1111 0001 1110 0011...
```

这时，就可以解读这个首部了。我们知道，有 4 种首部类型：

- 索引首部字段类型（开头是 1）
- 带递增索引的字符串首部字段（开头是 01）
- 不索引的字符串首部字段（开头是 0000）
- 从不索引的字符串首部字段（开头是 0001）

这个首部块的开头是 `1`，所以它是第一个类型。接下来的 7 位是表中的索引，值为 `2`，所以首部是 `:method: GET`，这样就得到了第一个解压缩的首部！这个首部存储在 1 个 8 位字节中（82），而如果使用 ASCII 编码来存储它，则需要 12 个字符，也就是 12 个 8 位字节，所以这种格式节省了大量空间。所以前 8 位解码为：

~~1000 0010~~ 0100 0001 1000 1100 1111 0001 1110 0011...

下一部分开头是 `01`，所以它是带递增索引的字符串首部。因为它后面没有跟 6 个 0，所以这 6 位表示索引表中的首部名。如图 8.14 所示，将二进制值填充进去以匹配这个首部的格式。

现在开始解码下一个首部的前 8 位（`0100 0001`）。

去掉开头的 `01`，索引号为 `00 0001` 或者 `1`，所以它就是表中的 `:authority` 首部。所以前 16 位被解码为：

~~1000 0010 0100 0001~~ 1000 1100 1111 0001 1110 0011...

Bits								Actual values
0	1	2	3	4	5	6	7	
0	1	Index (6+)						0100 0001
H	Value length (7+)							1000 1100
Value string (length octets)								1111 0001…and so on

图 8.14 带递增索引的字符串首部字段 格式 1

现在解析这个 `:authority` 首部的值。下面 8 位的第一位是 1，所以我们知道随后的值是一个经过 Huffman 编码的值，剩下的 7 位表示长度，也就是 `000 1100` = 8+4 = 12 个字节。

```
1000 1100    Huffman 编码的字符串，长度为 12
```

前 24 位被解析为：

~~1000 0010 0100 0001 1000 1100~~ `1111 0001 1110 0011...`

然后是后面的 12 个字节，内容如下：

```
1111 0001 1110 0011 1100 0010 1111 0010 1000 1100 1000 0101
1000 1100 1110 0111 1110 1010 1011 1001 0000 1111 0100 1111
```

按位读取，直到发现一个唯一的 Huffman 值。查 Huffman 表可以节省时间（编程实现简单，但是手动做很麻烦）：

- `1111000` 是 `w`
- `1111000` 是 `w`
- `1111000` 是 `w`
- …
- `00100` 是 `c`
- `00111` 是 `o`
- `101001` 是 `m`
- `111` 是最后一个字节的填充内容

最后完整的值是 www.facebook.com，把它和首部名（`:authority`）放在一起，就得到了完整的首部：

```
:authority: www.facebook.com
```

这个首部被添加到了动态表中，使用的索引号为 62。因为静态时索引到 61，所以 62 是下一个可用的值。

然后以类似的方法查看 HEADERS 帧剩下的数据，会得到如表 8.5 所示的动态表。

表 8.5 在接收到第一个 HEADERS 帧之后的动态首部表

索引	首部	值
62	accept-language	en-GB,en-US;q=0.9,en;q=0.8
63	accept-encoding	gzip, deflate, br
64	Accept	text/html,application/xhtml+xml, application/xml;q=0.9,image/webp, image/apng,*/*;q=0.8
65	user-agent	Mozilla/5.0 (Macintosh; Intel Mac OS X 10_14_0) AppleWebKit/537.36 (KHTML, like Gecko) Chrome/69.0.3497.100 Safari/537.36
66	upgradeinsecure-requests	1
67	cache-control	no-cache
68	Pragma	no-cache
69	:authority	www.facebook.com

可以看到，表中 :authority 首部已经被挤到了 69 的位置。所以，这些首部的顺序很重要，但它可能和开发者工具中显示的首部顺序不匹配。比如 Chrome 在开发者工具中以字母顺序给首部排序，但并不会以字母顺序发送首部。还要注意，不是所有的首部都会被添加到动态表中，比如，scheme:https 和 :path:/ 伪首部已经在静态表中了（索引分别是 7 和 4），所以它们不会被添加到动态表中。

第一个请求可能会填充动态表，因为这些值没在表中，所以压缩率不是最优的。后续的请求可以使用这些值，压缩率变得更好，如图 8.15 所示。

跳过之后接收到的 HEADERS 帧，我们看下一个发送的 HEADERS 帧。可以根据源和目标 IP 地址查看每个请求的传输方向。发送和接收的首部以相同的方式分别处理。在这里，我们关注客户端。所有的逻辑同样适用于服务端，但服务端会有单独管理的动态首部表。

第二个发出的请求，以 82 开始，和之前一样，我们知道可以将它解压 / 解码为 :method: GET，这里就不复述了。第二个首部更有趣。41 是 :authority 首部，同前一个请求相同，后面跟着 Huffman 编码的 authority 值（facebook.com）。有趣的是，这个域名和第一个请求中的域名不同（现在是 facebook.com，之前是 www.facebook.com），所以之前存储的动态值不可以重用，这里必须发送它的值。

这个示例同时展示了连接合并的用法，虽然域名不同，但并不需要另启一个 HTTP/2 连接。关于连接合并的更多细节参考第 6 章。

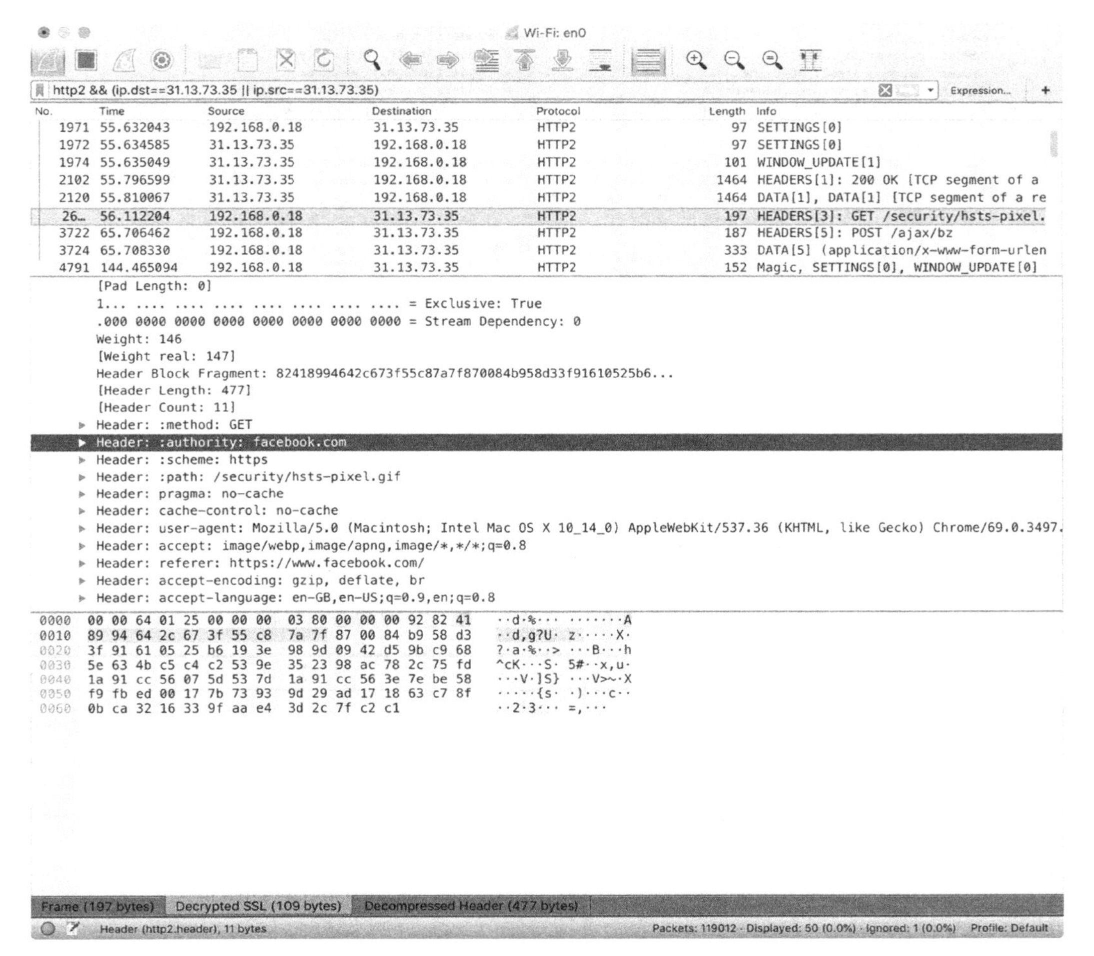

图 8.15 重用 HTTP/2 索引的首部，是发送大型首部的高效方法

随后的几个首部也很有趣，以 `user-agent` 为例，具体见图 8.16。

可以看到，第一个请求还是要求完整的 `user-agent` 首部[1]，使用 94 个 8 位字节来发送这个首部。在第二个请求中，`user-agent` 没有变化，所以可以使用两个字节（`c2`）来发送，以节省大量资源！而如果使用 HTTP/1.1 中纯文本 ASCII 编码的首部，则需要 131 字节，所以这种格式压缩的效果更明显。

1 如果想了解这个首部为什么这么长，见链接8.12所示网址。

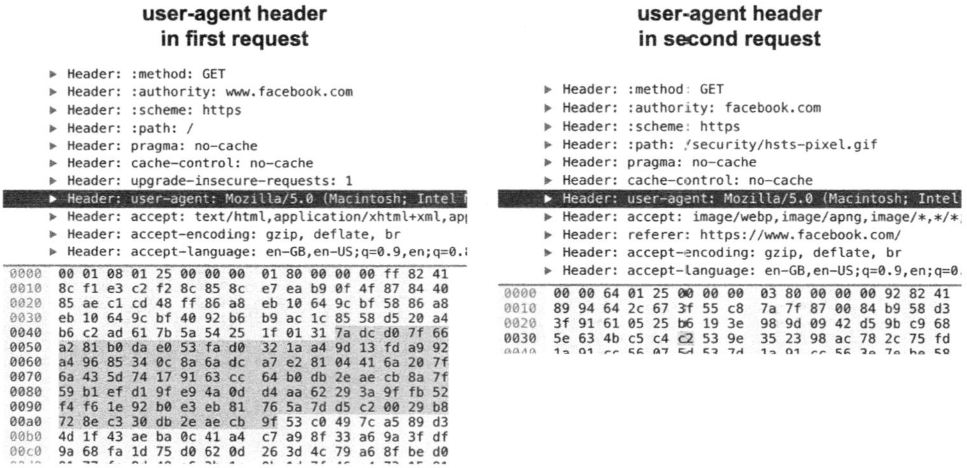

user-agent header in first request

```
▶ Header: :method: GET
▶ Header: :authority: www.facebook.com
▶ Header: :scheme: https
▶ Header: :path: /
▶ Header: pragma: no-cache
▶ Header: cache-control: no-cache
▶ Header: upgrade-insecure-requests: 1
▶ Header: user-agent: Mozilla/5.0 (Macintosh; Intel
▶ Header: accept: text/html,application/xhtml+xml,ap
▶ Header: accept-encoding: gzip, deflate, br
▶ Header: accept-language: en-GB,en-US;q=0.9,en;q=0.
0000  00 01 08 01 25 00 00 00  01 80 00 00 00 ff 82 41
0010  8c f1 e3 c2 f2 8c 85 8c  e7 ea b9 0f 4f 87 84 40
0020  85 ae c1 cd 48 ff 86 a8  eb 10 64 9c bf 58 86 a8
0030  eb 10 64 9c bf 40 92 b6  b9 ac 1c 85 58 d5 20 a4
0040  b6 c2 ad 61 7b 5a 54 25  1f 01 31 7a dc d0 7f 66
0050  a2 81 b0 da e0 53 fa d0  32 1a a4 9d 13 fd a9 92
0060  a4 96 85 34 0c 8a 6a dc  a7 e2 81 04 41 6a 20 7f
0070  6a 43 5d 74 17 91 63 cc  64 b0 db 2e ae cb 8a 7f
0080  59 b1 ef d1 9f e9 4a 0d  d4 aa 62 29 3a 9f fb 52
0090  f4 f6 1e 92 b0 e3 eb 81  76 5a 7d d5 c2 00 29 b8
00a0  72 8e c3 30 db 2e ae cb  9f 53 c0 49 7c a5 89 d3
00b0  4d 1f 43 ae ba 0c 41 a4  c7 a9 8f 33 a6 9a 3f df
00c0  9a 68 fa 1d 75 d0 62 0d  26 3d 4c 79 a6 8f be d0
```

user-agent header in second request

```
▶ Header: :method: GET
▶ Header: :authority: facebook.com
▶ Header: :scheme: https
▶ Header: :path: /security/hsts-pixel.gif
▶ Header: pragma: no-cache
▶ Header: cache-control: no-cache
▶ Header: user-agent: Mozilla/5.0 (Macintosh; Intel
▶ Header: accept: image/webp,image/apng,image/*,*/*
▶ Header: referer: https://www.facebook.com/
▶ Header: accept-encoding: gzip, deflate, br
▶ Header: accept-language: en-GB,en-US;q=0.9,en;q=0.
0000  00 00 64 01 25 00 00 00  03 80 00 00 00 92 82 41
0010  89 94 64 2c 67 3f 55 c8  7a 7f 87 00 84 b9 58 d3
0020  3f 91 61 05 25 b6 19 3e  98 9d 09 42 d5 9b c9 68
0030  5e 63 4b c5 c4 c2 53 9e  35 23 98 ac 78 2c 75 fd
```

图 8.16　第一个和第二个请求中的 user-agent 首部

想要知道 c2 如何被转译为 user-agent 首部，首先要知道新增了一个 :authority: facebook.com 首部，并且它会被存储到动态表中，并将其他的首部往后挤一位，如表 8.6 所示。

表 8.6　在收到第一个 HEADERS 帧之后的动态首部表

索　引	首　部	值
62	:authority	facebook.com
63	accept-language	en-GB,en-US;q=0.9,en;q=0.8
64	accept-encoding	gzip, deflate, br
65	Accept	text/html,application/xhtml+xml, application/xml;q=0.9,image/webp, image/apng,*/*;q=0.8
66	user-agent	Mozilla/5.0 (Macintosh; Intel Mac OS X 10_14_0) AppleWebKit/537.36 (KHTML, like Gecko) Chrome/69.0.3497.100 Safari/537.36
67	upgrade-insecure-requests	1
68	cache-control	no-cache
69	Pragma	no-cache
70	:authority	www.facebook.com

然后就可以解开 user-agent 首部：

```
c2 = 1100 0010
```

第一个 1 代表要从之前的表中查询首部名和值，之后的 100 0010 转成十进制数是 66，表示它是之前（见表 8.6）所存储的 user-agent 首部。

然而，只有在发送方和接收方的 HPACK 动态表保持同步的时候该方法才有用，也就是说要保持 HEADERS 帧的顺序一致 —— 感谢 TCP，它可以保证数据是有序的，刚好可以满足这个要求。这个过程看起来复杂，特别是当你手动处理的时候，但是把它交给计算机来处理就非常简单了。使用类似 Wireshark 的工具就没那么麻烦，也不容易出错。但是知道了如何手工解码，也就知道需不需要手工解码。

这种复杂性被自动化处理后，效果非常明显。在图 8.15 中，我们可以看到 SSL 经解密后的大小是 109 字节，然而第一个请求是 273 字节。就算是这个简单的网站，只在这个连接上加载 3 个资源（其他的从分片的域名上加载），也没有其他庞大的 cookie 或者复杂的首部，就可以获得 68% 的首部大小的优化，如表 8.7 所示。

表 8.7 HPACK 首部压缩资源节省

请　求	解密的 SSL	解压缩的首部	节省的空间
1	273	498	45%
2	109	477	77%
3	99	547	82%
Total	481	1522	68%

第一个请求被压缩得最少，平均收益随着连接使用的增加而增加。

8.6 客户端和服务端对HPACK的实现

在本章内容结束之前，我们考虑几个更重要的问题。首先，在静态和动态表中有一些重复的首部，表 8.8 中列出了其中一些。

表 8.8 HPACK 静态和动态表中的重复首部示例

索　引	首 部 名	首 部 值
1	:authority	
2	:method	GET
3	:method	POST
4	:path	/
5	:path	/index.html
…	…	…
19	accept	
…	…	…
64	accept	text/html,application/xhtml+xml,application/xml; q=0.9,image/webp, image/apng,*/*;q=0.8

在本章前面我们提到了，一个 DELETE 的 :method 可以使用索引 2 或者 3，然后编码 DELETE 字符串，因为索引 2 和 3 都指向 :method 首部。类似地，对于常见的 :path 首部，其在表中也有两条记录。在示例中，当接收到第一个请求之后，accept 也有两条记录。像这种场景，HPACK 规范中没有明确说明应该使用哪个首部索引。发送方可以选择使用第一个、最后一个或者中间一个（如果有的话），或者还可以选择不引用之前定义的首部名索引，然后创建一个新的（Chrome 就是这么处理 :path 首部名的）。

还有一个例子说明，浏览器会使用不同的压缩方式。Chrome 和 Firefox 在处理同一个请求的多个首部时使用的方法稍微不同[1]。例如，如果你发送两个 cookie 首部，在第一个首部被编码之后，有两个引用指向表中的 cookie 首部名：静态表中原有的引用；另外一个是动态表中的引用，其用于编码值。在编码第二个 cookie 首部时，Chrome 使用静态表中的索引 32，Firefox 使用被添加到动态表中的 cookie 首部（索引号大于 62）。

需要明确指出的是，这些方法都是正确的。只要这个引用最终能解析出正确的首部名即可，发送方可以自由选择使用哪个索引。这里提供的所有示例都是针对有不同值的重复首部名的。但是规范还明确说明，整个首部键 / 值对可以重复，如果客户端想要这么做的话。客户端可以发送与已经在表中的键 / 值对完全相同的首部，可以将它们添加到索引中而不引用之前索引的内容：[2]

> 动态表可以包含重复的条目（有相同的名称和值的条目）。所以解码器不能将重复的条目当作错误处理。

当首次使用重复的首部时，可能会导致这个首部的压缩率降低，但从技术上讲，这是被允许的。

最后，规范并不要求发送方一定使用动态表，比如 Nginx 服务器只使用静态表[3]，大概是因为其实现和管理起来更简单。有一个补丁实现了完整的 HPACK 编码[4]。根据补丁作者的数据，这个补丁将压缩率从 40% 提升到了 95%，但是在写作本书时

1 见链接8.13所示网址。

2 见链接8.14所示网址。

3 见链接8.15所示网址。

4 见链接8.16所示网址。

它还没有被包含到 Nginx 的核心代码库中[1]。

8.7 HPACK的价值

HPACK 比较复杂，开始接触它时会令人望而却步（它的 RFC 几乎和 HTTP/2 的规范一样大），但我将它浓缩到了一章之中。希望本章揭开 HPACK 的神秘面纱，使你在了解 RFC 的时候，不再发怵。很多 HTTP/2 用户和 Web 开发者都可以忽略其中错综复杂的细节，只需要知道，它以高效的方法压缩 HTTP/2 首部，节省了大量空间，特别是在请求端，请求时首部数据占比很大。Cloudflare 是最大的 CDN 厂商之一，其声称，当启用 HPACK 时，请求数据减少了 53%[2]。在响应时，尽管 HTTP 首部也可能很大，但与 HTTP 正文相比它们通常很小，因此节省的成本似乎没那么多（Cloudflare 显示平均只节省了 1.4%）。但是，大多数用户的网络连接上传带宽要小于下载带宽，而且请求资源是第一步，因此对请求方来说，收益更高。

总结

- 有不同的方法压缩数据。
- HTTP 首部中包含敏感数据，如 cookie，所以它们不能和 HTTP 正文使用相同的压缩方法，因为这些方法不能抵御各种攻击，可能泄露数据。
- HPACK 是一种压缩格式，是专门为 HTTP/2 的 HTTP 首部压缩实现的。
- HPACK 有一个专用的二进制格式，使用由预先定义的常见首部名称（还有一些值）组成的静态表，和在会话过程中创建的动态表。
- 没有引用索引表的首部值可以使用 ASCII 编码或者 Huffman 编码来传输。
- Huffman 编码通常占用更少的空间。
- 在 HPACK 中可以使用多种方法来发送 HTTP 首部，浏览器可能使用不同的方式来编码 HTTP 首部。

1 见链接8.17所示网址。

2 见链接8.18所示网址。

第4部分

HTTP的未来

现在，你应该对HTTP/2协议有了深入的理解，已经完全弄明白了规范。在最后这部分中，我们来看看HTTP的未来。HTTP/2正被越来越多的网站使用，但是那些定义互联网协议的人并没有满足于目前取得的成就。在某种程度上，HTTP/2已经是过时的新闻了，人们已经在考虑协议的未来发展了。

第9章讲述QUIC。QUIC是一个新的协议，目标是持续完成HTTP/2的工作，并解决TCP层的性能问题。它应该立即标准化（等到本书出版时可能已经标准化了），但我怀疑可能需要更长时间它才能获得广泛应用。QUIC使用了HTTP/2的许多概念，所以读到这里的读者应该能够开始学习这个协议了，你们或许有助于它的推广。

第10章再回到协议层，我们探讨HTTP可能在哪些方面（以及如何）发展。HTTP健壮、可扩展，HTTP/2延续了这一特性，因此有许多方法可以进一步扩展该协议。

9 TCP、QUIC和HTTP/3

本章要点

- TCP 的效率低下的问题
- TCP 的优化方法
- QUIC 介绍
- QUIC 和 HTTP/2 的不同

HTTP/2 致力于优化 HTTP 协议存在的效率低下的问题，主要通过使用单个多路复用的连接来解决。在 HTTP/1.1 下，连接远远没有被充分地使用，因为一个连接同一时间只能加载一个资源。如果在响应请求时有任何延迟（比如服务器正忙着生成资源），这个连接就被阻塞，不能使用。在 HTTP/2 下，使用一个连接，可以同时加载多个资源，所以在这个场景下，其他资源仍然可以使用这个连接。

除了防止浪费连接以外，HTTP/2 还提高了性能，因为 HTTP 连接本身不够高效。创建 HTTP 连接有开销，否则，多路复用就没有实际价值了。这个开销不是来自于 HTTP 本身，而是下层两个用来创建连接的技术：TCP 和用来提供 HTTPS 功能的 TLS。

在本章中，我们会讨论这些低效的问题，你将会看到，尽管HTTP/2在处理这些低效率的场景时很有一套，但在某些具体的场景中，HTTP/2可能还是比HTTP/1.1要慢。然后介绍QUIC，它做了一些提升。

9.1 TCP的低效率因素，以及HTTP

HTTP依赖于一个保证数据有序可靠传输的网络连接。直到最近，这个可靠的连接都是由TCP（Transmission Control Protocol）实现的。TCP在两端（通常指浏览器和Web服务器）之间创建一个连接，然后处理消息传递，并确保消息到达。当消息丢失时处理重传，并确保消息在传递给应用层（如HTTP）之前是有序的。HTTP不需要实现这些复杂的逻辑，它假设这些标准已经被满足。HTTP协议构建在这个前提之上。

TCP给每个TCP数据包分配一个序列号，如果数据包在到达时顺序不对，则进行重排；如果丢失了部分数据包，则根据序列号来重新请求。TCP通过这种方式来确保数据完整性。TCP基于CWND（拥塞窗口，这也构成了HTTP/2流量控制工作原理的基础，见第7章）传输数据，因此能够发送的最大数据量取决于拥塞窗口的大小，发出数据减小窗口大小，接收到数据再把窗口大小加大。开始时窗口比较小，只要网络能够处理那些增加的负载，它就随着时间增长。如果客户端的处理速度跟不上，窗口就会减小。这个流程运行得相当好，这也是为什么TCP/IP成为了互联网的基石的原因。然而，TCP运行的基本方式会导致5个主要的问题，它们至少影响到了HTTP：

- 有一个连接创建的延迟。要在连接开始时协商发送方和接收方可以使用的序列号。
- TCP慢启动算法限制了TCP的性能，它小心翼翼地处理发送的数据量，以尽可能防止重传。
- 不充分使用连接会导致限流阈值降低。如果连接未被充分使用，TCP会将拥塞窗口的大小减小，因为它不确定在上个最优的拥塞窗口之后网络参数有没有发生变化。
- 丢包也会导致TCP的限流阈值降低。TCP认为所有的丢包都是由窗口拥堵造成的，但其实并不是。
- 数据包可能被排队。乱序接收到的数据包会被排队，以保证数据是有序的。

这些问题在HTTP/2下依然存在，其中一些问题正是为什么在HTTP/2下使用单个TCP连接更好的原因。然而，在某些丢包的情况下，最后两个问题会导致HTTP/2比HTTP/1.1更慢。

9.1.1 创建HTTP连接的延迟

我们在第2章中讲了TCP三次握手。这个握手和HTTP（以及HTTP/2连接）要求的HTTPS连接建立，会导致在第一个HTTP消息发送前产生一个明显的延迟，如图9.1所示。

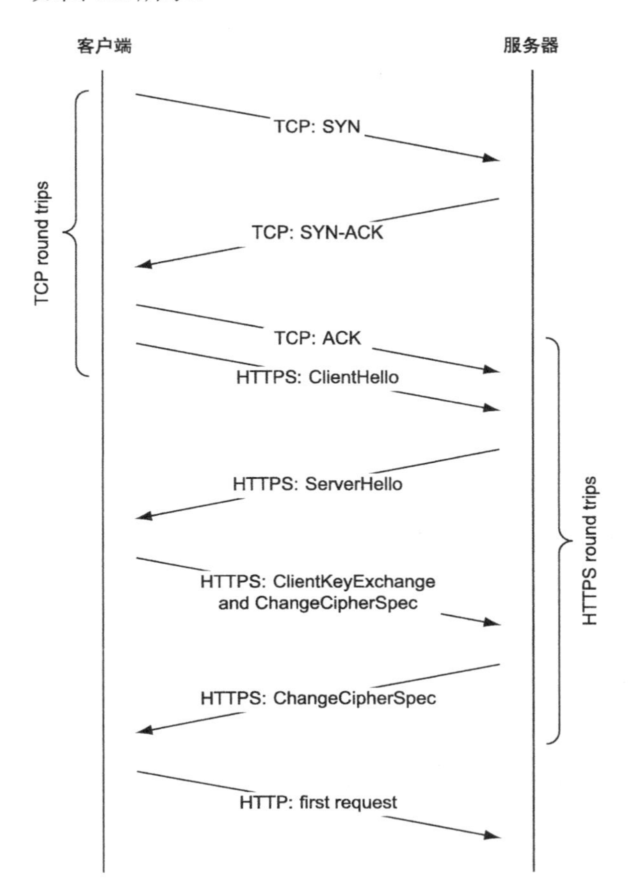

图9.1 HTTPS连接所需要的TCP和HTTPS设置

根据HTTPS握手的消息大小，在能发送首个请求之前，至少需要三次数据往返才能和服务器建立连接（TCP需要1.5次，HTTPS需要2次，其中0.5次可以重合）。

这个图中不包含 DNS 查询的请求，DNS 查询也可能增加一些延迟。

这些建立连接的步骤在实际应用中带来了明显的延迟，特别是在 HTTP/1.1 下，在 HTTP/2 下也一样。图 9.2 展示了第 2 章中请求 Amazon 的瀑布图，图中标出了所有的连接延迟。

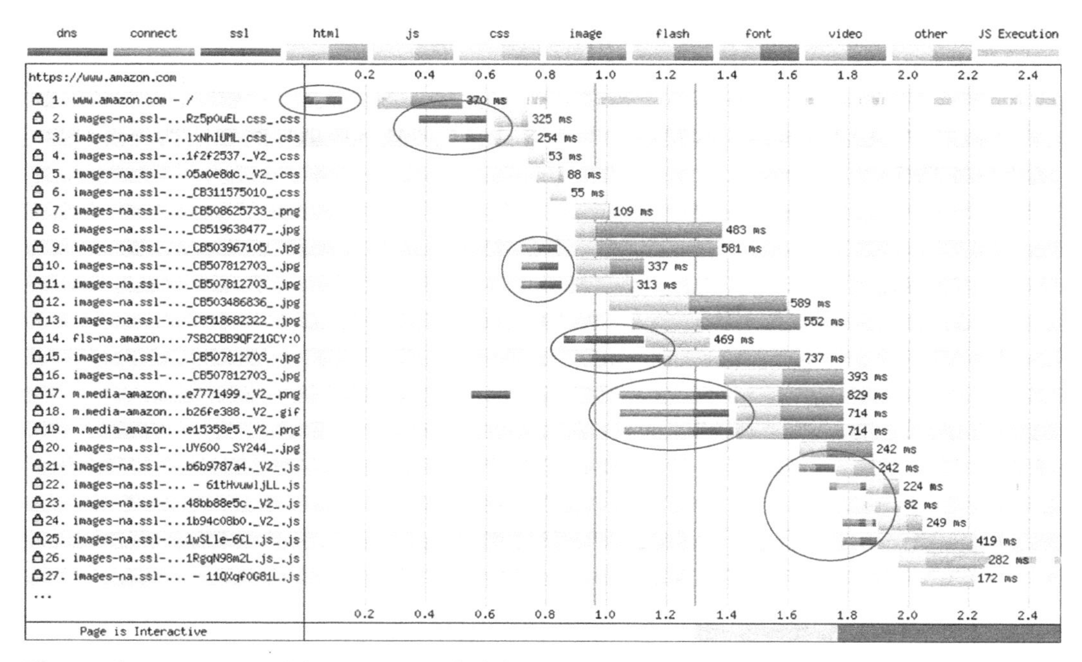

图 9.2 在 HTTP/1.1 下请求 Amazon 的连接建立延迟

在 HTTP/2 下，使用单个连接要好得多，但是这个连接还是会造成一个初始化的延迟。不能合并（见第 6 章）的单独域名的连接也会造成这些延迟。之后，将 Amazon 请求升级到了 HTTP/2，但此时还能看到首个连接的连接延迟，以及后续使用其他 HTTP/2 连接的连接延迟（因为没解析到同一个服务器，或者他们区分已认证服务器和未认证服务器），如图 9.3 所示。

HTTP/2 大幅减少了连接数，原来 15 个左右的延迟降低到了 3 个，见图 9.3，但如果能解决这 3 个剩余的延迟就更好了。

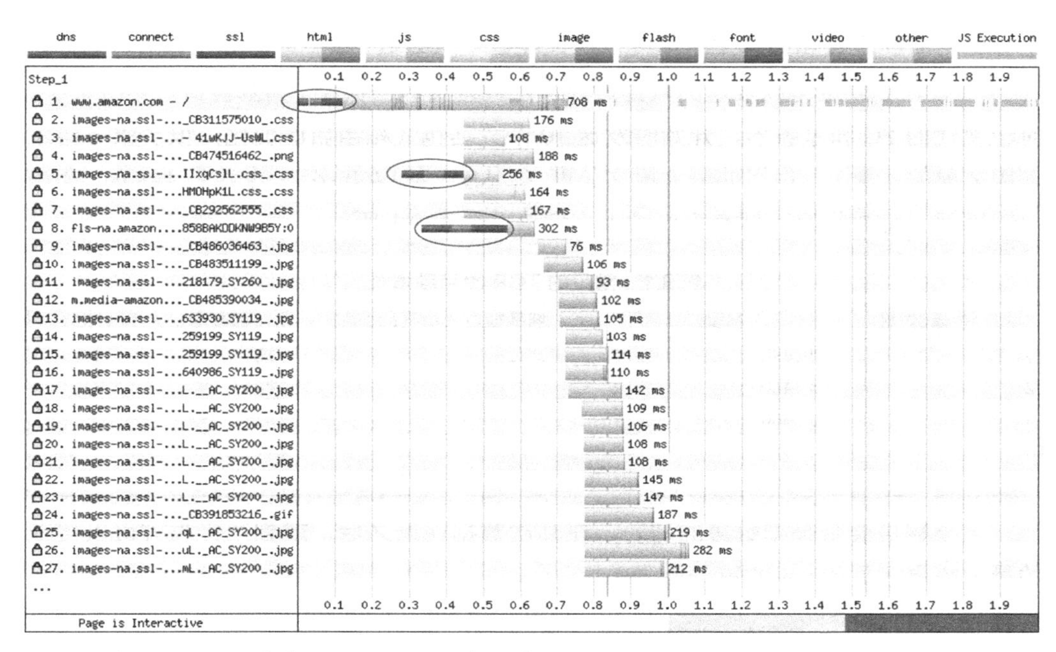

图 9.3 在 HTTP/2 下连接延迟大量减少，但还存在一些

9.1.2 TCP 拥塞控制对性能的影响

就算在连接创建之后，TCP 的低效因素也会带来其他的性能问题，这主要来自于 TCP 的可靠性特征：确保所有 TCP 数据包有序到达。这个看起来简单的描述需要在协议中考虑几个因素，特别是拥塞控制。

拥塞控制用以防止网络崩溃，此时网络花在重传被丢掉的数据包的时间比发送新的数据包的时间还要多。在 20 世纪 80 年代中期，互联网要爆发的时候，这个想法差点成为现实[1]。

为了防止这些问题，TCP 在 20 世纪 80 年代后期新增了不同的拥塞控制功能，并一直优化调整到今天的样子。这些拥塞控制算法和概念增加了稳定性，但也带来了低效的问题，特别是对 HTTP 来说。

TCP 慢启动

TCP 慢启动机制可以感知 TCP 在网络上的最佳吞吐量，以免过大冲垮或者危害到网络。TCP 采用很谨慎的算法，它以低速率启动并增大到最大速率，在此过程中

---

1 见链接9.1所示网址。

它会仔细监控连接和数据发送速度以保证能处理所有数据。

一个 TCP 连接可以发送的数据量取决于拥塞窗口的大小。拥塞窗口开始时很小，对于现代的 PC 和服务器，开始时发送 10 个数据包（相当新的变化，很多服务器还使用之前的 4 个）[1]，使用的最大报文长度（MSS）为 1460 字节，也就是 14KB。在慢启动期间，每次往返，拥塞窗口的大小翻倍，如表 9.1 所示。

表 9.1 常见的 TCP 慢启动增长

往返次数	MSS	拥塞窗口大小（段）	拥塞窗口大小（KB）
1	1460	10	14
2	1460	20	28
3	1460	40	57
4	1460	80	114
5	1460	160	228

大小翻倍会带来指数级的增长，在几次数据往返之后，就到了接收方可以接受的最大容量（见图 9.4 的第一部分）。

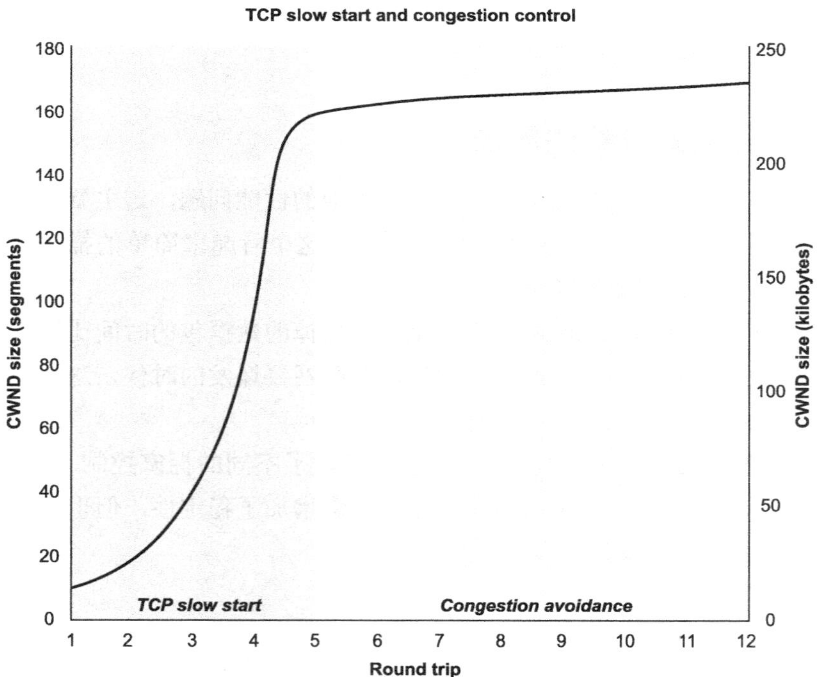

图 9.4 TCP 慢启动到最佳容量的过程

1 见链接9.2所示网址。

拥塞窗口大小的上限经常会比图 9.4 中所示的要低很多，往往是 65 KB，因为那是 TCP 最初的限制（见 9.1.4 节中窗口缩放的讨论）。当达到最大容量之后，如果没有发生丢包，TCP 拥塞控制就进入拥塞避免阶段，随后拥塞窗口还会持续增长，但会变成慢得多的线性增长（不同于慢启动期间的指数级增长），直到它开始看到丢包，认为到了最大容量，如图 9.4 中的第二部分所示。

TCP 慢启动很慢吗

因为 TCP 慢启动的指数增长特性，所以按大多数定义来说它并不慢。实际上，TCP 的拥塞避免阶段的增长更慢。慢启动是指开始时使用的窗口较小，这也是为什么它被叫作慢启动而不是慢增长的原因。

相比于启动时服务器能支持的最大窗口（后来减小），它确实慢一些。每个 TCP 连接都会经历这个增长过程，所以协议在连接开始时慢，虽然是有意为之。

然而对于 HTTP，在开始阶段我们希望以拥塞窗口的最大值开始运行。比如，在一个 Facebook 的会话中，主页本身有 125 KB，需要至少 4 次往返。当网页和它所有的资源加载完之后，一般很少再有别的下载数据的需求，经常在这个时候刚好到了 TCP 的最佳窗口大小。

尽量把东西放到前 14KB 中

有一个经常被人吹捧的 Web 性能优化建议，是将所有的关键资源放到 HTML 的前 14KB 中。这个理论来自于，前 14KB 会在 TCP 的前 10 个数据包中加载，这样可以避免 TCP 确认消息的延迟。比如，所有影响渲染的内联 CSS 应该放到开始的 14KB 中（假定浏览器可以处理不完整的 HTML 页面，很多浏览器都支持）。

但在 HTTPS 连接（特别是 HTTP/2 连接）下不是这样，因为开始的 10 个 TCP 数据包（至少）会被如下消息使用：

- 两个 HTTPS 响应（`Server Hello` 和 `Change Spec`）
- 两个 HTTP/2 `SETTINGS` 帧（服务器发送一个，另外一个用来确认客户端的 `SETTINGS` 帧）

- 一个 HEADERS 帧，响应第一个请求

这样在最好的情况下，连接就剩下 5 个数据包，或者说 7KB。实际上，上面的每个消息都可能比一个 TCP 数据包大，这样使用的数据包就会超过 5 个。还有，如果发送了 WINDOW_UPDATE 帧或者 PUSH_PROMISE 帧，能剩下的数据包就会更少。

幸运的是，客户端会确认收到那些 TCP 数据包，这会增加拥塞窗口大小。在某种程度上，HTTPS 带来的初始化延迟可能意味着，当你使用 HTTP 的时候，拥塞窗口已经变大了，但这会被创建 HTTPS 连接的开销所抵消。

将关键资源放到 HTML 的开始处还是有必要的，但在我看来，在 HTTPS 或者 HTTP/2 下，不需要严格要求 14KB 以内。

我们在第 2 章中讲过，HTTP/2 使用单个连接，这一点比 HTTP/1.1 更有优势，但当讨论一些细节的时候，这个说法并不完全正确。一方面，因为使用多个连接（通常为 6 个，当使用域名分片时更多），HTTP/1.1 开始时下载的内容较多，所以相比于 HTTP/2，它有多个初始的拥塞窗口（假设所有连接同时打开），如表 9.2 所示。

表 9.2 通常使用 6 个连接的 TCP 慢启动增长

往返次数	MSS	拥塞窗口大小（段）	拥塞窗口大小（KB）	6 个连接的拥塞窗口大小（KB）
1	1460	10	14	85
2	1460	20	28	171
3	1460	40	57	342
4	1460	80	114	684
5	1460	160	228	1368

在另一方面，如果开始时只使用一个连接（通常是下载一个 HTML 网页），则在 HTTP/1.1 下后来新增的连接也要经过慢启动过程，在这种情况下，比单个 HTTP/2 连接要慢，能发送的数据更少，因为可能已经达到了最大拥塞窗口。TCP 慢启动在某种程度上影响这两个版本的协议。

连接闲置降低性能

在连接刚启动时和连接闲置时，TCP 慢启动算法会导致延迟。TCP 比较小心谨慎，在闲置一段时间后，网络情况可能发生变化，所以 TCP 将拥塞窗口大小降低，重新进行慢启动流程，以再次找到最佳的拥塞窗口大小。

很不幸，在浏览网络时，刚打开一个页面时会有很大的流量，然后阅读网页时有一段连接闲置的时间。后面会重复这个循环，所以，在闲置期间将拥塞窗口大小重置会对网络浏览产生较大影响。

在 Amazon 的 HTTP/1.1 示例中，网页从 Amazon 主域名加载，但大多数静态资源从子域名加载，这就导致和主域名的连接中有较长的不活跃时间，如图 9.5 所示。

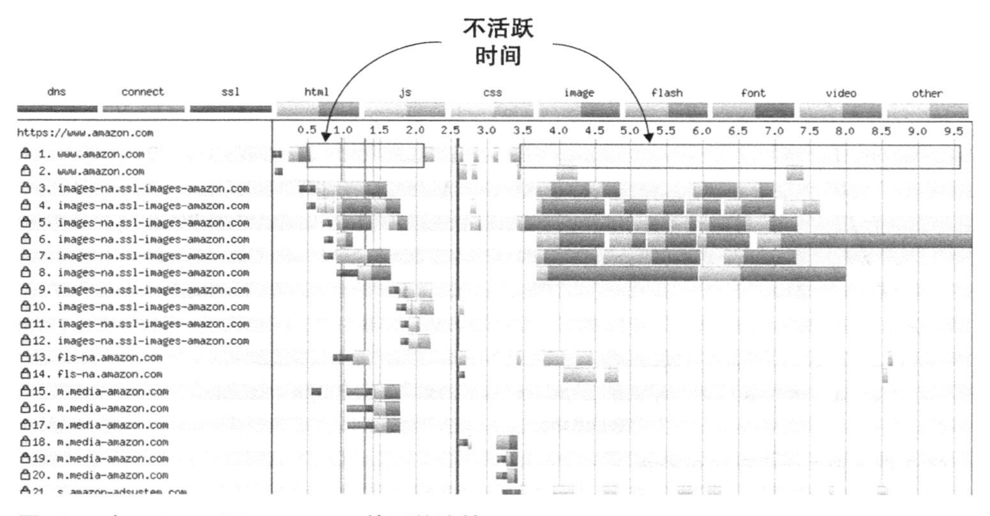

图 9.5　在 HTTP/1 下，Amazon 使用的连接

这种不活跃的时间对第一个标出的连接来说尤其不利（因为它可能会在后续打开新页面时再次被使用）。从图 9.5 还能看到，很多其他的连接也没有被充分使用。就像在第 2 章中我们强调过的，这些空白说明连接的使用不够高效，而且站在 TCP 的视角，情况可能比你以为的更糟，因为在连接不活跃的时候 TCP 会降低数据发送速度。当需要再次使用那些连接的时候（比如打开新页面），几乎要重新开始慢启动的过程，虽然连接保持打开的时候，TCP 握手和 HTTPS 握手不需要再重复了。

而 HTTP/2 在每个域名上使用单个连接，这样会好很多。每个资源的加载都会让这个唯一的 TCP 连接保持活跃，所以它不太可能被闲置。特别是在有连接周期性地和服务端交互时（比如 XHR 轮询、SSE 或者类似的技术）。此类活动让连接保持活跃，并为下次访问新页面做好准备。

丢包降低 TCP 性能

除了在连接开始，以及连接闲置一段时间时，需要花时间使容量增长到最佳大小，TCP 还把丢包当成极端事件。它认为这个事件是由容量限制造成的，因而它会做出激烈反应，直接将拥塞窗口大小减半，也就是说会将容量减半（具体取决于所使用的 TCP 拥塞控制算法）[1]。然后 TCP 使用拥塞避免算法再次计算速度，并进入拥塞避免阶段（还是取决于 TCP 算法），如图 9.6 所示。

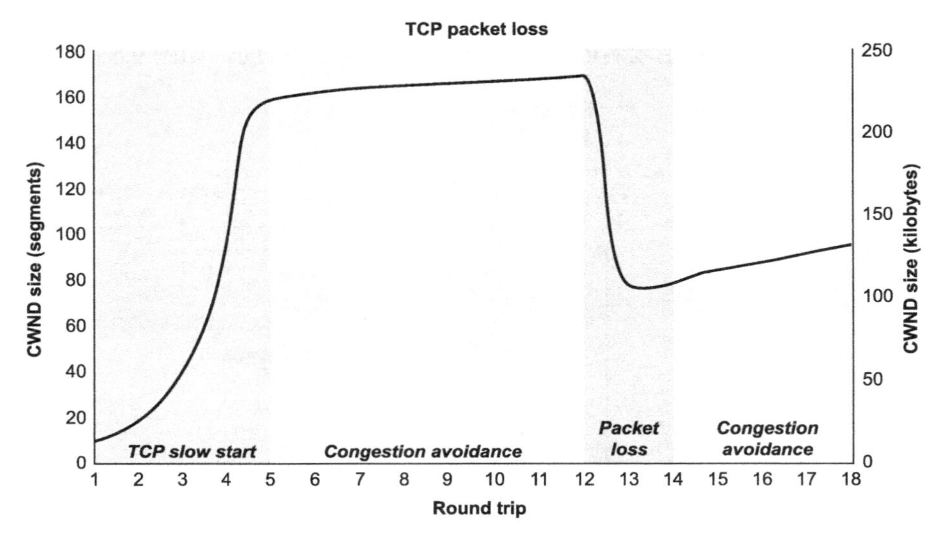

图 9.6 TCP 拥塞窗口大小受丢包影响

减半拥塞窗口会带来一些特殊的问题。很多原因会造成丢包，网络拥堵只是其中一种。比如移动网络，没有有线连接稳定，会随机丢包，不管网络还有多少容量。所以，认为丢包完全是由拥堵造成的，然后大幅降低网速，这是不正确的。

新的 TCP 拥塞控制算法对网络丢包的处理不像之前的示例中那么极端，它们可能将拥塞窗口调小一些（不到一半），在丢包之后让其快速增长（类似慢启动），或者使用其他指标来决定要不要调整容量（比如把平均的往返时间当作更好的指标）。

丢包带来的影响在 HTTP/2 中尤其严重，因为它只使用单个连接。在 HTTP/2 的世界中，一次丢包会导致所有的资源下载速度变慢。而 HTTP/1.1 可能有 6 个独立的连接，一次丢包只会减慢其中一个连接，但是另外 5 个不受影响。

如果在连接恢复之前，又有一次丢包，这在 HTTP/2 下会带来可怕的后果，速度会下降到原来的 25%（假设使用基本的 TCP 拥塞控制方式）。在 HTTP/1.1 下，第二次丢包可能发生在已经遇到这个问题的连接上（速度也会降到原来的 25%），或者在另外一个连接上（速度下降到 50%），但是其他的 TCP 连接不受影响。表 9.3

1 见链接9.3所示网址。

展示了在 HTTP/2 和 HTTP/1.1 两种场景下下载 6 个资源的情况。

表 9.3 在 HTTP/2 和 HTTP/1 上发生第二次丢包时的结果

资　源	HTTP/2	HTTP/1.1：相同连接	HTTP/1.1：不同连接
Resource 1	25%	25%	50%
Resource 2	25%	100%	50%
Resource 3	25%	100%	100%
Resource 4	25%	100%	100%
Resource 5	25%	100%	100%
Resource 6	25%	100%	100%
Average	25%	88%	83%

如表 9.3 所示，在这个示例中，HTTP/2 下的平均容量下降到了 25%，因为整个连接（6 个资源都在这个连接上下载）都受到了影响，然而对 6 个独立连接的影响是容量降低到原来的 83% 或者 88%，取决于丢包发生在哪个连接。

如果连接非常糟，或者真的有网络容量瓶颈，则 HTTP/1.1 和 HTTP/2 都会受到影响。而且对 HTTP/2 的影响总是更大，它使用单个连接，当丢包时它总是首当其冲。

丢包会导致数据排队

HTTP/2 中的多路复用技术允许多个请求的流在一个 TCP 连接上同时传输。在 HTTP/1.1 下做同样的事情需要多个 TCP 连接。当发生丢包或者容量降低时，在 HTTP/2 下会发生一个特殊的问题。假设当前有三个资源同时在下载中，如图 9.7 所示。

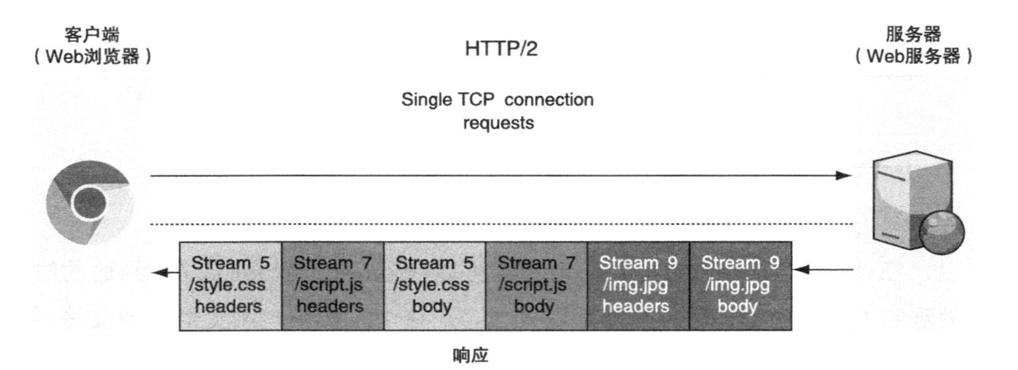

图 9.7 同时传输多个响应

现在假设第一个响应的 TCP 数据包（在流 5 上发送的 style.css 的首部）不知道因为什么原因丢了。这时客户端不会返回数据包确认消息，过一会儿服务端会重发。重发的数据被添加到队列的尾部，如图 9.8 所示。注意，为了解释简单，这个图故意模糊了 HTTP/2 帧和 TCP 数据包之间的界限。

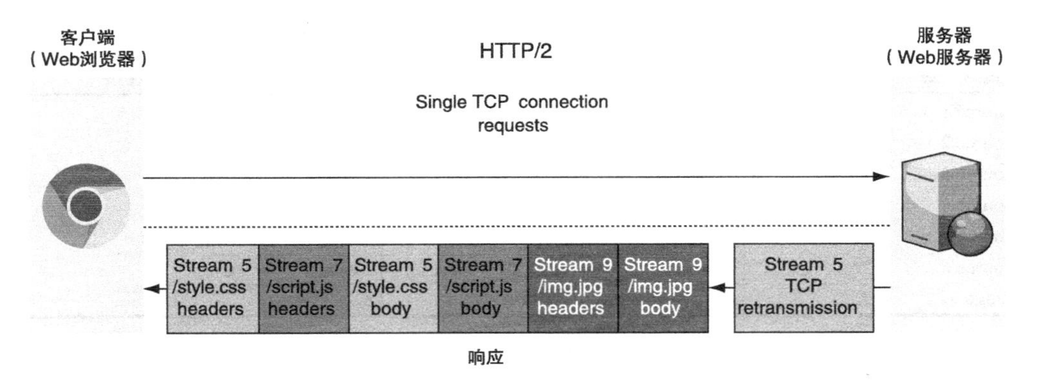

图 9.8 TCP 重传一个 HTTP/2 帧的一部分

如果没有发生其他的丢包，流 7 和流 9 会在重传的数据到来之前被完整接收。但这些响应必须排队，因为 TCP 要保证顺序，所以尽管已经完整下载，script.js 和 image.jpg 还不能被使用。在 HTTP/1.1 下，会使用三个独立的 TCP 连接下载，如图 9.9 所示。

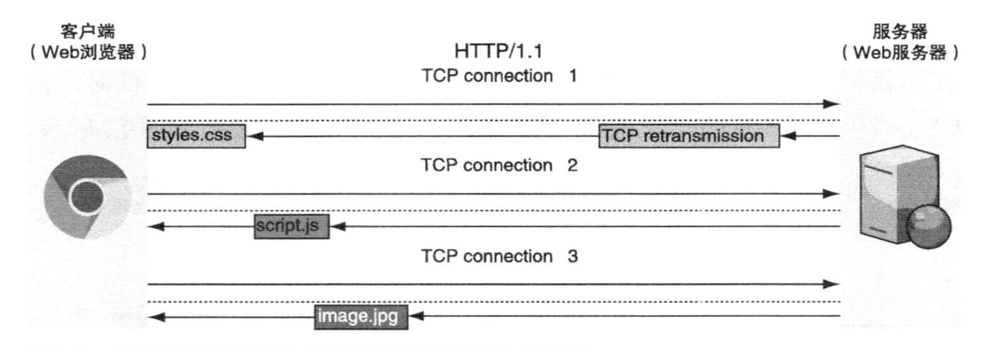

图 9.9 HTTP/1.1 下 TCP 重传只影响需要重传的连接

所以，在使用 HTTP/1.1 的时候，浏览器可以在 script.js 和 image.jpg 到达的时候马上处理它们，只有 style.css 会被延迟处理。在这个示例中，浏览器可能会等到 style.css 可用，这取决于浏览器是否认为它是关键资源（CSS 经常是）。所以，这里的问题是，HTTP/2 添加了一个限制，而这个限制在使用多个连接的 HTTP/1.1 下不存在。更糟的是，如果因为 TCP 缓冲区太小，连接不能将所有乱序的数据包维护在队列里，它会丢掉一些包，要求重传。

HTTP/2 在 HTTP 层解决了队头阻塞（HOL）的问题，因为有多路复用，单个响应的延迟不会影响其他资源使用当前的 HTTP 连接。但是，在 TCP 层队头阻塞依然存在。一个流的丢包会直接影响到其他所有的流，尽管它们可能不需要排队。

9.1.3 TCP 低效率因素对 HTTP/2 的影响

前面我们讲了，TCP 的效率问题会给 HTTP 带来影响，但实际影响是什么，在 HTTP/1 和 HTTP/2 下有什么不同吗？

之前已经说过，HTTP/2 通常比 HTTP/1.1 性能更好。Google 的 SPDY 的实验也表现出显著的速度提升，无论是在实验室环境还是在真实环境。

然而，不能低估性能损失的影响。Fastly 的 Hooman Beheshti 使用 WebPagetest 工具做了一些实验[1]，当网络持续有 2% 的丢包时，HTTP/2 的表现总比 HTTP/1.1 要差。当然，持续 2% 的丢包说明网络环境非常差，大多数时候是偶尔丢包，而不是这样持续的丢包。但这个实验说明，HTTP/2 不是能解决所有场景下问题的银弹。更多深入的研究[2]同样也说明了丢包的影响，甚至他们还建议在 HTTP/2 下使用少量的域名分片，虽然这看起来有点反直觉。

我可以在一些流行的网站上复现 Beheshti 的实验，但在其他的网站不行。如果你想重复这些测试，可以访问 *https://www.webpagetest.org*，然后在 Test Settings 标签页，选择 Custom，再设置 Packet Loss，如图 9.10 所示。

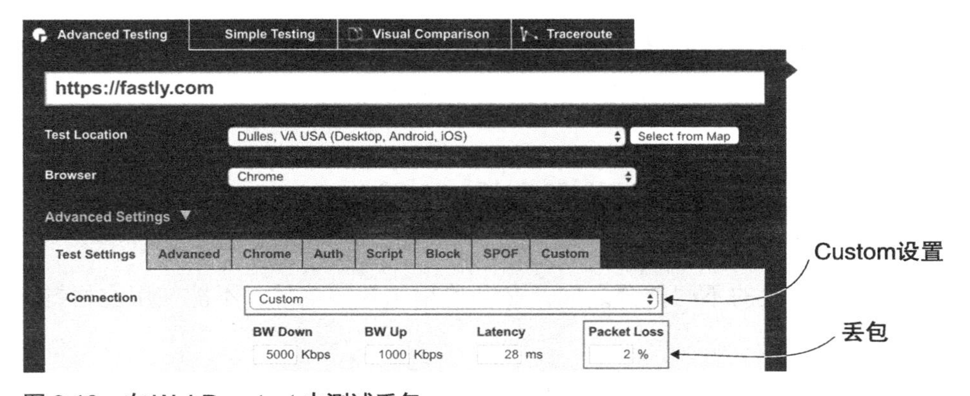

图 9.10 在 WebPagetest 中测试丢包

想要对比测试 HTTP/2 和 HTTP/1.1，可以使用 Chrome，并使用 `--disable-`

1 见链接9.4所示网址。

2 见链接9.5所示网址。

http2 命令行参数来禁用 HTTP/2 功能，如图 9.11 所示。

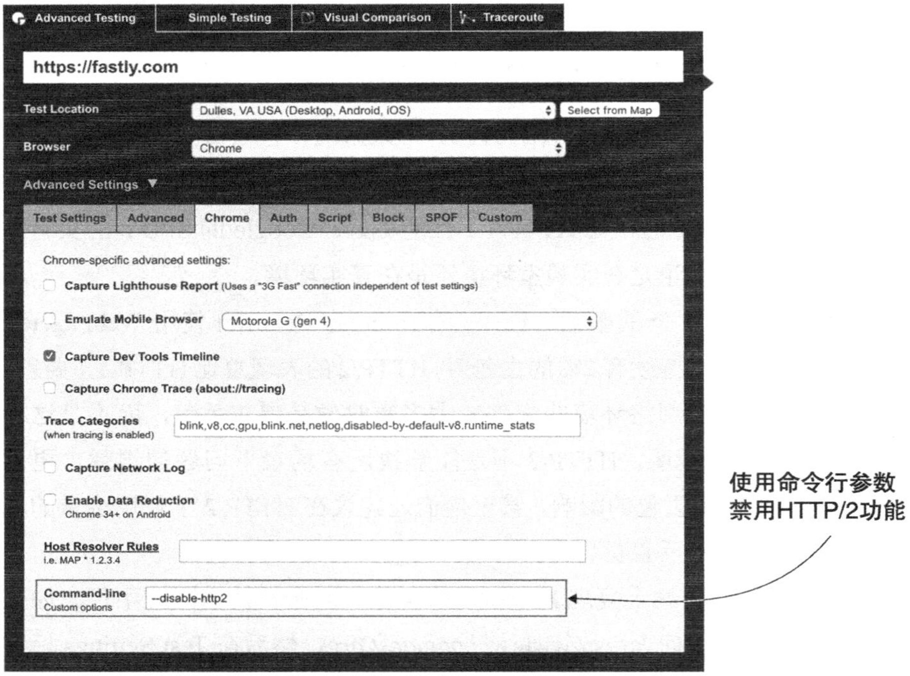

图 9.11　禁用 Chrome 的 HTTP/2 功能

如果使用 Firefox，需要使用一个稍微不同的方法。在 Script 标签页中输入如下代码，并使用你想测试的网站替换其中的 navigate 的值：

```
firefoxPref network.http.spdy.enabled false
firefoxPref network.http.spdy.enabled.http2 false
firefoxPref network.http.spdy.enabled.v3-1 false
navigate https://www.fastly.com/
```

注意，在这些设置的不同部分之间，必须使用 Tab 键跳转，不能使用空格键，如图 9.12 所示。

为防止偏差，保证个别结果不会影响整体，请使用不同网络条件和不同地址多次运行测试。图 9.13 所示是 ebay.com 的一次测试结果。

如图 9.13 所示，HTTP/2（上面的图）慢了接近半秒。如果在 0 丢包的情况下重复同样的测试，HTTP/2 更快，正如预期。

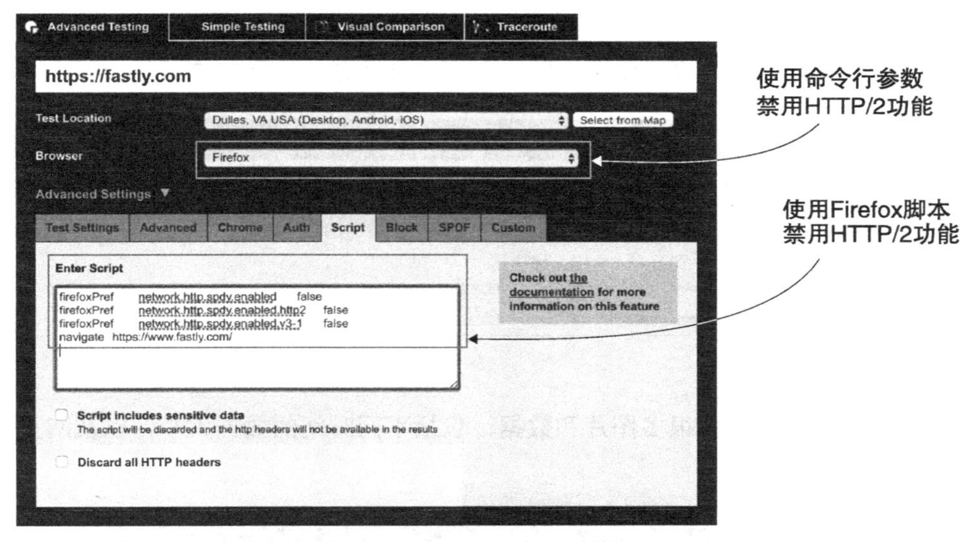

图 9.12　在 WebPagetest 中禁用 Firefox 的 HTTP/2 功能

HTTP/2 with 2% packet loss

Performance results (median run)

	Load Time	First Byte	Start Render	Speed Index	First Interactive (beta)	Document Complete: Time	Document Complete: Requests	Document Complete: Bytes In	Fully Loaded: Time	Fully Loaded: Requests	Fully Loaded: Bytes In	Fully Loaded: Cost
First View (Run 7)	3.101s	0.299s	0.800s	3.386s	> 5.485s	3.101s	38	843 KB	7.310s	135	2,265 KB	$$$$$

HTTP/1.1 with 2% packet loss

Performance results (median run)

	Load Time	First Byte	Start Render	Speed Index	First Interactive (beta)	Document Complete: Time	Document Complete: Requests	Document Complete: Bytes In	Fully Loaded: Time	Fully Loaded: Requests	Fully Loaded: Bytes In	Fully Loaded: Cost
First View (Run 4)	2.672s	0.374s	1.000s	4.790s	6.637s	2.672s	38	826 KB	11.998s	137	2,487 KB	$$$$$

图 9.13　在 2% 的丢包情况下，分别使用 HTTP/2 和 HTTP/1.1 加载 Ebay 的主页

还可以点击页面右边的 Raw Page Data 来导出原始数据，如图 9.14 所示。

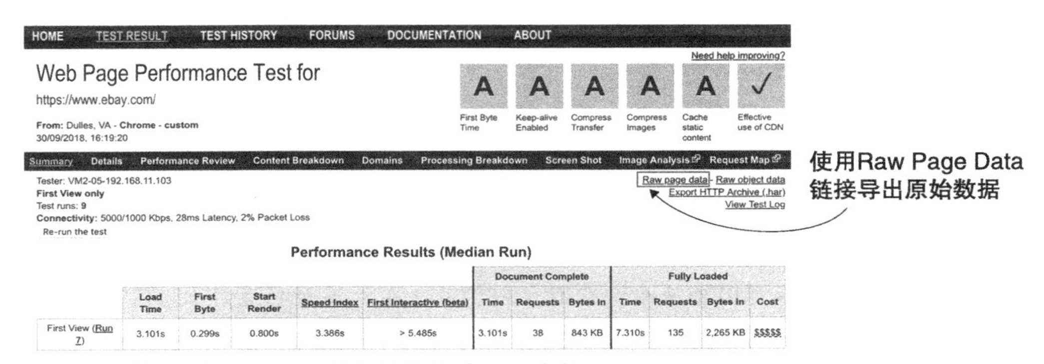

图 9.14　将 WebPagetest 原始数据导出到 CSV 文件

如果你想运行多个测试，并在图中绘制出结果，这个功能会非常有用。同时，可以点击 Test History，并选择两张图来做一个快速的对比，如图 9.15 所示。

HOME TEST RESULT TEST HISTORY FORUMS DOCUMENTATION ABOUT

View 1 Day test log for URLs containing Update List

Show tests from all users Only list tests that include video Show repeat view Do not limit the number of results (warning, WILL be slow)

Clicking on an url will bring you to the results for that test

Compare	Date/Time	From	Label	Url
☑	09/30/18 16:19:19	Dulles, VA - Chrome - custom (video)		https://www.ebay.com/
☑	09/30/18 16:18:57	Dulles, VA - Chrome - custom (video)		https://www.ebay.com/

图 9.15 选择两个结果进行比较

使用这个功能可以查看很多图片和数据，包括不同时间的数据大小，以及网页缩略图，如图 9.16 所示。

图 9.16 比较两次 WebPagetest 的测试结果

WebPagetest 是一个神奇的工具，可以用来做这样的性能对比。你还可以托管自己的私有实例，如果你计划执行大量检查，或想要测试 Web 版本无法访问的开发服务器，这个工具非常值得研究。

因为 TCP 的这些性能问题，你应该推迟 HTTP/2 的迁移吗

考虑到在严重的丢包情况下，HTTP/2 的性能会更糟，那么你应该推迟迁移到 HTTP/2 吗？请不要因噎废食。记住，HTTP/2 在大多数场景下比 HTTP/1.1 要快。难道你能因为一些非常少见的情况，就放弃使用更好的 HTTP/2 吗？

本章讨论 HTTP 和 TCP 在实际应用中的一些问题，但不是讨论这些问题发生的可能性。最好的方法是看实际中的数据指标，而不是像本章中的这些人为构造的示例。如前所说，如果有持续 2% 丢包的网络，那一定是特别糟糕的网络。很不幸，在实际中测量丢包率更加困难，统计数据也没那么容易获得。然而，一些基于实际丢包场景的科学研究表明，通常 HTTP/2 比 HTTP/1.1 表现更好[a]。

HTTP/2 的实现还相对比较新，会随着时间成长。网站也一样，会针对 HTTP/2 做更好的优化。最后，TCP 本身也在成长，在持续被优化（见 9.1.4 节）。一些人建议在 HTTP/2 下使用多个 TCP 连接作为解决一些问题的变通方法，但这种变通的方法跟 HTTP/2 使用一个连接的本意不符。正因为 HTTP/2 使用单个连接，它才在大多数情况下表现更好。

如果你的大多数用户使用不能优化的弱网络连接，那持续使用 HTTP/1.1 或者使用分片的域名来支持 HTTP/2 会显得过于谨慎。最终的建议是，在改变之前做好测试工作。

a 见链接9.6所示网址。

9.1.4 优化 TCP

我们知道，TCP 可以对 HTTP 的性能产生重大影响。HTTP 协议中低效的因素在 HTTP/2 下以各种方式得到了解决，但是其他方面的性能瓶颈却显现出来。感谢多路复用，HTTP 队首阻塞在 HTTP/2 中已经不是一个问题了，但是 TCP 的队头阻塞却成了问题，特别是在容易丢包的环境下。

这些问题仅有两个解决方法：提升 TCP，或者采用其他协议替代它。下一小节介绍第一种解决方案，9.2 节介绍第二种。TCP 在过去这些年中有多项提升，其中有些可能已经在一些环境中得到了应用。

升级操作系统

升级操作系统效果最明显。虽然 TCP 比较老，可以追溯到 1974 年，但随着新的研究的进展和计算机使用方式的改变，TCP 有了很多优化和创新。然而不幸的是，TCP 通常由底层操作系统控制，我们在操作系统之外很少有机会更改它。所以，最佳使用 TCP 的方法就是使用最新版本的操作系统。

本节以 Linux 作为例子，但这些设置同样适用于其他操作系统，包括 Windows 和 macOS，尽管这些设置不在同样的地方，或者修改起来没那么简单。在适当情况下，我会指出 TCP 发生变更的 Linux 版本。表 9.4 列出了一些主流 Linux 发行版的内核版本。

表 9.4 主流发行版的 Linux 内核版本

发行版本	内核版本
RHEL/Centos 6	2.6.32
RHEL/Centos 7	3.10.0
Ubuntu/Debian 14.04	3.13
Ubuntu/Debian 16.04	4.4
Ubuntu/Debian 18.04	4.15
Debian 8 Jessie	3.16
Debian 9 Stretch	4.9

找到并修改 TCP 连接的设置

在 Linux 中，大多数 TCP 设置在如下路径中：

```
/proc/sys/net/ipv4/
```

除了路径的名字，大部分设置还适用于 TCP IPv6 的连接。可以使用 cat 命令来查看这些值：

```
$ cat /proc/sys/net/ipv4/tcp_slow_start_after_idle
1
```

可以使用 sysctl 命令来设置这些值：

```
sysctl -w net.ipv4.tcp_slow_start_after_idle=0
```

然而，在修改这些设置项的时候要小心，因为 TCP 是系统中非常重要的一部分。对于大多数读者，我并不建议修改这些设置。但我建议读者们使用这些知识来确定这些设置是否合理，并将其作为升级操作系统的一个理由，因为在内核发布时，会将 TCP 设置调整到最佳的状态。

提高初始拥塞窗口大小

TCP 慢启动需要一次往返来提升拥塞窗口大小，最早的时候，初始的拥塞窗口大小是 1 个 TCP 数据包，几年后这个初始的设置值变为 2，然后提升到 4，到了 Linux 内核 2.6.39，这个设置值从 4 增加到了 10。这个设置值通常被写死到内核代码中，所以除非升级操作系统，否则不建议修改。

支持窗口缩放

在传统情况下，TCP 所允许的最大拥塞窗口大小是 65 535 字节，但新版本中添加了缩放因子，理论上允许拥塞窗口最大到 1GB。这个设置在 Linux 内核 2.6.8 中成为默认设置，所以对大多数读者来说都默认开启了该设置，但为了确认，可以使用如下命令检查这个设置：

```
$ cat /proc/sys/net/ipv4/tcp_window_scaling
1
```

使用 SACK

TCP 可以使用 SACK（Selective Acknowledgment，选择性响应）响应乱序的数据包，以避免丢包时重传。比如发送了包 1~10，但丢掉了包 4，你可以响应包 1~3 和 5~10。这时，只有包 4 需要重传。如果没有这个功能，则需要重传包 4~10。使用如下命令确认已经开启此功能：

```
$ cat /proc/sys/net/ipv4/tcp_sack
1
```

禁止重启慢启动

这个设置的默认值目前可能还是错误的，至少对于 Web 服务器来说，所以你可能需要考虑修改它。在闲置一段时间后，TCP 连接的网速会降回去，因为它认为网络环境可能发生了变化，所以之前的网络设置可能不对了。然而，在默认情况下 Web 服务器是间歇性提供服务的，当用户浏览网站时网络流量激增，当用户在网页上阅读时没什么流量，当访问其他网页时流量又激增，所以启用这项设置可能对 Web 服务器来说不是最优的。

这项设置通常默认是开启的：

```
$ cat /proc/sys/net/ipv4/tcp_slow_start_after_idle
1
```

可以使用如下命令来禁用它：

```
sysctl -w net.ipv4.tcp_slow_start_after_idle=0
```

之前提到过，你应该尽量避免修改系统的 TCP 设置。但是，取决于你的服务器用在什么场景（比如专用的 Web 服务器），有时有必要修改此项设置。

使用 TFO

TFO（TCP Fast Open，TCP 快速打开）允许使用 TCP 三次握手的初始 SYN 部分发送初始数据包。可以使用这种方法避免与 TCP 相关的连接创建延迟（见 9.1.1 节）。出于安全的原因，这个数据包只能在 TCP 重连时使用，而不能在初次连接时使用，它同时需要客户端和服务端的支持。可以使用 TFO 在握手期间发送 HTTP（或者 HTTPS）消息，如图 9.17 所示。

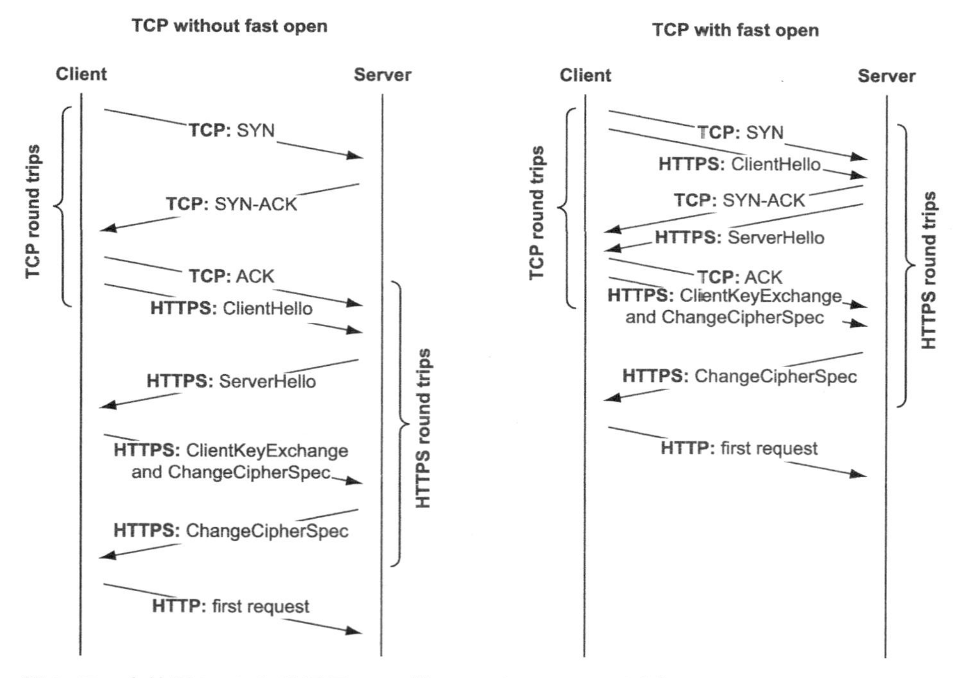

图 9.17 未使用 TFO 和使用了 TFO 的 TCP 和 HTTPS 重连握手

可以使用如下命令查看 Linux 是否支持该设置：

```
$ cat /proc/sys/net/ipv4/tcp_fastopen
0
```

这项设置通常是被禁用的（被设置为 0）。表 9.5 列出了这个设置项的一些值。

表 9.5 TFO 设置项的取值

值	含 义
0	禁用
1	对外发连接启用
2	对传入连接启用
3	对外发和传入连接启用

可以使用如下命令来修改这项设置：

```
echo "3" > /proc/sys/net/ipv4/tcp_fastopen
```

从 Linux 3.7 版开始支持这个特性，在 Linux 3.13 版中变成默认值，但直到 Linux 3.16 版，才添加了对 IPv6 的支持。

除了在操作系统级别设置这项功能，还需要配置服务器软件以使用它。在 Web 服务端，Nginx 支持这项设置[1]，但是需要在编译时添加配置，所以默认不启用它。Windows IIS[2] 也支持，但 Apache 在文档中都没提到，所以它应该不支持。其他的不太常见的服务器可能不支持此项功能。在客户端，相关设置可以在 Edge[3] 和 Android 的 Chrome 上打开，但在撰写本书时，Windows 和 macOS[4] 的 Chrome 还不支持该项功能，而在 Firefox[5] 上它是被关掉的。

TFO 带来的提升真的很显著。Google 曾经表示："通过对网络流量的分析和网络仿真，我们得出 TFO 能够将 HTTP 网络延迟降低 15%，网页整页加载时间平均降低 10%，有时候能降低 40%。"[6] 然而，对此项新 TCP 扩展的支持比较慢（RFC 于 2014 年发布）[7]。考虑到它的复杂度，TFO 可能是未来值得期待的技术，但不用现在马上采用。

1 见链接9.7所示网址。

2 见链接9.8所示网址。

3 见链接9.9所示网址。

4 见链接9.10所示网址。

5 见链接9.11所示网址。

6 见链接9.12所示网址。

7 见链接9.13所示网址。

使用拥塞控制算法，PRR 和 BBR

TCP 有多种拥塞控制算法可以控制丢包时 TCP 的反应。大多数 TCP 的实现使用 CUBIC 算法[1]（从 Linux 内核 2.6.19 开始为默认算法）。PRR（Proportional Rate Reduction，按比例降低，从 Linux 3.2 版本之后成为默认算法）[2]是对 CUBIC 的增强，当丢包时它减小拥塞窗口，但减小的值不到一半[3]。详细说明超出了本书的范围，只要知道它是一个可以有效提升性能的更好算法就足够了。可以使用如下命令查看当前使用的拥塞控制算法：

```
$ cat /proc/sys/net/ipv4/tcp_congestion_control
cubic
```

当前可以使用的拥塞控制算法在这里可以看到：

```
$ cat /proc/sys/net/ipv4/tcp_available_congestion_control
reno cubic
```

还有一个更新的算法，BBR（Bottleneck Bandwidth and Round-trip propagation time，瓶颈带宽和往返时间），已经有数据表明它可以大幅度提升性能[4]，特别是对于 HTTP/2 连接[5]。BBR 是 Google 发明的，从 Linux 内核 4.9 版开始可以启用它，它不需要客户端支持。要在支持它的 Linux 内核（4.9 及以后版本）中启用它，使用如下命令：

```
#Dynamically load the tcp_bbr module if not loaded already
sudo modprobe tcp_bbr
#Add Fair Queue traffic policing which BBR works better with
sudo echo "net.core.default_qdisc=fq" > /etc/sysctl.conf
#Change the TCP congestion algorithm to BBR
sudo echo "net.ipv4.tcp_congestion_control=bbr" > /etc/sysctl.conf
#Reload the settings
sudo sysctl -p
```

然而，一些研究人员声称[6]，BBR 可能不是网络上的友善玩家，特别是在有其他

---

1 见链接9.14所示网址。

2 见链接9.15所示网址。

3 见链接9.16所示网址。

4 见链接9.17所示网址。

5 见链接9.18所示网址。

6 见链接9.19所示网址。

非 BBR 流量的时候，它可能会不公平地获得更多的网络资源。

9.1.5 TCP 和 HTTP 的未来

前面我们介绍了让 TCP 复杂的一些因素，它是一个看起来简单，但其实比多数人想的要复杂得多的协议。与 HTTP/1.1 一样，TCP 本身有一些低效率因素，随着 HTTP 等高级协议的低效率问题得到解决，并且对网络的需求不断增加，人们可能才开始注意到这些因素。

这个协议还在发展中，虽然发展得相当慢。虽然总是会有新的选项和新的拥塞控制算法出现，浏览器也随之更新以应用这些新特性，但还需要一些时间才能在服务器网络栈中添加支持。TCP 的新特性通常和操作系统底层绑定，所以升级 TCP 通常需要升级整个操作系统。如果你运行的操作系统版本引入了这些新特性但默认未启用,则可以手动打开这些设置,但通常升级操作系统会更好。这是一个特殊的领域，尽管我们提到了可能在随后几年中非常有用的一些创新，但通常让操作系统管理员来决定这些设置会比较好，他们在这方面更专业。

还有一点，这里没有提到通常在用户浏览器和 Web 服务器中间的其他网络通道设施。就算这两端都支持其中一些较新的 TCP 特性，但如果中间的设施有不支持的，也可能会遇到问题。就像 HTTP 代理，当不支持 HTTP/2 时会将连接降级为 HTTP/1.1，这个领域内的创新也可能会被这些中间设备所降级。因为 TCP 是一个老旧的算法，一些中间设备只支持固定的 TCP 算法，或者不允许使用新算法。

出于以上这些原因，以及更多的其他原因，一些人质疑 TCP 是否是合适的 HTTP 底层协议，是否要采用一个新的协议 —— 一个为当前（和未来）HTTP 的需求全新设计的协议，没有历史包袱，也不依赖于操作系统。其中一个是 QUIC。

9.2 QUIC

QUIC（发音同 quick）是 Google（又是 Google）发明的一个基于 UDP 的协议，目标是替换 TCP 和 HTTP 栈中的某些部分，以解决本章中提到的低效率因素。HTTP/2 引入了一些类似 TCP 的概念（比如数据包和流量控制），但是 QUIC 更进一步，替换掉了 TCP。

QUIC 代表什么

QUIC 开始是 Quick UDP Internet Connections 的缩写，此协议面世时大多数 Google Chromium 文档中都是这样写的[a,b,c]。在标准化的过程中，QUIC 工作组决定丢弃这个缩写[d]，随后在 QUIC 的规范中明确声明，“QUIC 是一个名字，不是缩写。”[e]

但很多相关的资源还是使用缩写。工作组的一个成员搞笑说，“QUIC 不是一个缩写，你要大声喊出来！”[f]

a 见链接9.20所示网址。
b 见链接9.21所示网址。
c 见链接9.22所示网址。
d 见链接9.23所示网址。
e 见链接9.24所示网址。
f 见链接9.25所示网址。

创建 QUIC 时考虑到了以下特性[1]：

- 大量减少连接创建时间。
- 改善拥塞控制 。
- 多路复用，但不要带来队头阻塞。
- 前向纠错。
- 连接迁移。

前几项明显是要解决本章前面讨论的 TCP（HTTPS）的缺陷，后两项是更好地解决这些问题的重要补充。

FEC（Forward Error Correction，前向纠错）试图通过在邻近的数据包中添加一个 QUIC 数据包的部分数据来减少数据包重传的需求。这个想法是，如果只丢了一个数据包，那应该可以从成功传送的数据包中重新组合出该数据包。这个方法可以

1 见链接9.26所示网址。

类比于“网络世界的 RAID 5”[1]。之前我们说过，数据包可能会随机丢失，但这不一定是需要限流的信号，FEC 旨在解决这个问题。QUIC 增加了冗余和开销，但考虑到 HTTP 需要可靠的传输（与视频流协议不同，视频可以丢弃少量数据包，没有影响），为了这个特性带来很小的开销也是值得的。在撰写本文时，QUIC 的这个特性仍然在实验中[2]，并且不会出现在 QUIC 的初始版本中，因为 QUIC 工作组在章程中明确称它超出范围了[3]。

连接迁移旨在减少连接创建的开销，它通过支持连接在网络之间迁移来实现。在 TCP 下，两端的 IP 地址和端口决定一个连接。更改 IP 地址需要建立新的 TCP 连接。在发明 TCP 时，这个要求是可接受的，因为在会话的生命周期中 IP 地址不太可能改变。现在，有了多种网络（有线、无线和移动），就不能将这种要求视为是理所当然的了。因此，QUIC 允许在家中通过 Wi-Fi 启动会话，然后移至移动网络，无须重启。你甚至可以通过一种叫多路径的技术同时使用 Wi-Fi 和移动网络进行一次 QUIC 连接，以增加带宽。与 FEC 一样，QUIC 的第一个版本中将不提供多路径功能，但应该会提供连接迁移。

9.2.1 QUIC 的性能优势

2015 年 4 月，Google 发布了一篇博客[4]，说明了 QUIC 的性能优势，包含如下几点：

- 75% 的连接可以利用零消息往返特性。
- Google Search 的平均页面加载时间缩短了 3%，并且在最慢的网络上页面加载时间减少了一秒。这些数字可能看起来不大，但请注意，Google Search 是一个经大规模优化的网站，任何改进都很难得。
- 当使用 QUIC 时，YouTube 用户遇到的视频缓冲次数降低了 30%。

这些测量结果想必是与 HTTP/2 和 SPDY 进行比较的结果。那时，使用 Chrome 访问 Google 的流量有 50%使用了 QUIC；从那之后，这个比例可能又有了显著的增加。由于直到最近，只有 Chrome 和 Google 支持 QUIC（参见 9.2.6 节），因此它的

1 见链接9.27所示网址。

2 见链接9.28所示网址。

3 见链接9.29所示网址。

4 见链接9.30所示网址。

应用比较少。例如，W3Tech 表示，在撰写本文时，略超过 1%的网站使用 QUIC[1]，其他数据表明这一数字代表网络总流量的 7.8%[2]，其中 98%来自于 Google。

9.2.2 QUIC 和网络技术栈

QUIC 不仅仅只是取代 TCP。图 9.18 展示了 QUIC 在经典的 HTTP 技术栈中所处的位置。

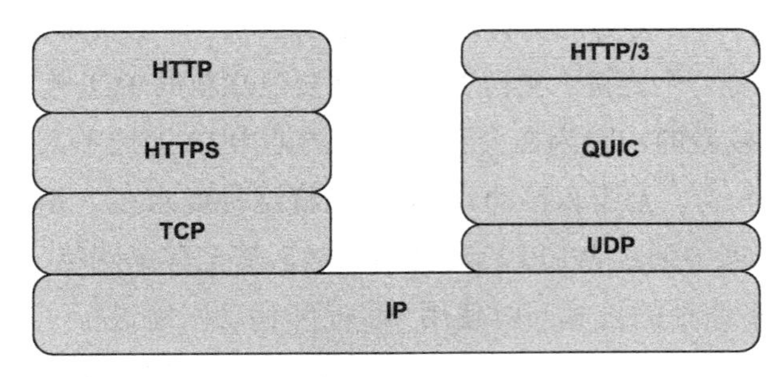

图 9.18 QUIC 在 HTTP 技术栈中所处的位置

如图 9.18 所示，QUIC 取代了 TCP 提供的大多数功能（创建连接、可靠性和拥塞控制部分），取代了 HTTPS 的全部（降低了创建延迟），甚至还有 HTTP/2 的一部分（流量控制和首部压缩）功能。

QUIC 的目标是使用一次往返建立连接，通过同时担任连接层（TCP）和加密层（TLS）来实现此目标。为此，它使用了许多已添加到 TCP（例如 Fast Open）和 TLS（例如 TLSv1.3）中的概念和创新。

简单地说，QUIC 不会替代 HTTP/2，但它会接管传输层的一些工作，在上层运行较轻的 HTTP/2 实现。与从 HTTP/1.1 迁移到 HTTP/2 一样，大多数上层开发者关注的 HTTP 核心语法在 QUIC 下保持不变，并且在 HTTP/2 中引入的概念（例如多路复用、首部压缩和服务端推送）在 QUIC 中也差不太多；QUIC 负责一些较底层的细节。从 HTTP/1.1 到 HTTP/2 的转变对开发者来说更大，但所有概念在 QUIC 下保持不变，因此你在本书中阅读和学习的所有内容仍然有用！该协议仍然是一个多路复用的基于流的二进制协议，一些用于在较底层实现此升级的细节，现在从 HTTP/2 中挪到了 QUIC 中。为了表示与 HTTP/2 不同，将其与 QUIC 本身区分开，

1 见链接9.31所示网址。

2 见链接9.32所示网址。

并表明这是最好的HTTP版本，人们已经决定将基于QUIC的HTTP称为HTTP/3（10.3节有更多讨论）[1]。

9.2.3 什么是 UDP，为什么 QUIC 基于它

QUIC 基于 UDP（User Datagram Protocol，用户数据报协议），相比于 TCP，UDP 是一个更轻量的协议，它们都是基于 IP（Internet Protocol，网际协议）构建的。TCP 在 IP 中实现网络的可靠连接，包括重传、拥塞和流量控制。通常这是一些好的必要的功能，但在 HTTP/2 中，它们会导致效率下降。在 HTTP/2 下，这些功能不是网络层必要的，它们会导致产生不必要的 TCP 队头阻塞问题。

与 TCP 相比，UDP 更简单。它具有端口的概念，类似于 TCP 中的端口，因此几个基于 UDP 的服务可以运行在同一台计算机上。它还具有校验和选项，以便检查 UDP 数据包的完整性。除了这两个功能，协议包含的内容并不多。它不包含可靠性、排序和拥塞控制功能，如果想要，必须由应用程序构建。如果 UDP 数据包丢失，不会被自动重传。如果 UDP 数据包乱序到达，上层的应用程序仍会看到它们。UDP 最初用于不需要可靠传输的应用程序（例如视频，其中一些帧可以丢失而不太会影响服务质量）。UDP 也适用于多路复用的协议，如 HTTP/2，前提是那个上层协议会拿出针对这些问题的更好的解决方案，而不采用 TCP 中现有的。

为什么不改进 TCP

最明显的问题是，为什么不改进 TCP ？ TCP 仍在不断创新，我们可以通过进一步的改进来解决问题。主要缺点是此类改进的实施速度慢。TCP 是一种相当核心的协议，它几乎总是被融入操作系统，虽然可以对其进行一些配置修改或者在服务端进行一些优化，但大多数情况下改进 TCP 需要升级操作系统。问题不在于操作系统无法创新，而在于这些创新被广泛部署所需的时间。TCP Fast Open 是一个很好的例子，它提供了很多好处，但绝大多数浏览器和服务器还没有使用它。

互联网基础设施会让创新应用的速度更加缓慢，它们对像 TCP 此类协议有着具体的预期，当不符合预期的时候它们反应很糟。人们称此为协议僵化，正是因为这些预期，创新难以成行。通过弃用 TCP，QUIC 将会有更大的自由，更少的约束。

---

1 见链接9.33所示网址。

为什么不使用 SCTP

为什么要基于 UDP 创建一个新的传输协议，或者等 TCP 的创新被广泛应用，为什么 QUIC 不直接使用 SCTP（Stream Control Transmission Protocol，流控制传输协议）呢[1]？ SCTP 与 QUIC 有很多相同的功能，例如基于流的可靠的消息传输，而且它自 2007 年以来就是互联网标准了。

遗憾的是，作为标准存在并不足以说明可以使用，并且 SCTP 的采用率很低，这主要是因为到目前为止 TCP 已经足够好。因此，迁移到 SCTP 可能与升级 TCP 需要一样长的时间。即使采取这样的举措，协议创新也可能会停滞不前。QUIC 旨在改善流级别拥塞控制和其他影响互联网的问题，例如 HTTPS 握手、少量的丢包和连接迁移。

为什么不直接使用 IP

QUIC 设计人员可以选择基于 IP 构建它，因为对传输层的要求很少。IP 只不过是源和目的地的 IP 地址，其他一切都可以建立在它之上。

但直接使用 IP 与直接使用 SCTP 具有相同的问题。该协议必须在操作系统级别实现，因为很少有应用程序可以直接访问 IP 数据包。此外，QUIC 应针对特定的应用程序，因此它需要端口，而 UDP 正好支持。多个客户端可以通过 QUIC 打开不同的 HTTP 连接，例如同时运行的 Chrome 和 Firefox，或者其他使用 HTTP 的程序。如果没有此功能，则需要一些 QUIC 控制程序来读取所有 QUIC 数据包，并根据需要将它们路由到不同的应用程序。

UDP 的优点

UDP 是一种基础协议，也在*内核*中实现。在它之上的任何东西都需要在应用层中构建，也就是所说的*用户空间*。在内核之外构建，可以通过部署应用程序来实现快速创新，无论是在服务端还是在客户端。当使用 Chrome 时，Google 会在其所有服务中使用 QUIC，因此打开开发者工具，访问 Google 网站会显示当前正在使用的 QUIC 版本（撰写本文时的版本为 43），如图 9.19 所示。

1 见链接9.34所示网址。

Name	Status	Protocol	Scheme	Domain
www.google.com	200	http/2+quic/43	https	www.google.com
googlelogo_color_120x44dp.png /images/branding/googlelogo/2x	200	http/2+quic/43	https	www.google.com
googlelogo_color_272x92dp.png /images/branding/googlelogo/2x	200	http/2+quic/43	https	www.google.com

图 9.19 查看 www.google.com 上部署的 QUIC 版本

在 QUIC 出现的短短几年里，Google 已经创建了 43 个版本[1]。和在部署 SPDY 时一样，Google 能够很容易地将变更部署到用于浏览网页的主要客户端（Chrome）以及一些流行的服务器，然后在用户无感知的情况下进行改进。截至 2017 年，估计有 7% 的互联网流量使用 QUIC[2]，虽然这个数字可能主要是由 Google 网站所带来的。

如此快速地推出 QUIC，只能靠使用 UDP，而不能靠强制使用或改变现有协议，那么做需要时间并且很可能不被互联网当前的大部分基础设施支持。使用轻量且功能有限的 UDP，Google 可以在其认为合适的时候构建和改进协议，因为它可以同时控制连接的两端。

UDP 并非没有问题。它是一种常见的协议，但不像 TCP 使用那么普遍。例如，DNS 通过 UDP 运作，因为 DNS 是一个简单的协议，不需要 TCP 的复杂性（尽管有一些方法可以使 DNS 通过 HTTPS 工作，见第 10 章）。其他应用程序（例如视频直播和在线游戏）也使用 UDP，因此它通常被网络基础设施支持。但是，TCP 要常见得多，而且在默认情况下，UDP 通常会被防火墙和中间设备屏蔽。在这种情况下，Chrome 会优雅地回退到基于 TCP 的 HTTP/2。起初，这个问题比较严重，但 Google 的实验表明，93% 的 UDP 流量可以正常传输，并且这个比例随着时间的推移会有所改善。虽然有一些基础设施阻止了 HTTP 的 UDP 流量（其中还使用了 443 端口），但绝大多数都没有。如果 UDP 变得普遍了，UDP 也很容易启用（至少对于 Google 服务来说是的）。

1 版本历史详情都包含在代码中：见链接9.35所示网址。

2 见链接9.36所示网址。

UDP 的另一个问题是，用户空间并不总是与高度优化的内核空间一样高效。QUIC 的早期测试表明，服务器的 CPU 使用相当于基于 TLS/TCP 的等效服务器的 3.5 倍[1]。虽然已经优化到只用原来的两倍，但结果仍然表明，UDP 是一种开销更高的协议。当 QUIC 存在于内核之外时，它可能一直是这种状态。

QUIC 会一直使用 UDP 吗

在推出 QUIC 时发布的最初版本 FAQ 中[a]，Google 表示，“如果足够高效的话，我们希望将 QUIC 功能迁移到 TCP 和 TLS。”

因此，UDP 可能会用于实验，TCP 将随之以较慢的速度发展。QUIC 会在某个时间回到 TCP 吗？这个问题很难回答，但我认为放弃进化的自由是很困难的。互联网似乎正处于传输层的创新时期，协议开发者们似乎不太可能会停下创新的脚步，满足于一个稳定且难以升级的协议。

此外，与 TCP 相比，QUIC 正在进行一些根本性的变更，即使存在迁移到 TCP 的动力，这些变更也不能轻易应用到 TCP。

更有可能的是，HTTP 将会持续同时支持 TCP（HTTP/2）和 UDP（QUIC 和 HTTP/3），但在功能和性能方面 TCP 的实现将落后于 UDP。

a 见链接9.37所示网址。

9.2.4 标准化 QUIC

QUIC 最初是一个 Google 的协议，于 2013 年 6 月公开发布[2]。Google 在此后两年内改进了此协议。2015 年 6 月，该公司将其作为提议标准提交给 IETF[3]。此提交发生在 Google 的上一个标准（SPDY）被 HTTP/2 正式采用之后，所以时间刚刚好，标准化相关人员可以开始 QUIC 的工作。几个月后，IETF QUIC 工作组成立，致力

1 见链接9.38所示网址。

2 见链接9.39所示网址。

3 见链接9.40所示网址。

于协议的标准化[1]。

两个版本的 QUIC：gQUIC 和 iQUIC

与 SPDY 一样，在标准化的过程中，QUIC 同时也在 Google 的管理下发展。这就产生了两个实现：gQUIC（Google QUIC）和 iQUIC（IETF QUIC）（本书编写时）。Google 继续在生产环境运行 gQUIC，并在其认为合适的时间继续改进此协议，而且每次变更无须审批。和 SPDY 一样，当 iQUIC 正式被标准化（预计在 2020 年）时，gQUIC 预计会消亡，但就目前而言，gQUIC 是生产环境中唯一可用的版本。

只有基于 Chrome 和 Chromium 的浏览器（如 Opera）实现了 QUIC（使用 gQUIC），gQUIC 会频繁地被 Google 团队更改[2]。在服务端，所有 Google 服务都支持 gQUIC。在撰写本文时，还有其他 Web 服务器实现，包括 Caddy[3] 和 LiteSpeed[4]，但由于它们基于不断发展的非标准化 gQUIC，因此它们可能很难跟得上 Google 的变化，可能会不支持 Chrome[5]。

gQUIC 和 iQUIC 的区别

随着两个版本协议的发展，它们之间的区别会越来越大，在撰写本文时，gQUIC 和 iQUIC 之间的一个主要区别是在加密层。Google 使用自定义加密设计，而 iQUIC 使用 TLSv1.3[6]。这个选择只是因为在发明 QUIC 时 TLSv1.3 不可用。Google 表示，将在 TLSv1.3 被正式批准后，使用 TLSv1.3 取代其自定义加密设计。而现在 TLSv1.3 已经成为了正式标准[7]，因此 gQUIC 和 iQUIC 可能会变成同样的版本。两个协议之间存在一些其他的不同，它们不兼容，但在概念层面，除了使用 TLSv1.3 之外，它们是相似的。

QUIC 标准

在撰写本书时，没有一个 QUIC 标准，但是它有 6 个标准！就像 HTTP/2 由两

1 见链接9.41所示网址。

2 见链接9.42所示网址。

3 见链接9.43所示网址。

4 见链接9.44所示网址。

5 见链接9.45所示网址。

6 见链接9.46所示网址。

7 见链接9.47所示网址。

个标准组成（HTTP/2 和 HPACK），QUIC 的主要部分由多个不同的标准组成：

- QUIC Invariants[1] —— QUIC 中恒定不变的部分
- QUIC Transport[2] —— 核心传输协议
- QUIC Recovery[3] —— 丢包检测和拥塞控制
- QUIC TLS[4] —— QUIC 中如何使用 TLS 加密
- HTTP/3[5] —— 主要基于 HTTP/2，但有一些不同
- QUIC QPACK[6] —— 使用 QUIC 的 HTTP 协议的首部压缩

还有一个实验性的文档在提议阶段：QUIC Spinbit[7] 将添加一个比特位用以对加密的 QUIC 连接进行基本监控。还有两个有关 QUIC 使用方法的附加信息文档，以供开发者[8] 和 QUIC 网络管理员[9] 参考。

在撰写本书时，IETF 工作组还在持续做这些文档的工作。由于标准仍在制定过程中，因此这些规范（甚至规范的数量）可能会发生变化。

需要注意的一点是，QUIC 旨在成为一种通用的协议，HTTP 只是它的一种用途。虽然 HTTP 目前是 QUIC 的主要用例，也是工作组目前正在关注的焦点，但该协议的设计考虑了潜在的其他应用场景。

9.2.5 HTTP/2 和 QUIC 的不同

QUIC 基于 HTTP/2 构建，因此，当 QUIC 成为标准后，且当 Google 以外的服务器和浏览器也使用它时，你在本书中学习的许多核心概念将使你领先一步。但是，HTTP/2 和 QUIC 有一些关键差异，包括底层的 UDP 协议。下面讨论这些差异。

QUIC 和 HTTPS

HTTPS 内置于 QUIC 中，与 HTTP/2 不同，QUIC 不能用于未加密的 HTTP 连接。

---

1 见链接9.48所示网址。

2 见链接9.49所示网址。

3 见链接9.50所示网址。

4 见链接9.51所示网址。

5 见链接9.52所示网址。

6 见链接9.53所示网址。

7 见链接9.54所示网址。

8 见链接9.55所示网址。

9 见链接9.56所示网址。

做出这个选择的原因与 HTTP/2 相同，无论从实际使用上，还是人们的意愿上，只能通过 HTTPS 进行 Web 浏览（见第 3 章）。

在实际应用中，将数据加密可确保不熟悉协议的各方不会无意中干扰它或把协议当成某种实现。虽然现在这种情况似乎不是一个问题（没有基础设施会期望通过 UDP 进行 HTTP 通信），但它已经给 QUIC 带来了问题，当升级到 QUIC 之后，中间件供应商做出的假设不再适用[1]。随着协议的发展，防止在 TCP 下所遭遇的僵化变得更加重要，中间件使用这些假设来检查 TCP 流量。QUIC 会尽可能加密。使用一个未加密的比特位，以允许中间设备监视流量[2]的提议令很多人非常惊愕[3]，在撰写本文时，对此尚未得出确切的结论（尽管本章前面提到，该提案被列为工作草案）。

创建一个 QUIC 连接

HTTP/2 有多种方法来协商 HTTP/2 协议，包括使用 ALPN、`Upgrade` 首部、前置知识，还有 Alt-Svc HTTP 首部和 HTTP/2 帧。然而，所有的这些方法都要求先使用 TCP。因为 QUIC 是基于 UDP 的，连接到 Web 服务器的浏览器必须先使用 TCP 连接，然后再升级到 QUIC[4]。这个过程就需要依赖基于 TCP 的 HTTP，这就抵消了 QUIC 带来的一个关键好处（大量减少连接创建时间）。有一些变通方法，比如同时尝试 TCP 和 UDP，或者就接受第一次的性能损耗，并记住下次服务器使用 QUIC。无论如何，ALPN 和 Alt-Svc 的标志 `h3` 会被注册为代表 HTTP/3（在确定使用 HTTP/3 的名字之前，使用的是 `hq`，代表基于 QUIC 的 HTTP）。这个标志只能用于标准化之后的 iQUIC，当前的 gQUIC 实现不应该使用这个保留名[5]。

QPACK

HPACK 用于首部压缩，它基于 TCP 的可靠性来确保 HTTP `HEADERS` 帧顺序被接收，以便可以在两端正确地维护动态表，如图 9.20 所示。

1 见链接9.57所示网址。

2 见链接9.58所示网址。

3 见链接9.59所示网址。

4 见链接9.60所示网址。

5 见链接9.61所示网址。

HPACK static table

Index value	Header name	Header value
1	:authority	
2	:method	GET
3	:method	POST
4	:path	/
...	...	...
58	user-agent	
...	...	...
61	www-authenticate	

Request 1

Header	Header value
:method	GET
:authority	www.example.com
:path	/
user-agent	Chrome-69

Compressed request 1

Header	Header value
Indexed 2	
Literal index 24 with indexing	www.example.com
Indexed 4	
Literal index 56 with indexing	Chrome-69

Dynamic table after request 1

Index value	Header name	Header value
62	user-agent	Chrome-62
63	:authority	www.example.com

Request 2

Header	Header value
:method	GET
:authority	www.example.com
:path	/styles.css
user-agent	Chrome-69

Compressed request 2

Header	Header value
Indexed 2	
Indexed 63	
Literal index 4 without indexing	/styles.css
Indexed 62	

Dynamic table after request 2

Index value	Header name	Header value
62	user-agent	Chrome-62
63	:authority	www.example.com

图 9.20 HPACK 压缩示例

请求 2 使用在请求 1 中定义的首部索引（62 和 63）。如果请求 1 丢失了一部分，就无法完整读取首部，也无法知道动态表的状态，因此在收到丢失的数据包之前无法处理请求 2，因为，如果不等的话，可能会使用不正确的引用。QUIC 旨在消除连接层顺序传输数据包的要求，以允许流独立处理。HPACK 仍然需要这种保证（至少对于 HEADERS 帧），因此它重新引入了队头阻塞，而这正是它试图解决的问题。

因此，HTTP/3 需要有一种 HPACK 的变体，也就是 QPACK（原因显而易见）。这个变体很复杂，在撰写本书时仍在定义中，但它似乎引入了回应首部的概念。如果发送方需要使用未回应确认的首部，它可以使用（但有被流拒绝的风险）或者不使用索引发送首部的字符串（以防被阻止，但有降低此首部压缩率的代价）。

QPACK 引入了一些其他变化。使用一个比特位指定使用的是静态表还是动态表（而不是像 HPACK 一样显式地从 61 计数）。此外，可以更简单、更有效地复制首部，这就可以让关键首部（例如 :authority 和 user-agent）保持在动态表的顶部附近，从而使用较少的数据进行传输。

其他区别

QUIC 使用的帧和流还有一些其他的不同[1]。一些传输层协议的帧从 HTTP/3 层中被移除了（例如 PING 和 WINDOW_UPDATE 帧），移动到了核心 QUIC-Transport 层，这不是针对 HTTP 的（这是合理的，因为这些帧很可能会用于基于 QUIC 的非 HTTP 协议）。此外，在 HTTP/2 中很少使用的 CONTINUATION 帧已从 HTTP/3 中被删除。还有一些帧格式的变化，但由于在撰写本文时协议仍在不断改进，因此不在此讨论这些变化。另一个看起来可能会改变的部分是 HTTP/3 优先级。人们越来越希望简化复杂的 HTTP/2 优先级策略，但在撰写本文时尚未达成一致意见。

从概念上讲，几乎 HTTP/2 的所有部分都以不同的形式被保留下来，并且当它们正式被标准化，可用于客户端和服务器实现时，掌握了这些知识的读者已经有了关于 QUIC 和 HTTP/3 的良好的基础。

9.2.6 QUIC 的工具

由于 QUIC 尚未被标准化，因此只有 gQUIC 可以使用，但许多开发者正在开发 iQUIC 的实现[2]。通常，当连接到 Google 的服务器时，用于查看 QUIC 的最佳工具是 Chrome。有一个类似于 HTTP/2 的 net-export 页面（参见 4.3.1 节）。单击 QUIC session，会看到如图 9.21 所示的画面。

其他的工具，如 Wireshark，也对 gQUIC 有一些支持，如图 9.22 所示。

---

1 见链接9.62所示网址。

2 见链接9.63所示网址。

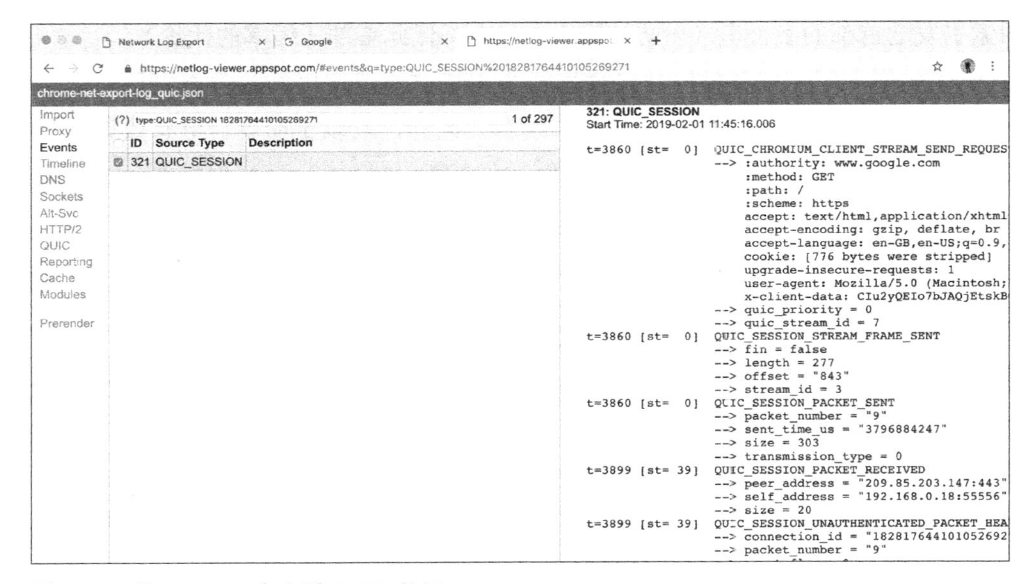

图 9.21 从 Chrome 中查看 QUIC 数据

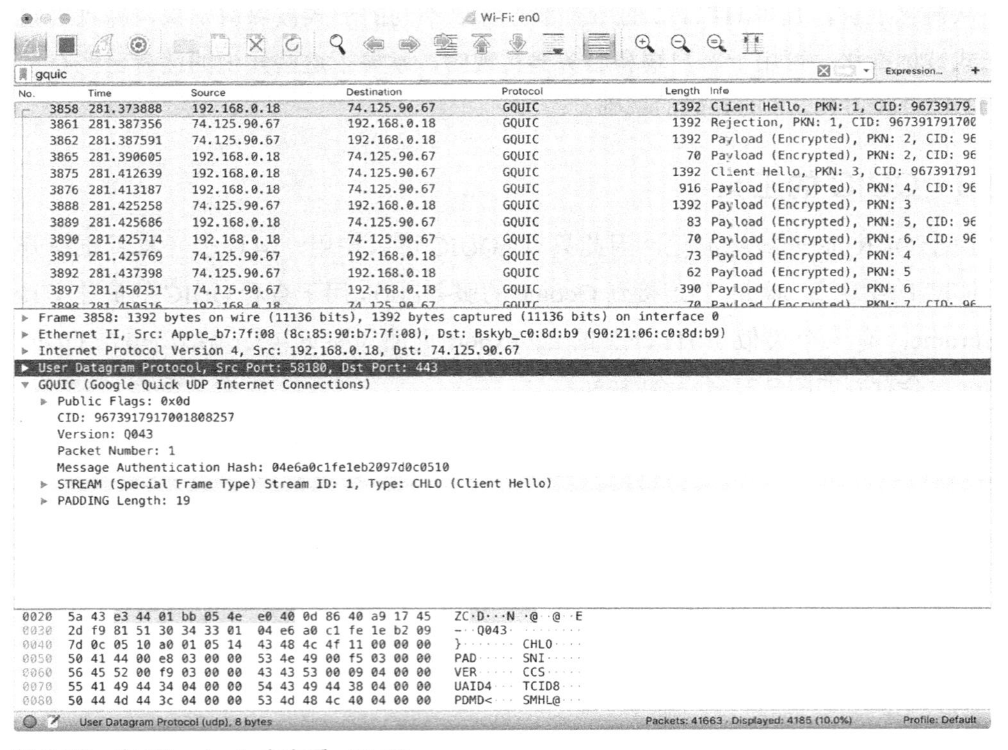

图 9.22 在 Wireshark 中查看 gQUIC

由于 gQUIC 尚未被标准化，且 Google 仍在更改它，因此需要跟上 Google 所做的所有变更。根据我的经验，如果使用非 Google 提供的工具，你可能会发现这些工具无法读取格式奇怪的数据包，或加密的负载。

9.2.7 QUIC 实现

如果要实现 QUIC 服务器，情况差不多。基于 Go 语言中的一个 QUIC 实现，Caddy 实现了 gQUIC，但在写作本书时，在当前发布版本中，该实现被关掉了[1]。这个功能可以通过从源代码编译 Caddy 来使用，并应将它发布到下一个版本中。基于 Go 的 QUIC 实现[2]通常保持最新，如果你下载最新版本，Chrome 应该就可以使用 gQUIC。同样，LiteSpeed 自 2017 年 6 月[3]开始实现 QUIC，并且它的实现一直是最新的，但它的开源版本还不支持 QUIC，所以它不是一个很好的试验 QUIC 的工具，除非你已经在用 LiteSpeed。LiteSpeed 还开源了一个 QUIC 客户端[4]，它可能会有用。2018 年 5 月[5]，Akamai 宣布其 CDN 平台支持 gQUIC。2018 年 6 月，Google Cloud Platform 负载均衡器宣布支持 gQUIC[6]，因此，使用该平台的用户可直接使用 gQUIC。

9.2.8 你应该使用 QUIC 吗

与 SPDY 不同，gQUIC 并未被更广泛的社区所接受，而且 iQUIC 似乎也不太可能现在被标准化。所以，除非你使用了 Google Cloud Platform，否则不推荐你使用 QUIC。对于想要尝试 QUIC 的人来说，Go 可能是最好的选择，但它可能不应该用于生产环境的浏览器访问。Chrome 中的实现可能会发生很大的变化，它在推出新版本后会很快在浏览器中关闭对旧版本 gQUIC 的支持。

在 iQUIC 被标准化之后，希望能够涌现出更多的实现。与 SPDY 相比，iQUIC 的标准化阶段的生产环境实现较少。推测 QUIC 和 HTTP/3 的推出，需要比 HTTP/2

1 见链接9.64所示网址。

2 见链接9.65所示网址。

3 见链接9.66所示网址。

4 见链接9.67所示网址。

5 见链接9.68所示网址。

6 见链接9.69所示网址。

更长的时间，因为它的变化更大，它使用 UDP 取代了 TCP。QUIC 是未来值得期待的协议，希望在标准化几年后，开发者们能够像现在使用 HTTP/2 一样广泛地使用它，希望它最终成为网络领域的重要角色。大量网络流量可能很快迁移到 QUIC，因为少量玩家（如 Google）和 CDN 服务商提供了网络的大量服务，但较小的公司和服务器的长尾可能会保留在较旧的TCP和HTTP/2（甚至HTTP/1.1）技术栈上一段时间。

总结

- 在 TCP 和 HTTPS 层中，当前的 HTTP 网络栈存在若干低效率因素。
- 由于 TCP 的连接建立延迟和谨慎的拥塞控制算法，TCP 连接达到最大容量需要时间，HTTPS 握手会增加更多时间。
- 有一些创新可以解决这些低效问题，但它们的推出速度很慢，特别是 TCP 中的创新。
- QUIC 是一种基于 UDP 的新协议。
- 通过使用 UDP，QUIC 谋求比 TCP 创新的速度更快。
- QUIC 的创建基于 HTTP/2，其使用了许多相同的概念，它是在原来的基础上再创新。
- QUIC 不仅适用于 HTTP，它未来也可以用于其他协议。
- 基于 QUIC 的 HTTP 将被称为 HTTP/3。
- QUIC 有两个版本：Google QUIC（gQUIC），当前有少量应用，但没有被标准化；IETF QUIC（iQUIC），正在标准化过程中。
- 在 iQUIC 被批准成为正式标准时，gQUIC 将被取代，就像 HTTP/2 取代了 SPDY。

10 HTTP将何去何从

本章要点

- 关于 HTTP/2 的争议
- 发布之后，HTTP/2 的应用
- 在 HTTP/2 基础上扩展 HTTP
- 将 HTTP 当成更通用的传输层

HTTP/2 规范于 2015 年 5 月正式成为标准。从 HTTP/1.0 推出，并很快被 HTTP/1.1 取代，到现在过了将近 20 年。在此期间，互联网已经成为每个人生活中不可或缺的一部分，而且 HTTP/1.1 长期的良好表现也说明了此协议的能力。然而，在很长一段时间里，协议停滞不前，将其向前推进的尝试也失败了[1]。人们的努力仅限于更准确地记录 HTTP/1.1，或通过 HTTP 首部添加有限的新功能。

但现在 HTTP/2 已经问世，并且通过互联网迅速普及[2]，那么 HTTP 的未来将走向哪里？ HTTP/2 在实际应用中表现如何？ HTTP 的主要问题现在已经解决了吗？协议

1　见链接10.1所示网址。

2　见链接10.2所示网址。

的下一个重大创新还需要等 20 年吗？或者现在是互联网创新的新阶段吗？会有更大的变化吗？本章试图回答这些问题，并根据现状对 HTTP 将如何演变做出一些推测。

10.1 关于HTTP/2的争议，以及它没有解决的问题

人们对 HTTP/2 并非没有争议，并且在标准化过程中有很多人对此表达了关注，特别是到最终敲定获得批准时。人们有许多争论，有一些相当直言不讳[1]。有争论说 SPDY 不应该用作 HTTP/2 的基础，并且 HTTP 的隐私问题没有得到解决。此外，还有关于是否要在协议中强制执行加密的争论。以下章节将讨论这些争论以及许多其他争议点。

许多问题都在 IETF 的 HTTP 工作组（HTTP-WG）邮件列表[2]中讨论过，在更广泛的互联网社区，例如 HackerNews[3,4,5]、SlashDot[6] 和 The Register[7] 上面也有讨论，其中有许多反驳的观点。

既然 HTTP/2 问世已久，当前也在讨论 HTTP 的未来，那么重新审视这些观点也是有意义的。看看哪些仍然是正确的，开发人员在考虑下一次 HTTP 迭代时可以从中学到什么。

10.1.1 反对 SPDY 的观点

HTTP/2 主要基于 SPDY 协议，Google 在实际应用中验证过 SPDY。SPDY 是一种可以在互联网上实施的实用更新。SPDY 的成功促使 IETF 考虑升级 HTTP[8]，虽然 IETF 没有致力于 SPDY 本身，但该协议可能是 HTTP/2 的基础。许多人抱怨说，工作组没有充分考虑HTTP/2应该是什么，而只关注了SPDY如何成为新版本的HTTP协议。

SPDY 是 HTTP/2 实际上的唯一选择吗

在 HTTP 工作组的章程中[9]，关于 HTTP/2 有如下说明：

---

1 见链接10.3所示网址。

2 见链接10.4所示网址。

3 见链接10.5所示网址。

4 见链接10.6所示网址。

5 见链接10.7所示网址。

6 见链接10.8所示网址。

7 见链接10.9所示网址。

8 见链接10.10所示网址。

9 见链接10.11所示网址。

> 目前有一个新的协议，人们对它有越来越多的实践经验和兴趣，它保留了 HTTP 的语义，而没有 HTTP/1.x 消息框架和语法的遗留问题，这些问题被证明会妨碍性能，并会诱导滥用底层传输。
>
> 工作组将对 HTTP 当前语义中有序的双向流新增规范说明。与 HTTP/1.x 一样，主要目标传输方式是 TCP，但应该可以使用其他传输协议。
>
> 相关工作将从 draft-mbelshe-httpbis-spdy-00 开始。

该声明毫无疑问地表明了 SPDY 是构成 HTTP/2 的基础。虽然很多人对 SPDY 的成功印象深刻，也很少有人质疑它是对 HTTP/1 的良好改进，但许多人认为 IETF 应该更广泛地考虑如何整体改进 HTTP 而不是直接采用这种设计。人们提出了一个武断的两年时间表[1]，有人认为，遵守这样的时间表会导致只有 SPDY 这一个选项可选。

最初还考虑了另外两个提案：Microsoft 的 HTTP Speed and Mobility[2]（基于 SPDY 和 WebSockets[3]）和 Network Friendly HTTP Upgrade[4]。这两个提案在很多方面与 SPDY 类似（不出意外，考虑了构成 HTTP/2 基础的一些东西），都重点关注添加二进制分帧层和 HTTP 首部优化。

事实证明，SPDY 在许多地方都运行良好，不仅仅只在 Google 的服务器上。许多常见的 Web 服务器和 Web 浏览器都支持 SPDY，许多站点已经迁移到 SPDY 或正在迁移的过程中。Facebook 做过对所有三项提案的分析[5]，最后选择了 SPDY 并拒绝了其他两个。选择 SPDY 作为基础是合理的，虽然在标准化过程中 HTTP/2 工作组对它进行了修改和优化。尽管它们有很多共同之处，但 HTTP/2 不是 SPDY，也不能与其兼容。

人们主要担心的问题是，错过了超越 SPDY 的机会。SPDY 旨在解决 HTTP/1 的一个主要问题——性能，虽然它很好地完成了该任务，但它没有解决 HTTP 的其他问题，例如 cookie。以前的升级如 HTTP-NG 之所以失败，很大程度上是因为

1 见链接10.12所示网址。

2 见链接10.13所示网址。

3 见链接10.14所示网址。

4 见链接10.15所示网址。

5 见链接10.16所示网址。

变化太大而没有实际的方法将其推广，所以推进一个实用的实现并不是一件坏事。SPDY 是升级 HTTP 的最初动力，如果 HTTP 的下一个版本没有严重依赖它，我们今天可能仍然在使用 HTTP/1.1。

SPDY 和 Google

另一个值得关注的问题是，SPDY 主要是一家公司的成果：Google。而其他的网站也都使用 SPDY（包括 Yahoo！、Twitter 和 Facebook）。Google 有它的所有权，可以随时修改其定义。有些人担心，Google 已经是网络上的强大存在，并且正在广大的网络社区推广自己的协议。对 Google 的一些不信任源自其在互联网上的主导地位，人们对所有在某领域占据主导地位的公司都存在不信任。这种情况对于 Google 来说更甚，因为它通过网络广告赚了很多钱，而网络广告有窥探隐私的嫌疑。而 HTTP/2 为人诟病的一点是，它没有尝试解决隐私问题，许多人认为这是协议中存在的更大问题。然而我并不认为忽视 HTTP 的隐私问题是邪恶的，Google 首要解决的是性能问题。

这个争论导致没有将 SPDY 标准化为 HTTP/2，而标准化后将大有益处：消除单一公司依赖性，同时允许整个网络社区和主要互联网标准社区（IETF）审查和改进协议。Google 仍然是互联网上的主要创新者之一，并给网络标准带来了许多其他发展，其中一些（如 QUIC，见第 9 章）在本书中进行过讨论。如果这些创新是有益的，忽视 Google 的创新或试图寻找一些变通方法似乎是粗鲁的。

10.1.2 隐私问题和 HTTP 中的状态

HTTP/2 的隐私问题也是饱受争议，特别是 HTTP cookie。由于它的安全性和隐私隐患，cookie 经常被认为是 HTTP 最大的问题之一。HTTP 被设计为无状态协议，就算在 HTTP/2 下，多数情况下它仍然是无状态的。理论上，你对服务器的任何请求，都与之前或之后的请求无关。

然而，现实是现代应用程序和网站需要状态。当我们在 Amazon 上向购物车添加商品时，不希望反复添加商品。当我们登录网上银行时，不希望每次后续操作都要再次登录（至少在短时间内）。因为 HTTP 无法将一个请求与其他请求相关联，所以需要向协议添加状态，并且又因为连接不能始终保持或被重用，所以无法在连接层面完成。

可以用多种方法来解决 HTTP 中的这种状态困境。一种是在 URL 中添加会话 ID 参数（例如 http://www.example.com?SESSIONID=12345），但这些参数丑陋，令人困惑，还充满安全风险（可以将带会话 ID 的 URL 存到书签中，或者分享出去）。HTTP cookie[1] 被认为是解决状态问题的方法。cookie 是存储在浏览器中的一小段信息，由浏览器自动给每个请求添加。有了 cookie，可以使用会话标识符，或其他适用于 HTTP 的设置。最近 HTTP cookie 名声不好，但你既不能说 HTTP cookie 好也不能说不好，而且替代方案（如 URL 参数）经常会引入更大的问题。

认为 HTTP cookie 不好的原因很多，其中包括：

- 它们可以用来做广告跟踪（或者用在其他更糟的场景）。
- 默认情况下它们是不安全的。
- 它们会随着每个请求被发送。

cookie 和第三方跟踪

不仅 cookie 可以被正在访问的站点使用，而且 Web 浏览器加载的该站点的其他资源也可以被它使用。所谓的第三方 cookie 是指，当网站（例如 www.example.com）从广告网站（例如 adwords.google.com）加载内容时，设置的可在其他网站（比如 www.example2.com）上使用的 cookie。此 cookie 还可以引用第三方广告网站（adwords.google.com），如图 10.1 所示。

基于用户的浏览历史，可以在之后的网站上显示相关广告，但通常该用户不知情。因此，欧盟（EU）实施了所谓的 cookie 法案，根据该法案，网站必须告知用户他们正在使用 cookie，如图 10.2 所示。

网络用户，特别是欧盟的用户，必须在每个访问的网站上点击这个毫无意义的“此网站正在使用 cookie”消息来隐藏它，而大多数网站都使用 cookie。GDPR（General Data Protection Regulations，通用数据保护规则）更严格的规定于 2018 年生效，其中增加了很多关于 cookie 的屏幕警告。许多用户将此警告视为另一个弹出窗口，只想尽快点掉它以查看想看的内容，通常人们不会意识到 GDPR 是支持消费者的立法，旨在将数据的控制权还给消费者本人。

1　见链接10.17所示网址。

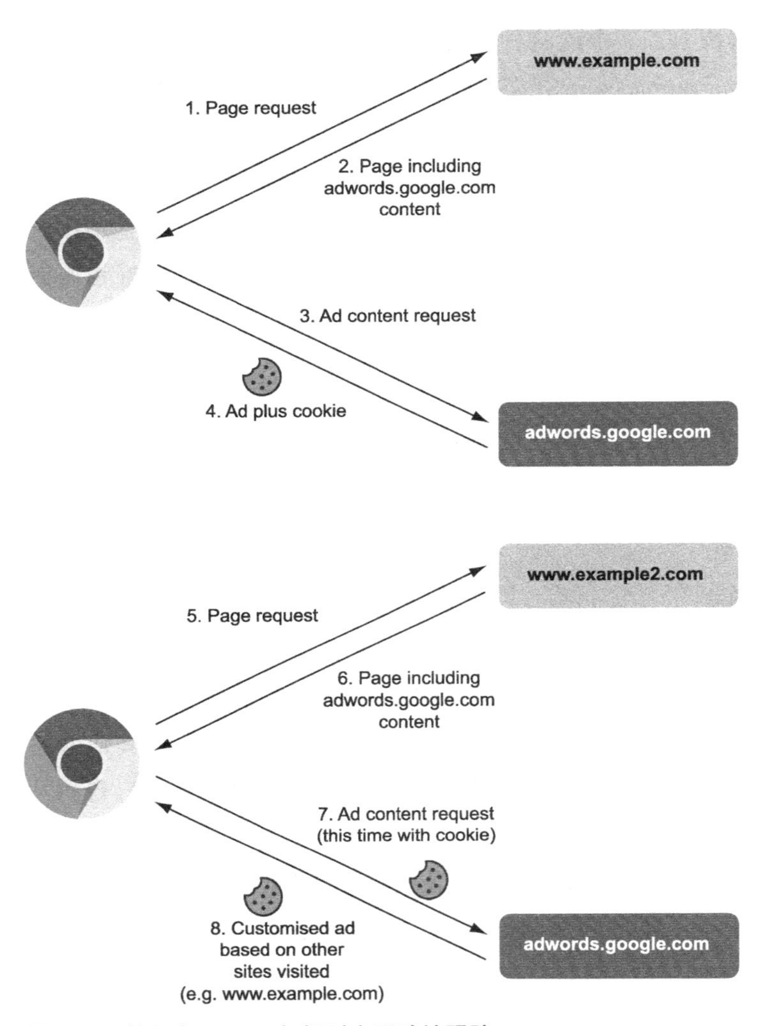

图 10.1 第三方 cookie 如何时实现跨站跟踪

图 10.2 在英国政府网站上的 cookie 提示条

HTTP cookie 和安全

另一个问题是，在默认情况下 HTTP cookie 不安全。尽管后来添加了一些选项以使其更安全（例如 `Secure`[1] 和 `HttpOnly`[2] 标志），但要求程序员在创建 cookie 时明确设置这些选项。即使这样，程序员也做不到总能阻止那些 cookie 被不安全的 cookie 覆盖，所以这个解决方案只解决了部分问题。在撰写本文时，有研究表明，大约 8%的 cookie 设置了这些选项[3]，这说明绝大多数 cookie 使用不安全的默认值。

这种情况很糟糕，因为存储会话标识符的 cookie 提供对账户的完全访问权限，故此拥有 cookie 几乎与拥有用户名和密码作用等同。出于这个原因，我们认为 cookie 要受到限制（并且可以限制它们），但在默认情况下，它们没有被限制。

除非在创建 cookie 时使用 `Secure` 属性，否则会同时在 HTTP 和 HTTPS 请求上发送站点的 cookie。由于 HTTPS 的性能原因（在大多数情况下不再是问题），通常只有一些登录或结账页面使用 HTTPS，其余部分仅支持 HTTP，但这种安排暴露了 cookie，若未明确设置 `Secure` 属性，可以通过不安全的 HTTP 流量将其发送出去（并可能被读取）。类似地，在页面上加载的任何 JavaScript（例如，使页面看起来更好看的脚本，它可以添加评论系统或在页面上放置一个很酷的小部件）都可以访问 cookie，除非在创建 cookie 时设置了 `HttpOnly` 标志。

即使你使用了所有这些保护措施，cookie 仍可能会被可以伪造 HTTP 请求的恶意用户覆盖。已经有了有关 cookie 前缀[4]的提案，其要求使用诸如 `__Secure` 开头的 cookie 名称，以给 cookie 默认添加 `Secure` 属性，从而防止此问题发生。同样，此解决方案需要网站所有者（使用）和浏览器（执行）的支持。

HTTP cookie 随着每个请求被发送

cookie 随着每个后续请求被发送 —— 从简单性的角度来说这确实很方便，但从其他方面来说这是一种恶行。虽然查看余额或者进行转账时，请求网上银行服务需要发送会话信息，但是对 logo 或其他静态资源的请求不应该需要这些信息，可浏览器仍然会发送。这种情况具有安全隐患，特别是会招致 CSRF（Cross-site Request

---

1 见链接10.18所示网址。

2 见链接10.19所示网址。

3 见链接10.20所示网址。

4 见链接10.21所示网址。

Forgery，跨站请求伪造）攻击[1]，在每个请求中发送不需要的数据存在泄露信息的风险。已经有提议，建议使用 SameSite 属性[2]阻止包含 cookie 的跨站点请求，但此属性不是一个默认属性，需要客户端支持才行。

其他类型的隐私跟踪方法通常都被命名为 cookie，即使它们不是 HTTP cookie。Flash cookie，使用 Flash 而不是 HTTP 实现；super cookie，使用其他指纹识别方法[3]来跟踪用户。这些方法也可以用于实现 zombie cookie，这些 cookie 即使被清除了也会再回来。所有这些变种进一步损害了 cookie 的声誉，尤其是，它们绕过了浏览器提供的用户管理 cookie 的方法。

HTTP/2 应该解决 HTTP cookie 的问题吗

虽然 HTTP cookie 因隐私问题和安全隐患被视为负面的东西，但目前没有可行的替代方案。cookie 本身不是邪恶的或危险的，使用它们的方式才是。允许向 HTTP 添加状态（例如 URL 参数和本地存储[4]）的替代方案具有类似的缺陷，用户没有太多控制权，并且也没有有关 cookie 的隐私和安全性监管机制。

有人说 HTTP/2 应该用状态来解决这个问题，并且实现一个更安全、少涉隐私的解决方案。尽管人们经常试图解决这个问题，但没人能提出比 cookie 更好的解决方案[5]。任何此类解决方案都需要支持传统的 HTTP cookie，否则可能无法获得任何关注。HTTP 是无状态的，虽然 HTTP/2 在网络层添加了一些状态的概念（例如流状态和 HPACK 动态表状态），但在应用层它仍然是无状态的。从二进制的层面看，从一个 HTTP/2 连接上发送的 HTTP 消息可能与另一个从 HTTP/2 连接上发送的 HTTP 消息略有不同（例如，由于首部压缩），但它对于上层应用来说，仍然是相同的无状态的 HTTP 消息。

本章前面说过，在 cookie 方面已经有了一些创新，并且 HTTP/2 可能强制执行，而不像 HTTP/1 那样还将其作为可选项。但是强制执行会影响 HTTP/2 的推广，这就是为什么在 HTTP/2 章程中会说明要保留 HTTP/1 语义的原因，仅改变传输层。

开发者希望在 HTTP 中实现比 cookie 更好的状态管理，但是没有理由推迟

1 见链接10.22所示网址。

2 见链接10.23所示网址。

3 见链接10.24所示网址。

4 见链接10.25所示网址。

5 见链接10.26所示网址。

HTTP 的下一个版本，因为使用当前版本所有问题都无法解决。

10.1.3 HTTP 和加密

与状态一样，加密最初并不是 HTTP 的设计原则之一，它是在事后由 HTTPS 添加的。HTTPS 在发送之前以加密形式包装常规 HTTP 消息，在到达后将其解包，在大多数情况下，HTTPS 可以正常工作。以前，人们担心 SSL/TLS 证书的成本以及加密和解密的性能，但使用廉价（甚至免费）[1] 证书，以及计算能力的提高 [2]，使这些问题在很大程度上得到了解决，不过如第 9 章所说，创建连接导致的性能损失仍然存在。

应该加密所有 HTTP 流量吗

HTTPS 的主要问题是，复杂的初始设置和管理，对第三方证书颁发机构（CA）提供证书的依赖 [3]，以及它的应用不够普遍。最后一点是 HTTP/2 被标准化时争论的焦点。许多人认为下一版本的 HTTP 应仅以安全版本（HTTPS）的形式使用，不安全的 HTTP 应该成为历史。其他人认为，加密在许多情况下是不必要的，不应该强制要求在协议中加密。但讽刺的是，这些人通常是抱怨 HTTP/2 没有解决 cookie 问题以加强隐私的人。

机会性加密

完全 HTTPS 加密（需要加密和身份验证，使用第三方 CA）的替代方案是 HTTP URL 的机会性加密（opportunistic encryption）。这种技术在传输中加密数据，但没有像 HTTPS 提供的认证保证 —— 确保用户正在与指定网站交谈，而不是某些假装成该网站的人。机会加密比 HTTP 要好，但不如 HTTPS，但它可以在协议层部署，无须使用第三方 CA，不需要站长付出其他努力。

HTTP/2 和加密

最后，经过多次争论后，还未达成共识，HTTP/2 就发布了，它能够同时使用加密（h2）和未加密（h2c）连接。没有包括使用机会加密的中间立场。

现实是一边倒的。如第 3 章所述，所有 Web 浏览器（HTTP 的主要客户端）决

1 见链接10.27所示网址。

2 见链接10.28所示网址。

3 见链接10.29所示网址。

定只实现基于 HTTPS（h2）的 HTTP/2。这是出于主观原因（主流的浏览器厂商表明他们打算转移到加密的 Web）[1]，也是出于技术原因，通过使用加密的会话，引入新协议不需要任何中间的网络基础设施支持新格式。微软是唯一一家表示有兴趣支持不加密的 HTTP/2 的浏览器厂商，但最终它只发布了使用加密的版本，显然它是在使用不基于 HTTPS 的 HTTP/2 时，发现了连通性问题。

Firefox 支持使用 `Alt-Svc` 首部，通过替代服务访问网站，这允许一些供应商为 HTTP 站点提供 HTTP/2 支持[2]。此方法适用于那些有 HTTPS 版本，但尚未准备好的网站，它们可以切换到 HTTPS（可以避免混合内容警告）。Firefox 可以使用 `Alt-Svc` 首部通过 HTTPS（和 HTTP/2）访问网站，但仍将其显示为 HTTP 网站，这是一种变相的机会加密。

现在要求只通过 HTTPS 使用 HTTP/2 可能还为时过早。在过去几年中，HTTPS 的使用量大幅增长，但不幸的是，仍远未达到普及的程度。第 6 章指出，Firefox 通过 HTTPS 服务超过 70%的网络流量，但这一统计数据受到巨头的影响。纵观全局，这些数字并不那么乐观。排名前 1000 万的网站的 HTTPS 使用率刚刚超过 40%[3]，如图 10.3 所示，尽管这个数字也呈上升趋势。2015 年，当 HTTP/2 被批准成为正式标准时，默认情况下只有约 5%的网站使用 HTTPS。

可以说，安全性（以及性能）对于大型站点来说更为重要，但在 HTTPS 成为运行网站的必需品之前，还有很长的路要走。

仅仅因为这个原因，在标准化时限制 HTTP/2 只能使用 HTTPS 可能会有点操之过急。是采用激励措施来鼓励应用好标准，还是只给应用增加障碍，需要有一个谨慎的平衡。

请记住还有另一个使用场景，内部的、非面向公网的流量 —— 内部网站和通过使用前置 Web 服务器卸载掉 HTTPS 的后端应用服务器。内部网站应该以与外部网站相同的方式使用 HTTPS，这需要一定的额外工作和基础设施，但可能无法提供这些设施。互联网现在才转向加密，部分原因是它所依赖的开放网络面临的风险。通常认为，封闭的内部网络风险较小，因此加密内部站点往往优先级较低。在内部站点上使用 HTTPS 可能会给互联网 HTTPS 带来一段时间的延迟，特别是对于使用

1 见链接10.30所示网址。

2 见链接10.31所示网址。

3 见链接10.32所示网址。

前端 Web 服务器而卸载了 HTTPS 的后端服务器。通常认为没必要在 Web 服务器和后端应用服务器之间进行加密，尤其是，在某些应用程序服务器上管理 HTTPS 证书还需要额外的工作。

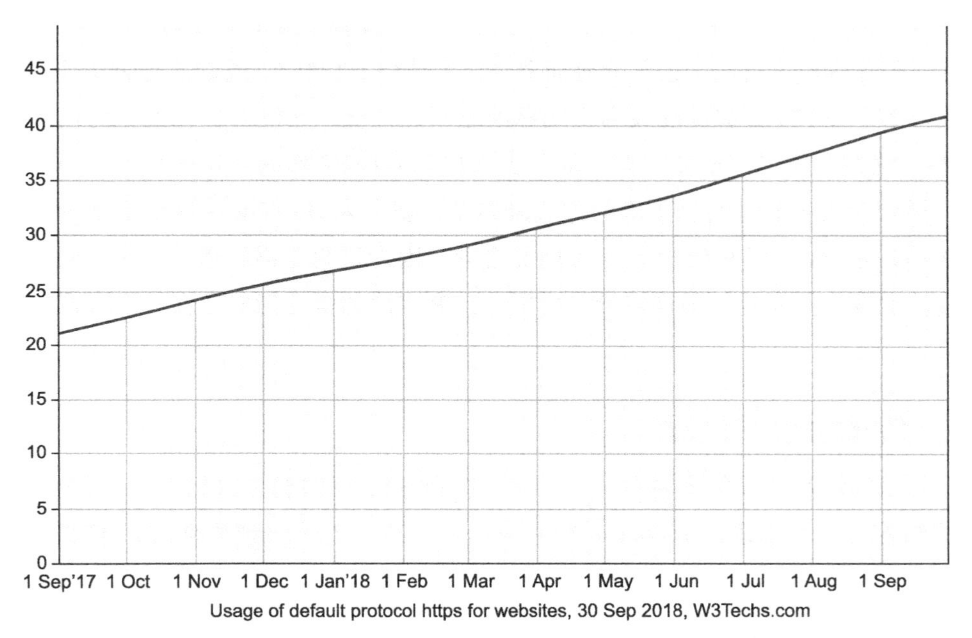

图 10.3 排名前 1000 万的网站 HTTPS 的使用率

内部站点通常不能使用商业 CA（像 Let's Encrypt 这样的是自动免费 CA），除非它们将自己暴露给公网或使用通配符证书，这种证书更昂贵且不易自动化运行。运行内部 CA 通常是解决这种问题的方案，但内部 CA 通常没有自动颁发和续订证书的自动化支持。最后，在一些 Web 服务器（特别是 IIS 和基于 Java 的使用 Java 密钥库的服务器）上，需要执行额外的步骤来安装证书，因此即使你可以自动颁发证书，但在每次证书快到期时，也需要查看如何自动安装和使用它。

当然，HTTP/2 不是网站必需品，可以将它视为想要让网站更快的人的选择，而且这种高级用户可能也会使用 HTTPS。在内部站点上，延迟不会像公网中那样严重，因此迁移到 HTTP/2 的好处更少。在前面的章节中说过，只要访问者访问的边缘服务器支持 HTTP/2，就不需要在后端服务器上再添加支持。无论如何，如果大量用户无法使用它，为网络发明新版本的核心协议毫无意义——在撰写本文时高达 60%的公网流量不能使用 HTTP/2，在 HTTP/2 刚被标准化时这个数字是 95%。在私有的内部网络上，百分比可能要高得多。

这跟 HTTP 从网站扩展到物联网（IoT）领域也有一些关系，在物联网中证书和 HTTPS 的管理非常复杂。在撰写本书时，这个问题还没有得到充分解决，尽管已经有一些提议，例如本地网络中的 HTTPS[1]。虽然物联网设备可能不需要 HTTP/2 中的一些特性，但因为没有解决加密的问题而要求它们使用 HTTP/1，看起来是种退步。

最终，鉴于 HTTP/2 被批准成为正式标准之后的情况，它没有被标准化为仅支持 HTTPS，这并不奇怪。虽然有充分的理由来推动 HTTPS 作为默认的协议，但应该注意，需要在正确的时间以正确的方式来推动，现在为 HTTP/2 做这件事还为时过早。QUIC 决定仅采用 HTTPS，这可能更合理，因为这两个协议相差三四年的时间，期间情况发生了变化，但许多针对内网 HTTP 实现的争论仍然存在，没有得到充分解决。

10.1.4 传输协议的问题

其他的抱怨涉及协议传输层本身。以前，讲到 HTTP 的传输层概念时，一般只考虑它的结构：一个请求（或响应）行和 HTTP 首部，之后跟着数据流。HTTP/2 引入了二进制分帧层，情况就发生了变化。

破坏了分层的概念

正如第 1 章中讨论的，通常将网络协议构建在不同的层中。HTTP/2 脱离了传统层级划分，它具有 TCP 的许多特性。图 10.4 显示了 Web 协议栈，以及它（大致）是如何对应到 OSI 网络模型层的，不过存在一些重叠。例如，第 6 层不直接对应这些技术，尽管 HTTP 支持传递文件格式信息。

HTTP/2 不再像 HTTP/1 那样只对应顶层应用层，它还管理传统上被认为是传输层的许多任务，例如多路复用和流量控制。因为 HTTP/2 保留了 TCP 中的这些技术，它更像 TCP，再加上传统上被认为是 HTTP 的技术。所以，新的二进制分帧层跨越多个层，如图 10.5 所示。

---

1 见链接10.33所示网址。

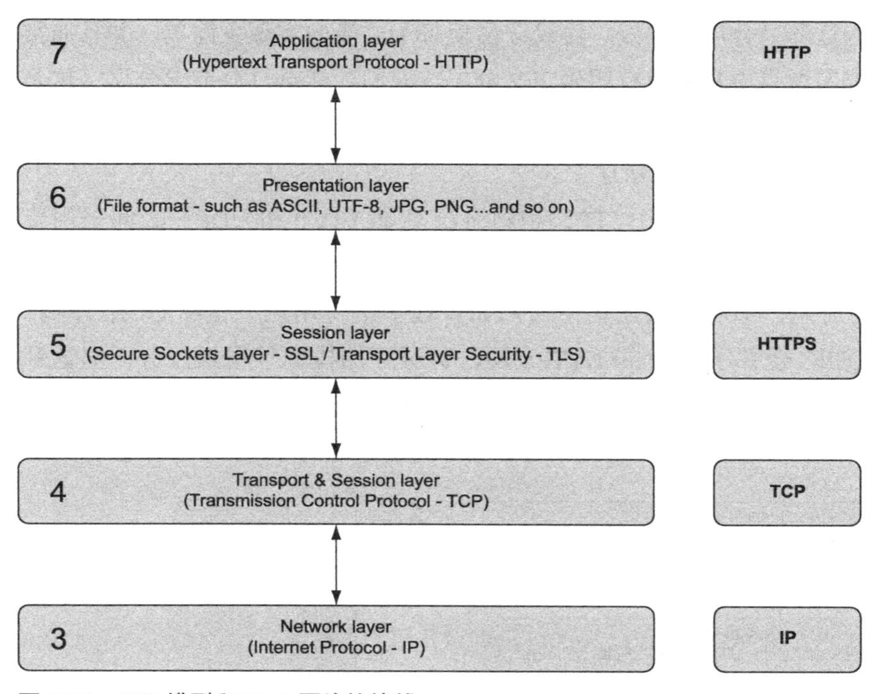

图 10.4 OSI 模型和 Web 网络协议栈

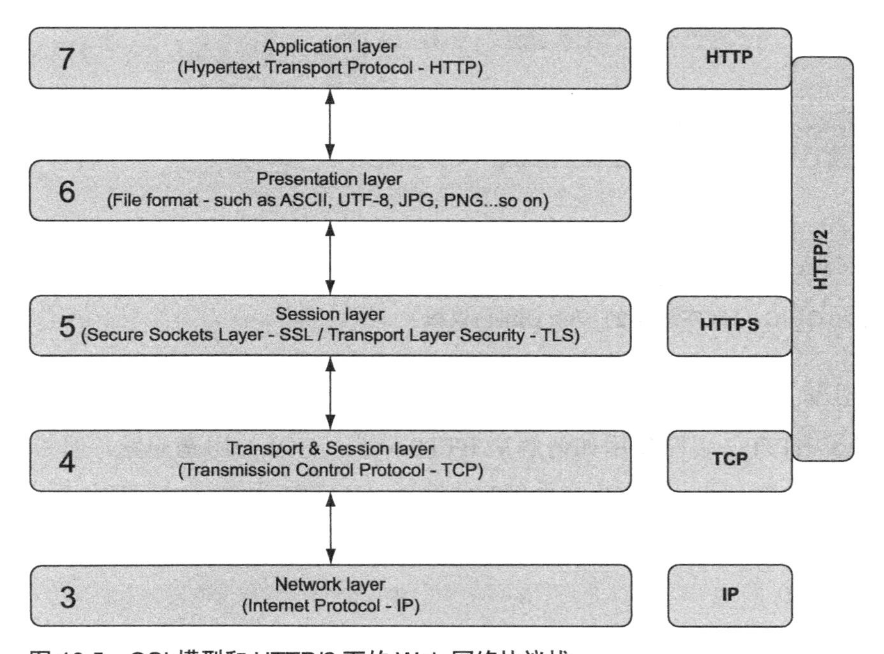

图 10.5 OSI 模型和 HTTP/2 下的 Web 网络协议栈

许多人认为这种“分层”不好。协议分层使每个层级的实现更简单，并且通常也更好。虽然现实世界中从来没有明确定义分层，人们可能会过分追求分层（这是不可取的）[1]，但这个论点确实有价值。特别是，TCP 概念的保留使它仍然受到 TCP 的限制，这会有问题，如第 9 章所述。

QUIC 寻求在应用层协议（HTTP）和网络层协议（TCP 和 UDP）之间采用更加明确的分层，如图 10.6 所示。在此模型中，HTTP/3 映射 HTTP 帧类型，并显示 HTTP 流量如何应用，但将传输层信息（例如管理多路复用流）留给 QUIC 本身。在其他方面，QUIC 合并了 TCP 和 HTTPS 层，甚至更加模糊了层级划分，但这种安排可能更合理。HTTPS 总是与 HTTP 分离，因此它可能更多地属于会话和传输层而不是应用层。

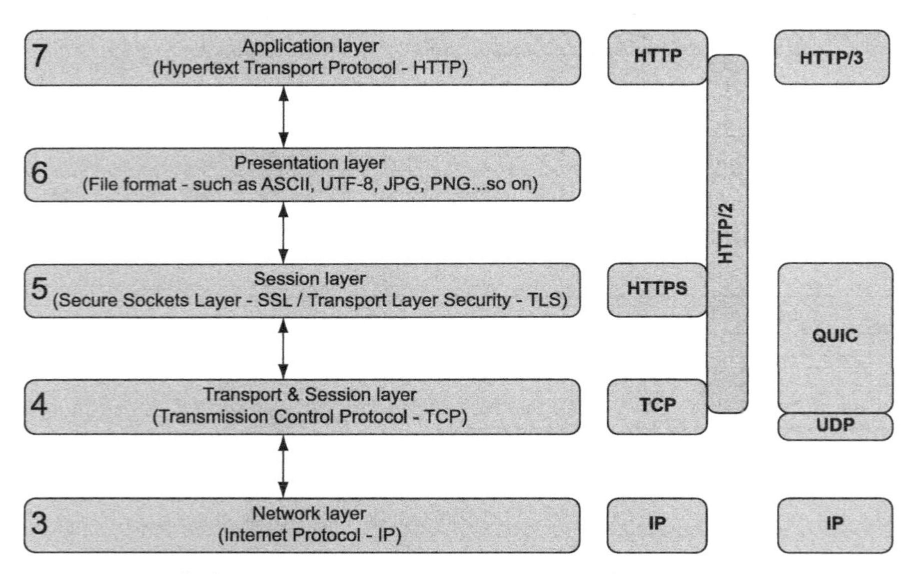

图 10.6 OSI 模型和 QUIC、HTTP/3 下的 Web 网络协议栈

TCP 队头阻塞

第 9 章解释了 HTTP/2 多路复用如何解决 HTTP 队头（HOL）阻塞问题，但将它归为 TCP 层面的问题。因此，在某些丢包的情况下，HTTP/2 可能比 HTTP/1 慢。这个问题从一开始就很明显，并且在第一个 HTTP/2 草案[2]中被提及（但是以后的草

1 见链接10.34所示网址。

2 见链接10.35所示网址。

案将它删除了），这说明单个 TCP 连接的好处超过了负面影响：

> 然而，使用多个连接并非没有益处。由于 SPDY 将多个独立的流复用到单个流上，因此可能会在传输层产生队头阻塞问题。在目前的测试中，压缩和优先级的好处超过了队头阻塞（特别是存在丢包时）的负面影响。
>
> HTTP/2 规范版本 00

正如你在第 9 章中看到的，QUIC 致力于解决这个问题，但对于大多数连接，HTTP/2 已经足够好。坚持完美的解决方案可能会推迟升级，更不用说从 HTTP/1.1 到 QUIC 和 HTTP/3 的巨大飞跃！

HTTP 不再是无状态的

另一个争论是，该协议首次将状态引入 HTTP 核心协议中。本章前面讨论过，HTTP 可以使用 cookie 传输状态，但不会将状态添加到核心协议中。协议的多路复用特性、流 ID（第 4 章）、HTTP/2 状态机制（第 7 章）和 HPACK 首部压缩（第 8 章）都将状态的概念添加到之前无状态的 HTTP 中，但却没有添加一个用户实际需要的状态定义：会话状态，如 10.1.2 节所述。但这种选择是刻意的，并不像看起来那么矛盾。虽然已经将状态添加到 HTTP/2 的连接层，但在整个 HTTP 级别上，它并不重要。同样的 HTTP 请求仍然可以通过单独的 HTTP/2 连接运行，无论是通过并行连接还是后续的连接，并且在 HTTP 层其仍然传达相同的语义。添加状态只用于处理多路复用和首部压缩，不会用于其他的目的。如果有任何原因导致状态混乱，则可以断开连接，然后再重新建立，并且可以在新连接上重试 HTTP 请求，这与使用 HTTP 有完全相同的问题和限制（例如，什么时候重新发送请求是安全的？幂等的）。HTTP/2 有状态的部分不比 TCP 总是有的状态部分重要，但也不比它差。事实上，添加状态只是为了让 HTTP/2 的流更像 TCP 流。

HTTP/2 的工具

二进制分层和不再支持纯文本也令一些人感到恼火，因为不能再使用 telnet 之类的简单工具了。我们在第 1 章中使用 telnet 展示过 HTTP 的用法。但是，这种抱怨几乎没有什么价值，因为 HTTPS 加密连接也有同样的问题，并且工具集也在不断更新以支持 HTTPS。有一个更好的观点，即一些支持 HTTP 的网络设备（如 Varnish 等 HTTP 缓存）现在需要更多 HTTP 实现以完全理解 HTTP 消息。但是这个观点几乎不能对迭代协议有什么影响，也不允许基础设施在不完全理解 HTTP 消息的情况下直接路由 HTTP 流量。

HTTP/2 是 HTTP 层面的优化吗

最后，HTTP/2 中的大多数更改都处于传输层，而不是传统上以为的 HTTP 层。是否在 HTTP 上进行了足够的改进以当得起 HTTP/2 的名字，或者协议是否应该命名为 HTTP/1.2、TCP/2 或 HTTPS/2？ QUIC 在这一领域的很多工作似乎证实，这种分层可能不应被视为 HTTP 的一部分。最终，这样的争论并没什么结果。新协议包含重大更新，因此，从任何合理的定义来讲，它都应与先前版本区分开来。此外，版本号很廉价，但许多技术实现使用版本号过于谨慎。20 年后，因为它包含许多重大更改并且不向后兼容，迁移到版本 2，并非不合理，实际上也是推荐做法。

10.1.5 HTTP/2 过于复杂

另一个观点是 HTTP/2 太复杂。毫无疑问，确实如此，特别是与看似简单的 HTTP/1.1 相比。与 HTTP/1 相比，分帧层的二进制特性和状态都是难以理解的概念，更不用说复杂的优先级策略和首部压缩。你需要看一整本书才能理解这些概念！虽然这种情况使技术作者有了用武之地。HTTP 成功的主要原因是它简单。HTTP/0.9 的单页规范（如果那一页可以被称为规范的话）描述了 HTTP 的基本细节，虽然后来有了 HTTP/1.0 和 1.1，但从概念上讲，HTTP 仍然很容易理解。

然而，这不是全部故事。虽然人们很容易理解 HTTP/1.1，但它很难在软件中实现。有各种边缘情况和额外工作要处理，毕竟它是一种基于文本的无格式、非结构化的协议。HTTP/2 似乎要复杂得多，但所有这些复杂性用自动化的方式都很容易处理。这并不是说没有实现错误，也不是说网站开发者不会遇到一些细微差别（需要使用另一本书来讲解），但任何新技术都是这样，尤其是 HTTP/1。HTTP/2 的复杂性，如 HTTP/1 的复杂性一样，主要影响底层实现者，如 Web 浏览器和 Web 服务器开发人员，而不影响上层的 Web 开发人员，大多数底层开发人员都认为 HTTP/2 比 HTTP/1 更容易实现。

也许复杂性是不是一个问题的主要衡量标准，是其实现的数量。HTTP/2 主页列出了 80 多个独立且活跃的实现[1]。几乎所有常见的 Web 服务器和 Web 浏览器都支

1 见链接10.36所示网址。

持 HTTP/2，并且很多人在 HTT/2 发布不久后就支持它了。虽然这些实现存在漏洞或问题，这些问题也可能会持续存在一段时间，但应用的速度表明这些问题都不严重。但请注意，由于复杂性，规范的某些部分（例如 HTTP/2 推送和优先级策略）并不包含在每一个实现中。

很难说 HTTP/2 的概念不复杂，但这个问题不像你想象得那么严重。在大多数情况下，简单性比复杂性更好（Keep It Simple Stupid，KISS 原则），但 HTTP/1 并不像它看起来那么简单。不管有多少认为复杂性无关紧要的观点，那些发现了 HTTP/2 实现的一些模糊问题，并需要花费数天才解决的人，无疑会诅咒它的复杂性，而那些经历过这些的人会非常同情他们！

10.1.6 HTTP/2 是一种权宜之计

HTTP/2 没有试图解决 HTTP 的所有问题。经过多年的停滞，加上有了经过验证的 SPDY 用例，IETF HTTP 工作组不希望大家迷失在细节中，因此很多问题没有得到彻底解决，并且在 HTTP/2 被批准时，在某些问题上也未达成共识。毫无疑问，这种情况使那些认为某些问题应该在 HTTP/2 中得到解决的人感到沮丧，但这种做法似乎更务实。

HTTP/2 改进了协议的性能，消除了一些基本的瓶颈，因此它在现实世界中表现良好。没有什么能够阻止未来的 HTTP 版本进一步增加当前版本所不具备的功能。实际上，通过新的设置和帧类型，人们提出了改进协议的其他方法。

QUIC 致力于解决 HTTP/2 无法解决的一些问题，例如 TCP 队头阻塞、更完整的加密、改进的连接建立流程和连接迁移。如果要将这些变化纳入 HTTP/2 可能还需要四年时间，但似乎没有必要一直这样等下去。标准化 QUIC 可能需要更长的时间才能实现，因为它比 HTTP/2 更复杂。在标准化过程中，QUIC 的实现少于 HTTP/2，可能是因为将现有 SPDY 实现迁移到 HTTP/2 实现很容易。但是 gQUIC 并没有像 SPDY 一样被采用。转向 UDP 还将给传统上几乎完全基于 TCP 的互联网带来挑战。鉴于这种复杂性，将 HTTP/2 作为权宜之计，并继续改进它，是积极的做法。

10.2 HTTP/2的实际应用

所有这些观点都是在 HTTP/2 正式被标准化之前提出的，但没有一个严重到足以阻止或延迟最终的标准化。此后，HTTP/2 就迅速得到应用，在撰写本文时，前 1000 万网站中支持 HTTP/2 的已经超过 30%（见图 10.7）[1]。

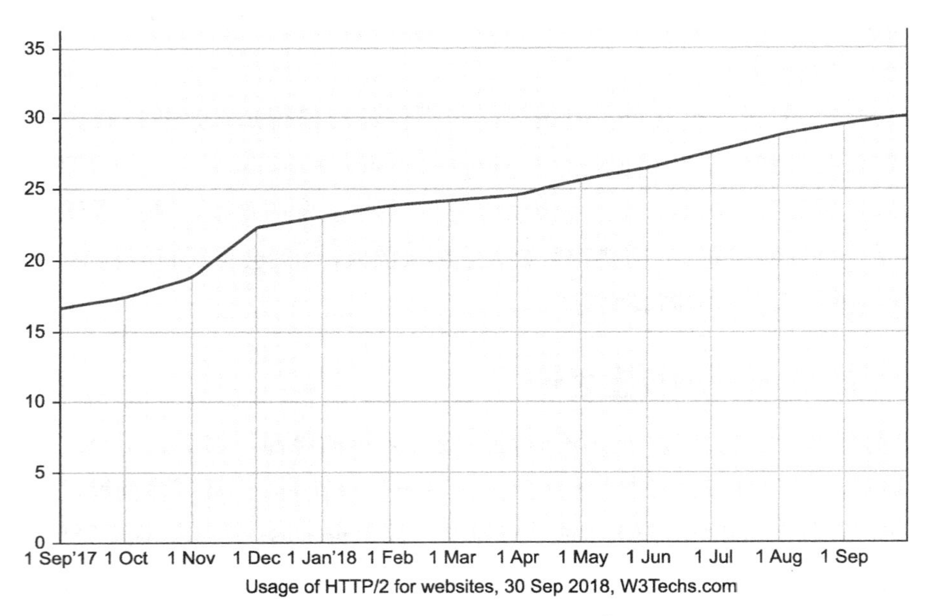

图 10.7 从 2017 年 9 月到 2018 年 9 月间 HTTP/2 的增长

更甚之，超过 55％的网络流量使用 HTTP/2[2]，因为 Google、YouTube 和 Facebook 等大型网站支持 HTTP/2，它们所占的流量比小型网站多。这些统计数据，证明 HTTP/2 非常成功。

此外，HTTP/2 已经被扩充，一些新的设置和帧类型增强了协议，例如替代服务[3]、ORIGIN 帧[4] 和基于 HTTP/2 的 WebSockets[5]。其他提议，例如缓存摘要[6]，试图进一步扩充 HTTP/2，还有更多的提议正在着手中。

总而言之，HTTP/2 已经成为互联网的一个组成部分，并且其应用和其所包含的功能都在不断增加。本章讨论的所有担忧，虽然也有一些影响，但它们在实际应

1 见链接10.37所示网址。

2 见链接10.38所示网址。

3 见链接10.39示网址。

4 见链接10.40所示网址。

5 见链接10.41所示网址。

6 见链接10.42所示网址。

用中并不是什么大问题。

然而，并非一切都取得了成功，特别是 HTTP/2 推送，目前为止未能产生任何特殊影响，主要是由于正确使用它较为复杂（见第 5 章），而且还缺乏服务端支持。也许事后看来，HTTP/2 推送不是一些人认为的是可用于改善性能的灵丹妙药。也许它应该被排除在最初的 HTTP/2 提案之外，之后必要时以可选帧的形式添加。有些人甚至要求将其从规范中删除，尽管这么做现在来说似乎有点为时过早。

此外，实现 HTTP/2 比较复杂，这也表明 HTTP/2 并不像你想的那样容易启用（这对于一个新的大型协议来说并不奇怪），它也不能总保证提升性能。大多数站点在切换到 HTTP/2 之后都有了性能提升，但有些站点的性能会下降，或者达不到期望的提升。充分理解新技术才可以充分利用这些技术。希望 HTTP/2 能够继续改进，至少在 QUIC 发布并变得普及之前，但就算是这样，它们也都不会很快在实际应用中取代 HTTP/1。

10.3　HTTP/2的未来版本，HTTP/3或者HTTP/4会带来什么

如今 HTTP/2 已经到来，应用也越来越广，你对下一个 HTTP 迭代有什么期望？它会是 HTTP/2.1 还是 HTTP/3 ?

10.3.1　QUIC 是 HTTP/3 吗

QUIC 更进一步扩展了 HTTP/2 的概念，因此被视为 HTTP/2 的后继者，人们将它定义为 HTTP/3。2018 年 7 月，HTTP 工作组的两位主席之一表示 [1]：“我在大多数情况下将 QUIC 视为 HTTP/3……hq 是 h2 必然的继承者。”在 2018 年 11 月，HTTP 工作组同意将 QUIC 的 HTTP 部分称为 HTTP/3，并且在发布之后将它（和 QPACK）从 QUIC 工作组移到 HTTP 工作组 [2]。在 QUIC 获得批准之前，HTTP/3 的名称不会被正式注册，因此并不保证 HTTP/3 一定会是这样，但在撰写本文时看起来非常有可能。

QUIC 的定位是更广泛、更通用的传输层协议，不仅仅适用于 HTTP，而 HTTP/3 只是 QUIC 的一个用例。在许多方面，相比于 HTTP/2，QUIC 更像是 TCP 的继承者，不过有些人对 TCP/2[3] 这个名称提出了异议。这也是用 HTTP/3 这个名

1　见链接10.43所示网址。

2　见链接10.44所示网址。

3　见链接10.45所示网址。

称来区分更广泛的 QUIC 协议和其中的 HTTP 部分的另一个原因。这并不意味着 HTTP/2 已经完成，不会进一步发展，人们最多是在 HTTP/2 出现之后开始停止使用 HTTP/1.1——没有计划让 HTTP/1.1 或 HTTP/2 退休，因为许多 HTTP 实现可能会继续使用 TCP，也就是说仍在使用 HTTP/2 或者 HTTP/1.1。然而，一旦 QUIC 被广泛使用（这需要一些时间），HTTP/3 会代表 HTTP 的最佳版本，并且应该尽可能使用它。

10.3.2 进一步改进 HTTP 二进制协议

除了关注 QUIC（h3）和基于 TCP 的协议版本（h2/h2c）之间的差异和未来方向，未来如何来扩展这种新的二进制多路复用协议呢？

过去，HTTP 首部的使用使得核心 HTTP 协议变得可扩展，具体取决于客户端和服务器对这些首部的使用。HTTP/2 通过新设置项和新的帧类型添加新功能。在连接创建时，由这些新设置[1]可发现新的功能，这相比于发送 HTTP 首部并希望对方理解要好得多。

现在已经使用 `ALTSVC`、`ORIGIN` 和（提议中的）`CACHE_DIGEST` 帧对协议进行了扩充。也还有其他的提议，例如二级证书[2]，因此存在一种强有力的方法来持续扩展协议：使用新的帧类型[3]。目前还没有对 HTTP/2.1 这样版本编号的明确需求，这也是为什么 HTTP 工作组删除了次要版本号，协议命名采用了 HTTP/2 而不是 HTTP/2.0 的原因。

10.3.3 在传输层之上进一步优化 HTTP

HTTP/2 和 QUIC 除了关注 HTTP 更低层的传输层以外，它们在更高层面的 HTTP 上做了什么？有一个稳定的新 HTTP 首部流来控制客户端和服务器行为，但自 HTTP/1.1 以来，HTTP 语义没有太大变化，HTTP/2 也没有对这个更高的分层做出什么更改。

正如我们前面提到的，一直以来 HTTP cookie 的替代方案颇受关注。但到目前为止，没有哪个替代建议获得了人们的认同。

另外，在更高的层面上，HTTP 已被证明强大到令人惊讶，它需要的是澄清

1 见链接10.46所示网址。

2 见链接10.47所示网址。

3 见链接10.48所示网址。

和调整，而不是扩展。IETF 工作组[1]、没那么正式的 WICG（Web Platform Incubator Community Group Web，平台孵化器社区组）[2]，以及其他个体兴趣者（如启动了 SPDY 和 QUIC 的 Google），正在对 HTTP 进行大的扩展。其中多数扩展可以使用已有的扩展方法（HTTP 首部、HTTP/2 设置或新的 HTTP/2 帧类型）实现，不需要从根本上改变 HTTP。

新的 HTTP 方法

最令人惊讶的是，自 HTTP/1.1 以来，主要的 HTTP 方法（`GET`、`POST`、`PUT` 和 `DELETE` 等）尚未被扩展。WebDAV（Web Distributed Authoring and Versioning，Web 分布式创作和版本控制）[3] 引入了一些新方法（包括 `PROPFIND`、`COPY` 和 `LOCK`），有一些 RFC 引入了其他方法[4]，但最后一个方法是在 2010 年注册的（`BIND`）。总的来说，HTTP 主要使用 20 年前引入的 4 种核心方法（主要是 `GET` 和 `POST`，有时也使用 `PUT` 和 `DELETE`）。

添加 HTTP 方法相对容易，但没有添加的必要，大多数需求都可以通过 `POST` 代理完成。下面示例中的 `action` 变量传递了必要的、应用程序专用的方法（订购此项），因此不需要在 HTTP 中添加对应的方法：

```
:method: POST
:path: /api/doaction
{
  "action": "order",
  "item": 12345,
  "quantity": 1
}
```

还有一些 HTTP 实现使用 HTTP 首部来提供其他信息，包括要采取的操作（action）：

```
:method: POST
:path: /api/doaction
action: order
{
  "item": 12345,
```

1 见链接10.49所示网址。

2 见链接10.50所示网址。

3 见链接10.51所示网址。

4 见链接10.52所示网址。

```
  "quantity": 1
}
```

在20年后，我没有看到对新HTTP方法的需要。虽然未来几年无疑会引入一些新方法，但我认为它们在应用程序之外，不会产生重大影响。

新的HTTP首部

随着时间的推移，新的HTTP首部的应用越来越多，而且预计会继续增长。HTTP/2明确禁止使用以冒号（:method、:scheme、:authority、:path和:status）开头的新伪首部[1]，但这些字段可以通过新的规范添加（例如:protocol伪首部是在Bootstrapping Websockets over HTTP/2的RFC中添加的）[2]。

在应用程序需要时，可以添加其他首部。HTTP规范提供了关于使用新首部字段的注意事项[3]，这也表明首部是需要扩展的。有一个记录首部的官方注册表（包括HTTP使用的那些）[4]，但是应用程序会使用许多首部，但不去注册。

可以使用HTTP首部轻松添加新功能，这些功能可以是为各方之间提供附加信息（例如“此响应应使用XXX格式”），进行提示（例如“仅供参考，我支持以下格式”），提供身份验证信息（如cookie），提供路由信息（“这是从此IP地址转发的”）等等。即使两者（如HTTP服务器或Web浏览器）之间的HTTP基础架构不理解新添加的首部，只要透传，两端的应用就可以正常响应。

在过去几年中，使用HTTP首部来提高安全性是趋势。这些首部通常作为由网站发送给浏览器以启用安全功能的响应指示，例如CSP（Content-Security-Policy，内容安全策略）[5]和HSTS（HTTP Strict-Transport-Security，HTTP严格传输安全）[6]。另一方面，还有向服务器提供有关客户端（Web浏览器等）的更多信息的提议，例如Client Hints规范[7]，它基于客户端支持的内容发送不同的内容。

随着HTTP的应用越来越广，以及客户端和服务端新功能的增加，毫无疑问还会

---

1 见链接10.53所示网址。

2 见链接10.54所示网址。

3 见链接10.55所示网址。

4 见链接10.56所示网址。

5 见链接10.57所示网址。

6 见链接10.58所示网址。

7 见链接10.59所示网址。

添加许多新的首部，但这不应该要求推出一个新版本 HTTP。

新格式

自从 HTTP/1.0 引入 HTTP 首部以来，HTTP 开始支持不同的文件格式，可以使用不同的内容编码格式（如 gzip 和 br 等压缩格式）。同样，在这方面 HTTP 很容易扩展，不需要新的版本。

新状态码

HTTP 状态码[1]是扩展 HTTP 功能的另外一个方式。它们也不需要新版本的 HTTP，至少可以将其归类到核心 HTTP 规范定义的粗略分组中[2]，如表 10.1 所示。

表 10.1 HTTP 状态码分组

状 态 码	类 型	描 述
1xx	信息	请求已接收，继续下面的处理
2xx	成功	请求被成功接收、理解和接受
3xx	重定向	需要采取进一步的操作来完成请求
4xx	客户端错误	请求中有语法错误或者请求不满足标准
5xx	服务器错误	服务器处理一个貌似有效的请求失败了

例如，HTTP 状态码 `103`[3] 是在 2017 年底引入的，其不需要新版本的 HTTP。然而，当第一次使用 `103` 时，在许多 HTTP 实现（例如 Web 浏览器）中发现了一些问题，这些实现不能接收多个 HTTP 响应，因为 `1xx` 信息响应的应用不够广泛，只在指定情况下才能使用它。从技术上讲，这个变化是一个非破坏性的变化，不需要更新版本。但由于它与现有的状态码略有不同，许多客户端认为这是一个破坏性的变化，直到它们纠正了自己的实现。

还可以添加新类别（6XX、7XX、8XX、9XX），而无须扩展传统的三位数响应状态码的分类。在 HTTP 面世的这 20 年中，没有扩展状态码类别的需求，但毕竟范围在那里，可能在将来会扩展。

10.3.4 什么时候会需要新的 HTTP 版本

考虑到已经有这么多扩展 HTTP 的方法，在过去的 20 年中，HTTP 版本没有

1 见链接10.60所示网址。

2 见链接10.61所示网址。

3 见链接10.62所示网址。

变化也并不令人意外。做什么改动才需要一个新的版本呢？现在没有人知道这个答案！HTTP 工作组已经在集思广益[1]，并且 HTTP/2 某些领域的问题还没有得到彻底解决（其中大部分都是在 QUIC 和 HTTP/3 下解决的）。但目前，还不能确定 HTTP/3 之后的下一版 HTTP 可能会带来什么。

有一点可以肯定的是，像 HTTP/2 和 HTTP/3，下一个主要版本会带来一些不向后兼容的重大变化，以配得上主版本号升级。可能是线上传输的数据格式的变化（如 HTTP/2）、下层传输层面的变化（如作为 HTTP/3 移动到 UDP 之上的 QUIC）或者其他东西，让我们拭目以待。

10.3.5 如何引入未来版本的 HTTP

HTTP/2 的出现为扩展协议提供了更多的机会，并且还引入了升级协议的方法（ALPN 或第 4 章中描述的其他升级方法）。如果在某些时候需要进行破坏性更新，则引入新版会更容易，理想情况下会有比过去 20 年更多的创新。

HTTP/3 也试图摆脱 TCP，如果它能获得成功，将打开面向全新的底层技术的新的大门。开发人员将来会使用 TCP 和 UDP 以外的方法来传递 HTTP 消息吗？ IP 会改变吗？答案尚不清楚，但这是互联网协议发展的新时代，开发人员最终会有引入它们的方法。

10.4 将HTTP当作一个更通用的传输协议

HTTP 的应用会发生什么样的变化，它又将会把协议引向何方？ HTTP 的最初应用场景是网页，但它如此受欢迎，人们都希望将它应用于其他场景。HTTP 是一个通俗易懂的协议，并获得了广泛支持，因此存在许多实现和库。至少对 HTTP/1.1 来说，可以很容易获得一个简单的 HTTP 服务器或客户端，其中包含支持读取或写入 TCP 通道的软件（尽管前面说过，HTTP/1.1 的文本性质可能导致许多问题，但它们隐藏在看似简单的表面之下）。

HTTP 协议的应用远超出其设计初衷。在这个连接一切的世界中，可以使用 HTTP，以标准化、易于理解的方式在不同系统之间进行简单通信。从使用 REST API 及类似技术的复杂应用程序，到物联网设备，HTTP 被广泛地应用于 Web 和非

1 见链接10.63所示网址。

Web 应用程序中。

想要使用 HTTP 的应用程序有几个选择：

- 使用 HTTP 语义和消息来传递非 Web 流量。
- 使用 HTTP/2 二进制分帧层。
- 使用 HTTP 启动另一个协议。

下面我们来探讨这些问题。

10.4.1　使用 HTTP 语义和消息来传递非 Web 流量

此方法是在网页外使用 HTTP 的最常用方法。通过 HTTP，可以使用客户端和服务器支持的任何格式（XML、JSON 或某种专有格式）发送 API 消息。通常，这些基于 HTTP 的 API 使用通用的 HTTP 方法（`GET`、`POST`、`PUT` 和 `DELETE`）进行服务之间的调用。例如，微服务架构使用小型独立服务，此时 HTTP 是一个很好的选择。其他协议可以使用 HTTP 轻松模拟（如下）。

基于 HTTPS 的 DNS（DoH）

DNS（Domain Name System）是一种相对简单的协议，其通常从中心目录中读取一种记录类型。虽然 DNS 通常使用独立端口（53）和专有格式，但它也可以通过简单的 `GET` 请求来实现。

切换到 HTTP 的一个原因是为了使用 HTTPS 的加密能力。之前，DNS 一直是一个未加密的系统，尝试添加加密功能会让协议变得复杂，如 DNSSEC 和 DANE，它们有自己的缺陷和不足。HTTPS 是经过验证足够安全（如果配置正确）的协议，并且受到良好的支持。使用 HTTPS 接口来实现 DNS，开发者们可以解决他们争论了几十年的 DNS 加密问题。该系统称为基于 HTTPS 的 DNS[a] 或 DoH（尽量不要想到 Homer Simpson）。

开发者可以不直接使用 HTTPS，而在现有的 DNS 上使用 TLS，并且它也有单独的规范[b]。但是使用 HTTPS 似乎更容易，这样也可以利用 HTTP 的其他优势，其中包括：在多路复用的请求中，可以广泛支持 HTTP/2 或 QUIC 并且对代理友好，还可以使用 HTTP/2 推送发回多个响应。

在撰写本文时，Google[c]和Cloudflare[d]在服务端支持DoH。Firefox已经添加了支持并逐渐开始尝试[e]，而且Firefox的解释很详细[f]。结果令人鼓舞[g]，HTTP作为应用协议有强大的能力，即使是对于已经拥有自己的传输协议的应用程序！

a 见链接10.64所示网址。

b 见链接10.65所示网址。

c 见链接10.66所示网址。

d 见链接10.67所示网址。

e 见链接10.68所示网址。

f 见链接10.69所示网址。

g 见链接10.70所示网址。

IETF发布了一个规范，“On the Use of HTTP as a Substrate”[1]，列出了以此种方式使用HTTP的一组推荐和最佳实践。一些应用程序偏离核心HTTP规范，仅使用协议的一部分。此文档并未尝试禁止这种分歧，但指出了为什么这样做可能会享受不到使用HTTP的一些好处，以及一些经验教训。由于一些原因，HTTP按照自己的方式在发展，其中的一些原因可能不那么明确，此文档试图为使用此协议作为替代方案的用户说明这些原因。

10.4.2 使用HTTP/2二进制成帧层

多路复用的二进制成帧层给使用HTTP带来了新的理由和新方法。相比于直接使用TCP连接或WebSocket，HTTP可能因为其效率低而被放弃，但HTTP/2解决了其中许多问题，成为了有力的竞争者。例如Google新的gRPC协议[2]，它没有使用像JSON这种效率较低的格式，而是使用HTTP语义和HTTP/2二进制成帧层[3]来实现基于Protobuf[4]的更高效的API。如果没有HTTP/2的改进，在此场景下Google不太可能选择HTTP。

1 见链接10.71所示网址。

2 见链接10.72所示网址。

3 见链接10.73所示网址。

4 见链接10.74所示网址。

有些人可能希望将 HTTP/2 二进制成帧层用于非 HTTP 流量，作为全双工协议，而不是 HTTP/2 的由客户端发起，只有在使用推送时才会有服务器到客户端请求的协议。但目前，它还不支持此功能。也许考虑到用于其他协议，从头开始构建的 QUIC（或者其他被移植到基于 TCP 的 HTTP/2 的此类实现）更适合此场景。与此同时，开发人员可以使用 HTTP 作为启动其他协议（例如真正的双向协议）的方法。

10.4.3 使用 HTTP 启动另一个协议

使用 HTTP 作为更通用的协议的另一个方法，是在开始时使用 HTTP，然后切换到另一个协议。HTTP 是一种拥有广泛支持的协议，可用于屏蔽其他协议，从而使其看起来像 HTTP，以获得更广泛的网络支持，尤其是代理和其他中介。这些方法包括使用 HTTP CONNECT 方法，和从 HTTP 升级连接（例如 WebSockets）。这两个方法都首先启动 HTTP，并迅速切换到另一个协议。然而，对于外部观察者来说，它们可能看起来是 HTTP 流量。

HTTP CONNECT 方法

从 HTTP/1.1 开始，HTTP 就有了 CONNECT 方法，其可以将 HTTP 连接用作代理隧道，以连接到其他服务器和端口。通常使用此方法通过 HTTP 代理进行 HTTPS 连接，语法如下：

```
CONNECT example.com:443 HTTP/1.1
```

HTTP/2 格式的语法与此类似：

```
:method: CONNECT
:authority: example.com:443
```

此代码从 HTTP 服务器创建到 example.com 的新连接，消息可以从客户端传递到此服务器，如图 10.8 所示。

请注意，代理的这种使用与中间人代理是不同的，后者创建了两个单独的 HTTP 连接。在这种情况下，只一个 HTTPS 连接，但有两个 TCP 连接，所以在设置成功之后，就像客户端直接连接到终端服务器一样。

代理无法读取 HTTPS 连接，因为存在端到端的 HTTPS 加密，所以如果客户端和另一端的服务器都支持 HTTP/2，则此设置甚至允许通过 HTTP/1.1 代理进行 HTTP/2 连接，见图 10.9。

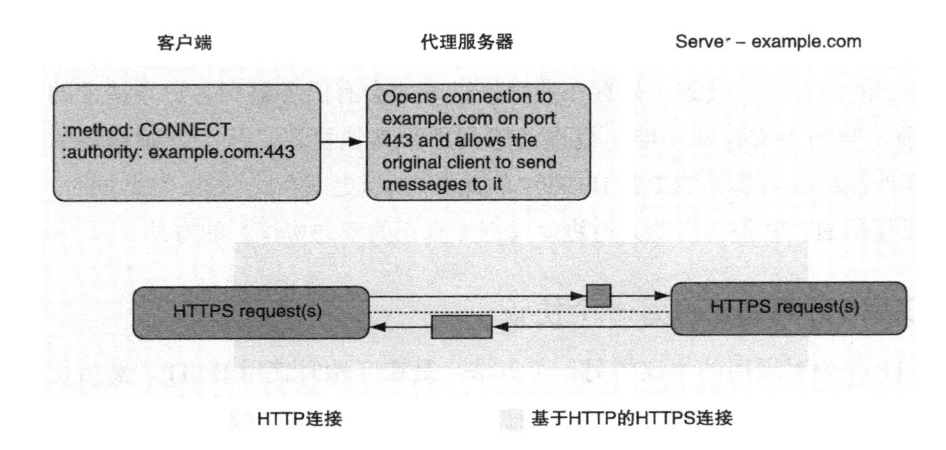

图 10.8　在 HTTP 代理连接上通过 CONNECT 方法来建立 HTTPS 连接

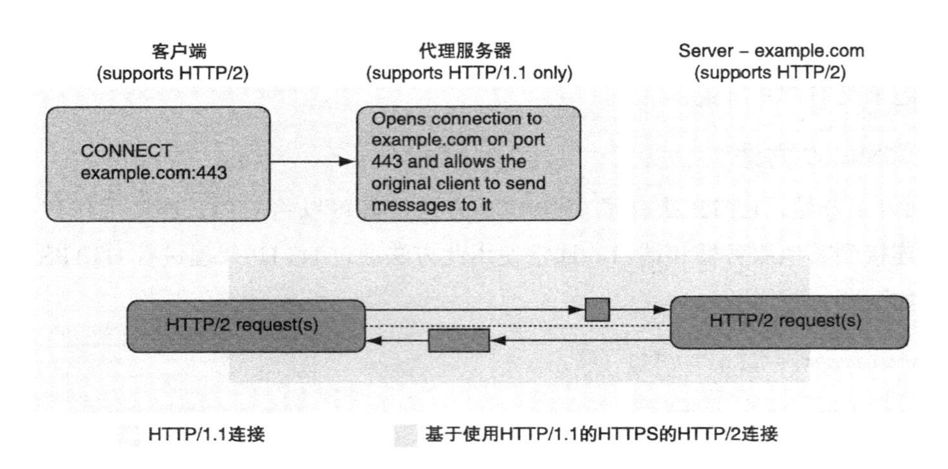

图 10.9　使用 CONNECT 方法通过 HTTP/1.1 代理建立 HTTP/2 连接

隧道连接除了初始消息以外不需要携带 HTTP 消息，并且可以支持任意协议。图 10.10 所示使用 HTTP 连接到了 example.com 上的 22 端口（由 SSH 使用）。此后，在此连接上发送的其他消息都应该是 SSH 指令，而不是 HTTP 指令。

同样，此设置可用于支持无法直接从系统使用的其他协议（假设它们在代理服务器上可用）。以上所有示例都表明，可以使用 HTTP 将其他协议引入运行环境。因此，HTTP 可用于引入新协议，而无须担心处理它们的网络基础设施，尤其是在使用 HTTPS 隐藏代理服务器本身的详细信息时。在 QUIC 从 TCP 转向较轻的 UDP 协议时，这个过程可能会更有趣。目前，HTTP/3 不采用 TCP 的话，不支持 CONNECT

方法，但是已经有了用于解决此问题的提案[1]。此提案需要代理服务器，并且必须将客户端配置为通过代理服务器来连接。

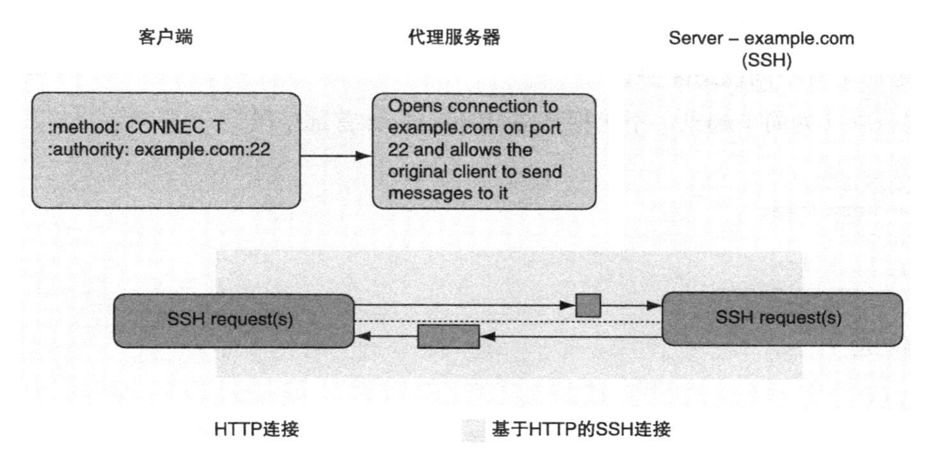

图 10.10 使用 CONNECT 方法通过 HTTP 连接建立 SSH 连接

从 HTTP 升级连接（如 WebSockets）

另一种选择是使用 HTTP 来启动连接，然后将该连接升级（Upgrade）到其他协议。WebSockets 即以这种方式工作。下面解释 HTTP/1.1 语法形式的握手。

客户端请求（为简单起见，不包括其他一些 WebSockets 首部字段）：

```
GET /application HTTP/1.1
Host: example.com
Upgrade: websocket
Connection: Upgrade
```

服务端响应：

```
HTTP/1.1 101 Switching Protocols
Upgrade: websocket
Connection: Upgrade
```

然后仍然使用通过 TCP 端口 80 或 443 传送的 HTTP 连接，其将被转换为 WebSockets 连接。对于较小的消息传送，WebSockets 会比 HTTP 更高效，因为没有 HTTP 首部的开销（虽然在 HTTP/2 中由于有了 HPACK 大幅减少了首部开销，但仍然有），并且它还支持全双工通信。因此，对于实时更新的应用（如聊天、实时报

1 见链接10.75所示网址。

价或体育更新应用），使用 WebSockets 非常有用。

HTTP/2 不支持此方法，因为它需要升级整个 HTTP 连接，这对只应该升级流的多路复用连接没有意义。因此，在 HTTP/2 之上的 WebSockets 应该使用 CONNECT 方法[1]（和之前略有不同以适配协议）。

客户端请求（为简单起见，不包括某些 WebSockets 首部字段）：

```
:method = CONNECT
:protocol = websocket
:scheme = https
:path = /application
:authority = example.com
```

服务端响应：

```
:status = 200
```

此后，可以在该流的两个方向上传输 WebSockets 数据。该连接上的其他 HTTP/2 流可以继续使用 HTTP，还可以用类似方式建立其他 WebSockets 通信，甚至其他的协议。WebSockets 为解决 HTTP 的请求 / 响应模型的问题提供了很多可能。可以使用相同的方法切换到任何其他协议，所以我们用另一种使用 HTTP 的方式结束本章！

在最后一章，我们展望未来，探究 HTTP 的将来会如何发展。对于下个版本的 HTTP 可能是什么样，有很多猜想，但没有太多确切的信息，因为在这个阶段，没有人知道。可以确定的两件事是：HTTP 依然会是互联网的重要组成部分，并且它的应用可能会持续增长。在第 1 章的开头，我们说："万维网和因特网经常被人们错误地混为一谈，但万维网（至少为它而发明的 HTTP）的持续发展，很可能意味着，用不了多久万维网真的就可以代表因特网了。"本章介绍了不同的选择，这些选择扩大了 HTTP 的使用范围，并让它保持继续增长的势头。

至此，你应该对 HTTP/2 及其周边技术有了深入的理解。还清楚，虽然 HTTP/2 提供了许多机会，会带来速度提升，但它并不能保证提高性能。那些正在寻找快速解决方案的人可能会有点不满意，但对于大多数网站而言，HTTP/2 仍然更快，而且它还在应用的早期阶段，有很大的潜力。QUIC 和 HTTP/3 将使用与 HTTP/2 相同的概念，并将这些概念进一步延伸。凭借从本书中获得的知识，你应该能够充分利

1　见链接10.76所示网址。

用 QUIC。即使在 QUIC 出现之前，想要最好地利用 HTTP/2，也还有很多东西要学习。但是我希望这本书能够让你有能力和兴趣更进一步，推动并观察这个有趣的、被广泛应用的协议的演变。放开手脚去尽情尝试吧！

总结

- HTTP/2 在被标准化的过程中存在一些争议，并且批评者的数量相当多。这些问题并没有妨碍在实际应用中采用 HTTP/2，而且在大多数情况下并不存在问题。
- HTTP/2 已经在实际中得到广泛使用，从这一点来说，它的成功已经得到证明。
- HTTP 现在由 HTTP/2 二进制成帧层和通过这些帧发送的 HTTP 语义组成。
- QUIC 被视为 HTTP/2 的自然继承者，当发布时，QUIC 规范的 HTTP 部分将被称为 HTTP/3。
- 有许多方法来扩张 HTTP 的使用，在 HTTP/2 下更多。
- HTTP 可用于传输其他协议。
- HTTP 的未来看起来一片光明！

附录A 将常见Web服务器升级到HTTP/2

本附录的内容包括：如何升级一些常见的 Web 服务器，以启用 HTTP/2 支持。A.1 节讲述直接模式，A.2 节讲述反向代理模式。本附录中没有提到的支持 HTTP/2 的服务器，你可以去参考它们的文档。

A.1 升级你的Web服务器以支持HTTP/2

本节讨论如何安装常见 Web 服务器的 HTTP/2 兼容版本，以及如何配置它们，以支持 HTTP/2。请注意，此列表远称不上详尽无遗，随着时间的推移它也会发生变化，它只是作为设置 HTTP/2 兼容的 Web 服务器的一些示例。每个部分都会包含许多重复的步骤，所以你可以跳至最感兴趣的内容。

自签名 HTTPS 证书和证书错误

本附录中的大多数示例使用自签名的 SSL/TLS 证书（也就是 HTTPS 证书）。这些证书随 Web 服务器一起提供，或者使用 openssl 等命令创建。如果证书需要被浏览器识别和信任，它必须由浏览器认可的证书颁发机构（CA）颁发。每个浏览器或操作系统都会保留这些CA的列表，以便检查证书。Web服务器附带的虚拟证书（以及我们在本附录中创建的虚拟证书）不是CA颁发的，它们被称为自签名证书。这些证书允许站点通过HTTPS运行，但由于证书不是由权威机构颁发的，你会收到来自浏览器的警告。通常可以跳过这些警告去访问站点，但即使你可以忽略可怕的警告和红色挂锁，使用自签名证书也存在一些问题。

当浏览器显示证书错误，而你仍然坚持访问时，出于安全考虑[a]，Chrome和Opera不会启用HTTP缓存，因此这时无法使用HTTP/2推送。

可以让计算机信任自签名证书，以便浏览器识别它，显示绿色挂锁，来解决这些错误。建议在本地开发（localhost）时使用此技术。如何操作取决于你的浏览器和操作系统，但通常，双击证书可以选择执行此操作。

如果你运行的服务器具有真实域名，则最好获取真实证书，因为所有浏览器都会识别它，无需额外的注册步骤。此选项不适用于localhost或其他专用IP地址（例如127.0.0.1或::0）。

a 见链接A.1所示网址。

A.1.1 Apache

Apache HTTP Server（或者叫httpd）在版本2.4.17中引入了`mod_http2`模块，添加了对HTTP/2的支持（当其在核心Apache之外作为单独模块被管理时，被称为`mod_h2`）[1]。但它在版本2.4.26之前都是实验版本。这里建议运行最新版本的Apache(可以从http://httpd.apache.org/ 获取)，因为这个模块在这些版本之间经历了大的改进。

Apache使用ALPN支持基于HTTPS的HTTP/2，它从未实现用以协商SPDY或HTTP/2的旧方法（NPN）。因此，Apache至少需要使用OpenSSL 1.0.2（或等效版本）来支持HTTP/2，对于支持NPN的浏览器也是一样。Apache确实支持通过纯文本HTTP连接的HTTP/2（h2c），但是因为没有浏览器支持，此功能用途有限。Apache使用nghttp2 HTTP/2库来实现HTTP/2相关功能，在撰写本文时，只有

1 见链接A.2所示网址。

nghttp2 的版本不低于 1.5.0 时，才支持完整功能。

Apache 支持 HTTP/2 推送（见第 5 章）。它还有 mcd_proxy_http2 模块，其允许通过 HTTP/2 连接到后端系统，但在撰写本文时该模块仍然是实验性的。正如第 3 章在“你是否需要在整个链路中支持 HTTP/2 ？”贴士中讨论的，在后端连接中采用 HTTP/2 通常是没有必要的。

Apache on Windows

在生产环境的 Windows 上使用 Apache 可能不像在 Linux 上那样常见，但 Windows 版本通常用于开发。从 Windows 源代码编译 Apache 超出了本书的讨论范围。但是如果你想让 Apache 在本地运行并使用 HTTP/2，则可以使用各种来源的预构建的 Windows 版本 —— 但不幸的是，不能从 Apache 官方获取。Windows 版本的热门可选项包括 Apache Haus[1]、Apache Lounge[2] 和各种 XAMPP。这些选项列在 Apache 的网站上：http://httpd.apache.org/docs/current/platform/windows.html#down。通常需要选择使用的 Apache 类型，可以从以下几方面来选择：

- 要使用的 Visual C++ 版本 —— 你可能必须安装 Visual C++ Redistributable（可从 Microsoft 获取）。注意，Microsoft 喜欢在某些文档中按年份引用这些发行版，并在其他文档中使用版本号。下面分别列出了两种以做对照。

  - Visual Studio 2008　　VC++ 9
  - Visual Studio 2010　　VC++ 10
  - Visual Studio 2012　　VC++ 11
  - Visual Studio 2013　　VC++ 12
  - Visual Studio 2015　　VC++ 14
  - Visual Studio 2017　　VC++ 15

  可以通过 Windows 系统控制面板中的“添加或删除程序”来查看已安装的版本。安装更新的版本很容易，建议选择最新版本。

- 系统体系结构——选择 64 位或者 32 位（x86）。如果你运行的是 64 位操作系统，建议使用 64 位 Apache。如果你没有运行 64 位操作系统，请好好反

1 见链接A.3所示网址。

2 见链接A.4所示网址。

思一下，都这个年代了！你可以通过右键单击“我的电脑”，并从右键菜单中选择“属性”来查看该系统的体系结构。在“属性”窗口中的“系统”类型下，应该可以看到系统的体系结构。

- OpenSSL 版本——需要 1.0.2 或更高版本，但有些站点提供针对 1.1.0 或更高版本的构建，如果可以的话也可以使用最新版本。

以下是支持 HTTP/2 的 Apache Haus 软件包的安装步骤。其他版本的安装步骤与此类似：

1. 根据前面三个考虑项下载相应的版本，然后将其解压到指定文件夹（如 C:\Program Files\Apache\Apache24）。
2. 编辑 conf\httpd.conf 文件，修改行：

   ```
   Define SRVROOT "/Apache24"
   ```

   将路径修改为指定的路径，如：

   ```
   Define SRVROOT "C:\Program Files\Apache\Apache24"
   ```

   确保结尾处没有斜杠（`C:\Program Files\Apache\Apache24\`），如果路径包含空格（例如 `Program Files`），则要使用引号将它括起来。
3. 确保已激活 `mod_http2` 模块，并且其前没有注释号（# 号）：

   ```
   LoadModule http2_module modules/mod_http2.so
   ```

4. 将更改保存到 httpd.conf 文件，如果该文件位于 Program Files 文件夹中，则你可能需要拥有管理员权限。
5. 启动 Apache，最好从命令行窗口启动，以便能看到错误：

   ```
   cd "c:\Program Files\Apache\Apache24\bin"
   httpd.exe
   ```

   以下是一些可能影响此命令正常工作的常见问题：

   - 报错为缺少 VCRUNTIME140.dll 之类的文件，这表明你需要安装所需的 Visual C++ Redistributable，如本附录前面所述。
   - 日志文件权限为只读，因此你会看到有关无法打开错误日志的报错。右键单击 C:\Program Files\Apache\Apache24\Logs 文件夹，从右键菜单中选择“属性”，取消选中“只读”选项。

- 如果 Windows 防火墙弹出窗口，要求授予其访问此 Web 服务器的权限，单击“确定”按钮即可。
- 如果错误消息提示你没有使用端口 80 或端口 443 的权限，那很可能有其他程序正在使用此端口。常见的罪魁祸首包括 World Wide Web Publishing Service（也就是 IIS）。如果不使用 IIS、Skype 或其他 Web 服务器，请停止这些服务，并将启动方式从“自动”设置为“手动”。

6. 当 Apache 运行起来之后，访问 http://localhost，应该可以看到 Apache Haus 的欢迎页面。然后尝试访问 https://localhost，如果你使用的是默认的证书，就会收到证书错误。跳过证书错误，打开开发者工具，在开发者工具中添加 Protocol 列，此时应该可以看到页面通过 HTTP/2 被加载，如图 A.1 所示。

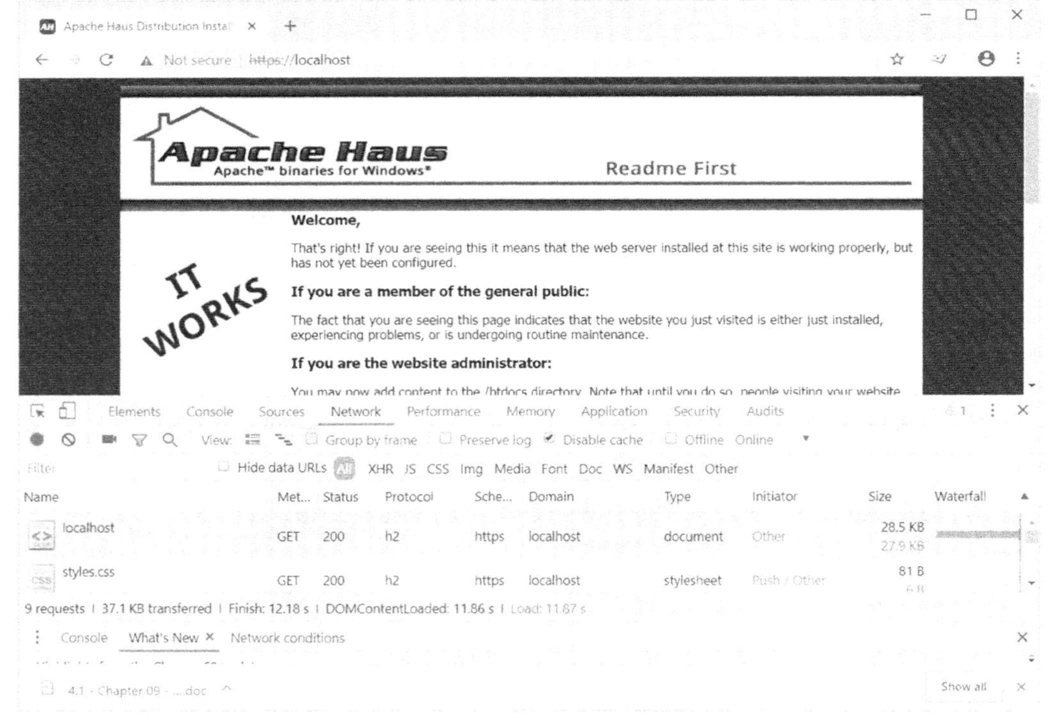

图 A.1　运行 HTTP/2 的 Apache

7. 当手动运行 Apache 时，在得到正确的结果之后，可以将其作为服务安装，以简化停止和启动操作。安装为服务可以让它在机器重新启动时自动启动。以管理员身份启动命令窗口，然后运行以下命令：

```
cd "c:\Program Files\Apache\Apache24\bin"
httpd.exe -k install
```

然后应该可以在“服务”窗口中看到该服务。可以使用以下代码删除该服务：

```
cd "c:\Program Files\Apache\Apache24\bin"
httpd.exe -k uninstall
```

Linux 上的 Apache

由于 Linux 上的 Apache 和其他软件比较旧（在第 3 章中讨论过），在 Linux 版本的 Apache 上启用 HTTP/2 会更复杂。经常需要从源代码安装。在本节中，我们讲述在 Red Hat/CentOS 上进行源码安装的方法，如果你运行的是另一种 Linux 版本，则需要根据系统进行相应调整。

Red Hat Enterprise Linux（RHEL）和基于它的 CentOS，在 7.4 版本中增加了对 OpenSSL 1.0.2 的支持，从而解决了一个问题。但在撰写本文时，它不包含支持 HTTP/2 的 Apache 版本，默认只包含较旧的 2.4.6 版本。此外，当 Apache 使用 prefork MPM（Multi-Processing Module）[1] 时，不支持 HTTP/2。出于兼容性原因，默认情况下会安装 prefork，如果不重新编译是无法更改这一设置的。

Red Hat/CentOS 有两个半官方的软件源：

- Extra Packages for Enterprise Linux (EPEL) 软件源 [2] 由 Fedora 特殊兴趣小组维护，通过它可以轻松安装 Red Hat/CentOS 软件包 。但不幸的是，它不包含 Apache，但它确实包含了在 Apache 中启用 HTTP/2 支持所需的新版 nghttp2。
- Red Hat Software Collections（RHSCL）软件源 [3] 是一个官方维护的 Red Hat 源，其中包含更新版本的通用软件。3.1 版包含 Apache 2.4.27，该版本包含 HTTP/2 支持，前提是你使用的是 RHEL/CentOS 7.4 或更高版本。此源在一个单独的位置（/opt/rh/httpd24/）安装另一个版本的 Apache（apache24），配置文件及路径都和正常的不同，你可能需要一些时间来适应。此外，HTTP/2 正在积极开发中，自版本 2.4.27 以来又有了其他进展。这些集合提供了半支持版本，它们可能并不能达到理想的效果，因为它们可能正在运行旧版本。

---

1 见链接A.5所示网址。

2 见链接A.6所示网址。

3 见链接A.7所示网址。

要使用最新版本，可能需要从非官方源安装，或者从源代码安装。这两种方法都不是理想的方法，需要经过仔细考量才可以选择（见第 3 章）。

知道了这些警告，你如果仍然想从源代码下载安装，请参考后面的内容。过程的细节取决于你在使用的 RHEL/CentOS 的版本。对于 7.4 之前的版本，还必须从源码安装 OpenSSL，因为没有支持 ALPN 的 1.0.2 版本可用。对于 7.4 及更高版本，一些安装步骤会容易一些，因为可以使用默认版本的 OpenSSL。

1. 安装所有的依赖：

```
sudo yum -y install wget
sudo yum -y install perl
sudo yum -y install zlib-devel
sudo yum -y install gcc
sudo yum -y install pcre-devel
sudo yum -y install expat-devel
sudo yum -y install epel-release
```

2. 创建目录：

```
cd /tmp
mkdir sources
cd sources
```

对于 OpenSSL，有两种选择。

如果你使用的是 RHEL/CentOS 7.4 或更高版本，则可以使用 OpenSSL 的打包版本，其中包括 ALPN 支持：

```
sudo yum -y install openssl-devel
```

如果你使用的是更老版本的 Linux，或需要最新的 OpenSSL，就必须从源码安装：

```
#Get it from http://openssl.org/source/
#For example:
wget https://www.openssl.org/source/openssl-1.1.1a.tar.gz
wget https://www.openssl.org/source/openssl-1.1.1a.tar.gz.asc
#Verify the package after download
gpg --verify openssl-1.1.1a.tar.gz.asc
#If you get a "Can't check signature: No public key" error
#then get the appropriate public key and verify again.
#For example:
gpg --recv-keys 0E604491
gpg --verify openssl-1.1.1a.tar.gz.asc
```

```
#Note you will see a WARNING that the key isn't certified
#with a trusted signature. This is expected and isn't covered here.
#Extract the file and compile it:
tar -zxvf openssl-1.1.1a.tar.gz
cd openssl-1.1.1a
./config shared zlib-dynamic --prefix=/usr/local/ssl
make
sudo make install
cd ..
```

3. 安装 nghttp2。你可以使用打包好的版本：

```
sudo yum install -y libnghttp2-devel
```

这个版本同时支持 RHEL/CentOS 6 和 7，如果你想安装最新的版本以使用新的功能，那就从源码安装（但注意没有 PGP 密钥）：

```
#Download and install nghttp2 (needed for mod_http2).
#Get it from https://nghttp2.org/
#Latest version here: https://github.com/nghttp2/nghttp2/releases/
#For example:
wget https://github.com/nghttp2/nghttp2/releases/download/v1.34.0/
nghttp2-1.34.0.tar.gz
tar -zxvf nghttp2-1.34.0.tar.gz
cd nghttp2-1.34.0
./configure
make
sudo make install
cd ..
```

4. 然后，获取所需要的签名密钥，以验证下载的 Apache：

```
#Download and install PGP keys used by Apache
wget https://www.apache.org/dist/httpd/KEYS
gpg --import KEYS
wget https://people.apache.org/keys/group/apr.asc
gpg --import apr.asc
```

5. 现在需要安装 apr 和 apr-util 开发库。如果你使用的是 RHEL/CentOS 7.4 和打包好的 OpenSSL(1.0.2)，则可以使用打包好的版本：

```
sudo yum -y install apr-devel
sudo yum -y install apr-util-devel
```

如果想使用 OpenSSL 1.1.0 或者更新版本，或者在使用的 RHEL/CentOS 的版本早于 7.4，就要从源码安装：

```
#Download and install latest apr
#Note if using openssl 1.1.0 or above then need to be on APR 1.6 or above
#Get it from http://apr.apache.org/
#For example:
wget http://mirrors.whoishostingthis.com/apache/apr/apr-1.6.5.tar.gz
wget https://www.apache.org/dist/apr/apr-1.6.5.tar.gz.asc

#Verify the package after download
gpg --verify apr-1.6.5.tar.gz.asc

#Note you will see a WARNING that the key isn't certified
#with a trusted signature. This is expected.
#Install the package:
tar -zxvf apr-1.6.5.tar.gz
cd apr-1.6.5
./configure
make
sudo make install
cd ..

#Download and install latest apr-util
#Note if using openssl 1.1.0 then need to be on APR-UTIL 1.6 or above
#Get it from http://apr.apache.org/
#For example:
wget http://mirrors.whoishostingthis.com/apache/apr/apr-util-1.6.1.tar.gz
wget https://www.apache.org/dist/apr/apr-util-1.6.1.tar.gz.asc

#Verify the package after download:
gpg --verify apr-util-1.6.1.tar.gz.asc

#Note you will see a WARNING that the key isn't certified
#with a trusted signature. This is expected.
tar -zxvf apr-util-1.6.1.tar.gz
cd apr-util-1.6.1
./configure --with-apr=/usr/local/apr
make
sudo make install
cd ..
```

6. 最后，安装 Apache：

```
#Download and install apache
#For example:
wget http://mirrors.whoishostingthis.com/apache/httpd/httpd-2.4.37.tar.gz
wget https://www.apache.org/dist/httpd/httpd-2.4.37.tar.gz.asc
#Verify the package after download:
gpg --verify httpd-2.4.37.tar.gz.asc

#Note you\ will see a WARNING that the key isn't certified
#with a trusted signature. This is expected.
#Extract the source code
```

```
tar -zxvf httpd-2.4.37.tar.gz
cd httpd-2.4.37
```

7. 这一步取决于你在之前的步骤中是不是通过源码编译的 openssl、nghttp、apr 和 apr-util。如果这些库你使用的都是系统安装的版本，你可以这样编译 Apache：

```
./configure --enable-ssl --enable-so --enable-http2
make
sudo make install
cd ..
```

如果你使用的是编译安装的 apr、apr-util 和 openssl，则需要使用如下方式指定它们的版本：

```
./configure --with-ssl=/usr/local/ssl \
  --with-apr=/usr/local/apr/bin/apr-1-config \
  --with-apr-util=/usr/local/apr/bin/apu-1-config \
  --enable-ssl --enable-so --enable-http2make
sudo make install
cd ..
```

这段代码会将 Apache 安装到 /usr/local/apche2。

8. 启动 Apache，看它是否支持基本的 HTTP：

```
sudo /usr/local/apache2/bin/apachectl -k graceful
```

如果一切表现正常，你应该就可以通过 HTTP 访问你的网站了，然后可以看到“It works“页面。

支持 HTTP/2 还需要一些步骤。

9. 如果你编译了 OpenSSL 或者 nghttp2，则需要修改 bin 目录下的 envvars 文件，来加载本地安装的库的路径。如果你使用的是 7.4 版本，且是标准安装，请跳过此步骤：

```
if te\st "x$LD_LIBRARY_PATH" != "x" ; then
    LD_LIBRARY_PATH="/usr/local/apache2/lib:/usr/local/lib/:
    /usr/local/ssl/lib:$LD_LIBRARY_PATH"
else
    LD_LIBRARY_PATH="/usr/local/apache2/lib:/usr/local/lib/:
    /usr/local/ssl/lib"
       fi
```

10. 从 httpd.conf 文件中取消如下模块的注释，以加载 SSL 和 HTTP 模块，以及

SSL 所需要的 socache 模块：

```
LoadModule socache_shmcb_module modules/mod_socache_shmcb.so
LoadModule ssl_module modules/mod_ssl.so
LoadModule http2_module modules/mod_http2.so
```

11. 添加如下一行，以加载 SSL 配置：

```
Include conf/extra/httpd-ssl.conf
```

12. 添加如下代码，让服务器优先采用 HTTP/2(h2)，然后才是 HTTP/1，并且打开日志：

```
<IfModule http2_module>
    Protocols h2 http/1.1
    LogLevel http2:info
</IfModule>
```

如果你想启用基于 HTTP 的 HTTP/2（h2c），还可以将 `h2c` 添加到 `Protocols` 那一行，但这个功能没有浏览器支持，用途比较少。

13. 安装一个 HTTPS 证书。获取证书的流程超出了本书讨论的范围，所以下面我们来演示如何使用 OpenSSl 生成一个基本的自签名证书。浏览器不会识别此证书，但对于一些基本的测试，它够用了：

```
#Note the openssl command I'll use needs to be run as root
sudo su -
cd /usr/local/apache2/conf
openssl req \
  -newkey rsa:2048 \
  -x509 \
  -nodes \
  -keyout server.key \
  -new \
  -out server.crt \
  -subj /CN=server.domain.tld \
  -reqexts SAN \
  -extensions SAN \
  -config <(cat /etc/pki/tls/openssl.cnf \
  <(printf '[SAN]\nsubjectAltName=DNS:server.domain.tld')) \
  -sha256 \
  -days 3650
```

你应该给你的服务器输入正确的 subject 和 SAN（在之前的代码中显示为 server.domain.tld，有两处），但是因为浏览器也不识别此证书，这些信息也没那么重要。

默认的 Apache 配置（在 conf/extra/httpd-ssl.conf）使用的证书名为 server.key 和 server.crt，如果你不想使用默认配置，可以修改这些名字。

14. 停止并重启 Apache 以应用新的配置。如果你修改了第 9 步中所说的 envvars 文件，就不能像通常一样优雅重启：

```
/usr/local/apache2/bin/apachectl -k stop
```

使用如下命令确保所有的 httpd 进程都已经被停止：

```
ps -ef | grep httpd
```

然后使用如下命令重新启动：

```
/usr/local/apache2/bin/apachectl -k graceful
```

15. 通过 HTTPS 访问网站，如果使用第 13 步中的自签名的测试证书，则忽略掉浏览器的证书错误。你会看到页面通过 HTTP/2（h2）被加载，如图 A.1 所示，打开开发者工具，然后添加 Protocol 列。

在 macOS 上的 Apache

在 macOS 上安装 Apache 和在 Linux 上安装的方法类似。首先，检查已安装的版本。下面的示例命令针对 macOS Mojave 10.14 版本：

```
$ httpd -V
Server version: Apache/2.4.34 (Unix)
Server built: Aug 17 2018 16:29:43
Server's Module Magic Number: 20120211:79
Server loaded: APR 1.5.2, APR-UTIL 1.5.4
Compiled using: APR 1.5.2, APR-UTIL 1.5.4
Architecture: 64-bit
Server MPM: prefork
  threaded: no
    forked: yes (variable process count)
```

第一眼看起来很棒，你使用了最近的版本，它支持 HTTP/2。但是可以看到，Apache 被编译为 prefork 版本，它不支持 HTTP/2。你有两个选择：

- 从另外一个包管理器安装 Apache，如 Homebrew[1]。
- 从源码安装。

1 见链接A.8所示网址。

两个选择都不太理想（见第 3 章）。

从 Homebrew 安装非常简单，只需要使用两条命令：

```
/usr/bin/ruby -e "$(curl -fsSL https://raw.githubusercontent.com/Homebrew/
     install/master/install)"

brew install httpd
```

检查安装是否成功，启动 Apache：

```
brew services restart httpd
```

Homebrew 让 Apache 在端口 8080 和 8443 上启动，而不是通常的端口 80 和 443，所以从 http://localhost:8080/ 访问你的 Web 服务器。

编辑主配置文件，添加 HTTP/2 配置：

```
/usr/local/etc/httpd/httpd.conf
```

做如下修改。

1. 将 prefork MPM 修改为 event MPM：

```
LoadModule mpm_event_module lib/httpd/modules/mod_mpm_event.so
#LoadModule mpm_prefork_module lib/httpd/modules/mod_mpm_prefork.so
```

2. 取消如下模块的注释：

```
LoadModule socache_shmcb_module lib/httpd/modules/mod_socache_shmcb.so
LoadModule ssl_module lib/httpd/modules/mod_ssl.so
LoadModule http2_module lib/httpd/modules/mod_http2.so
```

3. 提供一个服务器名（如 localhost）：

```
#ServerName www.example.com:8080
ServerName localhost
```

4. 在底部添加如下配置：

```
<IfModule http2_module>
    Protocols h2 http/1.1
    LogLevel http2:info
</IfModule>
```

5. 设置 HTTPS 证书：

```
#Note the openssl command I'll use needs to be run as root
sudo su -
cd /usr/local/etc/httpd
cat /System/Library/OpenSSL/openssl.cnf > /tmp/openssl.cnf
echo '[SAN]\nsubjectAltName=DNS:localhost' >> /tmp/openssl.cnf
openssl req \
    -newkey rsa:2048 \
    -x509 \
    -nodes \
    -keyout server.key \
    -new \
    -out server.crt \
    -subj /CN=localhost \
    -reqexts SAN \
    -extensions SAN \
    -config /tmp/openssl.cnf \
    -sha256 \
-days 3650
```

6. 你应该可以重启 Apache 了：

```
brew services restart httpd
```

访问 https://localhost:8443/，你会看到已经通过 HTTP/2 加载页面了。

从源码下载有一点复杂，类似 Linux 的设置步骤。

1. 创建目录

```
cd /tmp
mkdir sources
cd sources
```

2. 安装最新版本的 OpenSSL（还可以使用 LibreSSL）：

```
#Get it from http://openssl.org/source/
#For example:
curl -O https://www.openssl.org/source/openssl-1.1.1a.tar.gz
curl -O https://www.openssl.org/source/openssl-1.1.1a.tar.gz.sha256

#Verify the package after download by comparing these two values:
openssl dgst -sha256 openssl-1.1.1a.tar.gz
cat openssl-1.1.1a.tar.gz.sha256

#Extract the file and compile it:
tar -zxvf openssl-1.1.1a.tar.gz
cd openssl-1.1.1a
./config shared zlib-dynamic --prefix=/usr/local/ssl
make
```

```
sudo make install
cd ..
```

3. 安装 nghtt2 模块：

```
#Download and install nghttp2 (needed for mod_http2).
#Get it from https://nghttp2.org/
#Latest version here: https://github.com/nghttp2/nghttp2/releases/
#For example:
curl -O -L https://github.com/nghttp2/nghttp2/releases/download/
v1.33.0/nghttp2-1.33.0.tar.gz
tar -zxvf nghttp2-1.33.0.tar.gz
cd nghttp2-1.33.0
./configure
make
sudo make install
cd ..
```

4. 安装 apr、apr-util 和 PCRE：

```
#Download and install latest apr
#Note if using openssl 1.1.0 then need to be on APR 1.6 or above
#Get it from http://apr.apache.org/
#For example:
curl -O http://mirrors.whoishostingthis.com/apache/apr/apr-1.6.5.tar.gz
curl -O https://www.apache.org/dist/apr/apr-1.6.5.tar.gz.sha256
#Verify the package after download
cat apr-1.6.5.tar.gz.sha256
openssl dgst -sha256 apr-1.6.5.tar.gz
#Install the package:
tar -zxvf apr-1.6.5.tar.gz
cd apr-1.6.5
./configure
make
sudo make install
cd ..

#Download and install latest apr-util
#Note if using openssl 1.1.0 then need to be on APR-UTIL 1.6 or above
#Get it from http://apr.apache.org/
#For example:
curl -O http://mirrors.whoishostingthis.com/apache/apr/
apr-util-1.6.1.tar.gz
curl -O https://www.apache.org/dist/apr/apr-util-1.6.1.tar.gz.sha256
#Verify the package after download:
cat apr-util-1.6.1.tar.gz.sha256
openssl dgst -sha256 apr-util-1.6.1.tar.gz
#Install the package:
```

```
tar -zxvf apr-util-1.6.1.tar.gz
cd apr-util-1.6.1
./configure --with-apr=/usr/local/apr
make
sudo make install
cd ..

#Download and install latest PCRE from version 8 branch
#note apache only works with PCRE 8 branch and not PCRE 10
#Get it from http://www.pcre.org/
#For example:
curl -O https://ftp.pcre.org/pub/pcre/pcre-8.42.tar.gz

#Install the package:
tar -zxvf pcre-8.42.tar.gz
cd pcre-8.42
./configure
make
sudo make install
cd ..
```

5. 安装 Apache：

```
#Download and install apache
#For example:
curl -O http://mirrors.whoishostingthis.com/apache/httpd/httpd-2.4.37.tar.gz
curl -O https://www.apache.org/dist/httpd/httpd-2.4.37.tar.gz.sha256
#Verify the package after download:
cat httpd-2.4.37.tar.gz.sha256
openssl dgst -sha256 httpd-2.4.37.tar.gz
#Extract the source code
tar -zxvf httpd-2.4.37.tar.gz
cd httpd-2.4.37
./configure --with-ssl=/usr/local/ssl --with-pcre=/usr/local/bin/
pcre-config --enable-ssl --enable-so --with-apr=/usr/local/apr/bin/
apr-1-config --with-apr-util=/usr/local/apr/bin/apu-1-config --with-
nghttp2=/usr/local/opt/nghttp2 --enable-http2
make
sudo make install
cd ..
```

这段代码会将 Apache 安装到 /usr/local/apache2 目录下。

6. 启动 Apache，看看它是否支持基本的 HTTP：

```
sudo /usr/local/apache2/bin/apachectl -k graceful
```

如果都能正常工作，你应该可以通过 HTTP 访问你的站点，然后在 http://localhost 中看到默认的“It works”页面，如图 A.2 所示。

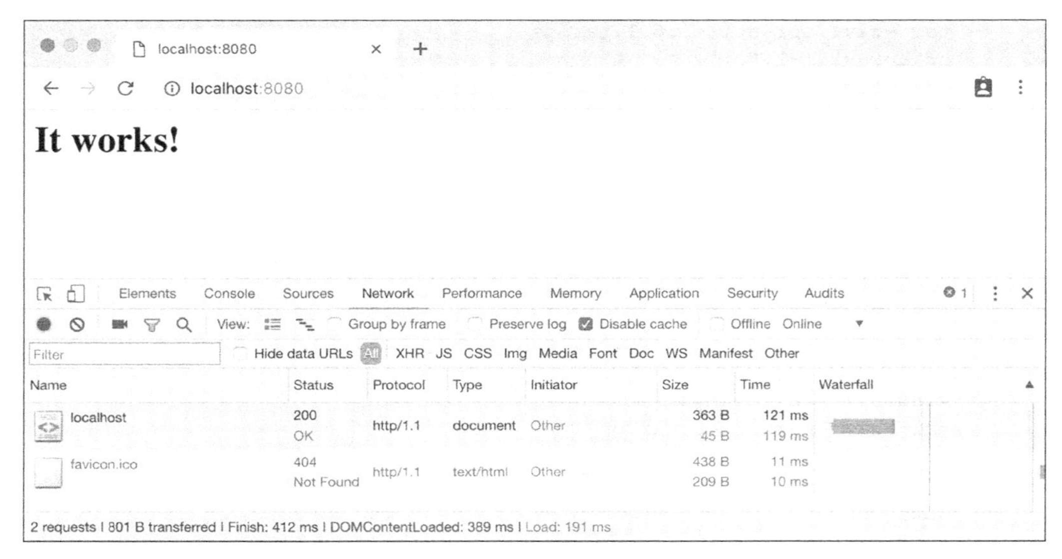

图 A.2　macOS 上 Apache 默认的“It works!”页面

要让 HTTP/2 运行，还需要几个步骤。

7. 在 httpd.conf 文件中取消如下模块的注释，以加载 SSL 和 HTTP 模块，以及 SSL 所需要的 socache 模块：

```
LoadModule socache_shmcb_module modules/mod_socache_shmcb.so
LoadModule ssl_module modules/mod_ssl.so
LoadModule http2_module modules/mod_http2.so
```

8. 添加如下一行，以加载 SSL 配置：

```
Include conf/extra/httpd-ssl.conf
```

9. 添加如下代码，让服务器优先采用 HTTP/2(h2)，然后才是 HTTP/1，并且打开日志：

```
<IfModule http2_module>
    Protocols h2 http/1.1
    LogLevel http2:info
</IfModule>
```

如果你想启用基于 HTTP 的 HTTP/2（h2c），还可以将 `h2c` 添加到 `Protocols` 那一行，但这个功能没有浏览器支持，用途比较少。

10. 安装一个 HTTPS 证书。获取证书的流程超出了本书讨论的范围，所以下面我们来演示如何使用 OpenSSl 生成一个基本的自签名证书。浏览器不会识别此证书，但对于一些基本的测试，它够用了：

```
#Note the openssl command I'll use needs to be run as root
sudo su -
cd /usr/local/apache2/conf
cat /System/Library/OpenSSL/openssl.cnf > /tmp/openssl.cnf
echo '[SAN]\nsubjectAltName=DNS:localhost' >> /tmp/openssl.cnf
openssl req \
    -newkey rsa:2048 \
    -x509 \
    -nodes \
    -keyout server.key \
    -new \
    -out server.crt \
    -subj /CN=localhost \
    -reqexts SAN \
    -extensions SAN \
    -config /tmp/openssl.cnf \
    -sha256 \
    -days 3650
```

你应该给你的服务器输入正确的 subject 和 SAN（在之前的代码中显示为 localhost，有两处），但是因为浏览器也不识别此证书，这些信息也没那么重要。默认的 Apache 配置（在 conf/extra/httpd-ssl.conf）使用的证书名为 server.key 和 server.crt，如果你不想使用默认配置，则可以修改这些名字。

11. 停止并重启 Apache，以应用新的配置，使用如下命令：

```
/usr/local/apache2/bin/apachectl -k graceful
```

12. 通过 HTTPS 访问网站，如果使用了第 10 步中的自签名的测试证书，则忽略掉浏览器的证书错误。你会看到页面通过 HTTP/2（h2）被加载，如图 A.1 所示，打开开发者工具，然后添加 Protocol 列。

A.1.2 Nginx

Nginx（发音 Engine-X），通过 `ngx_http_v2_module` 在 1.9.5 版本中添加了对 HTTP/2 的支持，替换了原来的 `ngx_http_spdy_module`。因为此模块还相当新，从 1.9.5 版本到当前的版本（在写作本书时版本为 1.14.2），有非常大的改进，建议你使用最新的稳定版本（可以在 https://nginx.org/en/download.html 下载）。

Nginx 不支持在后端的连接中使用 HTTP/2（Nginx 充当反向代理），在撰写本文时，它也没有添加此支持[1]的计划。Nginx 使用 NPN 和 ALPN 支持基于 HTTPS 的 HTTP/2。但是，由于 Chrome 仅支持 ALPN，因此最好至少使用 OpenSSL 1.0.2（或等效版本）构建 Nginx，以支持所有浏览器。Nginx 支持基于纯文本 HTTP 连接的 HTTP/2（h2c），尽管因为没有浏览器支持，此功能用途有限。

Windows 上的 Nginx

不像 Apache，Nginx 在其下载页面提供 Windows 安装包[2]。要在 Windows 上运行支持 HTTP/2 的 Nginx 版本，请执行以下操作：

1. 从下载页面下载最新的稳定版本[3]。
2. 将软件解压到指定目录（例如 C:\Program Files\Nginx）。
3. 以管理员身份启动命令窗口，然后启动 Nginx.exe 可执行文件：

   ```
   cd C:\Program Files\nginx
   start nginx.exe
   ```

   如果收到类似这样的错误，说明有另一个 Web 服务器在侦听端口 80：

   ```
   nginx: [emerg] bind() to 0.0.0.0:80 failed (10013: An attempt was
   made to access a socket in a way forbidden by its access permissions)
   ```

   在 Windows 上，此服务器通常是 World Wide Web Publishing Service/IIS，因此请通过服务管理停止它。Skype 也可能会导致类似的问题。

   此时，你应该可以通过 HTTP（而不是 HTTPS）查看默认的 Nginx 页面，并且当你打开开发者工具，添加 Protocol 列时，能看到它使用的是 HTTP/1.1 连接。
4. 接下来，创建 HTTPS 证书。不幸的是，这个过程在 Windows 上有点棘手，与 Apache 不同，Nginx 在默认的 Windows 安装包中不包含临时证书。最简单的选择是使用 Linux 上的 Apache 部分中的命令在 Linux 服务器上生成证书。如果无法使用 Linux 服务器，请使用 http://www.selfsignedcertificate.com/ 等在线服务生成证书。这些证书只能在测试服务器上使用，不能用于生产服务器。将密钥保存在 conf 目录中，命名为 cert.key，并将证书文件命名为 cert.pem。

---

1 见链接A.9所示网址。

2 见链接A.10所示网址。

3 见链接A.11所示网址。

5. 在主配置文件（如 conf/Nginx.conf）中修改 Nginx 的配置，取消注释 SSL host 部分，并将 `http2` 添加到 `listen` 命令中：

```
# HTTPS server
#
server {
  listen 443 ssl http2;
```

6. 在命令行中运行以下命令，重新加载 Nginx 配置：

```
nginx -s reload
```

7. 通过 HTTP/2 访问默认网站。如果你使用了浏览器不识别的自签名证书，则要忽略证书错误。

Linux 平台上来自 Nginx repo 的 Nginx

Nginx.org 为主要的操作系统提供官方 Nginx repo(软件源)[1]。从版本 1.12.2 开始，稳定版本 repo 是基于 OpenSSL 1.0.2 构建的，支持 ALPN，操作系统也支持它。因此可以将其安装在 RHEL/CentOS 7.4 计算机上。使用如下步骤来安装它：

1. 使用 vi 等编辑器创建 repo 文件，安装 Nginx repo：

```
sudo vi /etc/yum.repos.d/nginx.repo
```

2. 将如下配置添加到 Nginx.repo 文件中。对于 RHEL 7（最低 7.4），请使用：

```
[nginx]
name=nginx repo
baseurl=http://nginx.org/packages/rhel/7/$basearch/
gpgcheck=0
enabled=1
```

对于 CentOS 7（最低 7.4），使用相同的代码，但修改其中的 `baseurl`，如下：

```
baseurl=http://nginx.org/packages/centos/7/$basearch/
```

Nginx 还有一个包含最新修补程序的主线版本，但不建议在生产系统上安装它。

3. 安装 Nginx：

```
sudo yum install nginx
```

1 见链接A.12所示网址。

4. 启动 Nginx：

```
sudo nginx
```

5. 打开开发者工具，添加 Protocol 列，检查默认页面是否通过 HTTP 加载。
6. 要启用 HTTP/2，添加 一个 default_ssl.conf 文件：

```
vi /etc/nginx/conf.d/default_ssl.conf
```

7. 将如下代码添加到 default_ssl.conf 文件中：

```
# HTTPS server
#
server {
    listen       443 ssl http2;
    server_name  localhost;
    ssl_certificate      cert.pem;
    ssl_certificate_key  cert.key;
    ssl_session_cache    shared:SSL:1m;
    ssl_session_timeout  5m;
    ssl_ciphers  HIGH:!aNULL:!MD5;
    ssl_prefer_server_ciphers  on;
    location/{
        root   /usr/share/nginx/html;
        index  index.html index.htm;
    }
}
```

8. 创建一个 HTTPS 证书：

```
#Note the openssl command I'll use needs to be run as root
sudo su -
cd /etc/nginx/conf
openssl req \
    -newkey rsa:2048 \
    -x509 \
    -nodes \
    -keyout cert.key \
    -new \
    -out cert.pem \
    -subj /CN=server.domain.tld \
    -reqexts SAN \
    -extensions SAN \
    -config <(cat /etc/pki/tls/openssl.cnf \
  <(printf '[SAN]\nsubjectAltName=DNS:server.domain.tld')) \
    -sha256 \
    -days 3650
```

使用你的域名来替换其中两处的 `server.domain.tld`。不管怎样你都会遇到一个证书错误，所以不用太担心这一点。

9. 重新加载 Nginx 配置：

```
nginx -s reload
```

10. 通过 HTTPS 加载页面，打开开发者工具，添加 Protocol 列（如图 A.1 所示），并确认它显示出了 HTTP/2。

在 Linux 上从源码编译 Nginx

在支持它的平台（如 RHEL/CentOS 7.4）上，因为 Nginx 的官方打包版本是基于 OpenSSL 1.0.2 构建的，所以应该不需要从源码编译。但如果你使用的是更老的平台，则可以使用如下步骤编译：

1. 安装依赖：

```
sudo yum -y install wget
sudo yum -y install perl
sudo yum -y install zlib-devel
sudo yum -y install gcc
sudo yum -y install pcre-devel
sudo yum -y install expat-devel
sudo yum -y install epel-release
sudo yum -y install libnghttp2-devel
sudo yum -y install openssl-devel

cd /tmp
mkdir sources
cd sources
```

2. 对于早于 RHEL/CentOS 7.4 的版本，也要从源码编译 OpenSSL：

```
#Install Openssl http://openssl.org/source/
#For example:
wget https://www.openssl.org/source/openssl-1.1.1a.tar.gz
wget https://www.openssl.org/source/openssl-1.1.1a.tar.gz.asc

#Verify the package after download
gpg --verify openssl-1.1.1a.tar.gz.asc

#If you get a "Can't check signature: No public key" error
#then get the appropriate public key and verify again.
gpg --recv-keys 0E604491
gpg --verify openssl-1.1.1a.tar.gz.asc

#Extract the file and compile it:
```

```
tar -zxvf openssl-1.1.1a.tar.gz
cd openssl-1.1.1a
./config shared zlib-dynamic --prefix=/usr/local/ssl
make
sudo make install
cd ..
```

3. 下载并解压 Nginx 的最新稳定版本：

```
cd /tmp
mkdir sources
cd sources
#Download the lastest stable version
#Get it from https://nginx.org/en/download.html
#For example:
wget https://nginx.org/download/nginx-1.14.2.tar.gz
wget https://nginx.org/download/nginx-1.14.2.tar.gz.asc
#Verify download:
#nginx keys are here: https://nginx.org/en/pgp_keys.html
#Install them all like this:
wget https://nginx.org/keys/mdounin.key
gpg -import mdounin.key
#Then verify the package:
gpg --verify nginx-1.14.2.tar.gz.asc
#Note you will see a WARNING that the key isn't certified
#with a trusted signature. This is expected.
#Extract the file and compile it:
tar -xvf nginx-1.14.2.tar.gz
cd nginx-1.14.2
```

4. 配置 `make` 脚本。对于 RHEL/CentOs 7.4，你可以使用系统的 `openssl`，使用如下配置：

```
#Configure and compile:
./configure --with-http_ssl_module --with-http_v2_module
```

对于更早的版本，要使用自己安装的自定义版本：

```
#Configure and compile:
./configure --with-http_ssl_module --with-http_v2_module \
   --with-openssl=/tmp/sources/openssl-1.1.1a
```

5. 编译并安装：

```
make
sudo make install
cd ..
```

6. 启动 Nginx：

```
sudo /usr/local/nginx/sbin/nginx
```

7. 测试基本的 HTTP 网站（而不是 HTTPS），打开开发者工具，添加 Protocol 列。
8. 配置 Nginx 以支持 HTTPS 和 HTTP/2，修改主配置文件（如 /usr/local/nginx/conf/nginx.conf），确保 HTTPS 部分没被注释掉，如下添加 `http2` 配置：

```
# HTTPS server
#
server {
  listen 443 ssl http2;
```

9. 创建一个 HTTPS 证书：

```
#The openssl command needs to be run as root so sudo to that
sudo su -
cd /usr/local/nginx/conf
openssl req \
  -newkey rsa:2048 \
  -x509 \
  -nodes \
  -keyout cert.key \
  -new \
  -out cert.pem \
  -subj /CN=server.domain.tld \
  -reqexts SAN \
  -extensions SAN \
  -config <(cat /etc/pki/tls/openssl.cnf \
  <(printf '[SAN]\nsubjectAltName=DNS:server.domain.tld')) \
  -sha256 \
  -days 3650
```

你应该给你的服务器输入正确的 subject 和 SAN（在之前的代码中显示为 server.domain.tld，有两处），但是因为浏览器也不识别此证书，所以这些信息也没那么重要。

默认的 Nginx 配置（在 conf/nginx.conf）使用的证书名为 cert.key 和 cert.pem，如果你使用的不是默认配置，则修改这些名字。

10. 重新加载 Nginx 配置：

```
sudo /usr/local/nginx/sbin/nginx -s reload
```

11. 通过 HTTP/2 访问默认的“Welcome to Nginx”页面。

macOS 上的 Nginx

在 macOS 上可以使用两种方式安装 Nginx：

- 从另外一个包管理器安装，如 Homebrew。
- 从源码安装。

两个选择都不太理想（见第 3 章）。

从 Homebrew 安装非常简单，只需要使用两条命令：

```
/usr/bin/ruby -e "$(curl -fsSL https://raw.githubusercontent.com/Homebrew/
     install/master/install)"

brew install nginx
```

检查安装是否成功，启动 Nginx：

```
brew services start nginx
```

Homebrew 让 Nginx 在端口 8080 和 8443 上启动，而不是通常的端口 80 和 443，所以通过 http://localhost:8080/ 访问你的 Web 服务器。

编辑主配置文件，添加 HTTP/2 配置：

```
/usr/local/etc/nginx/nginx.conf
```

做如下修改：

1. 取消如下注释，以添加 HTTPS 服务器，然后在 `listen` 行添加 `http2` 指令：

```
# HTTPS server
#
server {
    listen 8443 ssl http2;
    server_name localhost;
    ssl_certificate      cert.pem;
    ssl_certificate_key  cert.key;
    ssl_session_cache    shared:SSL:1m;
    ssl_session_timeout  5m;
    ssl_ciphers  HIGH:!aNULL:!MD5;
    ssl_prefer_server_ciphers  on;
    location/{
        root   html;
        index  index.html index.htm;
    }
}
```

2. 设置 HTTPS 证书：

```
#Note the openssl command I'll use needs to be run as root sudo su -
cd /usr/local/etc/nginx
cat /System/Library/OpenSSL/openssl.cnf > /tmp/openssl.cnf
echo '[SAN]\nsubjectAltName=DNS:localhost' >> /tmp/openssl.cnf
openssl req \
    -newkey rsa:2048 \
    -x509 \
    -nodes \
    -keyout cert.key \
    -new \
    -out cert.pem \
    -subj /CN=localhost \
    -reqexts SAN \
    -extensions SAN \
    -config /tmp/openssl.cnf \
    -sha256 \
    -days 3650
```

3. 重启 Nginx：

```
brew services restart nginx
```

4. 检查网站是否通过 HTTP/2 加载，访问 https://localhost:8443/。

如果你不想使用 Homebrew，那从源码下载安装会更复杂，类似在 Linux 上的设置：

1. 创建目录：

```
cd /tmp
mkdir sources
cd sources
```

2. 安装最新版本的 OpenSSL（还可以使用 LibreSSL）：

```
#Get it from http://openssl.org/source/
#For example:
curl -O https://www.openssl.org/source/openssl-1.1.1a.tar.gz
curl -o https://www.openssl.org/source/openssl-1.1.1a.tar.gz.sha256

#Verify the package after download by comparing these two values:
openssl dgst -sha256 openssl-1.1.1a.tar.gz
cat openssl-1.1.1a.tar.gz.sha256

#Extract the file and compile it:
tar -zxvf openssl-1.1.1a.tar.gz
cd openssl-1.1.1a
```

```
./config shared zlib-dynamic --prefix=/usr/local/ssl
make
sudo make install
cd ..
```

3. 安装 Nginx：

```
#Download and install nginx
#For example:
curl -O https://nginx.org/download/nginx-1.14.2.tar.gz
#Extract the source code
tar -zxvf nginx-1.14.2.tar.gz
cd nginx-1.14.2
./configure --with-http_ssl_module --with-http_v2_module \
  --with-cc-opt="-I/usr/local/ssl/include" \
  --with-ld-opt="-L/usr/local/ssl/lib"
make
sudo make install
cd ..
```

4. 使用 root 身份启动 Nginx。注意，当从源码安装的时候，使用默认的端口 80 和 443，你需要有 root 权限才可以使用。

```
sudo /usr/local/nginx/sbin/nginx
```

5. 测试基本的 HTTP 网站（而不是 HTTPS），打开开发者工具，添加 Protocol 列。
6. 编辑主配置文件，添加 HTTP/2 配置，使用类似 vi 的编辑器：

```
sudo vi /usr/local/nginx/conf/nginx.conf
```

还要取消如下注释，以启用 HTTPS server，在 `listen` 行添加 `http2` 指令：

```
# HTTPS server
#
server {
listen 443 ssl http2;
server_name localhost;
    ssl_certificate      cert.pem;
    ssl_certificate_key  cert.key;
    ssl_session_cache    shared:SSL:1m;
    ssl_session_timeout  5m;
    ssl_ciphers  HIGH:!aNULL:!MD5;
    ssl_prefer_server_ciphers  on;
    location/{
        root   html;
        index  index.html index.htm;
    }
}
```

7. 设置 HTTPS 证书：

```
#Note the openssl command I'll use needs to be run as root
sudo su -
cd /usr/local/etc/nginx
cat /System/Library/OpenSSL/openssl.cnf > /tmp/openssl.cnf
echo '[SAN]\nsubjectAltName=DNS:localhost' >> /tmp/openssl.cnf
openssl req \
    -newkey rsa:2048 \
    -x509 \
    -nodes \
    -keyout cert.key \
    -new \
    -out cert.pem \
    -subj /CN=localhost \
    -reqexts SAN \
    -extensions SAN \
    -config /tmp/openssl.cnf \
    -sha256 \
    -days 3650
```

8. 重启 Nginx 以启用新的配置

```
sudo /usr/local/nginx/sbin/nginx -s reload
```

9. 访问 https://localhost，确认通过 HTTP/2 加载网站。

A.1.3 Microsoft Internet Information Services (IIS)

IIS 10 添加了对 HTTP/2 的支持，是在 Windows Server 2016 和 Windows 10 中引入的。IIS 仅支持基于 HTTPS 的 HTTP/2。IIS 10 默认启用 HTTP/2，因此如果你在 Windows Server 2016 或更高版本上启用了 HTTPS，则你可能已经在使用 HTTP/2 了。如果你的服务器版本低于 Windows Server 2016，那么唯一的选择是升级整个服务器操作系统。在较旧的 Windows 系统上安装具有 HTTP/2 支持的 IIS 10 是不可能的。

对于 Windows 10 桌面计算机，你可能需要在“打开或关闭 Windows 功能”窗口中启用 IIS Management Console（可以在“开始”菜单中搜索 Windows 功能），如图 A.3 所示。

启用此控制台后，你应该能够像往常一样，在以下位置配置网站：控制面板 \ 所有控制面板项 \ 管理工具 \ 互联网信息服务（IIS）管理器。

安装 HTTPS 证书（此处未涉及）后，你应该就可以通过 HTTP/2 加载默认网站了。

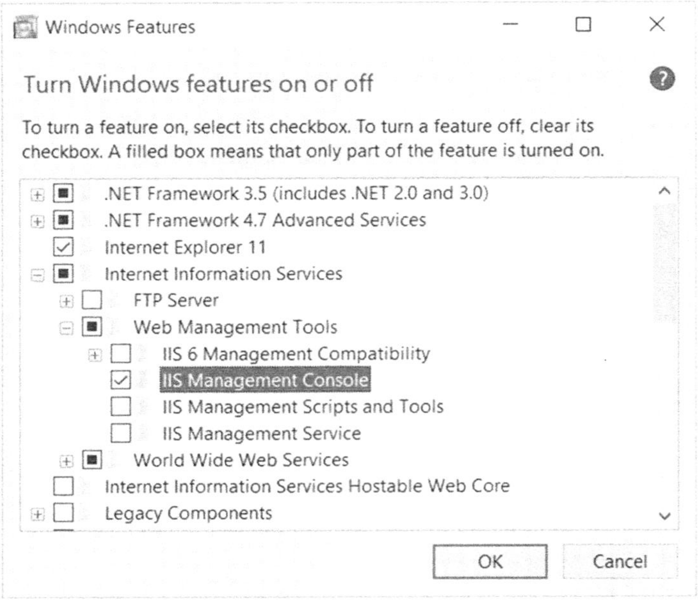

图 A.3　开启 IIS Management Console

A.1.4　其他服务器

其他服务器也可以用类似的方式安装。重要的是检查它是否支持 HTTP/2（以及添加 HTTP/2 支持的版本），检查构建服务器的 OpenSSL（或类似 SSL 库）的版本，然后启用 HTTP/2 和 HTTPS。HTTP/2 Implementations 页面[1]列出了 50 多个支持 HTTP/2 的服务器。

A.2　通过反向代理服务器设置HTTP/2

如果无法升级主 Web 服务器以支持 HTTP/2，或者要在不修改当前设置的情况下测试 HTTP/2，就可能需要在 Web 服务器前设置反向代理，以启用 HTTP/2 支持。下面，我们简单解释一下 Apache 和 Nginx 的支持。

在这两个示例中，反向代理使用 HTTP/1.1 与后端服务器通信。Apache 可以通

1　见链接A.13所示网址。

过 mod_proxy_http2 模块使用 HTTP/2。在撰写本文时，该模块仍然是实验性模块[1]，此时通过 HTTP/2 代理后端连接几乎没有什么好处（参见第 3 章中相关介绍），所以这里没有提供相关用例。以下示例允许 Apache 或 Nginx 处理 HTTP/2 连接，并使用 HTTP/1.1 连接后端服务器。

A.2.1 Apache

要使 Apache 充当代理服务器，你需要按前面所说的步骤开启 HTTP/2 支持，并在主配置文件中启用以下模块：

```
proxy_module
proxy_http_module
```

要启用这些模块，可以修改主配置文件（httpd.conf 或 apache.conf），取消注释或添加适当的 LoadModule 配置。如果使用基于 Ubuntu 的系统，还可以使用 a2enmod。

然后添加代理配置（假设要代理的 Web 服务器运行在本机端口 8080 上）：

```
ProxyPreserveHost on
# Proxy all requests to localhost port 8080
ProxyPass / http://127.0.0.1:8080/
ProxyPassReverse / http://127.0.0.1:8080/
```

此代码使用 Ipv4 回环地址（127.0.0.1）将请求直接传递到后端服务器。如果你愿意，也可以使用 Ipv6 回环地址（::1）。这两个选项都比使用 localhost 更好，使用 localhost 需要进行不必要的 DNS 解析。

可能也需要为应用程序添加配置，让它与前面的代理服务器一起运作。例如，它产生的任何链接都应该引用代理端口（80/443），而不是它运行的实际端口（在本例中为 8080）。由于反向代理应用程序服务器很常见，因此对于许多应用程序，都可以使用 Base URL 或类似选项轻松配置。如果后端服务器不提供此配置，你可以使用 Apache 的 proxy_html_module 动态重写 HTML 以自动替换链接（例如将 http://www.example.com:8080 替换为 https://www.example.com）。

---

1 见链接A.14所示网址。

A.2.2 Nginx

Nginx 的工作方式与 Apache 类似，它可使用如下配置：

```
location / {
    proxy_pass http://127.0.0.1:8080/;
}
```

与 Apache 类似，也可能需要配置应用程序服务器，说明它在反向代理后面运行。如果无法进行此配置，可使用 ngx_http_sub_module 动态地重写 URL，类似对 Apache 使用 proxy_html_module。

反侵权盗版声明

举报电话：(010)88254396；(010)88258888

传　　真：(010)88254397

E-mail：dbqq@phei.com.cn

通信地址：北京市万寿路173信箱　电子工业出版社总编办公室

邮　　编：100036